"十三五"职业教育规划教材

GAODENG SHUXUE

高等数学

主　编　陈翔英　熊　霄

副主编　崔英建　霍小江
　　　　翟美玲　史成堂

编　写　李玉凯　高晨静
　　　　秦建国

主　审　张宏伟

U0260747

中国电力出版社
CHINA ELECTRIC POWER PRESS

内 容 提 要

本书为"十三五"职业教育规划教材。全书共十章，包括函数 极限 连续、导数与微分、导数的应用、不定积分、定积分及其应用、常微分方程、拉普拉斯变换、无穷级数、线性代数及其应用、概率初步等内容。每章配有习题和复习题，习题答案直接附于习题之后仅供参考。附录配有初等数学常用公式、不定积分表、标准正态分布表等。本书以"注重实际应用"为编写原则，在内容选取上以"必需、够用"为度，循序渐进，符合学生心理特征和认知、技能养成规律。

本书可作为高职高专、成人教育及同类学校各专业的高等数学教材，也可作为其他各类院校学生的自学用书。

图书在版编目（CIP）数据

高等数学 / 陈翔英，熊霄主编. —北京：中国电力出版社，2019.8（2020.7重印）
"十三五"职业教育规划教材
ISBN 978-7-5198-3531-6

Ⅰ. ①高… Ⅱ. ①陈… ②熊… Ⅲ. ①高等数学—高等职业教育—教材 Ⅳ. ①O13

中国版本图书馆 CIP 数据核字（2019）第 177821 号

出版发行：中国电力出版社
地　　址：北京市东城区北京站西街 19 号（邮政编码 100005）
网　　址：http：//www. cepp. sgcc. com. cn
责任编辑：张　旻
责任校对：黄　蓓　常燕昆
装帧设计：赵姗姗
责任印制：吴　迪

印　　刷：三河市航远印刷有限公司
版　　次：2019 年 8 月第一版
印　　次：2020 年 7 月北京第四次印刷
开　　本：787 毫米×1092 毫米　16 开本
印　　张：16.25
字　　数：390 千字
定　　价：45.00 元

前　言

在多年教学研究与实践的基础上，借鉴加拿大职业技术教育理念，由郑州电力高等专科学校王家德教授任主编、数学教研室教师共同参编的《技术数学》，于2001年首次公开出版。其后，经过一年多的教学实践，对该教材进行了扩编，将其划分为上、下两册再版发行。

随着高校的扩招，各校学生专业跨度大、文化程度参差不齐、基础理论薄弱、工学与文理兼收带来的矛盾日益突出，而数学作为高等职业技术教育的一门必修基础课，其内容涉及工学、经济学、管理学及社会学等诸多学科。为了适应新形势的教学需求，以及不同程度学生的自我提升意愿，以《技术数学》为蓝本，由郑州电力高等专科学校为主，联合郑州升达经贸管理学院、郑州轻工业学院共同编写了《高等数学》一书。

该书在遵循"以应用为目的，以必需、够用为度"原则的基础上，同时借鉴澳大利亚TAFE教育模式，延续《技术数学》的"广、浅、新"特色，以"联系实际，注重应用，淡化理论，提高能力"为主旨，在满足教学基本要求的基础上，注意拓宽范围以适应多专业（包括中澳合作办学各专业）的需求。在内容选择上，除保证必要的系统性外，最大限度地保持课程内容的应用性与针对性；在基本概念上，注重从实际问题引入，抽象出概念后，再回到实际应用中；在理论证明与推导中，不过分追求内容的严密性；在教学实施中，教师可根据实际情况有选择地组合与取舍内容，适时加强与实际应用联系较多的基础知识的渗透，使学生能够灵活运用本课程的知识与方法解决实际（工程、经济和社会等）问题，从而提高学生分析问题、解决问题的能力。

本书由郑州电力高等专科学校陈翔英、熊霄主编；郑州电力高等专科学校崔英建、翟美玲，郑州升达经贸管理学院霍小江、史成堂副主编；郑州电力高等专科学校李玉凯、高晨静，郑州轻工业学院秦建国编写。其中，史成堂编写第一章，崔英建编写第二章，熊霄编写第三章、第六章、第七章，陈翔英编写第四章、第五章，翟美玲、李玉凯编写第八章，霍小江、高晨静编写第九章，翟美玲、秦建国编写第十章。全书由陈翔英、霍小江统稿，河南工业大学张宏伟教授主审。

本教材在组织编写和出版过程中，得到了中国电力出版社及郑州电力高等专科学校领导的大力支持与帮助，郑州电力高等专科学校国际教育部主任郭卫同志对本教材的编写给予了高度关注，并提供了大量具有建设性的意见。张宏伟教授提出了许多宝贵的修改意见。他们为本教材的顺利出版付出了辛勤的劳动，我们在此表示由衷的感谢！同样，在编写过程中编者们参考了本领域诸多教材和著作，引用了国内外部分文献和相关资料，我们在此一并对作者表示诚挚的谢意和致敬。

限于时间及编者水平，书中疏漏之处在所难免，敬请专家、同行和广大读者批评指正。

编　者

2019 年 6 月

目　录

第一章 函数 极限 连续

教学目的

理解函数、分段函数、复合函数和初等函数的概念；

理解数列极限、函数极限的概念，熟练掌握求极限的方法；

掌握极限的运算法则；

熟练掌握两个重要极限；

理解无穷小与无穷大的概念；

理解函数的连续性概念，会求间断点并知道其类型；

了解闭区间上连续函数的性质．

数学大致分为初等数学与高等数学两部分，初等数学基本上是常量的数学，高等数学则是变量的数学．中学数学研究的主要是初等数学，今后我们将要学习的是高等数学．

本书的内容主要包括高等数学中的一元函数微积分、常微分方程、级数、线性代数与概率统计，以及积分变换中的 Laplace 变换．下面首先简要回顾函数的相关知识，然后重点介绍极限与连续的基本理论．

第一节 函 数

学习目标

理解函数的概念、性质与常用的表示方法，并会求函数的定义域；

熟练掌握基本初等函数的图像、性质和定义域；

理解复合函数的概念及其复合过程；

了解初等函数的概念；能够建立简单实际问题的函数关系．

一、函数的概念

在观察自然现象或工程实际问题时，我们经常发现有几个变量在变化，这些变量之间并不是彼此孤立的，而是相互制约的．这些变量是怎么变化的？它们之间有何联系？存在什么规律？怎样找到这些规律，从而达到人们了解、掌握规律的目的，这些正是高等数学所要研究和解决的问题．本章只讨论两个变量的情况，请看下面几个实例．

例 1-1（风能密度问题） 我国风能资源丰富，具有良好的开发前景．据最新风能资源普查成果显示，我国陆上离地 10m 高度风能资源总储量约 43.5 亿 kW，其中技术可开发量为 2.97 亿 kW．在风电场选址时，某地点的风能资源潜力大小，通常由该地常年平均风能密度（风机叶轮一定时间内扫过单位面积的风能）的大小决定，即选择风能密度较高的地方建场．

对风力发电机来说，风能密度 W（其单位为 W/m^3）与风速 V 的关系为 $W = \frac{1}{2}\rho V^3$，其中 ρ

为空气密度（其单位为 kg/m³）. 在标准情况下，$\rho=1.225$.

例 1-2　由实验测得某金属轴在不同温度 t（℃）下的长度 l（m）数据如表 1-1 所示.

表 1-1

t（℃）	10	20	30	40	50
l（m）	1.000 12	1.000 24	1.000 35	1.000 48	1.000 61

此表显示了温度 t 与长度 l 之间的相互依赖关系.

例 1-3　某个变量 x 与 y 有如图 1-1 所示的依赖关系.

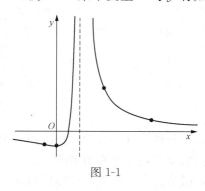

图 1-1

上面三个实例的实际意义虽然不同，但它们有共同之处：每个实例都出现了两个变量，当其中一个变量在一定范围内取定一个数值后，按照一定的规则，另一个变量有唯一确定的数值与之相对应. 两个变量的这种对应关系，在数学上就是函数的概念.

1. 函数的定义

定义 1.1　设有两个变量 x 和 y，D 为一非空实数集，如果对于数集 D 中的每一个确定的 x，按照某种对应法则 f，都有唯一确定的 y 与之对应，则称 y 是定义在集合 D 上的关于 x 的**函数**，记作 $y=f(x)$. 其中，集合 D 称为函数的**定义域**，x 称为**自变量**，y 称为**因变量**，f 称为**对应法则**.

如果对于自变量 x 的某个确定值 x_0，因变量 y 对应的值，就称为函数在 x_0 处的函数值，也称该函数在 x_0 处有定义，记作

$$y\big|_{x=x_0}，f(x_0) \text{ 或 } f(x)\big|_{x=x_0}.$$

当 x 取遍定义域 D 中的每个数值时，对应的函数值的全体组成的数集

$$W=\{y\,|\,y=f(x)，x\in D\}$$

称为函数的**值域**.

例 1-4　设函数 $f(x)=x^3-2x+3$，求 $f(1)$，$f(t^2)$.

解　$f(1)=1^3-2\times 1+3=2$；$f(t^2)=(t^2)^3-2(t^2)+3=t^6-2t^2+3$.

由例 1-4 可以看出：函数定义中的对应规则 f，就像一个系统，给定定义域中的任何一个 x 值作为输入，通过系统转换成为值域内的一个函数值 y 作为输出，如图 1-2 所示.

输入 x → f → 输出 y

图 1-2

2. 函数的两个要素

定义域 D 和对应法则 f 唯一确定函数 $y=f(x)$，故定义域与对应法则称为函数的两个要素，函数的两个要素是区分不同函数的唯一依据. 因此，对于两个函数来说，当且仅当它们的定义域和对应法则分别相同时，才表示同一函数. 而与自变量及因变量用什么字母表示无关. 例如函数 $y=x^2$ 和函数 $v=t^2$ 其实是同一个函数.

正因为如此，我们在给出一个函数时，一般都应标明其定义域，它就是自变量取值的允许范围，例如 $y=x^2$ 的定义域为 $(-\infty，+\infty)$. 在实际问题中，函数的定义域是根据问题的实际意义确定的. 若不考虑函数的实际意义，而抽象的研究用解析式表达的函数，则规定函数的定义域是使解析式有意义的一切实数值.

通常求函数的定义域应注意：分式函数的分母不能为零、偶次根式的被开方式必须大于等于零、对数函数的真数必须大于零等.

满足不等式 $|x-x_0|<\delta$（δ 为大于 0 的常数）的一切 x 称为点 x_0 的 δ 邻域，记作 $U(x_0,\delta)$. 在几何上表示以 x_0 为中心，δ 为半径的开区间 $(x_0-\delta，x_0+\delta)$，即 $x_0-\delta<x<x_0+\delta$，如图 1-3（a）所示，不等式 $0<|x-x_0|<\delta$ 称为点 x_0 的 δ 去心邻域（或空心邻域），记作 $U(\hat{x}_0,\delta)$，如图 1-3（b）所示.

图 1-3

函数 $y=f(x)$ 的对应法则 f 也可以用 φ，h，F 等表示，相应的函数就记作 $\varphi(x)$，$h(x)$，$F(x)$.

例 1-5 判断下列函数是否是相同的函数.

(1) $y=1$ 与 $y=\dfrac{x}{x}$；　　　　　　　　(2) $y=\ln x^2$ 与 $y=2\ln x$.

解 (1) 因为函数 $y=1$ 的定义域为 $(-\infty，+\infty)$，而函数 $y=\dfrac{x}{x}$ 的定义域为 $(-\infty，0)\bigcup(0，+\infty)$，所以不是同一个函数.

(2) 因为函数 $y=\ln x^2$ 的定义域为 $(-\infty，0)\bigcup(0，+\infty)$，而函数 $y=2\ln x$ 的定义域为 $(0，+\infty)$，所以不是同一个函数.

例 1-6 确定函数 $f(x)=\dfrac{1}{\sqrt{x^2-2x-3}}$ 的定义域.

解 显然，其定义域是满足不等式 $x^2-2x-3>0$ 的 x 值的全体，解此不等式，得定义域 $x<-1$ 或 $x>3$.

例 1-7 确定函数 $f(x)=\sqrt{3+2x-x^2}+\ln(x-2)$ 的定义域.

解 该函数的定义域需满足 $\begin{cases}3+2x-x^2\geqslant 0\\x-2>0\end{cases}$，解该不等式组，得定义域 $2<x\leqslant 3$.

有时会遇到给定一个 x 值，对应多个 y 值的情形，这种函数我们称为**多值函数**，而定义 1.1 中所述的函数称为**单值函数**. 本书主要讨论单值函数.

3. 函数的表示方法

函数的表示法通常有三种：公式法（解析法）、图示法和表格法.

(1) 以解析式表示函数的方法叫做函数的公式法（见例 1-1）. 在高等数学中，函数主要用公式法表示.

(2) 用图形表示函数的方法叫做函数的图示法（见例 1-3）. 这种方法在工程技术上应用较普遍，图示法的优点是直观形象，易看出函数的变化趋势.

(3) 以表格形式表示函数的方法叫做函数的表格法（见例 1-2）. 它是将自变量的值与对应的函数值列为表格，如三角函数表、对数表、企业历年产值表等.

实际中，有时会遇到一个函数在定义域的不同范围内用不同的解析式来表示的情形，将这样表示的函数称为分段函数.

应该注意的是：分段函数是一个函数，而不是几个函数．它的定义域是各段定义区间的并集．求分段函数的函数值，应将自变量的值代入其所属区间的对应表达式，进行计算．

例如 $f(x)=\begin{cases} -1, & x<0 \\ 0, & x=0 \\ 1, & x>0 \end{cases}$ 称为符号函数，记作 $\operatorname{sgn}x$．函数图像如图 1-4 所示；又如

$y=|x|=\begin{cases} x, & x\geqslant 0 \\ -x, & x<0 \end{cases}$ 称为绝对值函数，函数图像如图 1-5 所示．

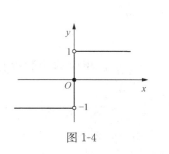

图 1-4

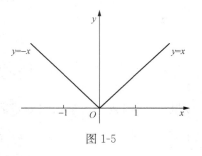

图 1-5

例 1-8 电子技术中的一种脉冲波如图 1-6 所示，试用公式法表示图中电压 u 和时间 t 的函数关系．

解 由图 1-6 可知，这是一个分段函数，电压 u 和时间 t 的关系为

$$u=\begin{cases} 0, & t<-\dfrac{\tau}{2} \\ u_0, & -\dfrac{\tau}{2}\leqslant t\leqslant \dfrac{\tau}{2} . \\ 0, & t>\dfrac{\tau}{2} \end{cases}$$

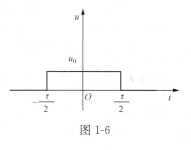

图 1-6

例 1-9（个人所得税问题） 曾经，个人所得税纳税标准是以月收入 3500 元为起征额，超额部分纳税标准如表 1-2 所示．试建立应缴税款 y 和月收入 x 之间的关系．

表 1-2 个人所得税纳税标准

级　　别	全月应纳税所得额	税率（%）
1	不超过 1500 元的部分	3
2	超过 1500 元至 4500 元的部分	10
3	超过 4500 元至 9000 元的部分	20
4	超过 9000 元至 35 000 元的部分	25
5	超过 35 000 元至 55 000 元的部分	30
6	超过 55 000 元至 80 000 元的部分	35
7	超过 80 000 的部分	45

解 由表 1-2 容易得到应缴税款 y 和月收入 x 之间的关系为

$$y=\begin{cases}0, & 0\leqslant x\leqslant 3500\\(x-3500)\times 3\%, & 3500<x\leqslant 5000\\(x-5000)\times 10\%+45, & 5000<x\leqslant 8000\\(x-8000)\times 20\%+345, & 8000<x\leqslant 12\,500\\(x-12\,500)\times 25\%+1245, & 12\,500<x\leqslant 38\,500\\(x-38\,500)\times 30\%+7745, & 38\,500<x\leqslant 58\,500\\(x-58\,500)\times 35\%+13\,745, & 58\,500<x\leqslant 83\,500\\(x-83\,500)\times 45\%+22\,495, & x>83\,500\end{cases}$$

设某人月收入为 8600 元，则其应缴税款为 $(8600-8000)\times 20\%+345=465$ 元．

假设 x 为应纳税所得额（月收入 -3500），那么应缴税款 y 与 x 之间的关系又如何？

通常还会遇到一类函数，自变量 x 与函数 y 的对应关系是用方程 $F(x, y)=0$ 确定的，这种函数称为**隐函数**．如方程 $xy-e^{x+y}=0$ 确定了一个隐函数 $y=f(x)$．

相对于隐函数，我们前面研究的形如 $y=f(x)$ 的函数就称为**显函数**．

二、反函数

定义 1.2 设 $y=f(x)$ 是定义在 D 上的函数，其值域为 W．若对于数集 W 中的每个数 y，数集 D 中都有唯一的一个数 x 使 $f(x)=y$，这就是说变量 x 是变量 y 的函数，这个函数称为函数 $y=f(x)$ 的反函数，记为 $x=f^{-1}(y)$．其定义域为 W，值域为 D．

函数 $y=f(x)$ 与函数 $x=f^{-1}(y)$ 二者的图形是相同的．

由于人们习惯于用 x 表示自变量，用 y 表示因变量，为了照顾习惯，我们将函数 $y=f(x)$ 的反函数 $x=f^{-1}(y)$．用 $y=f^{-1}(x)$ 表示．注意，这时人为作了 $(x, y)\leftrightarrow(y, x)$ 的对换，这时二者的图形关于直线 $y=x$ 对称，如图 1-7 所示．

由函数 $y=f(x)$ 求它的反函数的步骤是：由方程 $y=f(x)$ 解出 x，得到 $x=f^{-1}(y)$，将函数 $x=f^{-1}(y)$ 中的 x 和 y 分别替换为 y 和 x，这样，得到反函数 $y=f^{-1}(x)$．

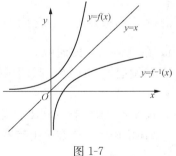

图 1-7

例 1-10 求函数 $y=\dfrac{2^x}{2^x+1}$ 的反函数．

解 由 $y=\dfrac{2^x}{2^x+1}$ 可解得 $x=\log_2\dfrac{y}{1-y}$，交换 x 和 y 的位置，即得所求反函数 $y=\log_2\dfrac{x}{1-x}$，其定义域为 $(0, 1)$．

三、函数的基本性质

1. 奇偶性

设函数 $f(x)$ 的定义域关于原点对称，如果对于定义域中的任何 x，都有 $f(-x)=f(x)$，则称 $f(x)$ 为**偶函数**；如果有 $f(-x)=-f(x)$，则称 $f(x)$ 为**奇函数**．注意奇（偶）函数必须是在关于原点对称的区间上讨论．不是偶函数也不是奇函数的函数，称为**非奇非偶函数**．例如 $y=\sin x$，$x\in[0, 2\pi]$ 为非奇非偶函数．

例 1-11 判断函数 $f(x)=\sin x^3$ 的奇偶性．

解　因为 $f(x)=\sin x^3$ 的定义域为 $(-\infty,+\infty)$，且有

$$f(-x)=\sin(-x)^3=-\sin x^3=-f(x).$$

所以该函数为奇函数．

2. 周期性

设函数 $y=f(x)$ 的定义域为 $(-\infty,+\infty)$，若存在正数 T，使得对于一切实数 x，都有：$f(x+T)=f(x)$，则称 $y=f(x)$ 为**周期函数**．T 称为 $f(x)$ 的**周期**．

对于每个周期函数来说，定义中的 T 有无穷多个，这是因为如果 $f(x+T)=f(x)$，那么就有

$$f(x+2T)=f[(x+T)+T]=f(x+T)=f(x)$$
$$f(x+3T)=f[(x+2T)+T]=f(x+T)=f(x)$$

等等．因此我们规定：若其中存在一个最小正数 a，则规定 a 为周期函数 $f(x)$ 的最小正周期，简称周期．

如果函数 $y=f(x)$ 是以 ω 为周期的周期函数，那么函数 $y=f(ax)(a>0)$ 是以 $\dfrac{\omega}{a}$ 为周期的周期函数．例如 $y=\sin x$，$y=\cos x$ 均以 2π 为周期，所以 $y=\sin 2x$，$y=\cos\dfrac{x}{2}$ 的周期分别为 π 和 4π．

3. 单调性

设 x_1 和 x_2 为区间 (a,b) 内的任意两个数．若当 $x_1<x_2$ 时，函数 $y=f(x)$ 满足 $f(x_1)<f(x_2)$，则称该函数在区间 (a,b) 内**单调递增**；若当 $x_1<x_2$ 时有 $f(x_1)>f(x_2)$，则称该函数在区间 (a,b) 内**单调递减**．例如，$y=\tan x$ 在 $\left(-\dfrac{\pi}{2},\dfrac{\pi}{2}\right)$ 内递增，$y=\cot x$ 在 $(0,\pi)$ 内递减．

单调递增和单调递减的函数统称为**单调函数**．

4. 有界性

设函数 $f(x)$ 在区间 I 上有定义，若存在一个正数 M，当 $x\in I$ 时，恒有 $|f(x)|\leqslant M$ 成立，则称函数 $f(x)$ 在 I 上**有界**；如果这样的正数 M 不存在，则称函数 $f(x)$ 在区间 I 上**无界**．

例如，当 $x\in(-\infty,+\infty)$ 时，恒有 $|\sin x|\leqslant 1$，故函数 $y=\sin x$ 在 $(-\infty,+\infty)$ 内有界．又如 $y=\sin\dfrac{1}{x}$，$y=\arctan x$ 在它们的定义域内有界，而 $y=\tan x$ 在 $\left(-\dfrac{\pi}{2},\dfrac{\pi}{2}\right)$ 内无界．

四、初等函数

1. 基本初等函数

常数函数　　　　$y=C$

幂函数　　　　　$y=x^\mu$（μ 为常数）

指数函数　　　　$y=a^x$（$a>0,a\neq 1$，a 为常数）

对数函数　　　　$y=\log_a x$（$a>0,a\neq 1$，a 为常数）

三角函数　　　　$y=\sin x$，$y=\cos x$，$y=\tan x$，$y=\cot x$，$y=\sec x$，$y=\csc x$

反三角函数　　　$y=\arcsin x$，$y=\arccos x$，$y=\arctan x$，$y=\mathrm{arccot}\,x$．

以上六类函数统称为**基本初等函数**．常用的基本初等函数的定义域、值域、图像和性质

如表 1-3 所示.

表 1-3

函数	定义域和值域	图像	性质
幂函数 $y = x^\mu$	定义域 D 随 μ 值不同而不同，但无论 μ 取何值，总有 $D \supset (0, +\infty)$，且图形总过 $(1, 1)$ 点		当 $\mu > 0$ 时，函数在第一象限单调递增； 当 $\mu < 0$ 时，函数在第一象限单调递减
指数函数 $y = a^x$ $(a > 0, a \neq 1)$	$x \in (-\infty, +\infty)$ $y \in (0, +\infty)$		过点 $(0, 1)$ 当 $a > 1$ 时，单调递增； 当 $0 < a < 1$ 时，单调递减
对数函数 $y = \log_a x$ $(a > 0, a \neq 1)$	$x \in (0, +\infty)$ $y \in (-\infty, +\infty)$		过点 $(1, 0)$ 当 $a > 1$ 时，单调递增； 当 $0 < a < 1$ 时，单调递减
三角函数 正弦函数 $y = \sin x$	$x \in (-\infty, +\infty)$ $y \in [-1, 1]$		奇函数，周期为 2π，有界
余弦函数 $y = \cos x$	$x \in (-\infty, +\infty)$ $y \in [-1, 1]$		偶函数，周期为 2π，有界
正切函数 $y = \tan x$	$x \neq k\pi + \dfrac{\pi}{2} (k \in \mathbf{Z})$ $y \in (-\infty, +\infty)$		奇函数，周期为 π，单调递增

续表

	函数	定义域和值域	图像	性质
三角函数	余切函数 $y = \cot x$	$x \neq k\pi (k \in \mathbf{Z})$ $y \in (-\infty, +\infty)$		奇函数，周期为 π，单调递减
	正割函数 $y = \sec x$	$x \neq k\pi + \dfrac{\pi}{2}(k \in \mathbf{Z})$ $\mid y \mid \geqslant 1$		偶函数，周期为 2π
	余割函数 $y = \csc x$	$x \neq k\pi (k \in \mathbf{Z})$ $\mid y \mid \geqslant 1$		奇函数，周期为 2π
反三角函数	反正弦函数 $y = \arcsin x$	$x \in [-1, 1]$ $y \in \left[-\dfrac{\pi}{2}, \dfrac{\pi}{2}\right]$		奇函数，有界，单调递增
	反余弦函数 $y = \arccos x$	$x \in [-1, 1]$ $y \in [0, \pi]$		有界，单调递减

续表

函数	定义域和值域	图像	性质
反三角函数 反正切函数 $y=\arctan x$	$x\in(-\infty,\ +\infty)$ $y\in\left(-\dfrac{\pi}{2},\ \dfrac{\pi}{2}\right)$		奇函数，有界，单调递增
反余切函数 $y=\text{arccot}x$	$x\in(-\infty,\ +\infty)$ $y\in(0,\ \pi)$		有界，单调递减

2. 复合函数

引例　商店的销售利润 y 是销售收入 u 的函数 $y=f(u)$，而销售收入 u 又是销售量 x 的函数 $u=g(x)$，从而，对每一个 x 通过 u 总有确定的 y 与之相对应，即 $y=f[g(x)]$.

定义 1.3　设函数 $y=f(u)$ 的定义域为 D，函数 $u=\varphi(x)$ 的定义域为 D_1，值域 $W_1=\{u\,|\,u=\varphi(x)$，$x\in D_1\}$. 若 $D\bigcap W_1\neq\Phi$，则称由 x 经过 u 到 y 的函数 $y=f[\varphi(x)]$ 为由 $y=f(u)$，$u=\varphi(x)$ 复合而成的**复合函数**，u 称为**中间变量**.

例 1-12　试求函数 $y=u^2$ 与 $u=\cos x$ 构成的复合函数.

解　将 $u=\cos x$ 代入 $y=u^2$ 中，得复合函数 $y=\cos^2 x$，其定义域为 $(-\infty,\ +\infty)$.

例 1-13　写出下列复合函数的复合过程.

$$(1)\ y=\sqrt{\sin\dfrac{x}{2}}\ ;\qquad\qquad (2)\ y=\mathrm{e}^{\sin\sqrt{x^2+1}}.$$

解　(1) 该函数由 $y=\sqrt{u}$，$u=\sin v$ 和 $v=\dfrac{x}{2}$ 复合而成；

(2) 该函数由 $y=\mathrm{e}^u$，$u=\sin v$，$v=\sqrt{w}$ 和 $w=x^2+1$ 复合而成.

3. 初等函数

定义 1.4　由基本初等函数经过有限次四则运算和有限次复合构成，并且可以用一个解析式表示的函数，叫做**初等函数**.

例如 $y=\sqrt{\ln 5x-3^x+\sin^2 x}$，$y=\dfrac{\sqrt[3]{2x}+\tan 3x}{x^2\sin x-2^{-x}}$ 都是初等函数，不能用一个解析式表示的函数都不是初等函数，如分段函数.

五、经济函数

在经济学中经常用到以下一些函数.

1. 成本函数

在微观经济学中,成本也叫生产费用,是指生产活动所使用的生产要素的价格. 我们要讨论总成本和平均成本两个概念.

设 C 为总成本, C_1 为固定成本, C_2 为可变成本, $\overline{C}$ 为平均成本, Q 为产量,则总成本函数为

$$C = C(Q) = C_1 + C_2(Q).$$

固定成本主要包括生产设备折旧、工人工资及一些不变的因素. 可变成本主要包括原材料费、水电费、工人的工资奖金、库存费用及贷款利息等因产量变化而变化的因素.

平均成本函数为

$$\overline{C} = \overline{C}(Q) = \frac{C_1}{Q} + \frac{C_2}{Q}.$$

平均成本函数即为生产每个单位产品所需要的费用. 平均成本会因为生产地点、批量大小及人员工资水平等因素的变化而变化. 例如发达国家把工厂迁移到其他国家,即可赚取廉价劳动力所剩余的资金,从而使生产成本降低,利润增加;另外,大批量连续生产也可以降低成本.

2. 价格函数

商品的价格与市场的供求情况有非常密切的关系. 一般来说,价格是销售量的函数. 设 P 为价格, Q 为销售量,则价格函数为

$$P = P(Q).$$

3. 需求函数

在市场上,商品的需求情况也影响着价格的定位,同时商品的价格又直接影响着市场的需求情况. 有时,我们也把需求量看做是价格的函数. 一般的,需求量是随着价格的提高而减少的. 需求函数为

$$Q = Q(P).$$

需求函数与价格函数互为反函数.

例 1-14 设某批发站批发 10 000 只某种牌号的手表给零售商时,该种手表的定价为 70 元,若批发站每次多批发 3000 只该种手表,市场上该种手表的价格就相应地降低 3 元. 现批发站最多只能批发 20 000 只手表给零售商,最小销量为 10 000 只. 试求销售量对价格的影响(即价格函数).

解 设 Q 代表手表总销售量,则 $Q \in [10\,000, 20\,000]$. 多销售 $(Q - 10\,000)$ 只,按每多销售 3000 只,价格相应减少 3 元的比例,价格相应减少 $3 \times \dfrac{Q - 10\,000}{3000}$ 元. 故价格函数为

$$P = 70 - 3 \times \frac{Q - 10\,000}{3000},$$

即 $P = 70 - \dfrac{Q - 10\,000}{1000} = 80 - \dfrac{Q}{1000}$, $Q \in [10\,000, 20\,000]$.

4. 收益函数

收益是指生产者出售商品的收益. 设 R 为总收益, $\overline{R}$ 为平均收益,则有

总收益函数
$$R = R(Q) = QP(Q),$$

平均收益函数
$$\bar{R} = \bar{R}(Q) = \frac{R(Q)}{Q} = P(Q).$$

5. 利润函数

收益与成本之差就是利润，设 L 表示利润，则利润函数为
$$L = L(Q) = R(Q) - C(Q).$$

例 1-15　某商店销售某种季节性商品，以 P_1 元的价格购进，在当季可以 P_2 元的价格售出；若过季节，则需以 P_3 元的价格降价售完. 求经销该商品的利润函数.

解　经销该商品的利润，在进货量一定的情况下，主要取决于以 P_2 元的价格售出的数量. 设以 P_2 元的价格销售的数量为 x 件，利润为 L，下面就两种情况进行讨论.

(1) 在该季节，若供大于求（即 $Q > x$），相应于 P_2 和 P_3 的销售量分别为 x 和 $Q-x$，则
$$L = P_2 x + P_3(Q - x) - P_1 Q = (P_2 - P_3)x + (P_3 - P_1)Q.$$

(2) 若供不应求（即 $Q \leqslant x$），则
$$L = P_2 Q - P_1 Q = (P_2 - P_1)Q.$$

所以利润函数为
$$L = \begin{cases} (P_2 - P_3)x + (P_3 - P_1)Q, & 0 \leqslant x < Q \\ (P_2 - P_1)Q, & Q \leqslant x \end{cases}.$$

6. 单利与复利

利息是使用资金应付出的代价，利率是利息所占本金的百分比，我们熟悉的计息方式主要有单利与复利两种.

(1) 单利：仅按本金计算利息，利息本身不再支付利息的计息方式.

假设本金为 P，年利率为 r，n 年后的本利和为
$$A = P(1 + nr) \text{（单利公式）}.$$

例 1-16　若一笔存款本金为 1000 元，年利率为 10%，期限为 3 年，求 3 年后的本利和为多少.

解　由单利公式得 $A = 1000 \times (1 + 3 \times 10\%) = 1300$（元），即 3 年后的本利和为 1300 元.

(2) 复利：即本金要逐年计息，利息也要逐年生息，俗称"利滚利".

假设本金为 P，年利率为 r，n 年后的本利和为
$$F = P(1 + r)^n \text{（复利公式）}.$$

例 1-17　某企业进行技术改造向银行借款 10 万元，年利率 5%. 第二年年末还清. 按复利计算第二年年末需向银行偿还本利共多少万元？

解　由复利公式得　$F = 10 \times (1 + 5\%)^2 = 11.025$（万元），即第二年年末需向银行偿还本利和共 11.025 万元.

六、建立函数关系举例

在解决实际问题时，通常要先建立问题中的函数关系，然后进行分析和计算. 下面举一些简单的实例，说明建立函数关系的过程.

例 1-18　设有一块边长为 a 的正方形薄板，将它的四角各截去一个边长相等的小正方形，四边折起后制作一只无盖盒子，试将盒子的体积表示成小正方形边长的函数，如图 1-8 所示.

解　设截去的小正方形边长为 x，盒子的体积为 V，则盒子的底面积为 $(a - 2x)^2$，高

为 x ，所求函数关系为

$$V = x(a - 2x)^2 , \ x \in \left(0, \ \frac{a}{2}\right).$$

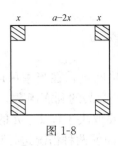

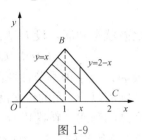

图 1-8 　　　　　　　　　　　　　　图 1-9

例 1-19　由直线 $y = x$，$y = 2 - x$ 及 x 轴所围的等腰三角形 OBC，如图 1-9 所示，在底边 $[0, 2]$ 上任取一点 x，过 x 作垂直于 x 轴的直线，将图上阴影部分的面积表示成 x 的函数.

解　设阴影部分的面积为 A，

当 $x \in [0, 1)$ 时，$A = \dfrac{1}{2}x^2$；

当 $x \in [1, 2]$ 时，$A = 1 - \dfrac{1}{2}(2 - x)^2$；

所以　　　　　　　$A = \begin{cases} \dfrac{1}{2}x^2, \ x \in [0, 1) \\ 2x - \dfrac{1}{2}x^2 - 1, \ x \in [1, 2] \end{cases}$.

例 1-20　脉冲发生器发出一个三角形脉冲波如图 1-10 所示，求电压 u（V）和时间 t（μs）之间的函数关系.

解　在 0～10（μs）这段时间内，电压 u 由 0（V）直线上升到 15（V），在这段时间内电压 u 和时间 t 的函数关系为

$$u = \frac{15}{10}t = 1.5t , \ t \in [0, 10).$$

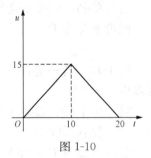

图 1-10

在 10～20（μs）这段时间内，电压 u 由 15（V）降至 0（V），此时电压 u 和时间 t 的函数关系为

$$u = -\frac{15}{10}t + 30 = -1.5t + 30 , \ t \in [10, 20].$$

所以，电压 u 和时间 t 之间的函数关系为

$$u = \begin{cases} 1.5t, \ & 0 \leqslant t < 10 \\ -1.5t + 30, \ & 10 \leqslant t \leqslant 20 \end{cases}.$$

例 1-21　工厂生产某种产品，每日最多生产 100 单位．它的日固定成本为 130 元，生产一个单位产品的可变成本为 6 元，求该厂日总成本函数及平均成本函数．（注：日总成本为固定成本与可变成本之和）

解　日总成本函数 $C = 6m + 130$，$0 \leqslant m \leqslant 100$，$m \in \mathbf{N}$.

平均成本函数 $\overline{C} = \dfrac{1}{m}(6m + 130)$，$1 \leqslant m \leqslant 100$，$m \in \mathbf{Z}^+$，$m$ 为产品数量.

建立函数关系式时，首先应弄清题意，确定变量和常量；其次，分清变量中哪些作为自

变量，哪些作为函数，并用习惯的字母表示之；然后，把变量固定下来，利用所掌握的知识列出变量之间的等量关系式并进行化简；最后，应根据实际情况写出函数的定义域.

习题 1-1

1. 判断下列各组函数是否相同？并说明理由.

  (1) $f(x) = x$，$g(x) = \sqrt{x^2}$；   (2) $f(x) = \lg x^2$，$g(x) = 2\lg x$.

2. 求下列函数的定义域.

  (1) $y = \sqrt{3x + 2}$；   (2) $y = \sqrt{x + 2} + \dfrac{1}{1 - x^2}$.

3. 求下列函数的反函数.

  (1) $f(x) = x^2 \, (0 \leqslant x < +\infty)$； (2) $f(x) = 2^x + 1$.

4. 判断下列函数的奇偶性.

  (1) $y = x^2(1 - x^2)$；   (2) $y = \tan x$.

5. 指出下列函数的周期.

  (1) $y = \sin 3x$；   (2) $y = \dfrac{1}{3}\tan x$.

6. 设 $f(x) = 2x^2 + 2x - 4$，求 $f(1)$，$f(x^2)$，$f(a) + f(b)$.

7. 指出下列函数的复合过程.

  (1) $y = \cos 5x$；   (2) $y = \sin^8 x$；

  (3) $y = 3^{\sin x}$；   (4) $y = e^{\sin\frac{1}{x}}$.

8. 用铁皮做一个容积为 V 的圆柱形罐头筒，试将它的表面积表示为底半径的函数，并求其定义域.

9. 国际航空信件的邮资标准是 10g 以内邮资 4 元，超过 10g 的部分每 g 收取 0.3 元，且信件重量不能超过 200g，试求邮资 y 与信件重量 x 的函数关系.

10. 设 $M(x, y)$ 是曲线 $y = x^2$ 上的动点，如图 1-11 所示，试问：

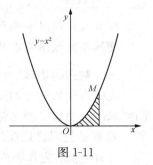

图 1-11

  (1) 弧 $\overparen{OM}$ 的长度是不是 x 的函数？

  (2) 图 1-11 中阴影部分的面积是不是 x 的函数？

  (3) 若是 x 的函数，它们的单调性又如何？

11. 设火车从甲站出发，以 0.5km/min^2 的匀加速度前进，经过 2min 后开始匀速行驶，再经过 7min 后以 0.5km/min^2 匀减速到达乙站，试将火车在这段时间内所行驶的路程 s 表示为时间 t 的函数.

习题 1-1 参考答案

1. (1) 不同，对应法则不同；(2) 不同，定义域不同.

2. (1) $\left[-\dfrac{2}{3}, +\infty\right)$；(2) $[-2, -1) \cup (-1, 1) \cup (1, +\infty)$.

3. （1）$y=\sqrt{x}$ ；（2）$y=\log_2(x-1)$.

4. （1）偶函数；（2）奇函数 .

5. （1）$\dfrac{2}{3}\pi$ ；（2）π .

6. $f(1)=0$ ；$f(x^2)=2x^4+2x^2-4$ ；

$f(a)+f(b)=2a^2+2a+2b^2+2b-8$.

7. （1）$y=\cos u$ ，$u=5x$ ；（2）$y=u^8$ ，$u=\sin x$ ；（3）$y=3^u$ ，$u=\sin x$ ；

（4）$y=\mathrm{e}^u$ ，$u=\sin v$ ，$v=\dfrac{1}{x}$

8. $S=2\pi r^2+\dfrac{2V}{r}$ ，$r\in(0,+\infty)$.

9. $y=\begin{cases}4, & 0<x\leqslant10\\ 4+0.3(x-10), & 10<x\leqslant200\end{cases}$.

10. （1）是；（2）是；（3）都是单调递增 .

11. $s=\begin{cases}0.25t^2, & 0\leqslant t\leqslant2\\ t-1, & 2<t\leqslant9\\ 8+(t-9)-0.25(t-9)^2, & 9<t\leqslant11\end{cases}$.

第二节 极 限 的 概 念

学习目标

理解数列极限和函数极限的概念；

理解函数极限存在的充要条件 .

一、数列的极限

我国古代数学家刘徽提出了利用圆内接正多边形的面积推算圆面积的方法——割圆术 . 割圆术的思想是"割之弥细，所失弥少，割之又割，以至于不可割，则与圆周合体而无所失矣" . 这就是极限思想在几何上的应用 .

设有一圆，先作圆内接正六边形，其面积记为 a_1 ，再作圆内接正十二边形，其面积记为 a_2 ，再作圆内接正二十四边形，其面积记为 a_3 ，…，如此循环下去，每次边数加倍，把圆内接正 $6\times2^{n-1}$ 边形的面积记为 a_n ，这样得到一个数列

$$a_1, a_2, a_3, \cdots, a_n, \cdots$$

当 n 越大，内接正多边形与圆的差别就越小 . 但是，无论 n 取得如何大，只要 n 确定，a_n 终究只是正多边形的面积，而不是圆的面积 . 因此，可以想象当 n 无限增大，即内接正多边形的边长数无限增加，在这个过程中，内接正多边形无限趋近于圆，同时 a_n 也无限趋近于一个确定的值，这个确定的值就理解为圆的面积 .

1. 数列的概念

定义 1.5 数列是定义在正整数集上的函数，是一列有序的数

$$u_1, u_2, \cdots, u_n, \cdots$$

记为 $\{u_n\}$. 数列中的每一个数称为数列的项，第 n 项 u_n 称为数列的通项（或一般项）.

几何上，数列 $\{u_n\}$ 可以看作一个动点在数轴上运动的不同位置值，如图 1-12 所示.

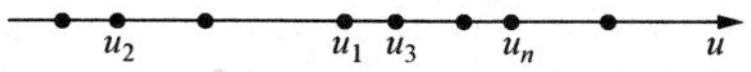

以下数列

图 1-12

1）$\dfrac{1}{2}$，$\dfrac{2}{3}$，$\dfrac{3}{4}$，$\cdots$，$\dfrac{n}{n+1}$ $\cdots$；

2）2，4，8，$\cdots$，2^n，$\cdots$；

3）$\dfrac{1}{2}$，$\dfrac{1}{4}$，$\dfrac{1}{8}$，$\cdots$，$\dfrac{1}{2^n}$，$\cdots$；

4）1，-1，1，$\cdots$，$(-1)^{n+1}$，$\cdots$；

5）2，$\dfrac{1}{2}$，$\dfrac{4}{3}$，$\cdots$，$\dfrac{n+(-1)^{n-1}}{n}$，$\cdots$.

的通项分别为

$$\frac{n}{n+1}，2^n，\frac{1}{2^n}，(-1)^{n+1}，\frac{n+(-1)^{n-1}}{n}.$$

2. 数列的极限

对于一个数列，我们主要关心当 n 无限增大时，数列的变化趋势.

定义 1.6 对于数列 $\{u_n\}$，如果 n 无限增大时，通项 u_n 无限接近于某个确定的常数 A，则称该数列的极限为 A，或称数列 $\{u_n\}$ 收敛于 A，记作

$$\lim_{n\to\infty} u_n = A \text{ 或 } u_n \to A \ (n\to\infty).$$

若数列 $\{u_n\}$ 的极限不存在，则称该数列发散.

例 1-22 观察下列数列的极限.

(1) $\{u_n\} = \{C\}$（C 为常数）；　　(2) $\{u_n\} = \left\{\dfrac{n}{n+1}\right\}$；　　(3) $\{u_n\} = \left\{\dfrac{1}{2^n}\right\}$；

(4) $\{u_n\} = \{(-1)^{n+1}\}$；　　　　(5) $\{2n\}$.

解 观察数列在 $n\to\infty$ 时的变化趋势，可得

(1) $\lim\limits_{n\to\infty} C = C$；

(2) $\lim\limits_{n\to\infty} \dfrac{n}{n+1} = 1$；

(3) $\lim\limits_{n\to\infty} \dfrac{1}{2^n} = 0$；

(4) $\lim\limits_{n\to\infty} (-1)^{n+1}$ 不存在，该数列发散；

(5) 当 $n\to\infty$ 时，$2n$ 无限增大，该数列也发散.

二、函数的极限

在数列极限中，自变量的变化趋势只有 $n\to\infty$ 一种，而函数 $y=f(x)$ 中自变量 x 的变化趋势较为复杂.

1. $x\to\infty$ 时函数 $f(x)$ 的极限

$|x|$ 无限增大，记为 $x\to\infty$，包括：$x>0$ 且 $|x|$ 无限增大（记为 $x\to+\infty$）与 $x<0$ 且 $|x|$ 无限增大（记为 $x\to-\infty$）两种情形.

例 1-23 观察当 $x\to\infty$ 时函数 $y=\dfrac{1}{x}$ 的变化趋势.

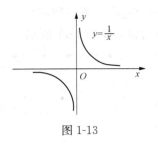

图 1-13

解　如图 1-13 所示，当 $x \to -\infty$ 时，$\dfrac{1}{x} \to 0$；

当 $x \to +\infty$ 时，$\dfrac{1}{x} \to 0$，故当 $x \to \infty$ 时，$\dfrac{1}{x} \to 0$.

定义 1.7　设函数 $f(x)$ 在 $|x|$ 大于某一正数时有定义. 如果 $|x|$ 无限增大时，函数 $f(x)$ 无限趋近于确定的常数 A，则称 A 为 $x \to \infty$ 时函数 $f(x)$ 的极限，记作

$$\lim_{x \to \infty} f(x) = A \text{ 或 } f(x) \to A (x \to \infty).$$

若当 $x \to +\infty$（或 $x \to -\infty$）时，函数趋近于确定的常数 A，分别记为

$$\lim_{x \to +\infty} f(x) = A \text{ 或 } \lim_{x \to -\infty} f(x) = A.$$

定理 1.1　$\lim\limits_{x \to \infty} f(x) = A$ 的充分必要条件是 $\lim\limits_{x \to +\infty} f(x) = \lim\limits_{x \to -\infty} f(x) = A$.

例 1-24　观察下列函数的图像（见图 1-14），并填空.

(1) $\lim\limits_{x \to (\ )} \mathrm{e}^x = 0$；

(2) $\lim\limits_{x \to +\infty} \mathrm{e}^{-x} = (\quad)$；

(3) $\lim\limits_{x \to (\ )} \arctan x = \dfrac{\pi}{2}$；

(4) $\lim\limits_{x \to -\infty} \arctan x = (\quad)$.

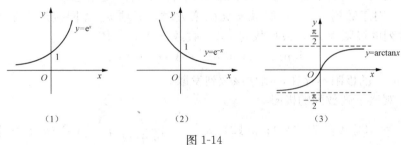

(1)　　　　　　　　(2)　　　　　　　　(3)

图 1-14

解　观察函数图像可以看出

(1) $\lim\limits_{x \to -\infty} \mathrm{e}^x = 0$；

(2) $\lim\limits_{x \to +\infty} \mathrm{e}^{-x} = 0$；

(3) $\lim\limits_{x \to +\infty} \arctan x = \dfrac{\pi}{2}$；

(4) $\lim\limits_{x \to -\infty} \arctan x = -\dfrac{\pi}{2}$.

2. $x \to x_0$ 时函数 $f(x)$ 的极限

例 1-25　观察当 $x \to 1$ 时，函数 $y = \dfrac{x^2 - 1}{x - 1}$ 的变化趋势.

解　如图 1-15 所示，该函数在点 $x = 1$ 处无定义，但 $x \to 1$ 时，却有 $y \to 2$.

定义 1.8　设函数 $f(x)$ 在 x_0 的某去心邻域 $U(\hat{x}_0, \delta)$ 内有定义，当自变量 x 在 $U(\hat{x}_0, \delta)$ 内无限接近于 x_0 时，相应的函数值无限接近于确定的常数 A，则称 A 为 $x \to x_0$ 时函数 $f(x)$ 的极限，记作

$$\lim_{x \to x_0} f(x) = A \text{ 或 } f(x) \to A (x \to x_0).$$

由例 1-25 可知，函数 $f(x)$ 在 x_0 处的极限是否存在与该函数在 x_0 处是否有定义无关.

有时我们仅需考虑自变量 x 大于 x_0 而趋向于 x_0（或 x 小于 x_0 而趋向于 x_0）时，函数 $f(x)$ 趋向于 A 的极限，此时称 A 是 $x \to x_0$ 时函数 $f(x)$ 的右极限（或左极限），记作

$$\lim_{x \to x_0^+} f(x) = A \left(\lim_{x \to x_0^-} f(x) = A \right) \text{ 或 } f(x_0 + 0) = A \left(f(x_0 - 0) = A \right).$$

定理 1.2 $\lim\limits_{x \to x_0} f(x) = A$ 的充分必要条件是 $\lim\limits_{x \to x_0^+} f(x) = \lim\limits_{x \to x_0^-} f(x) = A$.

例 1-26 设 $f(x) = \begin{cases} -x, & x < 0 \\ 1, & x = 0 \\ x, & x > 0 \end{cases}$，画出函数的图形，求 $\lim\limits_{x \to 0^-} f(x)$，$\lim\limits_{x \to 0^+} f(x)$，并讨论 $\lim\limits_{x \to 0} f(x)$ 是否存在.

解 由图 1-16 可以看出

$$\lim_{x \to 0^-} f(x) = 0 , \lim_{x \to 0^+} f(x) = 0$$

由定理 1.2 可得

$$\lim_{x \to 0} f(x) = 0 .$$

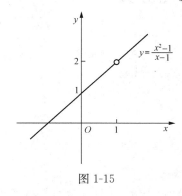

图 1-15

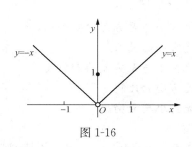

图 1-16

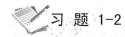

习 题 1-2

1. 观察以下数列当 $n \to \infty$ 时的变化趋势，指出哪些有极限？极限是什么？哪些无极限，为什么？

(1) $x_n = \dfrac{100}{n}$；　　　　　　(2) $x_n = (-1)^n \dfrac{1}{2^n}$；　　　　　　(3) $x_n = \dfrac{n+1}{n}$；

(4) $x_n = 1 + (-1)^n$；　　(5) $x_n = (-1)^n n$；　　　　　　(6) $x_n = \sqrt{n} + 1$.

2. 设函数 $f(x) = \begin{cases} x^2, & x > 0 \\ x, & x \leqslant 0 \end{cases}$，

(1) 做出函数 $f(x)$ 的图像；

(2) 求 $\lim\limits_{x \to 0^-} f(x)$ 及 $\lim\limits_{x \to 0^+} f(x)$；

(3) 当 $x \to 0$ 时，$f(x)$ 的极限存在吗？

3. 设函数 $f(x) = \begin{cases} 4x, & -1 < x < 1 \\ 3, & x = 1 \\ 4x^2, & 1 < x < 2 \end{cases}$，求 $\lim\limits_{x \to 0} f(x)$，$\lim\limits_{x \to 1} f(x)$，$\lim\limits_{x \to \frac{3}{2}} f(x)$.

4. 设函数 $f(x) = \begin{cases} 2x - 2, & x < 0 \\ 0, & x = 0 \\ x + 2, & x > 0 \end{cases}$，做出这个函数的图像，并求 $\lim\limits_{x \to 0^-} f(x)$，$\lim\limits_{x \to 0^+} f(x)$ 和 $\lim\limits_{x \to 0} f(x)$.

习 题 1-2   参考答案

1. （1）极限为 0；（2）极限为 0；（3）极限为 1；（4）无极限；（5）无极限；（6）无极限．
2. （1）图略；（2）0，0；（3）存在，0．
3. 0，4，9．
4. −2，2，不存在．

第三节   无穷小与无穷大

学习目标

理解无穷小与无穷大的概念；

理解无穷小的性质；

理解无穷小与无穷大的倒数关系；

了解无穷小的比较．

一、无穷小与无穷大

1. 无穷小

定义 1.9　若函数 $\alpha(x)$ 在 x 的某种变化趋势下极限为零，则称函数 $\alpha(x)$ 为该趋势下的**无穷小量**，简称**无穷小**．

例如，函数 $\alpha(x)=x-x_0$，当 $x\rightarrow x_0$ 时，$\alpha(x)\rightarrow 0$，所以 $\alpha(x)=x-x_0$ 是当 $x\rightarrow x_0$ 时的无穷小量．又如 $\alpha(x)=\dfrac{1}{2x}$，它是当 $x\rightarrow\infty$ 时的无穷小量．而 $\alpha(x)=a^{-x}(a>1)$ 是当 $x\rightarrow+\infty$ 时的无穷小量．

注意：（1）不要将无穷小量与很小的数混为一谈，零是常数中唯一的无穷小；

　　　　（2）讨论无穷小不能离开自变量的变化趋势．

例 1-27　下列函数在什么变化过程下是无穷小？

(1) $y=\dfrac{1}{x-1}$；(2) $y=2x-4$；(3) $y=2^x$；(4) $y=\left(\dfrac{1}{4}\right)^x$．

解　(1) 因为 $\lim\limits_{x\rightarrow\infty}\dfrac{1}{x-1}=0$，所以当 $x\rightarrow\infty$ 时，$\dfrac{1}{x-1}$ 为无穷小；

(2) 因为 $\lim\limits_{x\rightarrow 2}(2x-4)=0$，所以当 $x\rightarrow 2$ 时，$2x-4$ 为无穷小；

(3) 因为 $\lim\limits_{x\rightarrow-\infty}2^x=0$，所以当 $x\rightarrow-\infty$ 时，2^x 为无穷小；

(4) 因为 $\lim\limits_{x\rightarrow+\infty}\left(\dfrac{1}{4}\right)^x=0$，所以当 $x\rightarrow+\infty$ 时，$\left(\dfrac{1}{4}\right)^x$ 为无穷小．

2. 无穷大

定义 1.10　在 x 的某种变化趋势下，若函数 $f(x)$ 的绝对值无限增大，则称函数 $f(x)$ 为该趋势下的**无穷大量**，简称**无穷大**．

例如，$\lim\limits_{x\rightarrow 1}\dfrac{1}{x-1}=\infty$，$\lim\limits_{x\rightarrow\infty}x^3=\infty$．

注意：（1）不要将无穷大量与很大的数混为一谈；

（2）讨论无穷大不能离开自变量的变化趋势．

3. 无穷小与无穷大的关系

定理 1.3 在自变量的同一变化过程中，如果函数 $f(x)$ 为无穷大，则 $\dfrac{1}{f(x)}$ 为无穷小；

反之，如果 $f(x)$ 为无穷小，且 $f(x) \neq 0$，则 $\dfrac{1}{f(x)}$ 为无穷大．

例 1-28 下列函数在什么变化过程下是无穷大？

（1）$y = \dfrac{1}{x-1}$；（2）$y = 2x - 1$；（3）$y = \ln x$；（4）$y = 2^x$．

解（1）因为 $\lim\limits_{x \to 1}(x-1) = 0$，即当 $x \to 1$ 时，$x - 1$ 为无穷小，所以当 $x \to 1$ 时，$\dfrac{1}{x-1}$ 为无穷大；

（2）因为 $\lim\limits_{x \to \infty} \dfrac{1}{2x-1} = 0$，即当 $x \to \infty$ 时，$\dfrac{1}{2x-1}$ 为无穷小，所以当 $x \to \infty$ 时，$2x - 1$ 为无穷大；

（3）因为 $\lim\limits_{x \to +\infty} \ln x = +\infty$，$\lim\limits_{x \to 0^+} \ln x = -\infty$，所以当 $x \to +\infty$ 和 $x \to 0^+$ 时，$\ln x$ 都是无穷大；

（4）因为 $\lim\limits_{x \to +\infty} 2^x = +\infty$，所以当 $x \to +\infty$ 时，2^x 为无穷大．

例 1-29 求 $\lim\limits_{x \to 1} \dfrac{x^2 - 3}{x^2 - 5x + 4}$．

解 所给函数分子的极限不为零，而分母的极限为零，因此不能直接运用极限四则运算法则（3）．先计算其倒数的极限

$$\lim_{x \to 1} \frac{x^2 - 5x + 4}{x^2 - 3} = \frac{\lim\limits_{x \to 1}(x^2 - 5x + 4)}{\lim\limits_{x \to 1}(x^2 - 3)} = \frac{0}{-2} = 0.$$

再运用无穷小与无穷大的关系得

$$\lim_{x \to 1} \frac{x^2 - 3}{x^2 - 5x + 4} = \infty.$$

4. 函数、极限与无穷小的关系

定理 1.4 在自变量的某种变化过程中，函数 $f(x)$ 以 A 为极限的充要条件是，函数 $f(x)$ 可以表示为常数 A 与一个无穷小的和，即 $\lim f(x) = A \Leftrightarrow f(x) = A + \alpha(x)$，其中，$\alpha(x)$ 为同一变化过程下的无穷小．

二、无穷小的性质

性质 1.1 有限个无穷小的代数和是无穷小．

性质 1.2 有限个无穷小之积是无穷小．

性质 1.3 有界函数与无穷小的乘积是无穷小．

例 1-30 求 $\lim\limits_{x \to 0} x^3 \sin \dfrac{1}{x}$．

解 因为 $\lim\limits_{x \to 0} x^3 = 0$，所以 x^3 为 $x \to 0$ 时的无穷小，又因为 $\left| \sin \dfrac{1}{x} \right| \leqslant 1$，即 $\sin \dfrac{1}{x}$ 为有

界函数. 因此, 根据性质 1.3, $x^3 \sin \frac{1}{x}$ 仍为 $x \to 0$ 时的无穷小, 即

$$\lim_{x \to 0} x^3 \sin \frac{1}{x} = 0 .$$

三、无穷小的比较

定义 1.11 设 $\alpha = \alpha(x)$ 和 $\beta = \beta(x)$ 均为自变量同一变化过程中的无穷小量,

若 $\lim \frac{\beta}{\alpha} = 0$, 则称 β 是比 α 高阶的无穷小, 记 $\beta = o(\alpha)$;

若 $\lim \frac{\beta}{\alpha} = \infty$, 则称 β 是比 α 低阶的无穷小;

若 $\lim \frac{\beta}{\alpha} = c \neq 0$, 则称 β 与 α 是同阶无穷小, 记 $\beta = O(\alpha)$ 或 $\beta \sim c\alpha$;

若 $\lim \frac{\beta}{\alpha} = 1$, 则称 β 与 α 是等价无穷小, 记 $\beta \sim \alpha$.

例如, $x \to 0$ 时, $x^2 = o(3x)$, $\sin x = O(3x)$, $\sin x \sim x$.

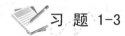 习 题 1-3

1. 指出下列各题中, 哪些是无穷大, 哪些是无穷小.

(1) $\dfrac{1+2x}{x}$ ($x \to 0$ 时);　　　　(2) $\dfrac{1+2x}{x^2}$ ($x \to \infty$ 时);

(3) $\tan x$ ($x \to 0$ 时);　　　　　　(4) $\dfrac{x+1}{x^2-9}$ ($x \to 3$ 时).

2. 当 $x \to 0^+$ 时, x 是 $e^{\sqrt{x}} - 1$ 的_____阶无穷小.

3. 当 $x \to 0$ 时, $\sin x$ 是 $e^{2x} - 1$ 的_____阶无穷小.

4. 求下列极限.

(1) $\lim\limits_{x \to 0} x \sin \dfrac{1}{x}$;　　　　　　(2) $\lim\limits_{x \to \infty} \dfrac{\cos x}{\sqrt{1+x^2}}$;

(3) $\lim\limits_{x \to 0} \dfrac{1 - \cos x}{\sin x^3}$;　　　　　(4) $\lim\limits_{x \to 0} \dfrac{e^x - 1}{2x}$.

5. 当 $x \to 0$ 时, $1 - \cos^2 x$ 与 $a \sin^2 \dfrac{x}{2}$ 为等价无穷小, 则 $a =$ _____.

6. 设 $\varphi(x) = \dfrac{1-x}{1+x}$, $\phi(x) = 1 - \sqrt[3]{x}$, 则当 $x \to 1$ 时, $\varphi(x)$ 是 $\phi(x)$ 的_____无穷小.

7. 求下列极限

(1) $\lim\limits_{x \to \infty} \dfrac{x - \cos x}{x}$;　　　　　(2) $\lim\limits_{n \to \infty} \left[1 + \dfrac{(-1)^n}{n} \right]$;

(3) $\lim\limits_{x \to 0} \dfrac{1 - \cos x}{x \sin x}$;　　　　　(4) $\lim\limits_{x \to 0^-} \dfrac{\sin ax}{\sqrt{1 - \cos x}}$ ($a \neq 0$).

习 题 1-3 参考答案

1. （1）无穷大；（2）无穷小；（3）无穷小；（4）无穷大；

2. 高阶．ㅤ3. 同阶．

4. （1）0；（2）0；（3）∞；（4）$\dfrac{1}{2}$．

5. $a = 4$. ㅤㅤㅤㅤ6. 同阶．

7. （1）1；（2）1；（3）$\dfrac{1}{2}$；（4）$-\sqrt{2}a$．

第四节 极限的运算

学习目标

熟练掌握求极限的基本方法；

理解并掌握极限的运算法则；

熟练掌握两个重要极限；

会用两个重要极限求一些极限的值．

一、极限的运算

1. 极限的四则运算法则

设在自变量的同一变化过程中，$\lim f(x)$ 与 $\lim g(x)$ 都存在，则有

（1）$\lim[f(x) \pm g(x)] = \lim f(x) \pm \lim g(x)$；

（2）$\lim[f(x) \cdot g(x)] = \lim f(x) \cdot \lim g(x)$；

（3）$\lim \dfrac{f(x)}{g(x)} = \dfrac{\lim f(x)}{\lim g(x)}$，（$\lim g(x) \neq 0$）．

注：（1）对 $x \to x_0$，$x \to \infty$ 等情形，法则都成立；

ㅤㅤ（2）对于数列极限该法则也成立；

ㅤㅤ（3）法则（1）和法则（2）均可推广至有限个函数的情形．

2. 极限运算举例

例 1-31ㅤ求 $\lim\limits_{x \to 2}(3x^2 - 4x + 2)$．

解ㅤㅤ$\lim\limits_{x \to 2}(3x^2 - 4x + 2) = 3(\lim\limits_{x \to 2}x)^2 - 4\lim\limits_{x \to 2}x + \lim\limits_{x \to 2}2$

ㅤㅤㅤㅤㅤㅤㅤㅤㅤㅤㅤ$= 3 \times 2^2 - 4 \times 2 + 2 = 6$

一般地，有

$$\lim_{x \to x_0}(a_n x^n + a_{n-1}x^{n-1} + \cdots + a_1 x + a_0) = a_n x_0^n + a_{n-1}x_0^{n-1} + \cdots + a_1 x_0 + a_0,$$

即多项式函数在 x_0 处的极限等于该函数在 x_0 处的函数值．

例 1-32ㅤ求 $\lim\limits_{x \to -1} \dfrac{2x^2 + x - 4}{3x^2 + 12}$．

解ㅤ当 $x \to -1$ 时，所给函数的分子和分母的极限都存在，且分母极限

$$\lim_{x \to -1}(3x^2+12)=3\times(-1)^2+12=15\neq 0,$$

所以由极限的四则运算法则（3）及关于多项式函数极限的结论，可得

$$\lim_{x \to -1}\frac{2x^2+x-4}{3x^2+12}=\frac{\lim_{x \to -1}(2x^2+x-4)}{\lim_{x \to -1}(3x^2+12)}=\frac{-3}{15}=-\frac{1}{5}.$$

例 1-33 求 $\lim\limits_{x \to 2}\dfrac{x^2-3x+2}{x^2-x-2}$.

解 所给函数的分子、分母的极限均为 0，这是因为它们都有趋向于 0 的公因子 $x-2$. 将分子分母因式分解之后可约去该不为零的公因子（因为当 $x \to 2$ 时，$x \neq 2$，$x-2 \neq 0$），故

$$\lim_{x \to 2}\frac{x^2-3x+2}{x^2-x-2}=\lim_{x \to 2}\frac{(x-1)(x-2)}{(x+1)(x-2)}=\lim_{x \to 2}\frac{x-1}{x+1}=\frac{\lim_{x \to 2}(x-1)}{\lim_{x \to 2}(x+1)}=\frac{2-1}{2+1}=\frac{1}{3}.$$

例 1-34 求下列极限：

(1) $\lim\limits_{x \to \infty}\dfrac{2x^2+x+1}{6x^2-x+2}$；(2) $\lim\limits_{x \to \infty}\dfrac{2x^3+x+1}{6x^2-x+2}$；(3) $\lim\limits_{x \to \infty}\dfrac{x^2+x+1}{6x^3-x+2}$.

解 (1) $\lim\limits_{x \to \infty}\dfrac{2x^2+x+1}{6x^2-x+2}=\lim\limits_{x \to \infty}\dfrac{2+\dfrac{1}{x}+\dfrac{1}{x^2}}{6-\dfrac{1}{x}+\dfrac{2}{x^2}}=\dfrac{2+0+0}{6-0+0}=\dfrac{1}{3}$；

(2) $\lim\limits_{x \to \infty}\dfrac{2x^3+x+1}{6x^2-x+2}=\lim\limits_{x \to \infty}\dfrac{2+\dfrac{1}{x^2}+\dfrac{1}{x^3}}{6\dfrac{1}{x}-\dfrac{1}{x^2}+\dfrac{2}{x^3}}=\infty$；

(3) $\lim\limits_{x \to \infty}\dfrac{x^2+x+1}{6x^3-x+2}=\lim\limits_{x \to \infty}\dfrac{\dfrac{1}{x}+\dfrac{1}{x^2}+\dfrac{1}{x^3}}{6-\dfrac{1}{x^2}+\dfrac{2}{x^3}}=0.$

在自变量的某种变化过程中，分子、分母都趋于零的极限问题称为"$\dfrac{0}{0}$"型极限；分子、分母都趋于无穷大的极限问题称为"$\dfrac{\infty}{\infty}$"型极限. 对于这两类极限问题均不能直接应用商的运算法则.

一般地，若 $a_n \neq 0$，$b_m \neq 0$，m、n 为正整数，那么

$$\lim_{x \to \infty}\frac{a_n x^n+a_{n-1}x^{n-1}+\cdots+a_1 x+a_0}{b_m x^m+b_{m-1}x^{m-1}+\cdots+b_1 x+b_0}=\begin{cases}0, & m>n\\[2mm]\dfrac{a_n}{b_m}, & m=n\\[2mm]\infty, & m<n\end{cases}.$$

该结论可以作为公式使用，但要注意只适用于 $x \to \infty$，$x \to +\infty$ 或 $x \to -\infty$ 的情形.

例 1-35 计算下列极限：

(1) $\lim\limits_{x \to 2}\left(\dfrac{x^2}{x^2-4}-\dfrac{1}{x-2}\right)$；　　(2) $\lim\limits_{x \to 0}\dfrac{\sqrt{4+x}-2}{x}$.

解 （1）该极限不能直接应用法则（1），经通分得

$$\lim_{x\to2}\left(\frac{x^2}{x^2-4}-\frac{1}{x-2}\right)=\lim_{x\to2}\frac{x^2-x-2}{x^2-4}=\lim_{x\to2}\frac{(x-2)(x+1)}{(x-2)(x+2)}$$

$$=\lim_{x\to2}\frac{x+1}{x+2}=\frac{3}{4}.$$

（2）当 $x\to0$ 时，分子、分母极限均为零，不能直接用法则（3），经分子有理化得

$$\lim_{x\to0}\frac{\sqrt{4+x}-2}{x}=\lim_{x\to0}\frac{(\sqrt{4+x}-2)(\sqrt{4+x}+2)}{x(\sqrt{4+x}+2)}=\lim_{x\to0}\frac{x}{x(\sqrt{4+x}+2)}$$

$$=\lim_{x\to0}\frac{1}{\sqrt{4+x}+2}=\frac{1}{4}.$$

二、两个重要极限

1. $\lim\limits_{x\to0}\dfrac{\sin x}{x}=1.$

关于这个极限，不作理论推导，通过表 1-4 来观察其变化趋势.

表 1-4

x（弧度）	±1.000	±0.100	±0.010	±0.001	…
$\dfrac{\sin x}{x}$	0.841 470 98	0.998 334 17	0.999 983 34	0.999 999 84	…

该重要极限具有以下特点：

（1）极限形式为 " $\dfrac{0}{0}$ " 型；

（2）该极限可推广为 $\lim\limits_{u(x)\to0}\dfrac{\sin u(x)}{u(x)}=1.$

例 1-36　计算下列函数的极限：

（1）$\lim\limits_{x\to0}\dfrac{\sin2x}{x}$；　　　　　　　（2）$\lim\limits_{x\to\infty}x\sin\dfrac{1}{x}$；

（3）$\lim\limits_{x\to0}\dfrac{\tan x}{x}$；　　　　　　　（4）$\lim\limits_{x\to0}\dfrac{\sin3x}{\sin4x}$.

解　（1）$\lim\limits_{x\to0}\dfrac{\sin2x}{x}=2\lim\limits_{2x\to0}\dfrac{\sin2x}{2x}=2\times1=2$；

（2）$\lim\limits_{x\to\infty}x\sin\dfrac{1}{x}=\lim\limits_{\frac{1}{x}\to0}\dfrac{\sin\frac{1}{x}}{\frac{1}{x}}=1$；

（3）$\lim\limits_{x\to0}\dfrac{\tan x}{x}=\lim\limits_{x\to0}\left(\dfrac{\sin x}{x}\cdot\dfrac{1}{\cos x}\right)=\lim\limits_{x\to0}\dfrac{\sin x}{x}\cdot\lim\limits_{x\to0}\dfrac{1}{\cos x}=1\times1=1$；

（4）$\lim\limits_{x\to0}\dfrac{\sin3x}{\sin4x}=\lim\limits_{x\to0}\left(\dfrac{\frac{\sin3x}{3x}}{\frac{\sin4x}{4x}}\cdot\dfrac{3x}{4x}\right)=\dfrac{3}{4}\cdot\dfrac{\lim\limits_{3x\to0}\frac{\sin3x}{3x}}{\lim\limits_{4x\to0}\frac{\sin4x}{4x}}=\dfrac{3}{4}\times\dfrac{1}{1}=\dfrac{3}{4}.$

例 1-37　计算 $\lim\limits_{x\to0}\dfrac{1-\cos x}{x^2}$.

解 $\lim\limits_{x\to 0}\dfrac{1-\cos x}{x^2}=\lim\limits_{x\to 0}\dfrac{2\sin^2\frac{x}{2}}{x^2}=\lim\limits_{x\to 0}\dfrac{1}{2}\cdot\left(\dfrac{\sin\frac{x}{2}}{\frac{x}{2}}\right)^2$

$$=\dfrac{1}{2}\left[\lim\limits_{\frac{x}{2}\to 0}\dfrac{\sin\frac{x}{2}}{\frac{x}{2}}\right]^2=\dfrac{1}{2}\times 1=\dfrac{1}{2}.$$

例 1-38 计算 $\lim\limits_{x\to 0}\dfrac{\cos 3x-\cos x}{x}$.

解 $\lim\limits_{x\to 0}\dfrac{\cos 3x-\cos x}{x}=\lim\limits_{x\to 0}\dfrac{-2\sin 2x\sin x}{x}=-2\cdot\lim\limits_{x\to 0}\sin 2x\cdot\lim\limits_{x\to 0}\dfrac{\sin x}{x}$

$$=-2\times 0\times 1=0.$$

例 1-39 计算 $\lim\limits_{n\to\infty}2^n\sin\dfrac{x}{2^n}$.

解 $\lim\limits_{n\to\infty}2^n\sin\dfrac{x}{2^n}=\lim\limits_{n\to\infty}\dfrac{\sin\frac{x}{2^n}}{\frac{x}{2^n}}\cdot x=x.$

2. $\lim\limits_{x\to\infty}\left(1+\dfrac{1}{x}\right)^x=\mathrm{e}.$

关于这个极限不作理论推导，通过表 1-5 来观察其变化趋势．

表 1-5

x	1	10	100	1000	10 000	100 000	$\cdots$
$\left(1+\dfrac{1}{x}\right)^x$	2	2.593 74	2.704 81	2.716 92	2.718 15	2.718 27	$\cdots$
x	-10	-100	-1000	$-10\,000$	$-100\,000$	$\cdots$	
$\left(1+\dfrac{1}{x}\right)^x$	2.867 97	2.732 00	2.719 64	2.718 42	2.718 28	$\cdots$	

由表 1-5 可以看出，当 $x\to\infty$ 时，$\left(1+\dfrac{1}{x}\right)^x\to\mathrm{e}$，即

$$\lim\limits_{x\to\infty}\left(1+\dfrac{1}{x}\right)^x=\mathrm{e}\ \text{或者}\ \lim\limits_{x\to 0}(1+x)^{\frac{1}{x}}=\mathrm{e}$$

其中 e 为无理数，值为 2.718 28$\cdots$．

该重要极限具有以下特点：

（1）极限形式为"1^∞"型；

（2）该极限可推广为 $\lim\limits_{u(x)\to\infty}\left(1+\dfrac{1}{u(x)}\right)^{u(x)}=\mathrm{e}$．

例 1-40 求下列极限：

（1）$\lim\limits_{x\to\infty}\left(1-\dfrac{1}{x}\right)^x$；　　（2）$\lim\limits_{x\to\infty}\left(1-\dfrac{1}{x}\right)^{3x}$；　　（3）$\lim\limits_{x\to 0}\left(1+\dfrac{x}{3}\right)^{\frac{1}{x}}$．

解 （1） $\lim\limits_{x\to\infty}\left(1-\dfrac{1}{x}\right)^{x}=\lim\limits_{x\to\infty}\left[\left(1-\dfrac{1}{x}\right)^{-x}\right]^{-1}=\left[\lim\limits_{-x\to\infty}\left(1+\dfrac{1}{-x}\right)^{-x}\right]^{-1}=\mathrm{e}^{-1}$ ；

（2） $\lim\limits_{x\to\infty}\left(1-\dfrac{1}{x}\right)^{3x}=\lim\limits_{x\to\infty}\left[\left(1-\dfrac{1}{x}\right)^{x}\right]^{3}=\left[\lim\limits_{x\to\infty}\left(1-\dfrac{1}{x}\right)^{-x}\right]^{-3}=\mathrm{e}^{-3}$ ；

（3） $\lim\limits_{x\to 0}\left(1+\dfrac{x}{3}\right)^{\frac{1}{x}}=\lim\limits_{x\to 0}\left[\left(1+\dfrac{x}{3}\right)^{\frac{3}{x}}\right]^{\frac{1}{3}}=\left[\lim\limits_{\frac{3}{x}\to\infty}\left(1+\dfrac{1}{\dfrac{3}{x}}\right)^{\frac{3}{x}}\right]^{\frac{1}{3}}=\mathrm{e}^{\frac{1}{3}}$.

例 1-41 计算 $\lim\limits_{x\to 0}\sqrt[x]{1-2x}$.

解 $\lim\limits_{x\to 0}\sqrt[x]{1-2x}=\lim\limits_{x\to 0}(1-2x)^{\frac{1}{x}}=\lim\limits_{x\to 0}\left\{\left[1+(-2x)\right]^{\frac{1}{-2x}}\right\}^{-2}=\mathrm{e}^{-2}$.

例 1-42 计算 $\lim\limits_{x\to\infty}\left(\dfrac{2x-3}{2x+8}\right)^{x}$.

解 因为 $\dfrac{2x-3}{2x+8}=\dfrac{2x+8-11}{2x+8}=1-\dfrac{11}{2x+8}$ ，所以令 $u=2x+8$ ，当 $x\to\infty$ 时 $u\to\infty$ ，因此

$$\lim\limits_{x\to\infty}\left(\dfrac{2x-3}{2x+8}\right)^{x}=\lim\limits_{u\to\infty}\left(1-\dfrac{11}{u}\right)^{\frac{u}{2}-4}=\lim\limits_{u\to\infty}\left[\left(1-\dfrac{11}{u}\right)^{\frac{u}{11}\times\left(-\frac{11}{2}\right)}\cdot\left(1-\dfrac{11}{u}\right)^{-4}\right]$$

$$=\lim\limits_{u\to\infty}\left[\left(1-\dfrac{11}{u}\right)^{-\frac{u}{11}}\right]^{-\frac{11}{2}}\cdot\lim\limits_{u\to\infty}\left(1-\dfrac{11}{u}\right)^{-4}=\mathrm{e}^{-\frac{11}{2}}\cdot 1=\mathrm{e}^{-\frac{11}{2}}$$.

例 1-43 计算 $\lim\limits_{x\to+\infty}\left(1-\dfrac{1}{x}\right)^{\sqrt{x}}$.

解法一 $\lim\limits_{x\to+\infty}\left(1-\dfrac{1}{x}\right)^{\sqrt{x}}=\lim\limits_{x\to+\infty}\left(1-\dfrac{1}{\sqrt{x}}\right)^{\sqrt{x}}\left(1+\dfrac{1}{\sqrt{x}}\right)^{\sqrt{x}}=\mathrm{e}^{-1}\cdot\mathrm{e}=1$.

解法二 $\lim\limits_{x\to+\infty}\left(1-\dfrac{1}{x}\right)^{\sqrt{x}}=\lim\limits_{x\to+\infty}\left[\left(1-\dfrac{1}{x}\right)^{-x}\right]^{-\frac{\sqrt{x}}{x}}=\mathrm{e}^{\lim\limits_{x\to+\infty}\left(-\frac{\sqrt{x}}{x}\right)}=\mathrm{e}^{0}=1$.

例 1-44 已知 $\lim\limits_{x\to\infty}\left(\dfrac{x+c}{x-c}\right)^{x}=\mathrm{e}^{4}$ ，则 $c=?$

解 $\lim\limits_{x\to\infty}\left(\dfrac{x+c}{x-c}\right)^{x}=\lim\limits_{x\to\infty}\left(\dfrac{x-c+2c}{x-c}\right)^{x}=\lim\limits_{x\to\infty}\left(1+\dfrac{2c}{x-c}\right)^{\frac{x-c}{2c}\times 2c+c}$

$$=\lim\limits_{x\to\infty}\left[\left(1+\dfrac{2c}{x-c}\right)^{\frac{x-c}{2c}}\right]^{2c}\times\lim\limits_{x\to\infty}\left(1+\dfrac{2c}{x-c}\right)^{c}=\mathrm{e}^{2c}$$ ，

因为 $\mathrm{e}^{2c}=\mathrm{e}^{4}$ ，所以 $c=2$.

三、连续复利

假设本金为 P ，年利率为 r ，每满 $1/m$ 年计息一次，按复利计算，求 n 年后的本利和.

分析：一年计息 m 次，n 年共计息 mn 次，年利率为 r ，则每次计息的利率为 r/m ，由复利公式得 n 年后的本利和为 $F=P\left(1+\dfrac{r}{m}\right)^{mn}$.

若 m 无限增大，即在越来越短的时间内将利息计入本金，其极限就意味着随时将利息计入本金中，根据重要极限，则满 n 年后的本利和为

$$P_n = \lim_{m \to \infty} \left(1 + \frac{r}{m}\right)^{mn} = P e^{nr},$$

即 $P_n = P e^{nr}$（连续复利公式）.

例 1-45 现将 100 元现金投入银行，年利率为 3.3%，分别用复利公式和连续复利公式计算 10 年末的本利和（不扣利息税）.

解 由复利公式得 $F = 100 \times (1 + 3.3\%)^{10} = 138.36$（元），

由连续复利公式得 $P_{10} = 100 \times e^{10 \times 0.033} = 139.10$（元），

由两公式计算 10 年末的本利和分别为 138.36 元和 139.10 元.

例 1-46 某工厂 1993 年的产值为 1000 万元，到 2013 年末产值翻两番，试利用连续复利公式计算该工厂每年产值的平均增长率.

解 由连续复利公式可得 $r = \dfrac{\ln(P_n/P)}{n}$.

已知 $P_n = 4000$，$P = 1000$，$n = 20$，代入上式解得 $r = \dfrac{\ln 4}{20} = 6.93\%$，即所求增长率为 6.93%.

 习 题 1-4

1. 计算下列极限.

(1) $\lim\limits_{x \to -2}(3x^4 - 5x^2 + x - 6)$；

(2) $\lim\limits_{x \to \frac{1}{3}}(27x^2 - 3)(6x + 5)$；

(3) $\lim\limits_{x \to 1} \dfrac{x^2 + 2x + 5}{x^2 + 1}$；

(4) $\lim\limits_{x \to 2} \dfrac{x^2 - 4}{x + 2}$；

(5) $\lim\limits_{x \to 4} \dfrac{x^2 - 6x + 8}{x^2 - 5x + 4}$；

(6) $\lim\limits_{x \to 1}\left(\dfrac{2}{x^2 - 1} - \dfrac{1}{x - 1}\right)$.

2. 计算下列极限.

(1) $\lim\limits_{x \to \infty} \dfrac{2x^2 - 3x + 1}{3x^2 + 1}$；

(2) $\lim\limits_{x \to \infty} \dfrac{4x^3 - 3x^2 + 1}{x^4 + 2x^3 - x + 1}$；

(3) $\lim\limits_{x \to \infty} \dfrac{1 + x^2}{100x}$；

(4) $\lim\limits_{x \to \infty} \dfrac{x(x + 1)}{(x + 2)(x + 3)}$；

(5) $\lim\limits_{x \to \infty}\left(\dfrac{2x}{3 - x} - \dfrac{2}{3x}\right)$；

(6) $\lim\limits_{n \to \infty} \dfrac{1 + 2 + 3 + \cdots + n}{(n + 3)(n + 4)}$.

3. 计算下列极限.

(1) $\lim\limits_{x \to +\infty}(\sqrt{x + 5} - \sqrt{x})$；

(2) $\lim\limits_{x \to \infty}\left(\dfrac{3x}{5 - x} + \dfrac{7}{4x^2} + \dfrac{1 + 2x}{x + 2}\right)$；

(3) $\lim\limits_{n \to \infty}\left(1 + \dfrac{1}{2} + \dfrac{1}{4} + \cdots + \dfrac{1}{2^n}\right)$.

4. 已知 $\lim\limits_{n \to \infty} \dfrac{a^2 + bn - 5}{3n - 2} = 2$，则 $a = $ _____，$b = $ _____.

5. 计算下列极限.

(1) $\lim\limits_{x \to 0} \dfrac{\sin 3x}{x}$；

(2) $\lim\limits_{x \to \infty} x \tan \dfrac{1}{x}$；

(3) $\lim\limits_{x\to 0}(1-x)^{\frac{1}{x}}$;

(4) $\lim\limits_{x\to\infty}\left(\dfrac{1+x}{x}\right)^{2x}$.

6. 计算下列极限.

(1) $\lim\limits_{x\to 0}\dfrac{\sin x^3}{(\sin x)^3}$;

(2) $\lim\limits_{x\to 0^+}\dfrac{x}{\sqrt{1-\cos x}}$;

(3) $\lim\limits_{x\to 0}x\cot 2x$;

(4) $\lim\limits_{x\to 0}\sqrt[x]{1+5x}$;

(5) $\lim\limits_{x\to\infty}\left(\dfrac{x}{1+x}\right)^{x+2}$;

(6) $\lim\limits_{x\to 0}(1+\tan x)^{\cot x}$.

 习 题 1-4 参 考 答 案

1. (1) 20 ; (2) 0 ; (3) 2 ; (4) -4 ; (5) $\dfrac{2}{3}$; (6) $-\dfrac{1}{2}$.

2. (1) $\dfrac{2}{3}$; (2) 0 ; (3) ∞ ; (4) 1 ; (5) -2 ; (6) $\dfrac{1}{2}$.

3. (1) 0 ; (2) -1 ; (3) 2.

4. a 为任意常数,$b=6$.

5. (1) 3 ; (2) 1 ; (3) $\dfrac{1}{e}$; (4) e^2 .

6. (1) 1 ; (2) $\sqrt{2}$; (3) $\dfrac{1}{2}$; (4) e^5 ; (5) $\dfrac{1}{e}$; (6) e.

第五节 函 数 的 连 续 性

学习目标

能表述函数增量的定义;

理解函数的连续性概念;

能表述四则运算和复合运算下的连续性;

会求函数间断点并知道其类型;

了解闭区间上连续函数的性质.

连续是自然界中各种物态连续变化的数学体现,这方面实例可以举出很多,如水的连续流动、身高的连续增长等. 同时,连续也是函数的重要性态之一,它不仅是函数研究的重要内容,也为计算极限开辟了新的途径. 本节将运用极限概念对它加以描述和研究,并在此基础上解决更多的极限计算问题.

一、函数的增量

定义 1.12 设变量 u 从它的初值 u_1 变到终值 u_2,终值与初值的差 u_2-u_1 称为变量 u 的增量,或者改变量,记为 Δu ,即 $\Delta u=u_2-u_1$.

增量 Δu 可正、可负,当 $\Delta u>0$ 时,变量 u 增大;当 $\Delta u<0$ 时,变量 u 减小.

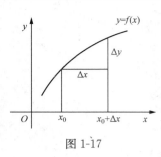

图 1-17

设函数 $y=f(x)$ 在点 x_0 的某邻域内有定义，当自变量 x 在该邻域内由 x_0 变到 $x_0+\Delta x$ 时，函数 y 相应地由 $f(x_0)$ 变到 $f(x_0+\Delta x)$，因此函数 y 的增量为 $\Delta y=f(x_0+\Delta x)-f(x_0)$．如图 1-17 所示．

例 1-47 设 $f(x)=x^2+2x+3$，求函数在 $x_0=1$，$\Delta x=0.1$ 时的增量．

解
$$\Delta y=[(x+\Delta x)^2+2(x+\Delta x)+3]-(x^2+2x+3)$$
$$=2x\Delta x+(\Delta x)^2+2\Delta x,$$

当 $x_0=1$，$\Delta x=0.1$ 时，$\Delta y=2\times1\times0.1+(0.1)^2+2\times0.1=0.41.$

二、函数的连续性

1. 函数在一点的连续性

定义 1.13 设函数 $y=f(x)$ 在 x_0 的某邻域内有定义，如果
$$\lim_{\Delta x\to0}\Delta y=0,$$
则称函数 $y=f(x)$ 在点 x_0 处**连续**，或称 x_0 为函数 $y=f(x)$ 的**连续点**．

若令 $x_0+\Delta x=x$，则当 $\Delta x\to0$ 时，$x\to x_0$，定义 1.13 中的表达式可写为
$$\lim_{x\to x_0}[f(x_0+\Delta x)-f(x_0)]=\lim_{x\to x_0}[f(x)-f(x_0)]=0,$$
即 $\lim\limits_{x\to x_0}f(x)=f(x_0)$．因此，函数 $y=f(x)$ 在点 x_0 连续的定义还可以叙述为

定义 1.14 设函数 $y=f(x)$ 在点 x_0 的某邻域内有定义，若 $\lim\limits_{x\to x_0}f(x)=f(x_0)$，则称函数 $f(x)$ 在点 x_0 连续．

该定义指出函数 $y=f(x)$ 在点 x_0 连续须满足三个条件：

(1) $f(x)$ 在 x_0 有定义；(2) $f(x)$ 在 x_0 有极限；(3) $f(x)$ 在 x_0 的极限值等于在 x_0 的函数值．

定义 1.15 若 $f(x_0-0)=f(x_0)$，则称函数 $f(x)$ 在点 x_0 处**左连续**；若 $f(x_0+0)=f(x_0)$，则称函数 $f(x)$ 在点 x_0 处**右连续**．

由该定义可得函数连续的充要条件：
$$\lim_{x\to x_0}f(x)=f(x_0)\Leftrightarrow f(x_0-0)=f(x_0+0)=f(x_0).$$

2. 函数在区间上的连续性

若函数 $y=f(x)$ 在开区间 (a,b) 内的每一点都连续，则称该函数在开区间 (a,b) 内连续．若函数 $y=f(x)$ 在开区间 (a,b) 内连续，且在左端点 a 处右连续，在右端点 b 处左连续，则称函数 $y=f(x)$ 在闭区间 $[a,b]$ 上连续．

注：对有理分式 $\dfrac{P(x)}{Q(x)}$，若 $Q(x_0)\neq0$，则 $\lim\limits_{x\to x_0}\dfrac{P(x)}{Q(x)}=\dfrac{P(x_0)}{Q(x_0)}$，故有理分式在其定义域内连续．

例 1-48 试证明函数 $f(x)=\begin{cases}2x+1,&x\leqslant0\\\cos x,&x>0\end{cases}$ 在 $x=0$ 处连续．

证明 因为 $\lim\limits_{x\to0^+}f(x)=\lim\limits_{x\to0^+}\cos x=1$，$\lim\limits_{x\to0^-}f(x)=\lim\limits_{x\to0^-}(2x+1)=1$，且 $f(0)=1$，则 $\lim\limits_{x\to0}f(x)$ 存在且 $\lim\limits_{x\to0}f(x)=f(0)=1$，即 $f(x)$ 在 $x=0$ 处连续．

例 1-49 试确定函数 $f(x)=\begin{cases}x\sin\dfrac{1}{x},&x\neq0\\0,&x=0\end{cases}$ 在 $x=0$ 处的连续性．

解 因为 $\lim\limits_{x \to 0} f(x) = \lim\limits_{x \to 0} x \sin \dfrac{1}{x} = 0 = f(0)$，所以 $f(x)$ 在 $x = 0$ 处连续.

三、函数的间断点

由函数的连续性定义可知，函数在点 x_0 处连续，必须有 $\lim\limits_{x \to x_0} f(x) = f(x_0)$，它蕴含了三个条件，由此，我们可以得到函数 $y = f(x)$ 在点 x_0 处间断的定义.

定义 1.16 设函数 $y = f(x)$ 在点 x_0 的某去心邻域内有定义，如果函数 $f(x)$ 有下列三种情形之一：

(1) 函数 $f(x)$ 在点 x_0 处没有定义；

(2) 函数 $f(x)$ 在点 x_0 处有定义，但 $\lim\limits_{x \to x_0} f(x)$ 不存在；

(3) 函数 $f(x)$ 在点 x_0 处有定义，且 $\lim\limits_{x \to x_0} f(x)$ 存在，但 $\lim\limits_{x \to x_0} f(x) \neq f(x_0)$，则称函数 $f(x)$ 在点 x_0 处**不连续或间断**，点 x_0 称为函数 $y = f(x)$ 的**不连续点或间断点**.

间断点分类：如果 x_0 是函数 $f(x)$ 的间断点，且左极限 $\lim\limits_{x \to x_0^-} f(x)$ 和右极限 $\lim\limits_{x \to x_0^+} f(x)$ 都存在，则称 x_0 为函数 $f(x)$ 的**第一类间断点**；若左极限 $\lim\limits_{x \to x_0^-} f(x)$ 和右极限 $\lim\limits_{x \to x_0^+} f(x)$ 至少有一个不存在，则称 x_0 为函数 $f(x)$ 的**第二类间断点**.

若左极限 $\lim\limits_{x \to x_0^-} f(x)$ 和右极限 $\lim\limits_{x \to x_0^+} f(x)$ 都存在且相等，即 $\lim\limits_{x \to x_0^-} f(x) = \lim\limits_{x \to x_0^+} f(x)$，则称 x_0 为函数 $f(x)$ 的**可去间断点**；若左极限 $\lim\limits_{x \to x_0^-} f(x)$ 和右极限 $\lim\limits_{x \to x_0^+} f(x)$ 都存在但不相等，即 $\lim\limits_{x \to x_0^-} f(x) \neq \lim\limits_{x \to x_0^+} f(x)$，则称 x_0 为函数 $f(x)$ 的**跳跃间断点**. 可去间断点可通过修改或补充函数定义使其连续.

例 1-50 函数 $f(x) = \begin{cases} x, & x \neq 1 \\ \dfrac{1}{2}, & x = 1 \end{cases}$，由于 $\lim\limits_{x \to 1} f(x) = \lim\limits_{x \to 1} x = 1$，但 $f(1) = \dfrac{1}{2}$，因此，点 $x = 1$ 是函数 $f(x)$ 的第一类间断点，并且是可去间断点，如图 1-18 所示. 若修改定义：$f(1) = 1$，函数在点 $x = 1$ 处就连续了.

例 1-51 函数 $f(x) = \begin{cases} 2x - 1, & x < 0 \\ 0, & x = 0 \\ 2x + 1, & x > 0 \end{cases}$，由于 $\lim\limits_{x \to 0^+} f(x) = \lim\limits_{x \to 0^+} (2x + 1) = 1$，$\lim\limits_{x \to 0^-} f(x) = \lim\limits_{x \to 0^-} (2x - 1) = -1$，显然 $\lim\limits_{x \to 0^+} f(x) \neq \lim\limits_{x \to 0^-} f(x)$，因此，点 $x = 0$ 是函数 $f(x)$ 的第一类间断点，并且是跳跃间断点，如图 1-19 所示.

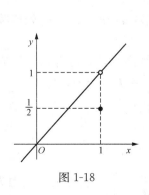

图 1-18

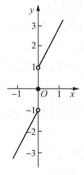

图 1-19

例 1-52　正切函数 $y=\tan x$ 在 $x=\dfrac{\pi}{2}$ 处无定义，且 $\lim\limits_{x\to\frac{\pi}{2}}\tan x=\infty$ ，所以 $x=\dfrac{\pi}{2}$ 是函数 $y=\tan x$ 的第二类间断点，如图 1-20 所示．

例 1-53　函数 $y=\sin\dfrac{1}{x}$ 在 $x=0$ 处的左右极限都不存在，$x=0$ 是第二类间断点，如图 1-21 所示．

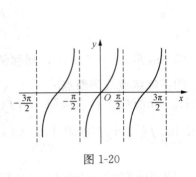

图 1-20

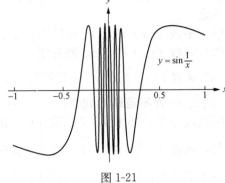

图 1-21

四、初等函数的连续性

1. 基本初等函数的连续性

基本初等函数在其定义域内都是连续的．

指数函数 $y=a^x(a>0,\ a\neq1)$ 在定义域 $(-\infty,\ +\infty)$ 内是连续的．

对数函数 $y=\log_a x(a>0,\ a\neq1)$ 在定义域 $(0,\ +\infty)$ 内是连续的．

幂函数 $y=x^a$ 在其定义域内都是连续的．

三角函数 $y=\sin x$，$y=\cos x$，$y=\tan x$，$y=\cot x$，$y=\sec x$，$y=\csc x$ 在其定义域内都是连续的．

反三角函数 $y=\arcsin x$，$y=\arccos x$，$y=\arctan x$，$y=\text{arccot}\,x$ 在其定义域内都是连续的．

2. 连续函数的和、差、积、商的连续性

定理 1.5　若函数 $f(x)$ 与 $g(x)$ 在点 x_0 处连续，则 $f(x)+g(x)$，$f(x)-g(x)$，$f(x)\cdot g(x)$，$\dfrac{f(x)}{g(x)}\big[\,g(x_0)\neq0\,\big]$ 在该点也连续．

3. 复合函数的连续性

定理 1.6　设函数 $y=f(u)$ 在 u_0 处连续，函数 $u=\varphi(x)$ 在 x_0 处连续，且 $u_0=\varphi(x_0)$，则复合函数 $y=f[\varphi(x)]$ 在 x_0 处连续．

这个定理说明了连续函数的复合函数仍是连续函数，并可得到如下结论：

$$\lim_{x\to x_0}f[\varphi(x)]=f[\varphi(x_0)]=f\Big[\lim_{x\to x_0}\varphi(x)\Big],$$

这表示连续函数的极限符号和函数符号可以交换次序．

例 1-54　求 $\lim\limits_{x\to3}\sqrt{\dfrac{x-3}{x^2-9}}$ ．

解　函数 $\sqrt{\dfrac{x-3}{x^2-9}}$ 是由函数 $y=\sqrt{u}$ 与 $u=\dfrac{x-3}{x^2-9}$ 复合而成，又因为 $\lim\limits_{x\to3}\dfrac{x-3}{x^2-9}=\dfrac{1}{6}$ ，

而 $y=\sqrt{u}$ 在点 $u=\dfrac{1}{6}$ 处连续，所以

$$\lim_{x\to 3}\sqrt{\frac{x-3}{x^2-9}}=\sqrt{\lim_{x\to 3}\frac{x-3}{x^2-9}}=\sqrt{\frac{1}{6}}=\frac{\sqrt{6}}{6}.$$

例 1-55　计算 $\lim\limits_{x\to 0}\dfrac{\ln(1+x)}{x}$.

解　$\lim\limits_{x\to 0}\dfrac{\ln(1+x)}{x}=\lim\limits_{x\to 0}\ln(1+x)^{\frac{1}{x}}=\ln\Big[\lim\limits_{x\to 0}(1+x)^{\frac{1}{x}}\Big]=\ln e=1.$

4. 初等函数的连续性

由基本初等函数的连续性，连续函数的和、差、积、商的连续性以及复合函数的连续性可知：一切初等函数在其定义区间内连续．

今后在求初等函数定义区间内各点的极限时，只要计算它在该点的函数值即可．

例 1-56　求 $\lim\limits_{x\to 0}\sqrt{1-x^2}$.

解　设 $y=\sqrt{1-x^2}$，它是一个初等函数，它的定义区间是 $[-1,1]$，而 $x=0$ 在该区间内，所以

$$\lim_{x\to 0}\sqrt{1-x^2}=\sqrt{1-0}=1.$$

求初等函数的连续区间时，只要求出其定义区间即可．如 $f(x)=\dfrac{x-1}{x^2-1}$ 的连续区间为 $(-\infty,-1)$，$(-1,1)$，$(1,+\infty)$．而求分段函数的连续区间时，则要讨论分段点处的连续性，如 $f(x)=\begin{cases}\mathrm{e}^x, & x>1\\ 1+x, & x\leqslant 1\end{cases}$ 的定义域是 $(-\infty,+\infty)$，在分段点 $x=1$ 处不连续，所以它的连续区间为 $(-\infty,1)$，$(1,+\infty)$．

五、闭区间上连续函数的性质

1. 最大值和最小值性质

设 $f(x)$ 定义在区间 I 上，若存在 $x_0\in I$，使得对任意 $x\in I$，有 $f(x)\leqslant f(x_0)(f(x)\geqslant f(x_0))$，则称 $f(x_0)$ 为 $f(x)$ 在区间 I 上的最大值（最小值）．

如 $f(x)=1+\sin x$ 在 $[0,2\pi]$ 上的最大值为 2，最小值为 0.

定理 1.7（最大值和最小值性质）　闭区间上连续的函数，在该区间上至少取到它的最大值和最小值各一次．

注：上述性质中，改"闭区间"为"开区间"，则结论不一定成立，如 $f(x)=x$ 在 $(1,2)$ 内无最值；若改"连续"为"间断"，结论也不一定成立，如

$$f(x)=\begin{cases}1-x, & 0\leqslant x<1,\\ 1, & x=1,\\ 3-x, & 1<x\leqslant 2.\end{cases}$$

在闭区间 $[0,2]$ 上有间断点 $x=1$，该函数在闭区间 $[0,2]$ 上既无最大值又无最小值，如图 1-22 所示．

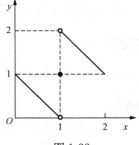

图 1-22

2. 介值定理

定理 1.8（介值定理）　设函数 $f(x)$ 在区间 $[a,b]$ 上连续，且 $f(a)=A$，$f(b)=B(A\neq B)$，则对 A，B 之间的任一数 C，

至少存在一点 $\xi \in (a, b)$，使得 $f(\xi)=C$.

推论（零点定理） 设函数 $f(x)$ 在区间 $[a, b]$ 上连续，且 $f(a)f(b)<0$，则至少存在一点 $\xi \in (a, b)$ 使得 $f(\xi)=0$，即 ξ 是 $f(x)=0$ 的根.

从图 1-23 和图 1-24 可以明显看出定理 1.8 及其推论的几何意义.

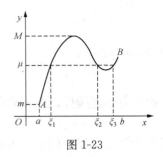 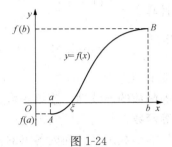

图 1-23　　　　　　　　　　　　　　　图 1-24

例 1-57 证明方程 $x^3-4x^2+1=0$ 在 $(0, 1)$ 内至少有一个实根.

证明 设 $f(x)=x^3-4x^2+1$，由于它在 $[0, 1]$ 上连续且

$$f(0)=1>0, \quad f(1)=-2<0,$$

因此由推论可知，至少存在一点 $\xi \in (0, 1)$，使得 $f(\xi)=0$. 即所给方程在 $(0, 1)$ 内至少有一个实根.

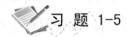 习 题 1-5

1. 计算下列极限.

(1) $\lim\limits_{x \to \frac{\pi}{2}} \lg\sin x$；

(2) $\lim\limits_{x \to 1} \arccos \dfrac{\sqrt{3x+\lg x}}{2}$；

(3) $\lim\limits_{x \to 2} \dfrac{e^x+1}{x}$；

(4) $\lim\limits_{x \to e}(x\ln x+2x)$；

(5) $\lim\limits_{x \to 0} \ln \dfrac{\sin x}{x}$；

(6) $\lim\limits_{x \to \infty} e^{\frac{1}{x}}$；

(7) $\lim\limits_{x \to \infty} \ln\left(1+\dfrac{1}{x}\right)^x$；

(8) $\lim\limits_{x \to +\infty} \dfrac{\ln(1+x)-\ln x}{x}$.

2. 设函数 $f(x)=\begin{cases} x, & x \leqslant 1 \\ 6x-5, & x>1 \end{cases}$，试讨论 $f(x)$ 在 $x=1$ 处的连续性，并写出 $f(x)$ 的连续区间.

3. 设函数 $f(x)=\begin{cases} 1+e^x, & x<0 \\ x+2a, & x \geqslant 0 \end{cases}$，问常数 a 为何值时，函数 $f(x)$ 在 $(-\infty, +\infty)$ 内连续.

4. 讨论函数的连续性，如有间断点，指出其类型.

(1) $y=\begin{cases} x+1, & 0<x \leqslant 1 \\ 2-x, & 1<x \leqslant 3 \end{cases}$；

(2) $y=\begin{cases} \dfrac{1-x^2}{1+x}, & x \neq -1 \\ 0, & x=-1 \end{cases}$；

(3) $y = \dfrac{\sin x}{x}$; (4) $y = \dfrac{3}{x-2}$.

5. 证明方程 $x^3 + 2x = 6$ 至少有一个根介于 1 和 3 之间.

6. 证明方程 $x^2\cos x - \sin x = 0$ 在区间 $\left(\pi, \dfrac{3}{2}\pi\right)$ 内至少有一个实根.

7. 求下列极限.

(1) $\lim\limits_{x \to +\infty}(\sqrt{x^2+x} - \sqrt{x^2+1})$;

(2) $\lim\limits_{x \to +\infty}\arccos(\sqrt{x^2+x} - x)$;

(3) $\lim\limits_{x \to 0}[\ln|\sin x| - \ln|x|]$;

(4) $\lim\limits_{x \to 0}\left[\sin\ln(1+x)^{\frac{1}{x}}\right]$.

8. 证明方程 $x - 2\sin x = 1$ 至少有一个正根小于 3.

习 题 1-5 参考答案

1. (1) 0; (2) $\dfrac{\pi}{6}$; (3) $\dfrac{e^2+1}{2}$; (4) 3e; (5) 0; (6) 1; (7) 1; (8) 0.

2. $f(x)$ 在 $x = 1$ 处连续, 连续区间为 $(-\infty, +\infty)$.

3. $a = 1$.

4. (1) 连续区间为 $(0, 1) \bigcup (1, 3)$, $x = 1$ 是第一类间断点;

(2) 连续区间为 $(-\infty, -1) \bigcup (-1, +\infty)$, $x = -1$ 是第一类间断点;

(3) 连续区间为 $(-\infty, 0) \bigcup (0, +\infty)$, $x = 0$ 是第一类间断点;

(4) 连续区间为 $(-\infty, 2) \bigcup (2, +\infty)$, $x = 2$ 是第二类间断点.

5. 略. 6. 略.

7. (1) $\dfrac{1}{2}$; (2) $\dfrac{\pi}{3}$; (3) 0; (4) $\sin 1$.

8. 略.

复 习 题 一

1. 填空题.

(1) 设函数 $f(x) = \begin{cases} x, & x \in \left(-1, \dfrac{2}{3}\right] \\ -x, & x \in \left(\dfrac{2}{3}, 1\right] \end{cases}$. 则 $f(0) = $ _____ , $f\left(\dfrac{3}{4}\right) = $ _____ .

(2) 函数 $y = \lg(x-2)$ 的定义域是 _____ .

(3) $\lim\limits_{x \to +\infty}\dfrac{x(\sqrt{x}-1)}{1-2x^{\frac{3}{2}}} = $ _____ .

(4) $\lim\limits_{x \to 0} \dfrac{x \ln(1+x^2)}{\sin^3 x} = \underline{\hspace{2cm}}$.

2. 选择题.

(1) 设函数 $f(x)$ 与 $g(x)$ 均定义在 $(-\infty, +\infty)$ 内,$f(x)$ 为奇函数,$g(x)$ 为偶函数,且它们均为非零函数,则下列各式中非奇非偶函数是 (　　).

　　　A. $f(x)g(x)$; 　　　　　　　　B. $f(x)g(x)+2$;

　　　C. $\dfrac{f(x)}{g(x)}(g(x) \neq 0)$; 　　　　D. $[f(x)]^2 g(x)$.

(2) 设 $\lim\limits_{x \to x_0} f(x) = a$,则 (　　).

　　　A. $f(x)$ 在 x_0 有定义,且 $f(x_0) = a$;

　　　B. $f(x)$ 在 x_0 有定义,但 $f(x_0)$ 不一定等于 a ;

　　　C. $f(x)$ 在 x_0 处可以没有定义;

　　　D. 在 x_0 的一个空心邻域内 $f(x) \neq a$.

(3) 设当 $x \to 0$ 时,$f(x)$ 与 $g(x)$ 均为 x 的同阶无穷小量,则下列各命题中正确的是(　　).

　　　A. $f(x) + g(x)$ 一定是 x 的高阶无穷小量;

　　　B. $f(x) - g(x)$ 一定是 x 的高阶无穷小量;

　　　C. $f(x)g(x)$ 一定是 x 的高阶无穷小量;

　　　D. $\dfrac{f(x)}{g(x)}(g(x) \neq 0)$ 一定是 x 的高阶无穷小量.

(4) 设函数 $f(x) = \begin{cases} \dfrac{\mathrm{e}x^{\frac{-1}{2}}}{1 - \mathrm{e}^{x-1}}, & x \neq 0, \ x \neq 1, \\ 0, & x = 0, \ x = 1. \end{cases}$ 的间断点的个数是 (　　).

　　　A. 0 个; 　　　B. 1 个; 　　　C. 2 个; 　　　D. 3 个.

3. 求 $\lim\limits_{x \to 4} \dfrac{\sqrt{1+2x} - 3}{\sqrt{x} - 2}$.

4. 设函数 $f(x)$、$g(x)$ 均为周期是 π 的周期函数,求周期函数 $f(\pi x) \cdot g\left(\dfrac{\pi}{2} x\right)$ 的周期.

5. 求 $\lim\limits_{x \to \infty} \left(\dfrac{1-x}{3-x}\right)^{2x}$.

6. 设函数 $f(x)$ 为奇函数,且当 $x \geqslant 0$ 时,$f(x) = 2^x + x - 1$,求当 $x < 0$ 时,$f(x)$ 的表达式.

7. 设函数 $f(x) = \begin{cases} \dfrac{1}{x} \sin \pi x, & x \neq 0 \\ a, & x = 0 \end{cases}$,在 $x = 0$ 处连续,求 a 的值.

复习题一　参考答案

1. (1) $f(0) = 0, f\left(\dfrac{3}{4}\right) = -\dfrac{3}{4}$; (2) $x > 2$; (3) $-\dfrac{1}{2}$; (4) 1.

2. (1) B；(2) C；(3) C；(4) B.

3. $\dfrac{4}{3}$.   4. $f(\pi x) \cdot g\left(\dfrac{1}{2}\pi x\right)$ 的周期为 2.

5. e^4.   6. $f(x) = -2^{-x} + x + 1$.

7. $a = \pi$.

第二章 导 数 与 微 分

教学目的

理解导数和微分的概念，知道函数连续、可导与可微的关系；能利用导数的几何意义求过曲线上某点处的切线方程和法线方程；

熟练掌握基本初等函数的导数公式，能运用导数的四则运算法则、复合函数求导法则、隐函数的求导法则以及对数求导法求函数的导数；

会运用微分的运算法则和一阶微分形式不变性求函数的微分；

理解高阶导数的概念，会求初等函数的一阶、二阶导数，会计算简单函数的高阶导数；

了解微分在近似计算中的应用.

本章将在函数极限概念的基础上讨论微积分的基本内容——函数的导数与微分，其中导数反映了函数相对于自变量的变化快慢程度，微分则指明当自变量有微小变化时，函数大体上变化了多少.

本章通过具体实例引入导数和微分的概念，建立导数与微分的基本公式和运算法则，并介绍微分在近似计算中的简单应用.

第一节 导 数 的 概 念

学习目标

理解导数的定义，能用导数表示瞬时速度、电流强度等；

能表述导数的几何意义，会求过曲线上某点处的切线方程和法线方程；

知道函数可导与连续的关系.

一、变化率问题举例

我们在解决实际问题时，除了要了解变量之间的函数关系外，经常要考察一个函数的因变量随自变量变化的快慢程度. 例如，求物体的运动速度、城市人口增长速度、劳动生产率、国民经济发展速度等，导数概念就是从这些实际问题中抽象出来的.

1. 曲线上一点的切线斜率

设曲线 C 的方程为 $y = f(x)$，$M(x_0 y_0)$ 是曲线 C 上的一点，求曲线在点 M 处的切线方程.

因为切点已知，要求曲线在点 M 处的切线方程，只需确定切线的斜率即可.

在曲线上另取一点 $M_1(x_0 + \Delta x, y_0 + \Delta y)$，如图 2-1 所示，连接 M，M_1 两点，得割线 MM_1. 割线 MM_1 的倾斜角为 φ，其斜率为 $\tan\varphi = \dfrac{\Delta y}{\Delta x}$.

当 $\Delta x \to 0$ 时，点 M_1 沿曲线 C 趋向点 M，割线的极限位置 MT 就定义为曲线 $y = f(x)$

在点 M 处的切线. 设切线 MT 的倾斜角为 α，此时

$$\tan\alpha = \lim_{\Delta x \to 0} \tan\varphi = \lim_{\Delta x \to 0} \frac{\Delta y}{\Delta x}.$$

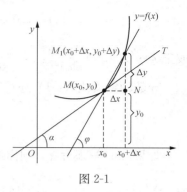

图 2-1

如果这个极限不存在且不是 ∞，则曲线在该点无切线. 如果这个极限为 ∞，则曲线在该点有垂直于 x 轴的切线.

2. 变速直线运动的瞬时速度

物体沿直线做变速运动，其运动方程为 $s = s(t)$，求该物体在时刻 t_0 时的瞬时速度 $v(t_0)$.

设物体从 t_0 到 $t_0 + \Delta t$ 时间段内经过的路程为 Δs，$\Delta s = s(t_0 + \Delta t) - s(t_0)$，在 Δt 这段时间内，平均速度为 $\overline{v} = \dfrac{s(t_0 + \Delta t) - s(t_0)}{\Delta t}$，当 $|\Delta t|$ 越小，物体在 Δt 这段时间内的平均速度 $\overline{v}$ 就越接近于 t_0 时刻的速度，也就是说，当 $\Delta t \to 0$ 时，平均速度 $\overline{v}$ 的极限值就是物体在 t_0 时刻的瞬时速度 $v(t_0)$，即

$$v(t_0) = \lim_{\Delta t \to 0} \frac{s(t_0 + \Delta t) - s(t_0)}{\Delta t}.$$

3. 非恒定电流的电流强度

由物理学知，恒定电流的电流强度是单位时间内通过导线横截面的电量，表示电子的流速，可用公式 $i = \dfrac{Q}{t}$ 来计算，其中 Q 为通过导线的电量，t 为时间. 但实际问题中常遇到非恒定电流的情形.

设非恒定电流从 0 到 t 这段时间内通过导线横截面的电量为 $Q = Q(t)$，考察 t_0 时刻的电流强度. 在 t_0 到 $t_0 + \Delta t$ 这段时间内的平均电流强度为

$$\overline{i} = \frac{\Delta Q}{\Delta t} = \frac{Q(t_0 + \Delta t) - Q(t_0)}{\Delta t},$$

当 $\Delta t \to 0$ 时，平均电流强度 $\overline{i}$ 的极限值就是在 t_0 时刻的电流强度，即

$$i(t_0) = \lim_{\Delta t \to 0} \frac{Q(t_0 + \Delta t) - Q(t_0)}{\Delta t}.$$

上述几个例子虽然研究问题的实际意义不同，但都可归结为计算当自变量的增量趋于零时，函数的增量与自变量的增量之比的极限.

在自然科学、工程技术以及经济领域中，还有许多实际问题具有这样的数学形式. 撇开这些量的具体意义，抓住它们在数量关系上的共性——求函数的增量与自变量的增量比值的极限，得出导数的定义.

二、导数的定义

1. 函数 $y = f(x)$ 在一点处的导数

定义 2.1 设函数 $y = f(x)$ 在点 x_0 的某个邻域内有定义，当自变量 x 在点 x_0 处有增量 Δx 时，函数 y 有相应的增量 $\Delta y = f(x_0 + \Delta x) - f(x_0)$，若极限 $\lim\limits_{\Delta x \to 0} \dfrac{\Delta y}{\Delta x}$ 存在，那么称**函数 $y = f(x)$ 在点 x_0 处可导**，并称这个极限值为函数 $y = f(x)$ 在点 x_0 处的**导数**，记为 $f'(x_0)$，即

$$f'(x_0) = \lim_{\Delta x \to 0} \frac{\Delta y}{\Delta x} = \lim_{\Delta x \to 0} \frac{f(x_0 + \Delta x) - f(x_0)}{\Delta x} , \tag{2-1}$$

或记为 $y'|_{x=x_0}$, $\dfrac{\mathrm{d}y}{\mathrm{d}x}\Big|_{x=x_0}$, $\dfrac{\mathrm{d}f(x)}{\mathrm{d}x}\Big|_{x=x_0}$.

导数的定义式（2-1）还可写为下面的形式

$$f'(x_0) = \lim_{x \to x_0} \frac{f(x) - f(x_0)}{x - x_0} . \tag{2-2}$$

如果 $\lim\limits_{\Delta x \to 0} \dfrac{\Delta y}{\Delta x}$ 不存在，则称函数 $y = f(x)$ **在点 x_0 处不可导**. 如果不可导的原因是当 $\Delta x \to 0$ 时，$\dfrac{\Delta y}{\Delta x} \to \infty$，这时，为方便起见，也**称函数 $y = f(x)$ 在点 x_0 处的导数为无穷大**，并记为 $f'(x_0) = \infty$.

如果函数 $y = f(x)$ 在开区间 (a, b) 内的每一点都可导，那么称**函数 $y = f(x)$ 在开区间 (a, b) 内可导**. 这时，对于开区间 (a, b) 内的每一点 x，都有唯一确定的导数值与它对应，这样就构成了一个新的函数，这个新的函数称为函数 $y = f(x)$ 对 x 的**导函数**，记作

$$y' , \quad f'(x) , \quad \frac{\mathrm{d}y}{\mathrm{d}x} , \quad \frac{\mathrm{d}f(x)}{\mathrm{d}x} .$$

在式（2-1）中，把 x_0 换成 x，即得 $y = f(x)$ 的导函数

$$f'(x) = \lim_{\Delta x \to 0} \frac{\Delta y}{\Delta x} = \lim_{\Delta x \to 0} \frac{f(x + \Delta x) - f(x)}{\Delta x} .$$

显然，函数 $y = f(x)$ 在点 x_0 处的导数就是它的导函数 $y' = f'(x)$ 在 $x = x_0$ 处的函数值，即 $f'(x_0) = f'(x)|_{x=x_0}$.

在不至于引起混淆的情况下，导函数也称为导数. 通常说的求函数的导数，就是指求函数的导函数.

根据导数的定义，前面讨论的例子可分别叙述为：

曲线上任一点处切线的斜率就是曲线 $y = f(x)$ 对自变量 x 的导数，即 $k = f'(x)$；

变速直线运动的瞬时速度 $v(t)$ 就是路程函数 $s = s(t)$ 对时间 t 的导数，即 $v(t) = s'(t)$；

非恒定电流的电流强度 $i(t)$ 就是电量函数 $Q(t)$ 对时间 t 的导数，即 $i(t) = Q'(t)$.

2. 求导数举例

例 2-1 求函数 $y = C$（C 为常数）的导数.

解 $\Delta y = f(x + \Delta x) - f(x) = C - C = 0,$

$$y' = \lim_{\Delta x \to 0} \frac{\Delta y}{\Delta x} = 0 .$$

即 $(C)' = 0$.

例 2-2 求函数 $y = x^2$ 的导数.

解 因为 $\Delta y = f(x + \Delta x) - f(x) = (x + \Delta x)^2 - x^2 = 2x(\Delta x) + (\Delta x)^2,$

$$\frac{\Delta y}{\Delta x} = 2x + \Delta x ,$$

所以 $y' = \lim\limits_{\Delta x \to 0} \dfrac{\Delta y}{\Delta x} = \lim\limits_{\Delta x \to 0} (2x + \Delta x) = 2x .$

即
$$(x^2)' = 2x.$$

一般地
$$(x^\mu)' = \mu x^{\mu-1} \quad (\mu \text{ 为常数}).$$

例 2-3　求函数 $y = \sin x$ 的导数.

解
$$y' = \lim_{\Delta x \to 0} \frac{f(x + \Delta x) - f(x)}{\Delta x} = \lim_{\Delta x \to 0} \frac{\sin(x + \Delta x) - \sin x}{\Delta x}$$

$$= \lim_{\Delta x \to 0} \frac{1}{\Delta x} \cdot 2\cos\left(x + \frac{\Delta x}{2}\right)\sin\frac{\Delta x}{2}$$

$$= \lim_{\Delta x \to 0} \cos\left(x + \frac{\Delta x}{2}\right) \cdot \frac{\sin\dfrac{\Delta x}{2}}{\dfrac{\Delta x}{2}} = \cos x.$$

即
$$(\sin x)' = \cos x.$$

用类似的方法，可求得
$$(\cos x)' = -\sin x.$$

例 2-4　求函数 $y = \log_a x \,(a > 0,\ a \neq 1)$ 的导数.

解
$$y' = \lim_{\Delta x \to 0} \frac{f(x + \Delta x) - f(x)}{\Delta x} = \lim_{\Delta x \to 0} \frac{\log_a(x + \Delta x) - \log_a x}{\Delta x}$$

$$= \lim_{\Delta x \to 0} \log_a\left(\frac{x + \Delta x}{x}\right)^{\frac{1}{\Delta x}} = \lim_{\Delta x \to 0} \frac{1}{x}\log_a\left(1 + \frac{\Delta x}{x}\right)^{\frac{x}{\Delta x}}$$

$$= \frac{1}{x}\lim_{\Delta x \to 0}\log_a\left(1 + \frac{\Delta x}{x}\right)^{\frac{x}{\Delta x}} = \frac{1}{x}\log_a\lim_{\Delta x \to 0}\left(1 + \frac{\Delta x}{x}\right)^{\frac{x}{\Delta x}}$$

$$= \frac{1}{x}\log_a \mathrm{e} = \frac{1}{x\ln a}.$$

即
$$(\log_a x)' = \frac{1}{x\ln a}.$$

特殊地
$$(\ln x)' = \frac{1}{x}.$$

三、导数的几何意义

由前面对切线问题的讨论可知：函数 $y = f(x)$ 在 $x = x_0$ 处的导数，在几何上，表示曲线 $y = f(x)$ 在点 $M(x_0,\ y_0)$ 处的切线的斜率.

根据导数的几何意义，$k = f'(x_0)$，应用直线的点斜式方程，曲线 $y = f(x)$ 在点 $M(x_0,\ y_0)$ 处的**切线方程**为
$$y - y_0 = f'(x_0)(x - x_0).$$

如果 $f'(x_0) \neq 0$，则曲线在点 $M(x_0,\ y_0)$ 处的**法线方程**为
$$y - y_0 = -\frac{1}{f'(x_0)}(x - x_0).$$

当 $f'(x_0) = 0$，曲线 $y = f(x)$ 在点 $M(x_0,\ y_0)$ 处的切线平行于 x 轴为 $y = y_0$；法线为 $x = x_0$.

当 $f'(x_0) = \infty$，曲线 $y = f(x)$ 在点 $M(x_0,\ y_0)$ 处的切线垂直于 x 轴为 $x = x_0$；法线为 $y = y_0$.

当 $f'(x_0)$ 不存在，且不等于无穷大，曲线 $y = f(x)$ 在点 $M(x_0,\ y_0)$ 处无切线.

例 2-5 求等边双曲线 $y = \dfrac{1}{x}$ 在点 $\left(\dfrac{1}{2}, 2 \right)$ 处的切线方程和法线方程.

解 根据导数的几何意义, 切线斜率为

$$k = y' \big|_{x=\frac{1}{2}} = \left(\frac{1}{x} \right)' \bigg|_{x=\frac{1}{2}} = -\frac{1}{x^2} \bigg|_{x=\frac{1}{2}} = -4 ,$$

则所求切线方程为

$$y - 2 = -4 \left(x - \frac{1}{2} \right),$$

即

$$4x + y - 4 = 0 .$$

所求法线方程为

$$y - 2 = \frac{1}{4} \left(x - \frac{1}{2} \right),$$

即

$$2x - 8y + 15 = 0 .$$

四、函数可导与连续的关系

定理 2.1 如果函数 $f(x)$ 在点 x 处可导, 则函数 $f(x)$ 在该点必连续.

函数在某点连续只是函数在该点可导的必要条件, 不是充分条件, 也就是说函数在一点连续, 在该点未必可导.

如函数 $y = |x|$ 在 $x = 0$ 处连续但不可导. 如图 2-2 所示, 函数 $y = |x|$ 在 $x = 0$ 处没有切线.

而函数 $y = \sqrt[3]{x}$ 在区间 $(-\infty, +\infty)$ 内连续, 但在点 $x = 0$ 处的导数为无穷大, 不可导. 但有切线 $x = 0$, 如图 2-3 所示.

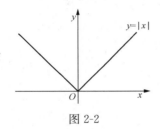

图 2-2

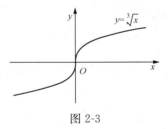

图 2-3

习 题 2-1

1. 求下列函数的导数.

　(1) $y = 6$;　　　　　　(2) $y = x^{10}$;　　　　　　(3) $y = \dfrac{1}{\sqrt{x}}$;

　(4) $y = \dfrac{x^2 \sqrt{x}}{\sqrt[4]{x}}$;　　　(5) $y = \log_3 x$;　　　　(6) $y = \lg x$.

2. 求下列函数在指定点的导数.

　(1) $y = x^3$, $x_0 = 3$;　　(2) $y = \ln x$, $x_0 = e$;

　(3) $y = 2^x$, $x_0 = 0$;　　(4) $y = \cos x$, $x_0 = \dfrac{\pi}{6}$.

3. 求曲线 $f(x) = x^3$ 在点 $x = 2$ 的切线方程与法线方程.

4. 在抛物线 $y = x^2$ 上求一点, 使得该点处的切线平行于直线 $y = 4x - 1$.

5. 讨论函数 $f(x) = \begin{cases} x\sin\dfrac{1}{x}, & x \neq 0 \\ 0, & x = 0 \end{cases}$ 在 $x = 0$ 的连续性和可导性.

 习 题 2-1　参考答案

1. (1) 0；(2) $10x^9$；(3) $-\dfrac{1}{2}x^{-\frac{3}{2}}$；(4) $\dfrac{9}{4}x^{\frac{5}{4}}$；(5) $\dfrac{1}{x\ln3}$；(6) $\dfrac{1}{x\ln10}$.

2. (1) 27；(2) $\dfrac{1}{e}$；(3) $\ln2$；(4) $-\dfrac{1}{2}$.

3. 切线方程：$12x - y - 16 = 0$；
   法线方程：$x + 12y - 98 = 0$.

4. $(2, 4)$.

5. 在点 $x = 0$ 处连续，但不可导.

第二节　导 数 的 运 算

学习目标

能表述函数的和、差、积、商的求导法则，能用这些法则计算函数的导数；
知道反函数的求导法则.

前面已经用导数的定义求出了一些函数的导数，但对于比较复杂的函数，用定义求导数，往往比较复杂，甚至求不出来. 为能迅速又正确地求出初等函数的导数，需要一些求导的基本法则.

一、导数的四则运算法则

定理 2.2　设函数 $u = u(x)$，$v = v(x)$ 在点 x 处均可导，那么它们的和、差、积、商（分母为零的点除外）在点 x 处也可导，且

(1) $[u(x) \pm v(x)]' = u'(x) \pm v'(x)$；

(2) $[u(x)v(x)]' = u'(x)v(x) + u(x)v'(x)$；

(3) $[Cu(x)]' = Cu'(x)$；

(4) $\left(\dfrac{u(x)}{v(x)}\right)' = \dfrac{u'(x)v(x) - u(x)v'(x)}{v^2(x)}$，$v(x) \neq 0$.

法则（1）可推广到有限个函数代数和的情形.

例 2-6　求函数 $f(x) = x^3 + \sin x - 3\ln x - 2$ 的导数.

解　$f'(x) = (x^3)' + (\sin x)' - (3\ln x)' - (2)'$

$\qquad = 3x^2 + \cos x - \dfrac{3}{x}$.

例 2-7　求函数 $y = (1 - x^2)\cos x$ 的导数.

解　$y' = (1 - x^2)'\cos x + (1 - x^2)(\cos x)'$

$\qquad = -2x\cos x - (1 - x^2)\sin x$.

例 2-8　求函数 $y = \dfrac{x-1}{x+1}$ 的导数.

解　$y' = \dfrac{(x-1)'(x+1) - (x-1)(x+1)'}{(x+1)^2} = \dfrac{x+1-(x-1)}{(x+1)^2} = \dfrac{2}{(x+1)^2}$.

例 2-9　求正切函数 $y = \tan x$ 的导数.

解　$y' = (\tan x)' = \left(\dfrac{\sin x}{\cos x}\right)' = \dfrac{(\sin x)'\cos x - \sin x (\cos x)'}{\cos^2 x}$

$\qquad = \dfrac{\cos^2 x + \sin^2 x}{\cos^2 x} = \dfrac{1}{\cos^2 x} = \sec^2 x$,

即 $\qquad\qquad\qquad\qquad\qquad (\tan x)' = \sec^2 x$.

同理可得 $\qquad\qquad\qquad\qquad (\cot x)' = -\csc^2 x$.

例 2-10　求正割函数 $y = \sec x$ 的导数.

解　$y' = (\sec x)' = \left(\dfrac{1}{\cos x}\right)' = \dfrac{(1)'\cos x - 1 \cdot (\cos x)'}{\cos^2 x}$

$\qquad = \dfrac{\sin x}{\cos^2 x} = \sec x \tan x$,

即 $\qquad\qquad\qquad\qquad\qquad (\sec x)' = \sec x \tan x$.

同理可得 $\qquad\qquad\qquad\qquad (\csc x)' = -\csc x \cot x$.

二、反函数的求导法则

定理 2.3　如果函数 $x = \varphi(y)$ 在区间 (a, b) 内单调、可导且 $\varphi'(y) \neq 0$，那么它的反函数 $y = f(x)$ 在对应区间内也可导，且

$$[f(x)]' = \frac{1}{\varphi'(y)} \text{ 或 } \frac{\mathrm{d}y}{\mathrm{d}x} = \frac{1}{\dfrac{\mathrm{d}x}{\mathrm{d}y}}.$$

例 2-11　求反正弦函数 $y = \arcsin x$ 的导数.

解　因为 $y = \arcsin x$ 的反函数是 $x = \sin y$，$y \in \left[-\dfrac{\pi}{2}, \dfrac{\pi}{2}\right]$，而函数 $x = \sin y$ 在开区间 $\left(-\dfrac{\pi}{2}, \dfrac{\pi}{2}\right)$ 内单调、可导，且 $(\sin y)' = \cos y > 0$. 因此，由反函数的求导法则，在对应区间 $(-1, 1)$ 内有

$$(\arcsin x)' = \frac{1}{(\sin y)'} = \frac{1}{\cos y} = \frac{1}{\sqrt{1 - \sin^2 y}} = \frac{1}{\sqrt{1 - x^2}}.$$

类似地有 $(\arccos x)' = -\dfrac{1}{\sqrt{1 - x^2}}$.

例 2-12　求指数函数 $y = a^x (a > 0, a \neq 1)$ 的导数.

解　因为 $y = a^x$ 的反函数是 $x = \log_a y$，$y \in (0, +\infty)$，而函数 $x = \log_a y$ 在区间 $(0, +\infty)$ 内单调、可导，且 $(\log_a y)' = \dfrac{1}{y \ln a} \neq 0$. 因此，由反函数的求导法则，在对应区间 $(-\infty, +\infty)$ 内有

$$(a^x)' = \frac{1}{(\log_a y)'} = y \ln a = a^x \ln a.$$

当 $a = e$ 时，$(e^x)' = e^x$．

三、导数的基本公式

基本初等函数的导数公式是初等函数求导的基础，在求导运算中起着至关重要的作用．因此，必须熟练地掌握它们．为了便于查阅，现把所有的基本初等函数的导数公式归纳如下．

(1) $(C)' = 0$ （C 为常数）；

(2) $(x^\mu)' = \mu x^{\mu-1}$（μ 为常数）；

(3) $(\log_a x)' = \dfrac{1}{x\ln a}$ $(a > 0,\ a \neq 1)$；

(4) $(\ln x)' = \dfrac{1}{x}$；

(5) $(a^x)' = a^x \ln a$ $(a > 0,\ a \neq 1)$；

(6) $(e^x)' = e^x$；

(7) $(\sin x)' = \cos x$；

(8) $(\cos x)' = -\sin x$；

(9) $(\tan x)' = \sec^2 x$；

(10) $(\cot x)' = -\csc^2 x$；

(11) $(\sec x)' = \sec x \tan x$；

(12) $(\csc x)' = -\csc x \cot x$；

(13) $(\arcsin x)' = \dfrac{1}{\sqrt{1-x^2}}$；

(14) $(\arccos x)' = -\dfrac{1}{\sqrt{1-x^2}}$；

(15) $(\arctan x)' = \dfrac{1}{1+x^2}$；

(16) $(\text{arccot}\, x)' = -\dfrac{1}{1+x^2}$．

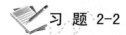 习 题 2-2

1. 求下列函数的导数．

(1) $y = \sin x + x^3 - 5$；

(2) $y = \dfrac{1}{x} + \dfrac{2}{x^2} + \dfrac{3}{x^3}$；

(3) $y = \arcsin x - \arctan x$；

(4) $y = x\cot x - 2\sec x$；

(5) $y = x^2(3 + \sqrt{x})$；

(6) $y = (1 + x^3)\cos x$；

(7) $y = x\ln x$；

(8) $y = e^x(\sin x - \cos x)$；

(9) $y = x^2 \arccos x$；

(10) $s = \dfrac{t - 4}{t}$；

(11) $y = \dfrac{1 + \cos x}{1 - \cos x}$；

(12) $y = \dfrac{\tan x}{1 + \sec x}$；

(13) $y = \dfrac{1}{\arctan x}$；

(14) $y = \dfrac{x - 1}{x + 1}$；

(15) $y = \dfrac{x^2}{\sqrt{x} + 1}$；

(16) $y = \dfrac{\sin x}{1 + \cos x}$．

2. 求下列函数在给定点的导数．

(1) $f(t) = \dfrac{1 - \sqrt{t}}{1 + \sqrt{t}}$，在 $t = 4$；

(2) $\rho = \varphi\sin\varphi + \dfrac{1}{2}\cos\varphi$，在 $\varphi = \dfrac{\pi}{4}$．

3. 设电量函数为 $Q = 2t^2 + 3t + 1$（C），求 $t = 3\text{s}$ 时的电流强度 i（A）．

习 题 2-2　参考答案

1. (1) $\cos x + 3x^2$；(2) $-\dfrac{1}{x^2}\left(1+\dfrac{4}{x}+\dfrac{9}{x^2}\right)$；(3) $\dfrac{1}{\sqrt{1-x^2}}-\dfrac{1}{1+x^2}$；

(4) $\cot x - x\csc^2 x - 2\sec x\tan x$；(5) $6x + \dfrac{5}{2}x^{\frac{3}{2}}$；

(6) $3x^2\cos x - (1+x^3)\sin x$；(7) $1+\ln x$；(8) $2e^x\sin x$；

(9) $2x\arccos x - \dfrac{x^2}{\sqrt{1-x^2}}$；(10) $\dfrac{4}{t^2}$；(11) $\dfrac{-2\sin x}{(1-\cos x)^2}$；

(12) $\dfrac{\sec x}{1+\sec x}$；(13) $-\dfrac{1}{(1+x^2)(\arctan x)^2}$；(14) $\dfrac{2}{(1+x)^2}$；

(15) $\dfrac{2x\left(\dfrac{3}{4}\sqrt{x}+1\right)}{(\sqrt{x}+1)^2}$；(16) $\dfrac{1}{1+\cos x}$.

2. (1) $-\dfrac{1}{18}$；(2) $\dfrac{\sqrt{2}}{8}(2+\pi)$.

3. $i\mid_{t=3}=15$.

第三节　复合函数的求导法则

学习目标

熟练掌握复合函数求导法则；

能熟练地求复合函数的导数.

定理 2.4　如果 $u=\varphi(x)$ 在点 x 可导，$y=f(u)$ 在对应的点 u 可导，则复合函数 $y=f[\varphi(x)]$ 在点 x 也可导，且

$$y'=f'(u)u'(x) \text{ 或 } y'_x=y'_u\cdot u'_x \text{ 或 } \frac{\mathrm{d}y}{\mathrm{d}x}=\frac{\mathrm{d}y}{\mathrm{d}u}\cdot\frac{\mathrm{d}u}{\mathrm{d}x}.$$

上述定理又称为求导的链式法则，此法则可推广到多个中间变量的情形. 以两个中间变量为例，设 $y=f(u)$，$u=\varphi(v)$，$v=\psi(x)$，则复合函数 $y=f\{\varphi[\psi(x)]\}$ 的导数为

$$\frac{\mathrm{d}y}{\mathrm{d}x}=\frac{\mathrm{d}y}{\mathrm{d}u}\cdot\frac{\mathrm{d}u}{\mathrm{d}v}\cdot\frac{\mathrm{d}v}{\mathrm{d}x}.$$

例 2-13　求函数 $y=e^{3x}$ 的导数.

解　$y=e^{3x}$ 可看作由 $y=e^u$ 和 $u=3x$ 复合而成，因此

$$y'=(e^u)'_u\cdot(3x)'_x=e^u\cdot 3=3e^{3x}.$$

例 2-14　求函数 $y=\ln\cos x$ 的导数.

解　$y=\ln\cos x$ 可看作由 $y=\ln u$ 和 $u=\cos x$ 复合而成，所以

$$\frac{\mathrm{d}y}{\mathrm{d}x}=\frac{\mathrm{d}y}{\mathrm{d}u}\cdot\frac{\mathrm{d}u}{\mathrm{d}x}=(\ln u)'_u\cdot(\cos x)'_x=\frac{1}{u}\cdot(-\sin x)=-\frac{\sin x}{\cos x}=-\tan x.$$

在求复合函数的导数时，首先要分析所给函数由哪些简单函数复合而成，而这些简单函数的导数已经会求，那么从外向里逐层求导即可.

熟练之后可以不写出分解过程，而直接按复合步骤求导.

例 2-15 求函数 $y = (3x^2 + 5)^3$ 的导数.

解 $y' = 3(3x^2 + 5)^2 (3x^2 + 5)' = 18x(3x^2 + 5)^2$.

例 2-16 求函数 $y = \ln(x + \sqrt{1 + x^2})$ 的导数.

解 $y' = \dfrac{1}{x + \sqrt{1 + x^2}} (x + \sqrt{1 + x^2})' = \dfrac{1}{x + \sqrt{1 + x^2}} \left(1 + \dfrac{2x}{2\sqrt{1 + x^2}}\right)$

$= \dfrac{1}{x + \sqrt{1 + x^2}} \cdot \dfrac{x + \sqrt{1 + x^2}}{\sqrt{1 + x^2}} = \dfrac{1}{\sqrt{1 + x^2}}$.

例 2-17 求函数 $y = \sin\ln\sqrt{2x + 1}$ 的导数.

解 $y' = \cos\ln\sqrt{2x + 1} \cdot \dfrac{1}{\sqrt{2x + 1}} \cdot \dfrac{1}{2\sqrt{2x + 1}} \cdot 2 = \dfrac{\cos\ln\sqrt{2x + 1}}{2x + 1}$.

习 题 2-3

1. 求下列复合函数的导数.

(1) $y = (3x + 5)^3$；

(2) $y = e^{\sqrt{x}}$；

(3) $y = \sin(1 - 2x)$；

(4) $y = \cos^3 x$；

(5) $y = \sin(\ln x)$；

(6) $y = \ln(x^2 + \sqrt{x})$；

(7) $y = \dfrac{1}{\sqrt{4 - x^2}}$；

(8) $y = 3^{\sin\frac{1}{x}}$；

(9) $y = \dfrac{1}{x - \sqrt{x^2 + 1}}$；

(10) $y = \ln\sqrt{\dfrac{1 + x^2}{1 - x^2}}$.

2. 求下列函数的导数.

(1) $y = 3^{2x} x^3$；

(2) $y = e^{\frac{1}{x}} - e^{-x^2}$；

(3) $y = x\sin^2 x - \cos x^2$；

(4) $y = x\arcsin\dfrac{x}{2} + \sqrt{4 - x^2}$.

习 题 2-3 参考答案

1. (1) $9(3x + 5)^2$；

(2) $\dfrac{e^{\sqrt{x}}}{2\sqrt{x}}$；

(3) $-2\cos(1 - 2x)$；

(4) $-3\sin x\cos^2 x$；

(5) $\dfrac{\cos(\ln x)}{x}$；

(6) $\dfrac{4x\sqrt{x} + 1}{2(x^2\sqrt{x} + x)}$；

(7) $\dfrac{x}{\sqrt{(4 - x^2)^3}}$；

(8) $-\dfrac{3^{\sin\frac{1}{x}}\ln 3\cos\frac{1}{x}}{x^2}$；

(9) $-1 - \dfrac{x}{\sqrt{x^2 + 1}}$；

$(10) -\dfrac{2x}{x^4-1}$.

2.　$(1)\ 3^{2x}x^2(2x\ln3+3)$；　　$(2)\ 2xe^{-x^2}-\dfrac{e^{\frac{1}{x}}}{x^2}$；　　　　$(3)\ \sin^2x+x\sin2x+2x\sin x^2$；

$(4)\ \arcsin\dfrac{x}{2}$.

第四节　高　阶　导　数

 学习目标

理解高阶导数的定义及二阶导数的力学意义；

能熟练地求函数的二阶导数.

一、高阶导数的概念

如果函数 $y=f(x)$ 的导数 $y'=f'(x)$ 仍是 x 的可导函数，则称 $f'(x)$ 的导数为 $f(x)$ 的**二阶导数**，记作

$$y''\ 或\ f''(x)\ 或\ \dfrac{\mathrm{d}^2y}{\mathrm{d}x^2}$$

相应地，把 $y=f(x)$ 的导数 $f'(x)$ 称为 $y=f(x)$ 的一阶导数.

类似地，如果 $y''=f''(x)$ 的导数存在，这个导数称为 $y=f(x)$ 的**三阶导数**，记作

$$y'''\ 或\ f'''(x)\ 或\ \dfrac{\mathrm{d}^3y}{\mathrm{d}x^3}.$$

依次类推，如果 $y^{(n-1)}=f^{(n-1)}(x)$ 的导数存在，称为函数 $y=f(x)$ 的 **n 阶导数**，并记作

$$y^{(n)}\ 或\ f^{(n)}(x)\ 或\ \dfrac{\mathrm{d}^ny}{\mathrm{d}x^n}.$$

二阶及二阶以上的导数统称为**高阶导数**.

由此可见，高阶导数的求导法为反复求导法，本质上与求一阶导数相同，只是在求导过程中反复运用了一阶导数的求法.

例 2-18　求 $y=4x^2+6x-2$ 的三阶导数 y'''.

解　$y'=(4x^2+6x-2)'=8x+6$；

$y''=(8x+6)'=8$；

$y'''=8'=0$.

例 2-19　求 $y=e^x$ 的 n 阶导数.

解　　　　　　　　$y'=e^x,\quad y''=e^x,\quad y'''=e^x,\quad y^{(4)}=e^x,\ \cdots$

一般地，可得　　　　　　　　　　$y^{(n)}=e^x,$

即　　　　　　　　　　　　　　$(e^x)^{(n)}=e^x.$

例 2-20　已知 $y=\sin x$ ，求 $y^{(n)}(x)$.

解　$y'=\cos x=\sin\left(x+\dfrac{\pi}{2}\right),$

$$y'' = \cos\left(x + \frac{\pi}{2}\right) = \sin\left(x + 2 \cdot \frac{\pi}{2}\right),$$

$$y''' = \cos\left(x + 2 \cdot \frac{\pi}{2}\right) = \sin\left(x + 3 \cdot \frac{\pi}{2}\right),$$

一般地，可得 $y^{(n)} = \sin\left(x + n \cdot \frac{\pi}{2}\right),$

即 $$(\sin x)^{(n)} = \sin\left(x + n \cdot \frac{\pi}{2}\right).$$

同理可以推得 $(\cos x)^{(n)} = \cos\left(x + n \cdot \frac{\pi}{2}\right).$

例 2-21 求 $y = x^u$ 的 n 阶导数.

解 $y' = ux^{u-1},$

$y'' = u(u-1)x^{u-2},$

$y''' = u(u-1)(u-2)x^{u-3},$

一般地，可得

$$y^{(n)} = u(u-1)(u-2)\cdots(u-n+1)x^{u-n}.$$

特别地，当 $u = n$ 时，$(x^n)^{(n)} = n!$，因此

$$(a_n x^n + a_{n-1}x^{n-1} + \cdots + a_1 x + a_0)^{(n)} = a_n n!.$$

二、二阶导数的力学意义

设作变速直线运动物体的运动方程为 $s = s(t)$，物体在时刻 t 的运动速度为 $v = \dfrac{ds}{dt}$ 或 $v = s'(t)$，而加速度 a 又是速度 v 对时间 t 的变化率，即速度 v 对时间 t 的导数：

$$a = \frac{dv}{dt} = \frac{d^2 s}{dt^2} \quad \text{或} \quad a = s''.$$

所以，物体运动的加速度 a 是路程 s 对时间 t 的二阶导数.

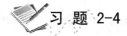 习 题 2-4

1. 求下列函数的二阶导数.

   (1) $y = e^{2x+1}$；   (2) $y = \ln(1 - x^2)$；

   (3) $y = \tan x$；   (4) $y = 2x^2 + \ln x$.

2. 求下列函数在指定点的二阶导数.

   (1) $y = \ln(1 + x)$，求 $y''|_{x=0}$；

   (2) $y = x\sqrt{x^2 - 16}$，求 $y''|_{x=5}$.

3. 求下列函数的 n 阶导数.

   (1) $y = ax^3 + bx^2 + cx + d\,(n > 3)$；

   (2) $y = a^x$.

4. 已知一物体作变速直线运动，其运动方程为 $s = A\sin(\omega t + \varphi)\,(A、\omega$ 为常数)，求该物体运动的速度和当 $t = 0$ 时的加速度.

习 题 2-4　参考答案

1. （1）$4\mathrm{e}^{2x+1}$ ；（2）$-\dfrac{2(1+x^2)}{(1-x^2)^2}$ ；（3）$2\sec^2 x\tan x$ ；（4）$4-\dfrac{1}{x^2}$.

2. （1）-1；（2）$\dfrac{10}{27}$.

3. （1）0；（2）$a^x(\ln a)^n$.

4. $v=A\omega\cos(\omega t+\varphi)$ ；$a\mid_{t=0}=-A\omega^2\cos\varphi$.

第五节　隐 函 数 的 导 数

学习目标

会求隐函数的导数；

能使用对数求导法求显函数的导数 .

一、隐函数的导数

前面已经对显函数的求导方法进行了讨论，并给出了求导的法则 . 但有时也会遇到由方程 $F(x,y)=0$ 所确定的隐函数的求导问题 . 有些隐函数可以化为显函数，如方程 $x+y^3-1=0$ 确定的隐函数为 $y=\sqrt[3]{1-x}$ ，按显函数的求导法则对 $y=\sqrt[3]{1-x}$ 求导即可 . 但有些隐函数如 $xy=\mathrm{e}^{x+y}$，$\sin(x+y)=\mathrm{e}^{x+y}$ 等不能化为显函数，这种情况该如何求导呢？下面我们给出一种方法，不管隐函数能否化为显函数，都能直接由方程求出它所确定的隐函数的导数.

隐函数求导法：方程 $F(x,y)=0$ 的两边同时对 x 求导（在求导过程中将 y 看作 x 的函数，那么 y 的函数就是 x 的复合函数），得到一个关于 y' 的等式，从中解出 y'，即为所求隐函数的导数 .

例 2-22　求由方程 $x-y+\dfrac{1}{2}\sin y=0$ 所确定的隐函数的导数 y'.

解　方程两边同时对 x 求导，得

$$1-y'+\frac{1}{2}\cos y\cdot y'=0,$$

解得

$$y'=\frac{1}{1-\dfrac{1}{2}\cos y}=\frac{2}{2-\cos y}.$$

例 2-23　求由方程 $\mathrm{e}^y+xy-\mathrm{e}=0$ 所确定的隐函数的导数 y'.

解　方程两边同时对 x 求导，得

$$\mathrm{e}^y y'+y+xy'=0,$$

解出 y'，得　$y'=-\dfrac{y}{x+\mathrm{e}^y}(x+\mathrm{e}^y\neq 0)$.

二、对数求导法

当一个显函数是由多次乘、除、乘方、开方运算得到的函数或幂指函数（形如 $y=$

$u(x)^{v(x)}$ 的函数）时，直接用显函数求导法则求导非常麻烦．对于这两类函数，可以对等式两端取自然对数，将显函数化为隐函数，然后再利用隐函数的求导法则求导，这种求导法称为对数求导法．

例 2-24 设 $y = x^{\sin x} (x > 0)$，求 y'．

解 等式两边取对数得 $\qquad \ln y = \sin x \cdot \ln x,$

两边对 x 求导得 $\qquad \dfrac{1}{y} y' = \cos x \cdot \ln x + \sin x \cdot \dfrac{1}{x},$

所以 $\qquad y' = y \left(\cos x \cdot \ln x + \sin x \cdot \dfrac{1}{x} \right) = x^{\sin x} \left(\cos x \cdot \ln x + \dfrac{\sin x}{x} \right).$

例 2-25 设 $y = \dfrac{(x+1)\sqrt[3]{x-1}}{(x+4)^2 \mathrm{e}^x}$，求 y'．

解 等式两边取对数得 $\quad \ln y = \ln(x+1) + \dfrac{1}{3}\ln(x-1) - 2\ln(x+4) - x,$

上式两边对 x 求导得 $\qquad \dfrac{y'}{y} = \dfrac{1}{x+1} + \dfrac{1}{3(x-1)} - \dfrac{2}{x+4} - 1,$

整理化简，得

$$y' = \dfrac{(x+1)\sqrt[3]{x-1}}{(x+4)^2 \mathrm{e}^x} \left[\dfrac{1}{x+1} + \dfrac{1}{3(x-1)} - \dfrac{2}{x+4} - 1 \right].$$

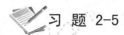 习 题 2-5

1．求下列隐函数的导数．

 (1) $x^3 + 2xy + 3y^3 = 5$；   (2) $x^2 - y^2 = xy$；

 (3) $x - \mathrm{e}^x - \mathrm{e}^y = 0$；   (4) $y = \cos(x+y)$；

 (5) $y\mathrm{e}^x + \ln y = 1$；   (6) $y\sin x + \ln y = 2$；

 (7) $x\cos y = \sin(x+y)$；   (8) $y = 1 + x\mathrm{e}^y$．

2．用对数求导法求下列函数的导数．

 (1) $y = \left(\dfrac{x}{1+x} \right)^x$；   (2) $y = x^{\sin 2x} (x > 0)$；

 (3) $y = \sqrt{\dfrac{(x+2)(2x-1)}{(x-1)^3}}$； (4) $y = \dfrac{\sqrt{x+2}(3-x)^2}{(x+5)^5}$．

3．求曲线 $x^2 + 2xy - y^2 = a^2$ 在点 $(a, 2a)$ 处的切线方程和法线方程．

习 题 2-5 参考答案

1．(1) $-\dfrac{3x^2 + 2y}{2x + 9y^2}$； (2) $\dfrac{2x - y}{x + 2y}$； (3) $\dfrac{1 - \mathrm{e}^x}{\mathrm{e}^y}$；

 (4) $-\dfrac{\sin(x+y)}{1 + \sin(x+y)}$； (5) $-\dfrac{y^2 \mathrm{e}^x}{y\mathrm{e}^x + 1}$； (6) $-\dfrac{y^2 \cos x}{y\sin x + 1}$；

(7) $\dfrac{\cos y - \cos(x+y)}{\cos(x+y) + x \sin y}$;　(8) $\dfrac{e^y}{1 - x e^y}$.

2. (1) $y' = \left(\dfrac{x}{1+x}\right)^x \left(\ln \dfrac{x}{1+x} + \dfrac{1}{x+1}\right)$;

　(2) $y' = x^{\sin 2x} \left(2\cos 2x \ln x + \dfrac{\sin 2x}{x}\right)$;

　(3) $y' = \dfrac{1}{2} \sqrt{\dfrac{(x+2)(2x-1)}{(x-1)^3}} \left(\dfrac{1}{x+2} + \dfrac{2}{2x-1} - \dfrac{3}{x-1}\right)$;

　(4) $y' = \dfrac{\sqrt{x+2}\,(3-x)^2}{(x+5)^5} \left(\dfrac{1}{2x+4} - \dfrac{2}{3-x} - \dfrac{5}{x+5}\right)$.

3. 切线方程：$3x - y - a = 0$，法线方程：$x + 3y - 7a = 0$.

第六节　函 数 的 微 分

 学习目标

理解函数微分的概念，掌握微分公式与微分运算法则，并能熟练地计算函数的微分；会用微分进行简单的近似计算.

在本节中，我们将研究微分学中的另一个基本概念——微分，并建立微分的基本公式和运算法则，讨论微分在近似计算中的应用.

一、微分的定义

引例　一块正方形金属薄片，如图 2-4 所示，受热后边长由 x_0 增加到了 $x_0 + \Delta x$，问此薄片的面积 S 约增加了多少？

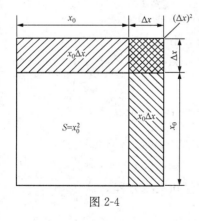

图 2-4

设正方形薄片的边长为 x，面积为 $S = x^2$. 它受热后增加的面积可看成是当自变量 x 在 x_0 取得增量 Δx 时，函数 $S = x^2$ 相应的增量 $\Delta S = (x_0 + \Delta x)^2 - x_0^2$，即

$$\Delta S = 2x_0 \cdot \Delta x + (\Delta x)^2 . \tag{2-3}$$

由式 (2-3) 可以看出，ΔS 分为两部分，一部分为 $2x_0 \cdot \Delta x$（图 2-4 中带斜线的两矩形面积之和）；另一部分为 $(\Delta x)^2$（图 2-4 中带重叠斜线的正方形面积）. 当 $\Delta x \to 0$ 时，$2x_0 \cdot \Delta x$ 是与 Δx 同阶的无穷小，而 $(\Delta x)^2$ 是较 Δx 高阶的无穷小，即当 $\Delta x \to 0$ 时，$(\Delta x)^2$ 比 $2x_0 \cdot \Delta x$ 趋于零的速度更快. 因此，当 $|\Delta x|$ 很小时，面积增量 ΔS 可以用它的主要部分 $2x_0 \cdot \Delta x$ 近似代替，即

$$\Delta S \approx 2x_0 \cdot \Delta x , \tag{2-4}$$

这时产生的误差是较 Δx 高阶的无穷小 $(\Delta x)^2$，显然，$|\Delta x|$ 越小，近似程度就越好. 从图 2-4 可看出，面积的增量 ΔS 是图中阴影部分的面积，式（2-4）表示以两块矩形面积 $2x_0 \cdot \Delta x$ 来代替面积 ΔS 的增量，略去了一块较小的正方形面积 $(\Delta x)^2$.

因为 $S'\big|_{x=x_0} = 2x_0$，$2x_0$ 正好是面积函数 $S = x^2$ 在点 $x = x_0$ 处的导数，因此

$$\Delta S \approx S'|_{x=x_0} \cdot \Delta x. \tag{2-5}$$

由式（2-5）看出，函数增量 ΔS 用函数 S 在点 x_0 处的导数与自变量增量 Δx 的乘积近似计算，是一个比较精确又便于计算的表达式.

下面我们给出函数微分的定义：

定义 2.2 设函数 $y=f(x)$ 在点 x_0 具有导数 $f'(x_0)$，则 $f'(x_0)\Delta x$ 称为函数 $y=f(x)$ 在点 x_0 的微分，记作 $\mathrm{d}y|_{x=x_0}$，即

$$\mathrm{d}y|_{x=x_0} = f'(x_0)\Delta x.$$

例 2-26 求函数 $y=x^2$ 在 $x=1$ 处，当 $\Delta x=0.1$，$\Delta x=0.01$ 时的增量与微分.

解 $x=1$，$\Delta x=0.1$ 时，

$$\Delta y=(1.1)^2-1=0.21,$$

$$\mathrm{d}y\Big|_{\substack{x=1\\\Delta x=0.1}} = 2x\Delta x\Big|_{\substack{x=1\\\Delta x=0.1}} = 2\times1\times0.1=0.2;$$

$x=1$，$\Delta x=0.01$ 时，

$$\Delta y=(1.01)^2-1=0.0201,$$

$$\mathrm{d}y\Big|_{\substack{x=1\\\Delta x=0.01}} = 2x\Delta x\Big|_{\substack{x=1\\\Delta x=0.01}} = 2\times1\times0.01=0.02.$$

此例说明，$|\Delta x|$ 越小，用微分近似计算增量的精确程度就越高. 因此只要选择合适的 Δx，一般都可达到所需的精度.

函数 $y=f(x)$ 在点 x 的微分叫做函数的微分，记作 $\mathrm{d}y$，即

$$\mathrm{d}y=f'(x)\Delta x.$$

我们把自变量的微分定义为自变量的增量，记为 $\mathrm{d}x$，即 $\mathrm{d}x=\Delta x$，于是函数 $y=f(x)$ 的微分又可记为

$$\mathrm{d}y=f'(x)\mathrm{d}x,$$

从而有

$$\frac{\mathrm{d}y}{\mathrm{d}x}=f'(x). \tag{2-6}$$

式（2-6）说明，函数的微分 $\mathrm{d}y$ 与自变量的微分 $\mathrm{d}x$ 之商，等于该函数的导数. 因此导数又叫做微商，也把可导函数称为可微函数. 今后 $\dfrac{\mathrm{d}y}{\mathrm{d}x}$ 既可以当做一个整体记号，也可作为分式来处理.

二、微分的几何意义

在直角坐标系中，作出函数 $y=f(x)$ 的图像. 对于某一固定的值 x_0，对应于曲线上的一个确定的点 $M(x_0,\ y_0)$，当自变量 x 有微小增量 Δx 时，得到曲线上的另一点 $N(x_0+\Delta x,\ y_0+\Delta y)$. 由图 2-5 可知：

$$MQ=\Delta x,\qquad QN=\Delta y.$$

过点 M 作曲线的切线 MT，它的倾斜角为 α，则

$$QP=MQ\cdot\tan\alpha=\Delta x\cdot f'(x_0)=\mathrm{d}y.$$

因此，当 Δy 是曲线 $y=f(x)$ 上的点的纵坐标的增量时，$\mathrm{d}y$ 就是曲线的切线上点的纵坐标的相应增量，所以微分的几何意义就是曲线 $y=f(x)$ 在点 $M(x_0,\ f(x_0))$ 处切线上纵

坐标的增量．

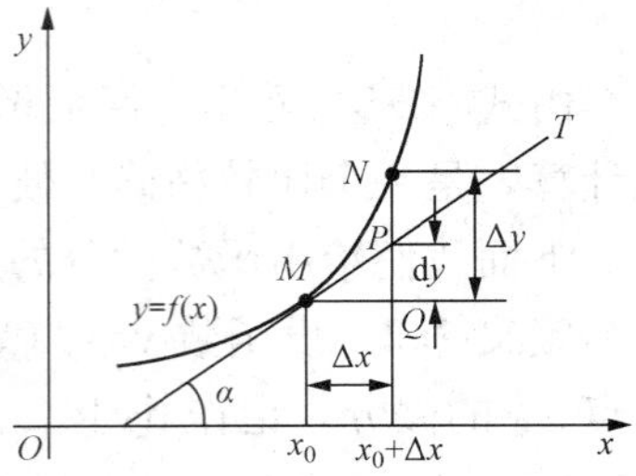

三、微分公式与微分运算法则

从函数的微分定义 $dy = f'(x)dx$ 可知，要计算函数的微分，只要先求出函数的导数，再乘以自变量的微分就可以了．所以，我们从导数的基本公式和运算法则，就可以直接推出微分的基本公式及微分运算法则．

图 2-5

1. 基本初等函数的微分公式

(1) $d(C) = 0$；　　　　　　　　(2) $d(x^\mu) = \mu x^{\mu-1}dx$；

(3) $d(\sin x) = \cos x\,dx$；　　　　(4) $d(\cos x) = -\sin x\,dx$；

(5) $d(\tan x) = \sec^2 x\,dx$；　　　(6) $d(\cot x) = -\csc^2 x\,dx$；

(7) $d(\sec x) = \sec x\tan x\,dx$；　(8) $d(\csc x) = -\csc x\cot x\,dx$；

(9) $d(a^x) = a^x\ln a\,dx$；　　　　(10) $d(e^x) = e^x dx$；

(11) $d(\log_a x) = \dfrac{1}{x\ln a}dx$；　(12) $d(\ln x) = \dfrac{1}{x}dx$；

(13) $d(\arcsin x) = \dfrac{1}{\sqrt{1-x^2}}dx$；(14) $d(\arccos x) = -\dfrac{1}{\sqrt{1-x^2}}dx$；

(15) $d(\arctan x) = \dfrac{1}{1+x^2}dx$；(16) $d(\operatorname{arccot} x) = -\dfrac{1}{1+x^2}dx$．

2. 函数的和、差、积、商的微分法则

假定 u 和 v 都是 x 的函数，C 为常数，则

(1) $d(u \pm v) = du \pm dv$；

(2) $d(uv) = u\,dv + v\,du$；

(3) $d(Cu) = Cdu$；

(4) $d\left(\dfrac{u}{v}\right) = \dfrac{v\,du - u\,dv}{v^2}$ $(v \neq 0)$．

3. 微分形式的不变性（复合函数的微分法则）

根据微分的定义，当 u 是自变量时，函数 $y = f(u)$ 的微分为

$$dy = f'(u)du . \tag{2-7}$$

如果 u 不是自变量而是 x 的可微函数 $u = \varphi(x)$，那么，对于由 $y = f(u)$ 与 $u = \varphi(x)$ 复合而成的复合函数，根据微分定义和复合函数求导法则，得 $dy = f'(u)\varphi'(x)dx$，而 $\varphi'(x)dx = du$，故得 $dy = f'(u)du$，此式与式（2-7）完全一样．这说明：无论 u 是自变量还是中间变量，函数 $y = f(u)$ 的微分形式总是保持同一形式，即 $dy = f'(u)du$，这个性质叫做微分形式的不变性．

所以在求复合函数的微分时，既可根据微分的定义，先求出复合函数的导数，再乘以自变量的微分，也可以利用微分形式的不变性，直接用式（2-7）进行运算．

例 2-27　求函数 $y = \ln\sin x$ 的微分 dy．

解　$dy = d(\ln\sin x) = \dfrac{1}{\sin x}d(\sin x) = \dfrac{\cos x}{\sin x}dx = \cot x\,dx$．

例 2-28　求函数 $y = x + e^{x^2}$ 的微分 dy．

解
$$dy = d(x + e^{x^2}) = dx + de^{x^2} = dx + e^{x^2}d(x^2)$$
$$= dx + 2xe^{x^2}dx = (1 + 2xe^{x^2})dx.$$

例 2-29 求函数 $y = e^{3x}\cos 2x$ 的微分 dy.

解
$$dy = d(e^{3x}\cos 2x) = e^{3x}d(\cos 2x) + \cos 2x \, d(e^{3x})$$
$$= e^{3x}(-\sin 2x)d(2x) + \cos 2x \, e^{3x}d(3x)$$
$$= -e^{3x}\sin 2x \cdot 2dx + e^{3x}\cos 2x \cdot 3dx$$
$$= e^{3x}(3\cos 2x - 2\sin 2x)dx.$$

四、微分在近似计算中的应用

函数 $y = f(x)$ 在 $x = x_0$ 的增量 $\Delta y = f(x_0 + \Delta x) - f(x_0)$, 当 $|\Delta x|$ 很小时, 可以用函数的微分 dy 来近似代替, 即

$$\Delta y = f(x_0 + \Delta x) - f(x_0) \approx dy = f'(x_0)\Delta x. \tag{2-8}$$

一般来说, $|\Delta x|$ 越小, 近似的精确度越高, 由于 dy 较 Δy 容易计算, 所以式 (2-8) 很有实用价值. 下面从两个方面讨论微分在近似计算上的应用.

1. 计算函数的增量的近似值

由式 (2-8) 可得

$$\Delta y \approx f'(x_0)\Delta x. \tag{2-9}$$

在应用式 (2-9) 计算函数增量 Δy 时, 除了要有确定的函数 $f(x)$、x_0 和 Δx 以外, 还必须注意 $|\Delta x|$ 相对比较小.

例 2-30 半径 10cm 的金属圆片加热后, 半径伸长了 0.05cm, 问面积增大了多少?

解 设圆面积为 A, 半径为 r, 则 $A = \pi r^2$. 现在 $r = 10\text{cm}$, $\Delta r = 0.05\text{cm}$, 因为 Δr 很小, 所以可用微分来代替增量, 由于 $dA = A'\Delta r = 2\pi r \Delta r$, 则

$$\Delta A \approx dA = 2\pi r \cdot \Delta r = 2\pi \times 10 \times 0.05 \approx 3.14 \ (\text{cm}^2),$$

即面积增大了约 3.14cm^2.

2. 计算函数值的近似值

当 $|\Delta x|$ 很小时, 式 (2-8) 可得

$$f(x_0 + \Delta x) \approx f(x_0) + f'(x_0)\Delta x. \tag{2-10}$$

利用式 (2-10) 可计算函数在点 x_0 附近的函数值.

例 2-31 计算 $\arctan 0.98$ 的近似值 (精确到 0.0001).

解 令 $f(x) = \arctan x$, 取 $x_0 = 1$, $\Delta x = 0.98 - 1 = -0.02$, 而

$$f(1) = \arctan 1 = \frac{\pi}{4}, \quad f'(1) = \frac{1}{1+x^2}\bigg|_{x=1} = \frac{1}{2},$$

由式 (2-10) 得

$$\arctan 0.98 \approx f(1) + f'(1)\Delta x = \frac{\pi}{4} + \frac{1}{2}(-0.02)$$

$$= \frac{\pi}{4} - 0.01 \approx 0.7854 - 0.01 = 0.7754.$$

在式 (2-10) 中, 令 $x_0 + \Delta x = x$, 则当 $x_0 = 0$ 时, $\Delta x = x$, 于是

$$f(x) \approx f(0) + f'(0)x. \tag{2-11}$$

当 $|x|$ 很小时, 利用式 (2-11) 可以推得下面一些常用的近似公式:

① $\sqrt[n]{1+x} \approx 1+\dfrac{x}{n}$；　　② $e^x \approx 1+x$；　　　③ $\ln(1+x) \approx x$；

④ $\sin x \approx x$（x 是弧度）；　⑤ $\tan x \approx x$（x 是弧度）.

利用上述近似计算公式求这些函数在 $x=0$ 附近的函数值时较方便.

例 2-32　计算 $\sqrt{1.002}$ 的近似值.

解　利用公式 $\sqrt[n]{1+x} \approx 1+\dfrac{x}{n}$，因为 n 等于 2，所以

$$\sqrt{1+x} \approx 1+\frac{x}{2}，$$

于是　　　　　　　　$\sqrt{1.002} = \sqrt{1+0.002} \approx 1+\dfrac{0.002}{2} = 1.001.$

例 2-33　计算 $e^{-0.03}$ 的近似值.

解　利用公式 $e^x \approx 1+x$，得

$$e^{-0.03} \approx 1-0.03 = 0.97.$$

 习 题 2-6

1. 求下列函数在给定条件下的增量和微分.

　　(1) $y=2x-x^2$，x 由 0 变到 0.02；

　　(2) $y=\ln x+1$，x 由 2 变到 1.97.

2. 求下列函数在各指定点的微分.

　　(1) $y=x^3-2x-3$，$x=0$ 和 $x=1$；

　　(2) $y=\sin x$，$x=0$ 和 $x=\dfrac{\pi}{4}$.

3. 求下列函数的微分.

　　(1) $y=\sqrt{1+x^2}$；　　　　　　　　(2) $y=\dfrac{\sin x}{1-x^2}$；

　　(3) $y=\ln(1-2x^2)$；　　　　　　　　(4) $y=x e^{-2x}$；

　　(5) $y=\sqrt{x\sqrt{x\sqrt{x}}}$；　　　　　　　(6) $y=3^{\ln \sin x}$；

　　(7) $y=e^x \cos x$；　　　　　　　　(8) $y=\dfrac{x}{\sqrt{1+x^2}}$.

4. 计算下列各近似值.

　　(1) $\sqrt[3]{996}$；　　　　　　　　　　(2) $\sqrt[3]{1010}$；

　　(3) $\ln 0.98$；　　　　　　　　　　　(4) $e^{1.01}$；

　　(5) $\cos 29°$；　　　　　　　　　　　(6) $\tan 136°$.

5. 球壳外直径为 20cm，厚度为 0.2cm，求球壳体积的近似值.

6. 某公司生产一种新型游戏程序，假设能全部出售，收入函数为 $R=36x-\dfrac{x^2}{20}$，其中 x 为公司一天的产量，如果公司每天的产量从 250 增加到 260，请估计公司每天收入的增

加量.

7. 扩音器的插头是截面半径 r 为 0.15cm，长 l 为 4cm 的圆柱体. 为了提高它的导电性能，必须在圆柱体的侧面镀上一层厚为 0.001cm 的纯铜，问大约需用多少克铜？（已知铜的密度为 8.9g/cm^3）.

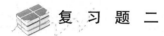 习 题 2-6 参考答案

1. (1) 0.0396，0.04；　　　　　　 (2) $\ln 0.985$，-0.015.

2. (1) $\mathrm{d}y\,|_{x=0} = -2\mathrm{d}x$，$\mathrm{d}y\,|_{x=1} = \mathrm{d}x$；(2) $\mathrm{d}y\,|_{x=0} = \mathrm{d}x$，$\mathrm{d}y\,|_{x=\frac{\pi}{4}} = \frac{\sqrt{2}}{2}\mathrm{d}x$.

3. (1) $\mathrm{d}y = \dfrac{x}{\sqrt{1+x^2}}\mathrm{d}x$；　　　　 (2) $\mathrm{d}y = \dfrac{\cos x(1-x^2)+2x\sin x}{(1-x^2)^2}\mathrm{d}x$；

　 (3) $\mathrm{d}y = -\dfrac{4x}{1-2x^2}\mathrm{d}x$；　(4) $\mathrm{d}y = \mathrm{e}^{-2x}(1-2x)\mathrm{d}x$；　(5) $\mathrm{d}y = \dfrac{7}{8}x^{-\frac{1}{8}}\mathrm{d}x$；

　 (6) $\mathrm{d}y = 3^{\ln\sin x}\cot x\ln 3\mathrm{d}x$；　(7) $\mathrm{d}y = \mathrm{e}^x(\cos x - \sin x)\mathrm{d}x$；　(8) $\mathrm{d}y = \dfrac{\mathrm{d}x}{(1+x^2)^{\frac{3}{2}}}$.

4. (1) 9.987；　　　 (2) 10.0333；　　 (3) -0.02；

　 (4) 2.7455；　　 (5) 0.8747；　　 (6) $-0.965\,09$.

5. 251cm^3.　　　　 6. 110.　　　　 7. $0.034g$.

复 习 题 二

1. 填空题.

(1) 设函数 $f(x)$ 在点 x_0 可导，则 $\lim\limits_{\Delta x \to 0} \dfrac{f(x_0 - 2\Delta x) - f(x_0)}{\Delta x} = $ _____.

(2) 设曲线 $y = 2x^2 + 3x - 26$ 上点 M 处的切线斜率是 15，则点 M 的坐标是 _____.

(3) $\mathrm{d}(\ln\tan x) = $ _____.

(4) 设 $y = \mathrm{e}^{x^2+1}$，则 $y' = $ _____.

(5) 设 $y = 3\mathrm{e}^x + \mathrm{e}^{-x}$，则当 $y' = 0$ 时，$x = $ _____.

(6) $\mathrm{d}(\sqrt{1+\mathrm{e}^x}) = $ _____.

2. 选择题.

(1) 若函数 $y = f(x)$ 在点 x_0 处的导数 $f'(x_0) = 0$，则曲线 $y = f(x)$ 在点 $(x_0, f(x_0))$ 处的法线（　　）.

　　 A. 与 x 轴平行；　　　　　　 B. 与 x 轴垂直；

　　 C. 与 x 轴既不平行也不垂直；　　 D. 与直线 $y = x$ 平行.

(2) 若对于任意的 $x \in (a, b)$，都有 $f'(x) = g'(x)$，则在 (a, b) 内必有（　　）.

　　 A. $f(x) = g(x)$；　　　　　　 B. $f(x) + g(x) = 0$；

　　 C. $f(x) + g(x) = 1$；　　　　 D. $f(x) = g(x) + C$

(3) 若 $y = \arctan\mathrm{e}^x$，则 $\mathrm{d}y = $（　　）.

A. $\dfrac{1}{1+e^{2x}}dx$;　　　B. $\dfrac{e^x}{1+e^{2x}}dx$;　　　C. $\dfrac{1}{\sqrt{1+e^{2x}}}dx$;　　　D. $\dfrac{e^x}{\sqrt{1+e^{2x}}}dx$.

(4) $d(3\ln x - 1) = ($　　$)$.

　　A. $\left(\dfrac{3}{x}-1\right)dx$;　　　B. $\dfrac{3}{x}$;　　　C. $\dfrac{3}{x}dx$;　　　D. $\dfrac{1}{3x}dx$.

(5) 设 $f(x) = a_0 x^n + a_1 x^{n-1} + \cdots + a_{n-1} x + a_n$, 则 $f^{(n+1)}(0) = ($　　$)$.

　　A. 0 ;　　　　B. a_0 ;　　　　C. a_1 ;　　　　D. a_n .

(6) 已知 $y = \sqrt{1-x^2} + \sqrt{1-a^2}$, 则 $y' = ($　　$)$.

　　A. $\dfrac{1}{2\sqrt{1-x^2}} + \dfrac{1}{2\sqrt{1-a^2}}$;　　　　B. $\dfrac{1}{2\sqrt{1-x^2}}$;

　　C. $-\dfrac{x}{\sqrt{1-x^2}} - \dfrac{a}{\sqrt{1-a^2}}$;　　　　D. $-\dfrac{x}{\sqrt{1-x^2}}$.

(7) $d\tan x = ($　　$)$.

　　A. $\cot x\, dx$;　　　B. $\sec^2 x$;　　　C. $\sec^2 x\, dx$;　　　D. $\csc^2 x$.

(8) 设函数 $f(x)$ 在 $x = x_0$ 处可导, 且 $f'(x_0) = -2$, 则 $\lim\limits_{h \to 0} \dfrac{f(x_0 - h) - f(x_0)}{h} = ($　　$)$.

　　A. $\dfrac{1}{2}$;　　　B. 2 ;　　　C. $-\dfrac{1}{2}$;　　　D. -2 .

3. 求下列函数的导数 .

　　(1) $y = e^{-\frac{x}{2}} \cos 3x$;　　　　　　(2) $y = x^2 2^{\frac{1}{x}}$;

　　(3) $y = 2^x (x \sin x + \cos x)$;　　　　(4) $y = x \sin x \ln x$;

　　(5) $y = e^{\sqrt[3]{x+1}}$;　　　　　　　　(6) $y = \ln\sqrt{\dfrac{1-\sin x}{1+\sin x}}$.

4. 求下列函数的二阶导数 .

　　(1) $y = \dfrac{1}{2}\arctan\dfrac{2x}{1-x^2}$;

　　(2) $y = (1+x^2)\arctan x$.

5. 求下列方程所确定的隐函数 y 的导数 .

　　(1) $x^3 + y^3 - 3axy = 0$ (a 为常数);　　　(2) $\cos(xy) = x$.

6. 求下列函数的微分 .

　　(1) $y = \tan^2 x + \ln\cos x$;　　　　　(2) $y = \arctan e^x + \arctan\dfrac{1}{x}$;

　　(3) $y = \cos^2 x^2$;　　　　　　　　　(4) $y = 2^{-\frac{1}{\cos x}}$.

7. 用对数求导法求下列函数的导数 .

　　(1) $y = \sqrt[3]{\dfrac{(x+1)(x+2)}{(x+3)(x+4)}}$;　　　　(2) $y = (\sin x)^{\cos x}$ ($\sin x > 0$) .

8. (1) 已知 $\dfrac{x}{y} - \ln x = 1$, 求 $\dfrac{dy}{dx}\Big|_{\substack{x=e \\ y=\frac{e}{2}}}$;

（2）已知 $x^2 + 2xy - y^2 = 2x$ ，求 $\dfrac{\mathrm{d}y}{\mathrm{d}x}\bigg|_{\substack{x=2\\y=0}}$ ．

9. 有一薄型圆管，内径为 120mm，壁厚为 3mm，用微分求其截面积的近似值（精确到 1mm²）．

10. 正方体的棱长为 10m，如果棱长增加 0.1m，求此正方体体积增加的精确值和近似值．

复习题二　参考答案

1. （1）$-2f'(x_0)$；
　（2）$(3，1)$；
　（3）$\dfrac{\sec^2 x}{\tan x}\mathrm{d}x$；

　（4）$2x\,\mathrm{e}^{x^2+1}$；
　（5）$-\dfrac{1}{2}\ln 3$；
　（6）$\dfrac{\mathrm{e}^x\,\mathrm{d}x}{2\sqrt{1+\mathrm{e}^x}}$．

2. （1）B；（2）D；（3）B；（4）C；（5）A；（6）D；（7）C；（8）B.

3. （1）$-\dfrac{1}{2}\mathrm{e}^{-\frac{1}{2}x}(\cos 3x + 6\sin 3x)$；
　（2）$2^{\frac{1}{x}}(2x - \ln 2)$；

　（3）$2^x(x\sin x\ln 2 + \cos x\ln 2 + x\cos x)$；
　（4）$\sin x\ln x + x\cos x\ln x + \sin x$；

　（5）$\dfrac{1}{3\sqrt[3]{(x+1)^2}}\mathrm{e}^{\sqrt[3]{x+1}}$；
　（6）$-\sec x$．

4. （1）$-\dfrac{2x}{(1+x^2)^2}$；
　（2）$2\left(\arctan x + \dfrac{x}{1+x^2}\right)$．

5. （1）$\dfrac{ay - x^2}{y^2 - ax}$；
　（2）$-\dfrac{1 + y\sin(xy)}{x\sin(xy)}$．

6. （1）$(\tan^3 x + \sec^2 x\tan x)\mathrm{d}x$；
　（2）$\left(\dfrac{\mathrm{e}^x}{1+\mathrm{e}^{2x}} - \dfrac{1}{1+x^2}\right)\mathrm{d}x$；

　（3）$-2x\sin 2x^2\,\mathrm{d}x$；
　（4）$-2^{-\frac{1}{\cos x}}\ln 2\sec x\tan x\,\mathrm{d}x$．

7. （1）$\dfrac{1}{3}\sqrt[3]{\dfrac{(x+1)(x+2)}{(x+3)(x+4)}}\left(\dfrac{1}{x+1} + \dfrac{1}{x+2} - \dfrac{1}{x+3} - \dfrac{1}{x+4}\right)$；

　（2）$y = (\sin x)^{\cos x}\dfrac{-\sin^2 x\ln\sin x + \cos^2 x}{\sin x}$．

8. （1）$\dfrac{\mathrm{d}y}{\mathrm{d}x}\bigg|_{\substack{x=\mathrm{e}\\y=\frac{\mathrm{e}}{2}}} = \dfrac{1}{4}$；
　（2）$\dfrac{\mathrm{d}y}{\mathrm{d}x}\bigg|_{\substack{x=2\\y=0}} = -\dfrac{1}{2}$．

9. 1130mm²．

10. 30.301mm³，30mm³．

第三章 导 数 的 应 用

教学目的

掌握应用罗必达（L'Hospital）法则求未定式值的方法；

理解函数的单调性和极值概念，会求函数的极值；

能判断函数的单调性与函数图形的凹凸性，以及求函数图形拐点的方法；

熟练掌握求函数的最大、最小值（包括实际问题）的方法；

会进行简单函数的边际分析与弹性分析．

第一节 罗 必 达 法 则

学习目标

会表述罗必达法则的含义；

会用罗必达法则求简单的未定式的值．

在第一章中，我们曾遇到过以下类型的极限，如 $\lim\limits_{x \to 0} \dfrac{\tan x}{x^2}$，$\lim\limits_{x \to +\infty} \dfrac{\ln(1+x)}{x}$，$\lim\limits_{x \to 2} \dfrac{x^2-4}{x-2}$．这些极限的特点是，当 $x \to x_0$（或 $x \to \infty$）时，分子 $f(x)$ 与分母 $g(x)$ 的极限都趋于 0 或都趋于无穷大，此时极限 $\lim \dfrac{f(x)}{g(x)}$ 可能存在也可能不存在，通常把这种类型的极限叫做**未定式**．并简称为 $\dfrac{0}{0}$ 型或 $\dfrac{\infty}{\infty}$ 型，例如 $\lim\limits_{x \to 0} \dfrac{\tan x}{x^2}$，$\lim\limits_{x \to 2} \dfrac{x^2-4}{x-2}$ 就是 $\dfrac{0}{0}$ 型未定式，$\lim\limits_{x \to +\infty} \dfrac{\ln(1+x)}{x}$ 就是 $\dfrac{\infty}{\infty}$ 型未定式．以前我们求解此类型极限时常用方法是对原式化简变形，转化成可利用极限运算法则或重要极限的形式计算，但这些方法需视具体问题而定，属于特定方法．本节我们介绍一种以导数为工具求未定式极限的一般方法——**罗必达法则**．

一、$\dfrac{0}{0}$ 型的未定式

定理 3.1 若函数 $f(x)$ 和 $F(x)$ 在 x_0 的某邻域内可导（x_0 可除外），且

(1) $\lim\limits_{x \to x_0} f(x) = 0$，$\lim\limits_{x \to x_0} F(x) = 0$；

(2) $F'(x) \neq 0$；

(3) $\lim\limits_{x \to x_0} \dfrac{f'(x)}{F'(x)}$ 存在（或为无穷大）．

那么

$$\lim_{x \to x_0} \frac{f(x)}{F(x)} = \lim_{x \to x_0} \frac{f'(x)}{F'(x)}．$$

定理 3.1 说明 $\dfrac{0}{0}$ 型未定式在符合定理条件下，可以通过分子、分母分别求导，再求极限而确定．这种在一定条件下通过分子、分母分别求导再求极限来确定未定式的值的方法叫做罗必达（L'Hospital）法则．该法则中 $x \to x_0$，可改为 $x \to x_0^+$，$x \to x_0^-$ 或 $x \to \infty$ 等过程，其结论仍然成立．

例 3-1　求 $\lim\limits_{x \to \pi} \dfrac{\sin x}{\pi - x}$．

解　$\lim\limits_{x \to \pi} \dfrac{\sin x}{\pi - x} \overset{\frac{0}{0}}{=} \lim\limits_{x \to \pi} \dfrac{\cos x}{-1} = -\lim\limits_{x \to \pi} \cos x = 1$．

每次使用罗必达法则必须检验所求极限是不是未定式，是否符合罗必达法则使用条件．

例 3-2　求 $\lim\limits_{x \to 0} \dfrac{(1+x)^\alpha - 1}{x}$．

解　$\lim\limits_{x \to 0} \dfrac{(1+x)^\alpha - 1}{x} \overset{\frac{0}{0}}{=} \lim\limits_{x \to 0} \dfrac{\alpha(1+x)^{\alpha-1}}{1} = \alpha$．

例 3-3　求 $\lim\limits_{x \to 0} \dfrac{\ln(1+x)}{x^2}$．

解　$\lim\limits_{x \to 0} \dfrac{\ln(1+x)}{x^2} \overset{\frac{0}{0}}{=} \lim\limits_{x \to 0} \dfrac{\dfrac{1}{1+x}}{2x} = \lim\limits_{x \to 0} \dfrac{1}{2x(1+x)} = \infty$．

使用罗必达法则时，若 $\lim\limits_{x \to x_0} \dfrac{f'(x)}{F'(x)}$ 仍然为 $\dfrac{0}{0}$ 型，且 $f'(x)$，$F'(x)$ 仍满足定理条件，这时可继续使用罗必达法则，即

$$\lim_{x \to x_0} \frac{f(x)}{F(x)} = \lim_{x \to x_0} \frac{f'(x)}{F'(x)} = \lim_{x \to x_0} \frac{f''(x)}{F''(x)}$$

且可以依次类推至有限次．

例 3-4　求极限 $\lim\limits_{x \to 0} \dfrac{e^x - e^{-x} - 2x}{x - \sin x}$．

解　$\lim\limits_{x \to 0} \dfrac{e^x - e^{-x} - 2x}{x - \sin x} = \lim\limits_{x \to 0} \dfrac{e^x + e^{-x} - 2}{1 - \cos x} \overset{\frac{0}{0}}{=} \lim\limits_{x \to 0} \dfrac{e^x - e^{-x}}{\sin x} \overset{\frac{0}{0}}{=} \lim\limits_{x \to 0} \dfrac{e^x + e^{-x}}{\cos x} = 2$．

二、$\dfrac{\infty}{\infty}$ 型未定式

定理 3.2　若函数 $f(x)$ 和 $F(x)$ 在 x_0 的某邻域内可导（x_0 可除外），且

(1) $\lim\limits_{x \to x_0} f(x) = \infty$，$\lim\limits_{x \to x_0} F(x) = \infty$；

(2) $F'(x) \neq 0$；

(3) $\lim\limits_{x \to x_0} \dfrac{f'(x)}{F'(x)}$ 存在（或为无穷大）．

那么　　　　　　　　　　$\lim\limits_{x \to x_0} \dfrac{f(x)}{F(x)} = \lim\limits_{x \to x_0} \dfrac{f'(x)}{F'(x)}$．

例 3-5　求 $\lim\limits_{x \to 0^+} \dfrac{\ln \tan x}{\ln x}$．

解 $\lim\limits_{x \to 0^+} \dfrac{\ln\tan x}{\ln x} \overset{\frac{\infty}{\infty}}{=} \lim\limits_{x \to 0^+} \dfrac{\dfrac{1}{\tan x}\sec^2 x}{\dfrac{1}{x}} = \lim\limits_{x \to 0^+} \dfrac{x}{\sin x \cos x}$

$$= \lim\limits_{x \to 0^+} \dfrac{x}{\sin x} \lim\limits_{x \to 0^+} \dfrac{1}{\cos x} = 1.$$

例 3-6   求 $\lim\limits_{x \to +\infty} \dfrac{\ln x}{x^3}$.

解 $\lim\limits_{x \to +\infty} \dfrac{\ln x}{x^3} \overset{\frac{\infty}{\infty}}{=} \lim\limits_{x \to +\infty} \dfrac{\dfrac{1}{x}}{3x^2} = \lim\limits_{x \to +\infty} \dfrac{1}{3x^3} = 0.$

例 3-7   求 $\lim\limits_{x \to +\infty} \dfrac{x^n}{\mathrm{e}^x}$（$n$ 为正整数）.

解 $\lim\limits_{x \to +\infty} \dfrac{x^n}{\mathrm{e}^x} \overset{\frac{\infty}{\infty}}{=} \lim\limits_{x \to +\infty} \dfrac{nx^{n-1}}{\mathrm{e}^x} \overset{\frac{\infty}{\infty}}{=} \lim\limits_{x \to +\infty} \dfrac{n(n-1)x^{n-2}}{\mathrm{e}^x} = \cdots = \lim\limits_{x \to +\infty} \dfrac{n!}{\mathrm{e}^x} = 0.$

三、其他类型未定式的极限

除上述两种未定式外，还有 "$0 \cdot \infty$、$\infty - \infty$、0^0、1^∞、∞^0" 等类型的未定式，我们可以通过适当的变形，将它们化为 $\dfrac{0}{0}$ 型或 $\dfrac{\infty}{\infty}$ 型，然后用罗必达法则进行计算.

1. $0 \cdot \infty$ 型

对于 $0 \cdot \infty$ 型的未定式，先将函数变形为 $\dfrac{0}{0}$ 型或 $\dfrac{\infty}{\infty}$ 型，再用罗必达法则求极限，如

$$\lim[f(x) \cdot g(x)] = \lim \dfrac{g(x)}{\dfrac{1}{f(x)}}.$$

解题中将哪一部分变形到分母上视具体情况而定.

例 3-8   求 $\lim\limits_{x \to 0^+} x\ln x$.

解 $\lim\limits_{x \to 0^+} x\ln x = \lim\limits_{x \to 0^+} \dfrac{\ln x}{\dfrac{1}{x}} \overset{\frac{\infty}{\infty}}{=} \lim\limits_{x \to 0^+} \dfrac{\dfrac{1}{x}}{-\dfrac{1}{x^2}} = \lim\limits_{x \to 0^+}(-x) = 0.$

2. $\infty - \infty$ 型

$\infty - \infty$ 型的未定式可以通过通分或将分子、分母有理化为 $\dfrac{0}{0}$ 型或 $\dfrac{\infty}{\infty}$ 型.

例 3-9   求 $\lim\limits_{x \to \frac{\pi}{2}}(\sec x - \tan x)$.

解 $\lim\limits_{x \to \frac{\pi}{2}}(\sec x - \tan x) = \lim\limits_{x \to \frac{\pi}{2}}\left(\dfrac{1}{\cos x} - \dfrac{\sin x}{\cos x}\right)$

$$= \lim\limits_{x \to \frac{\pi}{2}} \dfrac{1 - \sin x}{\cos x} \overset{\frac{0}{0}}{=} \lim\limits_{x \to \frac{\pi}{2}} \dfrac{-\cos x}{-\sin x} = 0.$$

3. 0^0, ∞^0, 1^∞ 型

0^0, ∞^0, 1^∞ 型未定式的求解可作如下变形：

$$\lim f(x)^{g(x)} = \lim e^{\ln f(x)^{g(x)}} = \lim e^{g(x)\ln f(x)}. \tag{3-1}$$

指数部分的极限 $\lim g(x)\ln f(x)$ 是 $0\cdot\infty$ 型未定式，按 $0\cdot\infty$ 型求极限，再将结果代入式（3-1）即可.

例 3-10 求 $\lim\limits_{x\to 0^+} x^x$.

解 上式为 0^0 型，对原式作如下变形，得

$$\lim_{x\to 0^+} x^x = \lim_{x\to 0^+} e^{\ln x^x} = \lim_{x\to 0^+} e^{x\ln x},$$

因为 $\lim\limits_{x\to 0^+} x\ln x = 0$（见例 3-8），所以

$$\lim_{x\to 0^+} x^x = e^{\lim\limits_{x\to 0^+} x\ln x} = e^0 = 1.$$

例 3-11 求 $\lim\limits_{x\to 1} x^{\frac{1}{1-x}}$.

解 上式为 1^∞ 型，对原式作如下变形，得

$$\lim_{x\to 1} x^{\frac{1}{1-x}} = \lim_{x\to 1} e^{\ln x^{\frac{1}{1-x}}} = \lim_{x\to 1} e^{\frac{\ln x}{1-x}},$$

因为 $\lim\limits_{x\to 1} \dfrac{\ln x}{1-x} = \lim\limits_{x\to 1} \dfrac{\frac{1}{x}}{-1} = -1$，所以

$$\lim_{x\to 1} x^{\frac{1}{1-x}} = e^{\lim\limits_{x\to 1}\frac{\ln x}{1-x}} = e^{-1} = \frac{1}{e}.$$

使用罗必达法则求极限时，注意随时化简，也可与其他求极限方法并用，特别要灵活应用乘积的求极限方法.

例 3-12 求 $\lim\limits_{x\to 0} \dfrac{x^3\cos x}{x-\sin x}$.

解 上式为 $\dfrac{0}{0}$ 型，可以用罗必达法则求极限，但如果注意到 $\lim\limits_{x\to 0}\cos x = 1$，

而

$$\lim_{x\to 0} \frac{x^3}{x-\sin x} \overset{\frac{0}{0}}{=} \lim_{x\to 0} \frac{3x^2}{1-\cos x} \overset{\frac{0}{0}}{=} \lim_{x\to 0} \frac{6x}{\sin x} = 6,$$

则可得

$$\lim_{x\to 0} \frac{x^3\cos x}{x-\sin x} = \lim_{x\to 0}\cos x \lim_{x\to 0} \frac{x^3}{x-\sin x} = 6.$$

使用罗必达法则求极限时，当 $\lim \dfrac{f^{(k)}(x)}{F^{(k)}(x)}$ 不存在且不为 ∞ 时，不能用罗必达法则，应考虑使用其他方法求解.

例 3-13 求 $\lim\limits_{x\to\infty} \dfrac{x+\cos x}{x}$.

解 对原式中分子分母分别求导得

$$\lim_{x\to\infty} \frac{1-\sin x}{1} = \lim_{x\to\infty}(1-\sin x), \tag{3-2}$$

当 $x\to\infty$ 时，式（3-2）极限不存在，但是

$$\lim_{x\to\infty}\frac{x+\cos x}{x}=\lim_{x\to\infty}\left(1+\frac{\cos x}{x}\right)=1.$$

例 3-14 求 $\lim\limits_{x\to+\infty}\dfrac{\sqrt{1+x^2}}{x}$.

解 $\lim\limits_{x\to+\infty}\dfrac{\sqrt{1+x^2}}{x}=\lim\limits_{x\to+\infty}\dfrac{\frac{2x}{2\sqrt{1+x^2}}}{1}=\lim\limits_{x\to+\infty}\dfrac{x}{\sqrt{1+x^2}}$

$=\lim\limits_{x\to+\infty}\dfrac{1}{\frac{2x}{2\sqrt{1+x^2}}}=\lim\limits_{x\to+\infty}\dfrac{\sqrt{1+x^2}}{x}$.

可以看出，多次使用罗必达法则后，有可能还原成原问题，罗必达法则出现循环失效．事实上

$$\lim_{x\to+\infty}\frac{\sqrt{1+x^2}}{x}=\lim_{x\to+\infty}\sqrt{\frac{1}{x^2}+1}=1.$$

由例 3-13、例 3-14 可看出罗必达法则并不是万能的，当罗必达法则失效时，要考虑其他方法．

习 题 3-1

1. 用罗必达法则求下列极限．

(1) $\lim\limits_{x\to0}\dfrac{\sin ax}{\sin bx}(b\neq0)$ ；

(2) $\lim\limits_{x\to\pi}\dfrac{\sin3x}{\tan5x}$ ；

(3) $\lim\limits_{x\to0}\dfrac{e^x-e^{-x}}{\sin x}$ ；

(4) $\lim\limits_{x\to a}\dfrac{\sin x-\sin a}{x-a}$ ；

(5) $\lim\limits_{x\to\frac{\pi}{2}}\dfrac{\ln\sin x}{(\pi-2x)^2}$ ；

(6) $\lim\limits_{x\to\frac{\pi}{2}}\dfrac{\tan x}{\tan3x}$ ；

(7) $\lim\limits_{x\to0}\left(\dfrac{1}{x}-\dfrac{1}{e^x-1}\right)$ ；

(8) $\lim\limits_{x\to0}x\cot2x$ ；

(9) $\lim\limits_{x\to0}x^2e^{\frac{1}{x^2}}$ ；

(10) $\lim\limits_{x\to0^+}(\sin x)^x$ ；

(11) $\lim\limits_{x\to\frac{\pi}{2}^-}(\tan x)^{\sin2x}$ ；

(12) $\lim\limits_{x\to1}x^{\tan\frac{\pi x}{2}}$.

2. 求下列极限．

(1) $\lim\limits_{x\to\infty}\dfrac{x+\sin x}{x}$ ；

(2) $\lim\limits_{x\to\infty}\dfrac{x-\sin x}{x+\sin x}$ ；

(3) $\lim\limits_{x\to+\infty}\dfrac{e^x-e^{-x}}{e^x+e^{-x}}$.

习 题 3-1   参考答案

1. (1) $\dfrac{a}{b}$ ；   (2) $-\dfrac{3}{5}$ ；   (3) 2 ； (4) $\cos a$ ；   (5) $-\dfrac{1}{8}$ ；   (6) 3 ；   (7) $\dfrac{1}{2}$ ；

(8) $\dfrac{1}{2}$ ；   (9) $+\infty$ ；   (10) 1 ；   (11) 1 ；   (12) $e^{-\frac{2}{\pi}}$.

2. (1) 1 ；   (2) 1 ；   (3) 1.

第二节 函数单调性与极值

 学习目标

能表述可导函数的单调性与其导数的关系；

能用这种关系判断多项式和其他简单的初等函数的单调性；

能表述极大点、极小点、极大值、极小值和驻点的定义；

能在直角坐标系中描述函数极值的直观意义和局部性；

会求出可导函数的全部驻点；

能表述一阶导数与极值点的关系，会用这种关系判定并求函数的极值.

一、函数单调性的判定

由图 3-1（a）可以看出，如果函数 $y=f(x)$ 在 $[a,b]$ 上单调增加，那么它的图像是一条沿 x 轴正向上升的曲线，这时曲线上各点的切线斜率都是非负的，即 $y'=f'(x)\geqslant 0$. 同样由图 3-1（b）可以看出，如果函数 $y=f(x)$ 在 $[a,b]$ 上单调减少，那么它的图像是一条沿 x 轴正向下降的曲线，这时曲线上各点的切线斜率都是非正的，即 $y'=f'(x)\leqslant 0$.

由此可见，函数的单调性与导数的符号有着密切的关系，这给我们提出一个问题：如果已知一个函数，能否用它的导数的符号来判定其单调性呢？下面的定理给了我们肯定的回答.

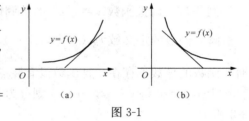

图 3-1

定理 3.3（函数单调性判定定理） 设 $y=f(x)$ 在 $[a,b]$ 上连续，在 (a,b) 内可导.

（1）若对任意的 $x\in(a,b)$，有 $f'(x)>0$，则 $y=f(x)$ 在 $[a,b]$ 上单调递增；

（2）若对任意的 $x\in(a,b)$，有 $f'(x)<0$，则 $y=f(x)$ 在 $[a,b]$ 上单调递减.

上述定理中闭区间 $[a,b]$ 若为开区间或无限区间，结论同样成立.

有的可导函数在某区间内个别点处导数为零，但函数在该区间内仍为单调增加（或减少）. 例如函数 $y=x^3$ 的导数为 $y'=3x^2$，当 $x=0$ 时，$y'=0$，但它在 $(-\infty,+\infty)$ 内单调增加. 我们定义，若函数 $y=f(x)$ 在点 x_0 处可导，且 $f'(x_0)=0$，则 x_0 称为函数 $y=f(x)$ 的**驻点**.

例 3-15 判定函数 $f(x)=e^x-x-1$ 的单调性.

解 函数的定义域为 $(-\infty,+\infty)$，它的导数为 $f'(x)=e^x-1$，当 $x>0$ 时，$f'(x)>0$；而当 $x<0$ 时，$f'(x)<0$；又当 $x=0$ 时，$f'(x)=0$. 因为 $f(x)$ 在 $(-\infty,+\infty)$ 内连续可导，所以根据上面的讨论可知函数在 $(-\infty,0)$ 内单调递减，在 $(0,+\infty)$ 内单调递增，其中 $x=0$ 是单调区间的分界点，在 $x=0$ 处 $y'=0$.

从例 3-15 可看出，有些函数在它的定义区间上不是单调的，但是令 $f'(x)=0$，就可求出划分单调区间的分界点，而函数 $f(x)$ 在各个部分区间上就具有单调性. 这是因为，如果函数 $f(x)$ 在定义区间内可导，并且导数 $f'(x)$ 在该区间上连续，根据闭区间上连续函数的介值性质，当 $f'(x)$ 的符号由正变负，或由负变正时，$f'(x)$ 必须经过零点，所以用方程 $f'(x)=0$ 的根来划分 $f(x)$ 的定义区间，就能保证 $f'(x)$ 在各个部分区间内保持固定符号，因而函数 $f(x)$ 在各个部分区间上具有单调性．下面用列表的方式来讨论函数的单调区间．

例 3-16　判定函数 $f(x)=3x^4-8x^3+6x^2+2$ 的单调性．

解　函数的定义域为 $(-\infty, +\infty)$，且

$f'(x)=12x^3-24x^2+12x=12x(x^2-2x+1)=12x(x-1)^2$.

令 $f'(x)=0$，解得 $x_1=0,x_2=1$.

于是 $x_1=0,x_2=1$ 将 $(-\infty, +\infty)$ 划分为 $(-\infty, 0)$、$(0, 1)$、$(1, +\infty)$ 三个区间，列表讨论各区间内导数的符号，如表 3-1 所示．

表 3-1

x	$(-\infty, 0)$	0	$(0, 1)$	1	$(1, +\infty)$
y'	$-$	0	$+$	0	$+$
y	↘		↗		↗

由表 3-1 容易得出，函数 $y=f(x)$ 在区间 $(-\infty, 0)$ 内单调递减，在区间 $(0, +\infty)$ 内单调递增．

例 3-17　讨论函数 $y=\sqrt[3]{x^2}$ 的单调性．

解　函数的定义域为 $(-\infty, +\infty)$，当 $x\neq 0$ 时，函数的导数为 $y'=\dfrac{2}{3\sqrt[3]{x}}$，当 $x=0$ 时，函数的导数不存在，且函数没有驻点．

于是 $x=0$ 将 $(-\infty, +\infty)$ 划分为 $(-\infty, 0)$、$(0, +\infty)$ 两个区间，列表讨论，如表 3-2 所示．

表 3-2

x	$(-\infty, 0)$	0	$(0, +\infty)$
y'	$-$	不存在	$+$
y	↘		↗

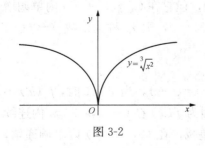

图 3-2

当 $x<0$ 时，$y'<0$，函数在 $(-\infty, 0)$ 上单调递减；当 $x>0$ 时，$y'>0$，函数在 $(0, +\infty)$ 上单调递增．函数 $y=\sqrt[3]{x^2}$ 的图像如图 3-2 所示．

由以上讨论，我们得到判断函数 $f(x)$ 单调性的一般步骤：

（1）确定函数 $f(x)$ 的定义域；

（2）求 $f'(x)$，令 $f'(x)=0$ 求出函数的驻点及 $f'(x)$ 不存在的点，用上述诸点将定义域分为若干子区间；

（3）列表考察 $f'(x)$ 在各个子区间内的符号，从而判定函数 $f(x)$ 的单调性．

二、函数极值的定义

由图 3-3 可以看出，函数 $y=f(x)$ 在点 c_2、c_5 的函数值 $f(c_2)$、$f(c_5)$ 比它们近旁各点的函数值都大，而在点 c_1、c_4、c_6 的函数值 $f(c_1)$、$f(c_4)$、$f(c_6)$ 比它们近旁各点的函数值都小．对于这种性质的点和对应的函数值，我们给出如下的定义．

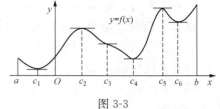

图 3-3

定义 3.1　设函数 $y=f(x)$ 在点 x_0 的某个邻域内有定义，且对此邻域内任一点 $x(x\neq x_0)$，恒有

(1) $f(x)<f(x_0)$，则称 $f(x_0)$ 为函数 $f(x)$ 的一个极大值，x_0 称函数 $f(x)$ 的极大值点；

(2) $f(x)>f(x_0)$，则称 $f(x_0)$ 为函数 $f(x)$ 的一个极小值，x_0 称函数 $f(x)$ 的极小值点．

函数的极大值，极小值统称为函数的极值，极大值点、极小值点统称为函数的极值点．如图 3-3 所示，$f(c_2)$、$f(c_5)$ 是函数的极大值，c_2、c_5 是极大值点；$f(c_1)$、$f(c_4)$、$f(c_6)$ 是函数的极小值，c_1、c_4、c_6 是极小值点．

关于函数的极值应当注意以下几点：

(1) 函数的极值是一个局部概念，极值只是函数在某局部范围内的最大值与最小值．不能与函数在定义域上的最大值、最小值这个整体概念混淆；

(2) 函数的极大值并非一定比极小值大．例如，由图 3-3 可看出，极大值 $f(c_2)$ 比极小值 $f(c_6)$ 小；

(3) 函数的极值一定在区间内部取得，在区间端点处不能取得极值．而函数的最大值、最小值则可能出现在区间内部，也可能在区间端点处取得．如图 3-3 所示，$f(b)$，$f(c_1)$ 分别是函数 $f(x)$ 在区间 $[a,b]$ 上的最大值和最小值．

三、函数极值的判定与求法

由图 3-3 可以看出，不论是在极大值点 c_2、c_5 处，还是在极小值点 c_1、c_4、c_6 处，曲线的切线都是水平的，即极值点处如果有切线的话，切线一定是水平方向的．但是在点 c_3 处的切线也是水平的，显然 c_3 是函数 $f(x)$ 的驻点，但不是该函数的极值点．那么驻点跟极值点究竟有什么关系呢？

在上述直观几何图像的基础上，我们给出了下面的定理．

定理 3.4（取得极值的必要条件）　设函数 $f(x)$ 在点 x_0 可导，且在点 x_0 取得极值，则函数 $f(x)$ 在点 x_0 的导数 $f'(x_0)=0$.

该定理告诉我们：可导函数的极值点必是它的驻点，但函数的驻点不一定是极值点．例如 $x=0$ 是函数 $f(x)=x^3$ 的驻点，但它并不是该函数的极值点；同时需注意到，该定理的前提是函数 $f(x)$ 在点 x_0 处可导，而在导数不存在的点处也有可能取得极值．观察图 3-2 可看出，函数 $f(x)=\sqrt[3]{x^2}$ 在 $x=0$ 处不可导，但在 $x=0$ 处却取得极小值 $f(0)=0$.

因此，对于函数的驻点及 $f'(x)$ 不存在的点究竟是不是极值点，还要作进一步的讨论．

定理 3.5（取得极值的第一充分条件）　设函数 $f(x)$ 在点 x_0 处连续，且在 $U(\hat{x}_0,\delta)$ 内可导，则

(1) 如果当 $x\in(x_0-\delta,x_0)$ 时，$f'(x)<0$，而当 $x\in(x_0,x_0+\delta)$ 时，$f'(x)>0$，则 $f(x)$ 在点 x_0 处取得极小值；

（2）如果当 $x \in (x_0-\delta, x_0)$ 时，$f'(x)>0$，而当 $x \in (x_0, x_0+\delta)$ 时，$f'(x)<0$，则 $f(x)$ 在点 x_0 处取得极大值；

（3）如果当 $x \in U(\hat{x}_0, \delta)$ 时，$f'(x)$ 不变号，则 $f(x)$ 在点 x_0 处无极值.

根据上面两个定理，我们可按下列步骤来求函数 $y=f(x)$ 的极值和极值点：

（1）求出函数 $f(x)$ 的定义域；

（2）求出导数 $f'(x)$；

（3）令 $f'(x)=0$，求出 $f(x)$ 的全部驻点及 $f'(x)$ 不存在的点，这些点将定义域分成若干个子区间；

（4）列表判断驻点及 $f'(x)$ 不存在的点是否是极值点，若是极值点求出对应的极值.

例 3-18　求函数 $f(x)=(x^2-1)^3+1$ 的极值.

解　函数的定义域为 $(-\infty, +\infty)$，$f'(x)=6x(x^2-1)^2$.

令 $f'(x)=0$，得 $x_1=0$，$x_2=1$，$x_3=-1$，没有 $f'(x)$ 不存在的点.

于是 $x_1=0$ 和 $x_2=1$，$x_3=-1$ 作为分界点，将 $(-\infty, +\infty)$ 分为 $(-\infty, -1)$，$(-1, 0)$，$(0, 1)$ 和 $(1, +\infty)$ 四个区间，下面列表（见表 3-3）讨论各区间内 $f'(x)$ 的符号.

表 3-3

x	$(-\infty, -1)$	-1	$(-1, 0)$	0	$(0, 1)$	1	$(1, +\infty)$
y'	$-$	0	$-$	0	$+$	0	$+$
y	↘		↘	极小值 0	↗		↗

由表 3-3 可知，函数的极小值为 $f(0)=0$；没有极大值.

例 3-19　求函数 $f(x)=x^{\frac{2}{3}}(x-5)$ 的极值.

解　函数的定义域为 $(-\infty, +\infty)$，$f'(x)=\frac{2}{3}x^{-\frac{1}{3}}(x-5)+x^{\frac{2}{3}}=\frac{5(x-2)}{3\sqrt[3]{x}}$.

令 $f'(x)=0$ 得 $x_1=2$，另有 $f'(x)$ 不存在的点 $x_2=0$.

于是 $x_2=0$ 和 $x_1=2$ 作为分界点将 $(-\infty, +\infty)$ 分为 $(-\infty, 0)$，$(0, 2)$ 和 $(2, +\infty)$ 三个区间，列表（见表 3-4）讨论各区间内 $f'(x)$ 的符号.

表 3-4

x	$(-\infty, 0)$	0	$(0, 2)$	2	$(2, +\infty)$
y'	$+$	不存在	$-$	0	$+$
y	↗	极大值 0	↘	极小值 $-3\sqrt[3]{4}$	↗

由表 3-4 可知，函数的极大值为 $f(0)=0$；极小值为 $f(2)=-3\sqrt[3]{4}$.

定理 3.6（取得极值的第二充分条件）　设函数 $f(x)$ 在点 x_0 处存在二阶导数，且 $f'(x_0)=0$，$f''(x_0)\neq 0$，则

（1）当 $f''(x_0)<0$ 时，$f(x)$ 在点 x_0 处取得极大值；

（2）当 $f''(x_0)>0$ 时，$f(x)$ 在点 x_0 处取得极小值.

使用第二充分条件必须满足前提：$f'(x_0)=0$ 且 $f''(x_0)\neq 0$. 当 $f'(x_0)=0$，且 $f''(x_0)=0$ 时，第二充分条件失效.

例 3-20 求函数 $f(x)=x^3-3x^2-9x+1$ 的极值.

解 函数的定义域是 $(-\infty,\ +\infty)$，$f'(x)=3x^2-6x-9$.

令 $y'=0$，解得 $x_1=-1$，$x_2=3$，

又 $f''(x)=6x-6$，且 $f''(-1)<1$，$f''(3)>0$，

所以，函数在 $x_1=-1$ 处取得极大值 $f(-1)=6$；在 $x_2=3$ 处取得极小值 $f(3)=-26$.

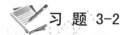

习 题 3-2

1. 求下列函数的单调递增区间.

(1) $y=x^2-2x$；

(2) $y=x-\ln x$.

2. 求下列函数的单调区间，并求极值.

(1) $y=x^3-x^2-x+2$；

(2) $y=x+\mathrm{e}^{-x}+1$；

(3) $y=\ln(1+x^2)$；

(4) $y=6x^4-8x^3+3x^2+2$.

3. 求下列函数的单调区间，并求极值.

(1) $y=x\ln x-x$；

(2) $y=2x^3+3x^2-12x-7$；

(3) $y=x^2\mathrm{e}^x$；

(4) $y=(x-1)(x+1)^3$.

4. 如果函数 $f(x)=(x+a)\mathrm{e}^x$ 在 $x=1$ 处取得极值，求 a 的值，并判定该点是极大值点还是极小值点，求出极值.

5. 求下列函数在指定区间内的极值.

(1) $f(x)=x+\cos 2x$，$x\in\left[-\dfrac{\pi}{2},\ \dfrac{\pi}{2}\right]$；

(2) $f(x)=\mathrm{e}^x\cos x$，$x\in(0,\ 2\pi)$.

习 题 3-2 参考答案

1. (1) $(1,\ +\infty)$；(2) $(1,\ +\infty)$.

2. (1) $\left(-\infty,\ -\dfrac{1}{3}\right)$ 及 $(1,\ +\infty)$ 单调递增；$\left(-\dfrac{1}{3},\ 1\right)$ 单调递减；极大值 $f\left(-\dfrac{1}{3}\right)=\dfrac{59}{27}$；极小值 $f(1)=1$.

(2) $(0,\ +\infty)$ 单调递增；$(-\infty,\ 0)$ 单调递减；极小值 $f(0)=2$.

(3) $(0,\ +\infty)$ 单调递增；$(-\infty,\ 0)$ 单调递减；极小值 $f(0)=0$.

(4) $(0,\ +\infty)$ 单调递增；$(-\infty,\ 0)$ 单调递减；极小值 $f(0)=2$.

3. (1) $(1,\ +\infty)$ 单调递增；$(0,\ 1)$ 单调递减；极小值 $f(1)=-1$.

(2) $(-\infty,\ -2)$ 及 $(1,\ +\infty)$ 单调递增；$(-2,\ 1)$ 单调递减；极大值 $f(-2)=13$；极小值 $f(1)=-14$.

(3) $(-\infty,\ -2)$ 及 $(0,\ +\infty)$ 单调递增；$(-2,\ 0)$ 单调递减；极大值 $f(-2)=4\mathrm{e}^{-2}$；

极小值 $f(0)=0$.

(4) $\left(\dfrac{1}{2},\ +\infty\right)$ 单调递增；$\left(-\infty,\ \dfrac{1}{2}\right)$ 单调递减；极小值 $f\left(\dfrac{1}{2}\right)=-\dfrac{27}{16}$.

4. $a=-2$；极小值 $f(1)=-\mathrm{e}$.

5. (1) 极大值 $f\left(\dfrac{\pi}{12}\right)=\dfrac{\pi}{12}+\dfrac{\sqrt{3}}{2}$，极小值 $f\left(\dfrac{5\pi}{12}\right)=\dfrac{5\pi}{12}-\dfrac{\sqrt{3}}{2}$.

(2) 极大值 $f\left(\dfrac{\pi}{4}\right)=\dfrac{\sqrt{2}}{2}\mathrm{e}^{\frac{\pi}{4}}$，极小值 $f\left(\dfrac{5\pi}{4}\right)=-\dfrac{\sqrt{2}}{2}\mathrm{e}^{\frac{5\pi}{4}}$.

第三节　函数的最大值与最小值

 学习目标

会用求极值的方法计算闭区间 $[a,b]$ 上连续函数的最大值和最小值；

会用求极值的方法解决简单的实际最优化问题.

一、函数的最大值与最小值的求法

在工农业生产和科学研究中，往往要考虑一定条件下，如何提高生产效率，降低生产成本，节约原材料，为解决这一类问题，我们需要用到函数的最大值和最小值的知识，为此，我们将在函数极值的基础上讨论如何求函数的最大值与最小值.

如果函数 $f(x)$ 在闭区间 $[a,b]$ 上连续，则根据闭区间上连续函数的最大值、最小值性质可知，$f(x)$ 在 $[a,b]$ 上一定有最大值和最小值. 连续函数在闭区间 $[a,b]$ 上的最大值和最小值仅可能在区间内的极值点和区间的端点处取得. 因此，为求函数 $f(x)$ 在闭区间 $[a,b]$ 上的最大值与最小值，可先求出函数在 $[a,b]$ 内的一切可能的极值点 [所有驻点和 $f'(x)$ 不存在的点]，进而求出这些可能极值点处的函数值和区间端点处的函数值，比较所有函数值的大小，其中最大的就是最大值，最小的就是最小值.

例 3-21　求函数 $f(x)=x^3-3x^2-9x+5$ 在 $[-2,6]$ 上的最大值和最小值.

解　$f(x)$ 的定义域为 $(-\infty,\ +\infty)$，
$$f'(x)=3x^2-6x-9=3(x-3)(x+1).$$

令 $f'(x)=0$ 得驻点 $x_1=-1$，$x_2=3$，没有 $f'(x)$ 不存在的点.

由于 $f(-1)=10$，$f(3)=-22$，$f(-2)=3$，$f(6)=59$. 所以，函数的最大值是 $f(6)=59$，最小值是 $f(3)=-22$.

若 $f(x)$ 在一个区间内（开区间，闭区间或无穷区间）只有一个极大值点，而无极小值点，则该极大值点一定是最大值点. 对于极小值点也可得出同样的结论. 若函数 $f(x)$ 在 $[a,b]$ 上单调增加（或减少），则 $f(x)$ 必在区间 $[a,b]$ 的两端点处取得最大值和最小值.

例 3-22　求函数 $f(x)=-x^2+4x-3$ 的最大值.

解　函数的定义域为 $(-\infty,\ +\infty)$，$f'(x)=-2x+4$.

令 $f'(x)=0$ 可得驻点 $x=2$，没有 $f'(x)$ 不存在的点.

因为当 $x<2$ 时 $y'>0$，当 $x>2$ 时 $y'<0$，所以 $x=2$ 是函数的极大点. 由于函数在 $(-\infty,\ +\infty)$ 内只有唯一的极值点，所以函数的极大值就是它的最大值，即 $f(2)=1$.

二、求实际问题中的最值方法

下面我们讨论实际问题中的最大值和最小值.

例 3-23　如图 3-4 所示工厂铁路线上 AB 段的距离为 100km. 工厂 C 距 A 处为 20km，AC 垂直于 AB. 为了运输需要，要在 AB 线上选定一点 D 向工厂修筑一条公路. 已知铁路每 km 货运的运费与公路上每 km 货运的运费之比 3：5. 为了使货物从供应站 B 运到工厂 C 的运费最省，问 D 点应选在何处?

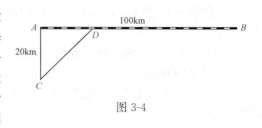

图 3-4

解　设 $AD = x$(km)，$DB = 100 - x$(km)，则
$$CD = \sqrt{20^2 + x^2} = \sqrt{400 + x^2}.$$

设从 B 点到 C 点需要的总运费为 y，则 $y = 5k \cdot CD + 3k \cdot DB$（k 为常数且 k>0）（即
$$y = 5k\sqrt{400 + x^2} + 3k(100 - x)(0 \leqslant x \leqslant 100).$$

现在，问题就归结为：x 在 $[0, 100]$ 内取何值目标函数 y 的值最小. 对 y 求导得，
$$y' = k\left(\frac{5x}{\sqrt{400 + x^2}} - 3\right)，令 y' = 0 得 x = 15(\text{km}).$$

由于 $y|_{x=0} = 400k$，$y|_{x=15} = 380k$，$y|_{x=100} = 100\sqrt{26}\,k$，其中 $y|_{x=15} = 380k$ 最小，因此当 $AD = x = 15$(km) 时，总运费最省.

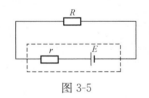

图 3-5

例 3-24　如图 3-5 所示的电路中，已知电源电压为 E，内阻为 r，求负载电阻 R 为多大时，输出功率最大.

解　由电学知道，消耗在负载电阻 R 上的功率为 $P = I^2 R$，其中 I 为回路中的电流. 根据欧姆定律，有 $I = \dfrac{E}{r + R}$，代入上式，得

$$P = \left(\frac{E}{r + R}\right)^2 R，即 P = \frac{E^2 R}{(r + R)^2}，R \in (0, +\infty).$$

现在来求 R 在 $(0, +\infty)$ 内取何值时，输出功率 P 最大.

求导数：$\dfrac{dP}{dR} = E^2 \dfrac{r - R}{(r + R)^3}$. 令 $\dfrac{dP}{dR} = 0$，即 $E^2 \dfrac{r - R}{(r + R)^3} = 0$，得 $R = r$.

由于在区间 $(0, +\infty)$ 内函数 P 只有一个驻点 $R = r$，所以当 $R = r$ 时，输出功率最大.

应当指出，实际问题中，往往根据问题的性质就可以断定函数 $f(x)$ 确有最大值或最小值，而且一定在定义区间内部取得. 此时如果 $f(x)$ 在定义区间内部只有一个驻点 x_0，那么不必讨论 $f(x_0)$ 是否是极值，就可以断定 $f(x_0)$ 是最大值或最小值.

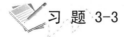 习　题　3-3

1. 求下列函数在给定区间上的最大值和最小值.

(1) $y = x^4 - 2x^2 + 5$，$[-2, 2]$；　　　　(2) $y = \sin 2x - x$，$\left[-\dfrac{\pi}{2}, \dfrac{\pi}{2}\right]$；

(3) $y = x + \sqrt{1 - x}$，$[-5, 1]$；　　　　(4) $f(x) = 2x^3 - 6x^2 - 18x - 7$，$[1, 4]$；

(5) $f(x) = \dfrac{x}{x^2+1}$，$[0, +\infty)$．

2. 要做一个容积为 V 的有盖圆柱形油桶，底面半径 r 和油桶高 h 应如何设计，才能使所用材料最省？

3. 把长为 24cm 的铁丝剪成两段，一段做成圆，一段做成正方形．应如何剪才能使圆与正方形面积之和最小？

4. 甲乙两单位合用一台变压器，其位置如图 3-6 所示．变压器设在输电干线何处时所需电线最短？

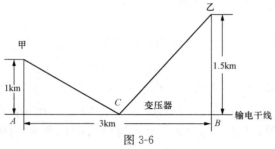

图 3-6

习　题 3-3　参考答案

1.（1）最大值 $f(\pm 2) = 13$，最小值 $f(\pm 1) = 4$；

　（2）最大值 $f\left(-\dfrac{\pi}{2}\right) = \dfrac{\pi}{2}$，最小值 $f\left(\dfrac{\pi}{2}\right) = -\dfrac{\pi}{2}$；

　（3）最小值 $f(-5) = -5 + \sqrt{6}$，最大值 $f\left(\dfrac{3}{4}\right) = \dfrac{5}{4}$；

　（4）最大值 $f(1) = -29$，最小值 $f(3) = -61$；

　（5）最大值 $f(1) = \dfrac{1}{2}$，最小值 $f(0) = 0$．

2. $r = \sqrt[3]{\dfrac{V}{2\pi}}$，$h = \sqrt[3]{\dfrac{4V}{\pi}}$．

3. 圆周长为 $\dfrac{24\pi}{4+\pi}$ cm，正方形周长为 $\dfrac{96}{4+\pi}$ cm．

4. 距离 A 点 1.2km 处．

第四节　曲线的凹凸与拐点

 学习目标

会表述曲线的凹凸和拐点的定义；

会判断曲线的凹凸性；

会求曲线的拐点．

一、凹凸性

如图 3-7 可以看出，曲线 ACB 是向上弯曲的，其上每一点的切线都位于曲线的上方；曲线 ADB 是向下弯曲的，其上每一点的切线都位于曲线下方，从而我们有如下定义：

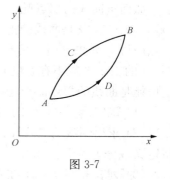

图 3-7

定义 3.2 （1）如果在某区间内，曲线 $y = f(x)$ 上每一点处的切线都位于曲线的上方，则称曲线 $y = f(x)$ 在此区间内是**凸的**；

（2）如果在某区间内，曲线 $y = f(x)$ 上每一点处的切线都位于曲线的下方，则称曲线 $y = f(x)$ 在此区间内是**凹的**.

由图 3-8 可以看出，对于凹的曲线弧〔如图 3-8（a）所示〕，切线斜率 $f'(x)$ 是单调增加的，因而 $f''(x) > 0$；对于凸的曲线弧〔如图 3-8（b）所示〕，切线斜率 $f'(x)$ 是单调减少的，因而 $f''(x) < 0$. 故曲线 $y = f(x)$ 的凹凸性与 $f''(x)$ 的符号有关.

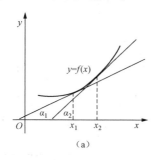
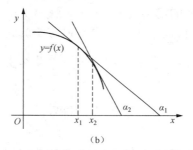

（a）　　　　　　（b）

图 3-8

下面给出曲线凹凸性判定定理.

定理 3.7 设函数 $f(x)$ 在 (a, b) 内具有二阶导数，则

（1）若在 (a, b) 内 $f''(x) > 0$，则曲线在 (a, b) 上是凹的；

（2）若在 (a, b) 内 $f''(x) < 0$，则曲线在 (a, b) 上是凸的.

例 3-25 判定 $y = \dfrac{1}{x}$ 的凹凸性.

解 函数的定义域为 $(-\infty, 0) \bigcup (0, +\infty)$，$y' = -\dfrac{1}{x^2}$，$y'' = \dfrac{2}{x^3}$.

当 $x > 0$ 时 $y'' > 0$，曲线在 $(0, +\infty)$ 内是凹的；

当 $x < 0$ 时 $y'' < 0$，曲线在 $(-\infty, 0)$ 内是凸的.

例 3-26 判定 $y = x^3$ 的凹凸性.

解 函数的定义域为 $(-\infty, +\infty)$，$y' = 3x^2$，$y'' = 6x$.

当 $x > 0$ 时 $y'' > 0$，曲线在 $(0, +\infty)$ 内是凹的；

当 $x < 0$ 时 $y'' < 0$，曲线在 $(-\infty, 0)$ 内是凸的.

这时点 $(0, 0)$ 是曲线由凸变凹的分界点.

二、拐点的定义与求法

定义 3.3 连续曲线上凹的曲线弧与凸的曲线弧的分界点叫做曲线的**拐点**.

如例 3-26 中的点 $(0, 0)$ 就是曲线 $y = x^3$ 的拐点.

如何求曲线的拐点呢？由定理 3.7 可知，若 $f''(x)$ 在点 x_0 的左、右两侧异号，那么 $(x_0, f(x_0))$ 就是曲线的拐点．因此要求曲线的拐点，只要找出 $f''(x)$ 符号发生变化的分界点即可．如果 $f(x)$ 具有二阶连续导数，那么分界点处必有 $f''(x)=0$. 特别强调的是 $f(x)$ 的二阶导数不存在的点 x_0，其两侧 $f''(x)$ 符号也可能发生变化，此时 $(x_0, f(x_0))$ 也可能是曲线的拐点．于是我们得出判定曲线的凹凸性及求曲线拐点的一般步骤：

(1) 确定函数 $f(x)$ 的定义域；

(2) 求出函数的二阶导数 $f''(x)$，并求出 $f''(x)=0$ 及 $f''(x)$ 不存在的点，用上述诸点将定义域分为若干子区间；

(3) 列表考察 $f''(x)$ 在各个子区间内的符号，若 $f''(x)>0$，则该区间为凹区间；若 $f''(x)<0$，则该区间为凸区间；若在点 x_0 的两侧 $f''(x)$ 异号，则 $(x_0, f(x_0))$ 为曲线的拐点．

例 3-27 求曲线 $y=2x^3+3x^2-2x+14$ 的凹凸区间和拐点．

解 (1) 函数的定义域为 $(-\infty, +\infty)$；

(2) $y'=6x^2+6x-2$，$y''=12x+6=6(2x+1)$；

令 $y''=0$ 得 $x=-\dfrac{1}{2}$；于是 $x=-\dfrac{1}{2}$ 将定义域分成 $\left(-\infty, -\dfrac{1}{2}\right)$ 和 $\left(-\dfrac{1}{2}, +\infty\right)$ 两个子区间；

(3) 列表（见表 3-5）考察 y'' 的符号：

表 3-5

x	$\left(-\infty, -\dfrac{1}{2}\right)$	$-\dfrac{1}{2}$	$\left(-\dfrac{1}{2}, +\infty\right)$
y''	$-$	0	$+$
y	$\cap$	拐点 $\left(-\dfrac{1}{2}, \dfrac{31}{2}\right)$	$\cup$

由表 3-5 可知，$\left(-\infty, -\dfrac{1}{2}\right)$ 为曲线的凸区间；$\left(-\dfrac{1}{2}, +\infty\right)$ 为曲线的凹区间；$\left(-\dfrac{1}{2}, \dfrac{31}{2}\right)$ 为曲线的拐点．

例 3-28 求函数 $y=1+(x-1)^{\frac{1}{3}}$ 的凹凸区间及拐点．

解 (1) 函数的定义域为 $(-\infty, +\infty)$；

(2) $y'=\dfrac{1}{3}(x-1)^{-\frac{2}{3}}$，$y''=-\dfrac{2}{9}(x-1)^{-\frac{5}{3}}$；

当 $x=1$ 时，y'' 无意义，于是 $x=1$ 将定义域分成 $(-\infty, 1)$，$(1, +\infty)$ 两个子区间；

(3) 列表（见表 3-6）考察 $f''(x)$ 的符号：

表 3-6

x	$(-\infty, 1)$	1	$(1, +\infty)$
y''	$+$	不存在	$-$
y	$\cup$	拐点 $(1, 1)$	$\cap$

由表 3-6 可知，$(1，+\infty)$ 为曲线的凸区间；$(-\infty，1)$ 为曲线的凹区间；$(1，1)$ 为曲线的拐点.

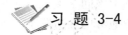 习 题 3-4

1. 判定下列曲线的凹凸性.

 (1) $y = \ln x$ ；

 (2) $y = 4x - x^2$ ；

 (3) $y = x + \dfrac{1}{x}(x > 0)$ ；

 (4) $y = x \arctan x$.

2. 求下列曲线的拐点和凹凸区间.

 (1) $y = 2x^3 + 3x^2 + x + 2$ ；

 (2) $y = x e^{-x}$ ；

 (3) $y = (x + 1)^4 + e^x$ ；

 (4) $y = \ln(x^2 + 1)$ ；

 (5) $y = e^{\arctan x}$ ；

 (6) $y = x^4 (12 \ln x - 7)$.

 习 题 3-4   参考答案

1. (1) 在 $(0，+\infty)$ 内凸；

  (2) 在 $(-\infty，+\infty)$ 内凸；

  (3) 在 $(0，+\infty)$ 内凹；

  (4) 在 $(-\infty，+\infty)$ 内凹.

2. (1) 拐点 $\left(-\dfrac{1}{2}，2\right)$ ；凸区间：$\left(-\infty，-\dfrac{1}{2}\right)$ ；凹区间：$\left(-\dfrac{1}{2}，+\infty\right)$ ；

 (2) 拐点 $(2，2e^{-2})$ ；凸区间：$(-\infty，2)$ ；凹区间：$(2，+\infty)$ ；

 (3) 无拐点；凹区间：$(-\infty，+\infty)$ ；

 (4) 拐点 $(\pm 1，\ln 2)$ ；凸区间：$(-\infty，-1) \bigcup (1，+\infty)$ ；凹区间：$(-1，+1)$ ；

 (5) 拐点 $\left(\dfrac{1}{2}，e^{\arctan \frac{1}{2}}\right)$ ；凸区间：$\left(\dfrac{1}{2}，+\infty\right)$ ；凹区间：$\left(-\infty，\dfrac{1}{2}\right)$ ；

 (6) 拐点 $(1，-7)$ ；凸区间：$(0，1)$ ；凹区间：$(1，+\infty)$.

第五节   导数在经济中的应用

学习目标

理解边际成本、边际收入、边际利润的概念，理解弹性的概念；

理解需求价格弹性、供给价格弹性的概念；

了解边际分析、弹性分析所表示的含义.

一、函数的边际与边际分析

边际是经济学中的一个重要概念，也是人们日常生活中经常涉及却往往被忽略的一个概念. 边际指的是因变量随自变量的改变而改变的程度，即自变量增加一单位因变量所增加的量. 本节中我们主要讨论边际成本、边际收入、边际利润的概念.

引例   某同学有三天假期，决定要去外地滑雪，往返机票 1000 元，旅馆房间每晚 200

元，滑雪票每天 100 元，吃饭的费用与在家相同．她考虑是去 2 天还是 3 天，第三天的成本不需考虑交通费用，只有旅馆费和滑雪票，合计 300 元．她需要将第三天所需成本与第三天会带给她的额外享受进行比较．此例中该同学度假两天再多待一天所需成本即为边际成本．

在大多数决策中，人们有意无意地考虑在边际上的取舍，而经济学家则把这种取舍摆在突出的位置上，边际成本是经济学家系统考虑各种选择性成本的一个关键概念．

1. 边际成本

所谓的边际成本就是产量增加一个单位时所增加的成本．

在高等数学中，假设成本函数 $C = C(Q)$ 是可导的，若已知生产 Q 个单位的产品，在此产出水平上，产量增至 $Q + \Delta Q$，则比值

$$\frac{\Delta C}{\Delta Q} = \frac{C(Q + \Delta Q) - C(Q)}{\Delta Q}$$

就是产量由 Q 增至 $Q + \Delta Q$ 这一生产过程中，每增加单位产量成本的增量．

令 $\Delta Q \to 0$，则极限 $\lim\limits_{\Delta Q \to 0} \frac{\Delta C}{\Delta Q} = \lim\limits_{\Delta Q \to 0} \frac{C(Q + \Delta Q) - C(Q)}{\Delta Q}$ 就表示产量在某一值 Q 的"边缘上"成本的变化情况，即产量为 Q 单位时成本的变化率，称为产量为 Q 时的边际成本，也就是成本函数关于产量 Q 的导数 $C'(Q)$．

例 3-29 已知某产品的总成本函数为 $C(Q) = 200 + 4Q + 0.02Q^2$，

（1）求该产品的平均成本和边际成本；

（2）求当 $Q = 5$ 时的边际成本是多少，解释其经济意义；

（3）产量为多少时平均成本最小，最小平均成本是多少？

解 （1）设平均成本为 $\overline{C}(Q)$，则

$$\overline{C}(Q) = \frac{C(Q)}{Q} = \frac{200 + 4Q + 0.02Q^2}{Q} = \frac{200}{Q} + 4 + 0.02Q.$$

边际成本为 $C'(Q) = 0.04Q + 4$；

（2）当 $Q = 5$ 时，边际成本为 $C'(5) = 0.04 \times 5 + 4 = 4.2$，这表示当产量 $Q = 5$ 时，再多生产一个单位产品所需成本为 4.2 个单位；

（3）对 $\overline{C}(Q)$ 求导得：$\overline{C}'(Q) = -\frac{200}{Q^2} + 0.02$，

令 $\overline{C}'(Q) = 0$ 得，$Q_1 = 100，Q_2 = -100$（舍去），又因为 $\overline{C}''(100) > 0$，所以当产量为 100 时，平均成本最小，此时平均成本为 $\overline{C}(100) = 8$．同时注意到此时边际成本为 $C'(100) = 8$，即当产品的平均成本等于边际成本时，平均成本达到最小值．

2. 边际收入

对于其他经济函数，"边际"概念有类似的定义，即对经济函数而言，因变量对自变量的导数，统称为"边际"．

对于收入函数 $R = R(Q)$，边际收入就是收入函数关于销售量 Q 的导数 $R'(Q)$．

例 3-30 设某产品的需求函数为 $Q = 200 - 5p$，求边际收入函数，以及 $Q = 50，100，$ 150 时的边际收入，解释其经济意义．

解 因为 $Q = 200 - 5p$，所以 $p = \frac{200 - Q}{5}$，则总收入为

$$R(Q) = pQ = \frac{200-Q}{5} \cdot Q = \frac{200Q-Q^2}{5} = 40Q - 0.2Q^2.$$

边际收入为 $\qquad R'(Q) = (40Q - 0.2Q^2)' = 40 - 0.4Q.$

所以可得 $\qquad R'(50) = 20,\ R'(100) = 0,\ R'(150) = -20.$

当销量为 50 时,边际收入为 20,说明再多销售一个单位产品,会增加 20 个单位的收入;当销量为 100 时,边际收入为 0,说明再多销售一个单位产品,收入不增长,此时总收入达到最大值;当销量为 150 时,边际收入为 -20,说明再多销售一个单位产品,收入非但不增加,反而会减少 20 个单位.

3. 边际利润

对于利润函数 $L = L(Q)$,边际利润就是利润函数关于销售量 Q 的导数 $L'(Q)$.

因为总利润等于总收入减去总成本,即 $L(Q) = R(Q) - C(Q)$,则可得边际利润
$$L'(Q) = R'(Q) - C'(Q).$$

例 3-31 某工厂生产电器设备的成本函数为 $C(Q) = 100 + 2Q$,得到的收入为 $R(Q) = 10Q - 0.05Q^2$,求

(1) 利润函数;

(2) 边际利润;

(3) 销售多少台电视,使得利润达到最大?(单位:万台)

解 (1) 利润函数:
$$L(Q) = R(Q) - C(Q) = 10Q - 0.05Q^2 - 100 - 2Q = -0.05Q^2 + 8Q - 100.$$

(2) 边际利润:
$$L'(Q) = R'(Q) - C'(Q) = -0.1Q + 8.$$

(3) 令 $L'(Q) = 0$ 得,$Q = 80$,又因为 $L''(80) < 0$,所以当产量为 80 万台时,利润最大.

二、函数的弹性与弹性分析

弹性分析是经济分析中常用的一种方法,主要用于生产、供给、需求变化等问题的研究. 经济学中有一个著名的丰收悖论:假设在某一年风调雨顺,全国的小麦和玉米均大丰收,试问种植小麦和玉米的农民总收入一定增加吗? 答案是否定的. 丰收提高了小麦和玉米的供给量,同时也降低了它们的价格,因为小麦和玉米是生活必需品,需求量对价格的变动反应迟钝,价格降低并不会使需求量增加很多,所以农民的总收入不一定增加. 这里用到的分析方法即为经济学中常用的"需求价格弹性分析".

1. 弹性的概念

对于给定的变量 u,它在某处的改变量 Δu 称作是绝对改变量. 绝对改变量 Δu 与变量 u 的比值 $\frac{\Delta u}{u}$ 称作相对改变量. 例如某商品价格是 2000 元,现在价格上涨 10 元,则价格的绝对改变量为 10 元,相对改变量为 $\frac{10}{2000} = 0.5\%$.

定义 3.4 对于函数 $y = f(x)$,如果极限 $\lim\limits_{\Delta x \to 0} \dfrac{\dfrac{\Delta y}{y}}{\dfrac{\Delta x}{x}}$ 存在,则把该极限值称作是函数 $y = f(x)$ 在点 x 处的弹性,记为 E,即

$$E = \lim_{\Delta x \to 0} \frac{\dfrac{\Delta y}{y}}{\dfrac{\Delta x}{x}} = \lim_{\Delta x \to 0} \frac{\Delta y}{\Delta x} \cdot \frac{x}{y} = \frac{x}{y} \cdot \frac{dy}{dx} = \frac{x}{y} y'.$$

函数 $y = f(x)$ 的弹性就是函数的相对改变量与自变量的相对改变量比值的极限. 它反映了函数 y 相对于自变量 x 的变化的反应灵敏度. 即自变量 x 产生 1% 变化时, 函数 y 的改变量为 $E\%$.

2. 需求价格弹性

定义 3.5 设需求是关于价格 p 的函数 $Q = Q(p)$, 则需求价格弹性为

$$E_d = \frac{p}{Q} \cdot Q'.$$

对于一般商品, 需求是单调减函数, 即价格上涨会引起需求量下跌, 所以需求价格弹性 $E_d < 0$.

需求价格弹性 E_d 的经济意义是: 在价格为 p 时若价格提高 (或者下降) 1%, 相应的需求量由 Q 起减少 (或者增加) $|E_d|\%$. 需求价格弹性反映了需求量对价格变动的敏感程度.

例 3-32 已知某一时期内某商品的需求函数为 $Q(p) = 90 - 3p$, 求:

(1) 该商品的需求弹性 E_d;

(2) 当商品价格分别等于 10 元、15 元、20 元时, 价格再上涨 1%, 该商品的需求量有何变化.

解 (1) 由需求弹性的定义知

$$E_d = \frac{p}{Q} \cdot Q' = \frac{p}{90 - 3p} \cdot (90 - 3p)' = \frac{-3p}{90 - 3p}.$$

(2) 当 $p = 10$ 时, $E_d = -0.5$, 此时若价格上涨 1%, 需求量下降 0.5%; 当 $p = 15$ 时, $E_d = -1$, 此时若价格上涨 1%, 需求量下降 1%; 当 $p = 20$ 时, $E_d = -2$, 此时若价格上涨 1%, 需求量下降 2%.

3. 供给价格弹性

定义 3.6 设供给是关于价格 p 的函数 $S = S(p)$, 则供给弹性 $E_s = \dfrac{p}{S} \cdot S'$.

对于一般商品, 价格上调会引起供给增加, 所以供给弹性一般情况下取正值. 其经济意义是: 价格为 p 时若价格提高 (或者下降) 1%, 相应的供给量由 Q 起增加 (或者减少) $|E_s|\%$. 供给价格弹性反映了供给量对价格变动的敏感程度.

4. 需求价格弹性与收入弹性的关系

假设需求函数为 $Q = Q(p)$, 将收入函数表示为关于价格 p 的函数 $R(p) = pQ(p)$, 则收入弹性为

$$\begin{aligned}
E_R &= \frac{p}{R(p)} R'(p) = \frac{p}{R(p)} [pQ(p)]' \\
&= \frac{p}{pQ(p)} [Q(p) + pQ'(p)] \\
&= 1 + p \frac{Q'(p)}{Q(p)} = 1 + E_d.
\end{aligned}$$

这就是收入弹性与需求弹性的关系: 在任何价格水平上

$$E_R = 1 + E_d .$$

上式中 $E_d < 0$，于是可知：

(1) 当 $|E_d| < 1$ 时，$E_R > 0$，此时称需求是低弹性的，价格上涨 1% 将导致收入上升 $|E_R|\%$；

(2) 当 $|E_d| > 1$ 时，$E_R < 0$，此时需求是富有弹性的，价格上涨 1% 将导致收入下降 $|E_R|\%$；

(3) 当 $|E_d| = 1$ 时，$E_R = 0$，此时需求对价格是单位弹性的，价格的变动不会引起收入的变动.

例 3-33　设某商品的需求函数为 $Q(p) = 100 - 2p^2$，求：

(1) 该商品的需求弹性函数及 $p = 4$ 时的需求弹性；

(2) $p = 4$ 时该商品的收入弹性；

(3) 当 $p = 4$ 时，价格上涨 1%，其总收入增加还是减少？变化的幅度是多少？

解　(1) $E_d = \dfrac{p}{Q} \cdot Q' = \dfrac{p}{100 - 2p^2} \cdot (100 - 2p^2)' = \dfrac{4p^2}{2p^2 - 100}$，

当 $p = 4$ 时，$E_d = -\dfrac{32}{34} \approx -0.94$；

(2) 当 $p = 4$ 时，$E_R = 1 + E_d = 1 + (-0.94) = 0.06$；

(3) 因为 $E_R > 0$，所以当价格上涨 1%，总收入会增加 0.06%.

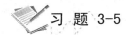 习 题 3-5

1. 某产品的总成本函数为 $C(Q) = 500 + 4Q + Q^2$，求该产品的边际成本及 $Q = 20$ 时的边际成本.

2. 工厂生产某种产品的收入函数为 $R(Q) = 200Q - 0.01Q^2$，求该产品的边际收入及 $Q = 500$ 时的边际收入.

3. 某品牌电视机的生产成本函数为 $C(Q) = 11\,520 + 900Q + 0.8Q^2$（单位：万台），求：

(1) 产量为 80 时的平均成本；

(2) 产量为 80 时的边际成本；

(3) 产量为多少时平均成本最小.

4. 某煤炭公司每天生产煤炭 Q 吨的总成本函数为 $C(Q) = 2000 + 450Q + 0.02Q^2$，如果每吨煤炭的售价为 490 元，求：

(1) 利润函数 $L(Q)$ 及边际利润函数 $L'(Q)$；

(2) 产量为多少时总利润最大.

5. 设某产品的需求函数为 $Q(p) = 600 - 15p$，求该产品的需求价格弹性，并求 $p = 30$ 时的需求价格弹性，解释其经济意义.

6. 设某产品的需求函数为 $Q(p) = 1200 - 20p$，求：

(1) 该产品的需求价格弹性及价格为 10 时的需求价格弹性；

(2) 价格为 10 时该产品的收入弹性；

(3) 价格为 10 时，如果价格上涨 1%，其总收入如何变化.

习 题 3-5　参考答案

1. $C'(Q) = 2Q + 4$；$C'(20) = 44$.

2. $R'(Q) = -0.02Q + 200$；$R'(500) = 190$.

3. （1）1108；（2）1028；（3）120.

4. （1）$L(Q) = -0.02Q^2 + 40Q - 2000$，$L'(Q) = -0.04Q + 40$；

　　（2）$Q = 1000$.

5. $E_d = \dfrac{-15p}{600 - 15p}$；$-3$；价格上涨 1%，需求量下降 3%.

6. （1）$E_d = \dfrac{-20p}{600 - 15p}$；$-0.2$；

　　（2）0.8；

　　（3）价格上涨 1%，总收入增加 0.8%.

复 习 题 三

1. 填空题.

（1）函数 $f(x) = x^3 - 3x^2 + 7$ 的极大值是_____；极小值是_____.

（2）函数 $f(x) = \ln(1 + x^2)$ 在闭区间 $[-2, 2]$ 上的最大值是_____；最小值是_____.

（3）已知某产品的成本函数为 $C(Q) = \dfrac{1}{4}Q^2 + 100$，当 $Q = $_____时，平均成本最小.

（4）已知某产品的需求函数为 $Q = 100 - 2p$，当 $p = 20$ 时的需求弹性为_____.

（5）已知某产品的需求函数为 $Q = 500 - 5p$，当 $p = $_____时总收入最大，此时总收入为_____.

2. 求下列极限.

（1）$\lim\limits_{x \to a} \dfrac{x^m - a^m}{x^n - a^n}$；

（2）$\lim\limits_{x \to 0} \dfrac{x - \arctan x}{x^3}$；

（3）$\lim\limits_{x \to \frac{\pi}{4}} \dfrac{\tan x - 1}{\sin 4x}$；

（4）$\lim\limits_{x \to +\infty} \dfrac{x^3}{e^x}$；

（5）$\lim\limits_{x \to +\infty} \dfrac{x^2 + \ln x}{x \ln x}$；

（6）$\lim\limits_{x \to 0} \left(\dfrac{\sin x}{x}\right)^{\frac{1}{x^2}}$.

3. 求下列函数的单调区间.

（1）$y = x^3 - 3x^2 - 9x + 14$；

（2）$y = x - 2\sin x$，$x \in [0, 2\pi]$.

4. 求下列函数的极值.

（1）$y = \dfrac{\ln^2 x}{x}$；

（2）$y = \dfrac{2x}{1 + x^2}$；

（3）$y = \arctan x - \dfrac{1}{2}\ln(1 + x^2)$.

5. 在抛物线 $y^2 = 2px$ 上求一点，使它与点 $M(p, p)$ 的距离最小.

6. 求函数 $y = e^{2x-x^2}$ 的凹凸区间和拐点.

7. 某产品的成本函数为 $C(Q) = 1600 + 65Q + 2Q^2$（万元），收入函数为 $R(Q) = 5Q^2 + 305Q$（万元），求：

(1) 该产品的边际收入函数；

(2) 该产品的利润函数和边际利润函数.

8. 假设某商品的需求函数 $Q = 400 - 5p$，求：

(1) 该商品的需求弹性 E_d；

(2) 问当价格定为多少的时候，可以使得总收益最大；

(3) 当销售价格定为 45 元时，要增加总收入，应提价还是降价？当销售价格定为 30 元时，要增加总收入，应提价还是降价？

9. 某超市决定对某产品采用降价的方式促销. 如果该产品的需求弹性在 $1.5 \sim 2.5$ 范围内，试问当以原价 9 折销售，销售量可以增加多少？收入可以增加多少？

复习题三　参考答案

1. (1) 7，3；　　(2) ln5，0；　　(3) 20；　　(4) $-\dfrac{2}{3}$；　　(5) 50，12 500.

2. (1) $\dfrac{m}{n}a^{m-n}$；　　(2) $\dfrac{1}{3}$；　　(3) $-\dfrac{1}{2}$；　(4) 0；(5) $+\infty$；　(6) $e^{-\frac{1}{6}}$.

3. (1) $(-\infty, -1)$ 与 $(3, +\infty)$ 单增，$(-1, 3)$ 单减；

(2) $\left(0, \dfrac{\pi}{3}\right)$ 与 $\left(\dfrac{5\pi}{3}, 2\pi\right)$ 单减，$\left(\dfrac{\pi}{3}, \dfrac{5\pi}{3}\right)$ 单增.

4. (1) 极小值 $f(1) = 0$，极大值 $f(e^2) = \dfrac{4}{e^2}$；

(2) 极小值 $f(-1) = -1$，极大值 $f(1) = 1$；

(3) 极大值 $f(1) = \dfrac{\pi}{4} - \dfrac{1}{2}\ln 2$.

5. $\left(\dfrac{\sqrt[3]{4}}{2}p, \sqrt[3]{2}p\right)$.

6. 凹区间：$\left(-\infty, 1 - \dfrac{\sqrt{2}}{2}\right)$，$\left(1 + \dfrac{\sqrt{2}}{2}, +\infty\right)$；凸区间：$\left(1 - \dfrac{\sqrt{2}}{2}, 1 + \dfrac{\sqrt{2}}{2}\right)$；拐点：$\left(1 - \dfrac{\sqrt{2}}{2}, \sqrt{e}\right)$，$\left(1 + \dfrac{\sqrt{2}}{2}, \sqrt{e}\right)$.

7. (1) $R'(Q) = 305 + 10Q$；(2) $L(Q) = 3Q^2 + 240Q - 1600$；$L'(Q) = 6Q + 240$.

8. (1) $E_d = \dfrac{-5p}{400 - p}$；(2) $p = 40$，收益最大为 8000；(3) $p = 45$，降价可以增加收入；$p = 30$，提价可以增加收入.

9. 销售量增加 $15\% \sim 25\%$，收入增加 $5\% \sim 15\%$.

第四章 不 定 积 分

教学目的

理解并能表述原函数与不定积分的概念、不定积分与原函数的关系；

理解不定积分的性质及几何意义；

熟练掌握不定积分的基本公式和直接积分法；

熟练掌握不定积分的换元积分法与分部积分法；

会利用各种积分法计算函数的不定积分.

第一节 不定积分的概念与基本公式

学习目标

能表述原函数与不定积分的定义及几何意义；

能表述原函数与导数、不定积分之间的关系；

理解并能表述不定积分的性质；

熟练掌握不定积分的基本公式，会用直接积分法求函数的不定积分.

一、原函数与不定积分的概念

我们在微分学中已经知道，若曲线方程为 $y = f(x)$，则曲线在任一点 x 处的切线斜率为 $k = f'(x)$；若物体做变速直线运动的路程函数为 $s = s(t)$，则其速度函数为 $v = s'(t)$. 但有时需要解决相反的问题，即已知曲线上任一点处的切线斜率，求曲线方程；或已知物体运动的速度函数，求路程函数.

1. 原函数

定义 4.1 已知 $f(x)$ 在区间 I 上有定义，若存在可导函数 $F(x)$，使得对任意 $x \in I$，都有

$$F'(x) = f(x) \text{ 或 } \mathrm{d}F(x) = f(x)\mathrm{d}x ,$$

则称 $F(x)$ 为 $f(x)$ 在区间 I 上的一个**原函数**.

例如，在区间 $(-\infty, +\infty)$ 内，有 $(x^2)' = 2x$，所以 x^2 是 $2x$ 在 $(-\infty, +\infty)$ 内的一个原函数；而且 $(x^2 + 1)' = 2x$，$(x^2 - \sqrt{3})' = 2x$，$(x^2 + C)' = 2x$（C 为任意常数），那么 $x^2 + 1$，$x^2 - \sqrt{3}$，$x^2 + C$ 都是 $2x$ 在区间 $(-\infty, +\infty)$ 内的原函数.

因此研究原函数自然会提出以下两个问题：

（1）一个函数具备什么条件才能保证有原函数？

（2）一个函数如果有原函数，原函数是否唯一？

定理 4.1（原函数存在定理） 如果函数 $f(x)$ 在某一区间内连续，则在该区间内 $f(x)$ 的原函数存在. 简单地说：连续函数一定有原函数.

定理 4.2（原函数族定理）　若 $F(x)$ 是 $f(x)$ 在区间 I 上的一个原函数，则 $F(x)+C$ 必是 $f(x)$ 的全部原函数（其中 C 为任意常数）.

证明　因为有 $F'(x)=f(x)$，则 $(F(x)+C)'=F'(x)+C'=f(x)$，所以 $F(x)+C$ 也是 $f(x)$ 的原函数.

设 $G(x)$ 为 $f(x)$ 在区间 I 上的另一个原函数，则

$$G'(x)=f(x)，$$

所以　$(G(x)-F(x))'=G'(x)-F'(x)=0.$

因此

$$G(x)-F(x)=C，$$

即

$$G(x)=F(x)+C.$$

如果 $F(x)$ 是 $f(x)$ 的一个原函数，原函数族 $F(x)+C$ 就包含了 $f(x)$ 的所有原函数.

注：任意两个原函数之间相差一个常数.

2. 不定积分

定义 4.2　$f(x)$ 的全体原函数称为 $f(x)$ 的**不定积分**，记作

$$\int f(x)\mathrm{d}x，$$

其中 $\int$ 称为**积分号**，$f(x)$ 称为**被积函数**，$f(x)\mathrm{d}x$ 称为**被积表达式**，x 称为**积分变量**.

由定理 4.2 知，如果 $F(x)$ 是 $f(x)$ 在区间 I 上的一个原函数，则 $f(x)$ 的不定积分就是原函数族 $F(x)+C$（C 为任意常数），因而有

$$\int f(x)\mathrm{d}x=F(x)+C，$$

任意常数 C 称为**积分常数**，此时称 $f(x)$ 在区间 I 上**可积**.

总之，求函数 $f(x)$ 的不定积分只需求出它的一个原函数，再加上任意常数 C 即可.

例 4-1　求 $\int \sin x\mathrm{d}x$.

解　因为 $(-\cos x)'=\sin x$，所以

$$\int \sin x\mathrm{d}x=-\cos x+C.$$

例 4-2　求 $\int \dfrac{\mathrm{d}x}{x^2\sqrt[3]{x}}$.

解　$\displaystyle\int \frac{\mathrm{d}x}{x^2\sqrt[3]{x}}=\int x^{-\frac{7}{3}}\,\mathrm{d}x=\frac{x^{-\frac{7}{3}+1}}{-\dfrac{7}{3}+1}+C=-\frac{3}{4}x^{-\frac{4}{3}}+C$

$$=-\frac{3}{4}\frac{1}{x\sqrt[3]{x}}+C.$$

例 4-3　求 $\int \dfrac{1}{x}\,\mathrm{d}x$.

解　因为当 $x>0$ 时，$(\ln x)'=\dfrac{1}{x}$，

$$\int \frac{1}{x} dx = \ln x + C,$$

当 $x < 0$ 时，$[\ln(-x)]' = \frac{1}{-x}(-1) = \frac{1}{x}$，

$$\int \frac{1}{x} dx = \ln(-x) + C,$$

所以，不论 $x > 0$ 或 $x < 0$，都有

$$\int \frac{1}{x} dx = \ln|x| + C.$$

3. 不定积分与导数的关系

由不定积分的定义可知，积分运算和微分运算互为逆运算，它们之间有如下关系：

(1) $\left[\int f(x)dx\right]' = f(x)$ 或 $d\left[\int f(x)dx\right] = f(x)dx$；

(2) $\int F'(x)dx = F(x) + C$ 或 $\int dF(x) = F(x) + C$.

由此可见，微分运算与积分运算连在一起时，或者抵消或者抵消后差一个常数.

4. 不定积分的几何意义

函数 $f(x)$ 的任意一个原函数 $F(x)$ 的图形称为 $f(x)$ 的一条积分曲线. 函数的不定积分是 $F(x) + C$，对于每一个确定的 C，积分曲线 $F(x) + C$ 可由积分曲线 $F(x)$ 沿着 y 轴平

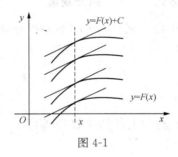

图 4-1

移常数 C 得到. 因此，$f(x)$ 的不定积分是积分曲线 $F(x)$ 沿着 y 轴上下移动所得的积分曲线族. 则 $\int f(x)dx$ 在几何上表示积分曲线族，如图 4-1 所示.

积分曲线族中的每一条曲线在横坐标相同的 x 点处的切线斜率都等于 $f(x)$，即所有积分曲线在 x 点处的切线彼此平行，纵坐标之差为常数.

例 4-4 设曲线通过点 $(1，2)$，且其上任一点 $(x，y)$ 处的切线斜率等于该点的横坐标的两倍，求此曲线的方程.

解 设所求曲线的方程为 $y = f(x)$，根据题意有 $f'(x) = 2x$.

因为

$$\int 2x dx = x^2 + C,$$

所以曲线方程为

$$y = f(x) = x^2 + C.$$

因所求曲线过点 $(1，2)$，所以 $2 = 1 + C$，得 $C = 1$，于是所求曲线方程为 $y = x^2 + 1$.

二、不定积分的性质

假定下列性质中所列的不定积分都存在.

性质 4.1 $\int kf(x)dx = k\int f(x)dx$，（$k$ 为常数，$k \neq 0$）.

性质 4.2 $\int [f(x) \pm g(x)]dx = \int f(x)dx \pm \int g(x)dx$.

性质 4.2 可推广到有限个可积函数代数和的情形，即

$$\int [f_1(x) \pm f_2(x) \pm \cdots \pm f_n(x)]dx = \int f_1(x)dx \pm \int f_2(x)dx \pm \cdots \pm \int f_n(x)dx.$$

三、不定积分的基本公式

(1) $\int k\,dx = kx + C$；

(2) $\int x^{\alpha}\,dx = \dfrac{x^{\alpha+1}}{1+\alpha} + C \ (\alpha \neq -1)$；

(3) $\int \dfrac{1}{x}\,dx = \ln|x| + C$；

(4) $\int e^{x}\,dx = e^{x} + C$；

(5) $\int a^{x}\,dx = \dfrac{a^{x}}{\ln a} + C$；

(6) $\int \cos x\,dx = \sin x + C$；

(7) $\int \sin x\,dx = -\cos x + C$；

(8) $\int \sec^{2} x\,dx = \tan x + C$；

(9) $\int \csc^{2} x\,dx = -\cot x + C$；

(10) $\int \sec x \tan x\,dx = \sec x + C$；

(11) $\int \csc x \cot x\,dx = -\csc x + C$；

(12) $\int \dfrac{1}{1+x^{2}}\,dx = \arctan x + C$；

(13) $\int \dfrac{1}{\sqrt{1-x^{2}}}\,dx = \arcsin x + C$.

利用不定积分的性质与基本公式计算不定积分的方法称为直接积分法.

例 4-5 求 $\int (3^{x} - 4\sin x)\,dx$.

解 $\int (3^{x} - 4\sin x)\,dx = \int 3^{x}\,dx - \int 4\sin x\,dx$

$$= \int 3^{x}\,dx - 4\int \sin x\,dx = \dfrac{3^{x}}{\ln 3} + 4\cos x + C.$$

注：在分项积分后，每个不定积分的结果都含有任意常数，但由于任意常数之和仍是任意常数，因此只要写出一个任意常数就行了.

例 4-6 求 $\int \dfrac{x^{4}}{1+x^{2}}\,dx$.

解 $\int \dfrac{x^{4}}{1+x^{2}}\,dx = \int \dfrac{x^{4}-1+1}{1+x^{2}}\,dx = \int \dfrac{(x^{2}+1)(x^{2}-1)+1}{1+x^{2}}\,dx$

$$= \int (x^{2}-1)\,dx + \int \dfrac{1}{1+x^{2}}\,dx$$

$$= \dfrac{1}{3}x^{3} - x + \arctan x + C.$$

例 4-7 求 $\int \dfrac{1+x+x^{2}}{x(1+x^{2})}\,dx$.

解 $\int \dfrac{1+x+x^{2}}{x(1+x^{2})}\,dx = \int \dfrac{x+(1+x^{2})}{x(1+x^{2})}\,dx = \int \left(\dfrac{1}{1+x^{2}} + \dfrac{1}{x}\right)dx = \arctan x + \ln|x| + C$.

例 4-8 求 $\int \tan^{2} x\,dx$.

解 $\int \tan^{2} x\,dx = \int (\sec^{2} x - 1)\,dx = \int \sec^{2} x\,dx - \int dx = \tan x - x + C$.

例 4-9 求 $\int \sin^{2} \dfrac{x}{2}\,dx$.

解 $\int \sin^{2} \dfrac{x}{2}\,dx = \int \dfrac{1-\cos x}{2}\,dx = \dfrac{1}{2}\int (1-\cos x)\,dx = \dfrac{1}{2}(x - \sin x) + C$.

习 题 4-1

1. 求下列不定积分.

(1) $\displaystyle\int x\sqrt{x}\,\mathrm{d}x$;

(2) $\displaystyle\int \frac{1}{x^2\sqrt{x}}\,\mathrm{d}x$;

(3) $\displaystyle\int (x^2+1)^2\mathrm{d}x$;

(4) $\displaystyle\int x(\sqrt[3]{x}-1)\mathrm{d}x$;

(5) $\displaystyle\int \left(2\mathrm{e}^x+\frac{3}{x}\right)\,\mathrm{d}x$;

(6) $\displaystyle\int 2^x\,\mathrm{e}^x\,\mathrm{d}x$;

(7) $\displaystyle\int \frac{3x^4+3x^2+1}{x^2+1}\,\mathrm{d}x$;

(8) $\displaystyle\int \frac{x^4-x^2+3}{x^2+1}\,\mathrm{d}x$;

(9) $\displaystyle\int \left(\frac{2}{\sqrt{1-x^2}}-\frac{3}{1+x^2}\right)\,\mathrm{d}x$;

(10) $\displaystyle\int \cos^2\frac{x}{2}\mathrm{d}x$;

(11) $\displaystyle\int \sec x(\sec x-\tan x)\mathrm{d}x$;

(12) $\displaystyle\int \frac{1}{x^2(x^2+1)}\,\mathrm{d}x$;

(13) $\displaystyle\int \cot^2 x\,\mathrm{d}x$;

(14) $\displaystyle\int \frac{1}{\sin^2 x\cos^2 x}\,\mathrm{d}x$;

(15) $\displaystyle\int \frac{1+\cos^2 x}{1+\cos 2x}\,\mathrm{d}x$;

(16) $\displaystyle\int \left(1-\frac{1}{x^2}\right)\sqrt{x\sqrt{x}}\,\mathrm{d}x$;

(17) $\displaystyle\int \mathrm{d}\left(\frac{\cos x}{x^2}\right)$;

(18) $\displaystyle\int (\sin 5x)'\,\mathrm{d}x$.

2. 某曲线在任一点处的切线斜率等于该点横坐标的倒数,且通过点 $(\mathrm{e}^2,3)$,求此曲线的方程.

3. 已知某产品产量的变化率是时间 t 的函数 $at+b$ (a , b 为常数),设此产品在 t 时的产量函数为 $P(t)$,又已知 $P(0)=0$,求 $P(t)$.

习 题 4-1　参考答案

1. (1) $\dfrac{2}{5}x^{\frac{5}{2}}+C$;

(2) $-\dfrac{2}{3}x^{-\frac{3}{2}}+C$;

(3) $\dfrac{1}{5}x^5+\dfrac{2}{3}x^3+x+C$;

(4) $\dfrac{3}{7}x^{\frac{7}{3}}-\dfrac{1}{2}x^2+C$;

(5) $2\mathrm{e}^x+3\ln|x|+C$;

(6) $\dfrac{(2\mathrm{e})^x}{1+\ln 2}+C$;

(7) $x^3+\arctan x+C$;

(8) $\dfrac{1}{3}x^3-2x+5\arctan x+C$;

(9) $2\arcsin x-3\arctan x+C$;

(10) $\dfrac{1}{2}x+\dfrac{1}{2}\sin x+C$;

(11) $\tan x-\sec x+C$;

(12) $-\dfrac{1}{x}-\arctan x+C$.

(13) $-\cot x-x+C$;

(14) $\tan x-\cot x+C$;

(15) $\dfrac{1}{2}(\tan x+x)+C$;

(16) $\dfrac{4}{7}x^{\frac{7}{4}}+4x^{-\frac{1}{4}}+C$;

(17) $\dfrac{\cos x}{x^2}+C$;

(18) $\sin 5x+C$.

2. $y = 1 + \ln |x|$.

3. $P(t) = \dfrac{1}{2}at^2 + bt$.

第二节 换元积分法

 学习目标

能表述不定积分的第一类换元积分法和第二类换元积分法；

会用两种换元积分法计算不定积分．

利用直接积分法求得的不定积分是很有限的，即使像 $\cos 2x$、$\tan x$、$\ln x$ 这样简单的函数的不定积分都不能求得．为解决更多的、较复杂的不定积分问题，还需进一步探讨求不定积分的其他方法．这一节和下一节中，我们将分别介绍求不定积分的两种重要方法：换元积分法和分部积分法．

一、第一类换元积分法（凑微分法）

先看一个例子，求 $\displaystyle\int \cos 2x\, \mathrm{d}x$.

基本积分公式中虽然有 $\displaystyle\int \cos x\, \mathrm{d}x = \sin x + C$，但被积函数 $\cos 2x$ 是一个复合函数，不能直接利用公式计算．为此，先对原积分作如下变形后，再进行计算．

$$\int \cos 2x\, \mathrm{d}x = \int \cos 2x \cdot \frac{1}{2}\, \mathrm{d}(2x) = \frac{1}{2}\int \cos 2x\, \mathrm{d}(2x) \xreftext{令\,2x = u} \frac{1}{2}\int \cos u\, \mathrm{d}u$$

$$= \frac{1}{2}\sin u + C \xreftext{回代\,u = 2x} \frac{1}{2}\sin 2x + C .$$

显然，上述积分的关键是将被积表达式 $\cos 2x\, \mathrm{d}x$ "凑成" 变量统一的微分形式 $\dfrac{1}{2}\cos 2x\, \mathrm{d}(2x)$，然后进行变量代换，使新得到的积分可直接利用基本积分公式求出．

定理 4.3 若 $\displaystyle\int f(u)\, \mathrm{d}u = F(u) + C$，且 $u = \varphi(x)$ 有连续的导数，则

$$\int f[\varphi(x)]\varphi'(x)\, \mathrm{d}x = F[\varphi(x)] + C .$$

该方法称为**第一类换元积分法**，又叫**凑微分法**，其步骤如下：

$$\int f[\varphi(x)]\varphi'(x)\, \mathrm{d}x = \int f[\varphi(x)]\, \mathrm{d}\varphi(x) \xreftext{令\,\varphi(x) = u} \int f(u)\, \mathrm{d}u$$

$$= F(u) + C \xreftext{回代\,u = \varphi(x)} F[\varphi(x)] + C .$$

例 4-10 求 $\displaystyle\int (3x - 1)^3\, \mathrm{d}x$.

解 $\displaystyle\int (3x - 1)^3\, \mathrm{d}x = \frac{1}{3}\int (3x - 1)^3\, \mathrm{d}(3x - 1) \xreftext{3x - 1 = u} \frac{1}{3}\int u^3\, \mathrm{d}u$

$$= \frac{1}{12}u^4 + C \xreftext{u = 3x - 1} \frac{1}{12}(3x - 1)^4 + C .$$

例 4-11　求 $\int x\mathrm{e}^{x^2}\,\mathrm{d}x$.

解　$\int x\mathrm{e}^{x^2}\,\mathrm{d}x = \dfrac{1}{2}\int \mathrm{e}^{x^2}\,\mathrm{d}x^2 \xlongequal{x^2=u} \dfrac{1}{2}\int \mathrm{e}^u\,\mathrm{d}u$

$$= \dfrac{1}{2}\mathrm{e}^u + C \xlongequal{u=x^2} \dfrac{1}{2}\mathrm{e}^{x^2} + C.$$

当运算熟练后，可以不必写出中间变量 u，直接进行运算即可.

例 4-12　求 $\int \dfrac{\mathrm{d}x}{x(1+2\ln x)}$.

解　$\int \dfrac{\mathrm{d}x}{x(1+2\ln x)} = \int \dfrac{\mathrm{d}\ln x}{1+2\ln x} = \dfrac{1}{2}\int \dfrac{\mathrm{d}(1+2\ln x)}{1+2\ln x}$

$$= \dfrac{1}{2}\ln|\,1+2\ln x\,| + C.$$

例 4-13　求 $\int \tan x\,\mathrm{d}x$.

解　$\int \tan x\,\mathrm{d}x = \int \dfrac{\sin x}{\cos x}\mathrm{d}x = \int \dfrac{1}{\cos x}\,\mathrm{d}(-\cos x) = -\ln|\cos x| + C.$

类似地，可得

$$\int \cot x\,\mathrm{d}x = \ln|\sin x| + C.$$

例 4-14　求 $\int \sec x\,\mathrm{d}x$.

解　$\int \sec x\,\mathrm{d}x = \int \dfrac{\sec x(\sec x + \tan x)}{\sec x + \tan x}\mathrm{d}x = \int \dfrac{\sec^2 x + \sec x\tan x}{\sec x + \tan x}\mathrm{d}x$

$$= \int \dfrac{\mathrm{d}(\sec x + \tan x)}{\sec x + \tan x} = \ln|\sec x + \tan x| + C.$$

类似地，可得

$$\int \csc x\,\mathrm{d}x = \ln|\csc x - \cot x| + C.$$

例 4-15　求 $\int \cos 2x\cos 4x\,\mathrm{d}x$.

解　$\int \cos 2x\cos 4x\,\mathrm{d}x = \dfrac{1}{2}\int (\cos 6x + \cos 2x)\,\mathrm{d}x$

$$= \dfrac{1}{2}\left[\dfrac{1}{6}\int \cos 6x\,\mathrm{d}(6x) + \dfrac{1}{2}\int \cos 2x\,\mathrm{d}(2x)\right]$$

$$= \dfrac{1}{12}\sin 6x + \dfrac{1}{4}\sin 2x + C.$$

例 4-16　求 $\int \dfrac{1}{x^2 - a^2}\mathrm{d}x$.

解　$\int \dfrac{1}{x^2 - a^2}\mathrm{d}x = \int \dfrac{1}{(x-a)(x+a)}\mathrm{d}x = \dfrac{1}{2a}\int \left(\dfrac{1}{x-a} - \dfrac{1}{x+a}\right)\mathrm{d}x$

$$= \dfrac{1}{2a}\left[\int \dfrac{1}{x-a}\,\mathrm{d}(x-a) - \int \dfrac{1}{x+a}\,\mathrm{d}(x+a)\right]$$

$$= \dfrac{1}{2a}[\ln|x-a| - \ln|x+a|] + C = \dfrac{1}{2a}\ln\left|\dfrac{x-a}{x+a}\right| + C.$$

例 4-17 求 $\int \dfrac{1}{a^2+x^2}\mathrm{d}x$.

解 $\quad \displaystyle\int \dfrac{1}{a^2+x^2}\mathrm{d}x = \dfrac{1}{a^2}\int \dfrac{\mathrm{d}x}{1+\left(\dfrac{x}{a}\right)^2} = \dfrac{1}{a}\int \dfrac{\mathrm{d}\left(\dfrac{x}{a}\right)}{1+\left(\dfrac{x}{a}\right)^2}$

$$= \dfrac{1}{a}\arctan \dfrac{x}{a}+C .$$

例 4-18 求 $\int \dfrac{1}{x^2+4x+29}\mathrm{d}x$.

解 $\quad \displaystyle\int \dfrac{1}{x^2+4x+29}\mathrm{d}x = \int \dfrac{\mathrm{d}x}{(x+2)^2+5^2} = \int \dfrac{\mathrm{d}(x+2)}{(x+2)^2+5^2}$

$$= \dfrac{1}{5}\arctan \dfrac{x+2}{5}+C .$$

例 4-19 求 $\int \cos^2 x\,\mathrm{d}x$.

解 $\quad \displaystyle\int \cos^2 x\,\mathrm{d}x = \int \dfrac{1+\cos 2x}{2}\mathrm{d}x = \int \dfrac{1}{2}\mathrm{d}x + \dfrac{1}{4}\int \cos 2x\,\mathrm{d}(2x)$

$$= \dfrac{1}{2}x + \dfrac{1}{4}\sin 2x + C ,$$

二、第二类换元积分法

第一类换元积分法是通过变量替换 $u=\varphi(x)$ ，将 $\int f[\varphi(x)]\varphi'(x)\mathrm{d}x$ 化为积分 $\int f(u)\mathrm{d}u$ ，再计算．但有些积分则需要做相反方式的换元，即令 $x=\psi(t)$ ，将积分 $\int f(x)\mathrm{d}x$ 化为 $\int f[\psi(x)]\psi'(x)\mathrm{d}x$ 来计算．

定理 4.4 设 $x=\psi(t)$ 是单调可导函数，且 $\psi'(t)\neq 0$. 如果 $\int f[\psi(t)]\psi'(t)\mathrm{d}t = F(t)+C$ ，则

$$\int f(x)\mathrm{d}x = \int f[\psi(t)]\psi'(t)\mathrm{d}t = F(t)+C \underline{\underline{\text{回代}\,t=\varphi(x)}}\, F[\varphi(x)]+C ,$$

其中 $t=\varphi(x)$ 是 $x=\psi(t)$ 的反函数．该积分方法叫做**第二类换元积分法**．

例 4-20 求 $\int \dfrac{1}{1+\sqrt{x+1}}\mathrm{d}x$.

解 因为被积函数中含有根号，不易积分，为了去掉根号，令 $\sqrt{x+1}=t$ ，$x=t^2-1$ $(t>0)$ ，则 $\mathrm{d}x=2t\,\mathrm{d}t$ ，于是

$$\int \dfrac{1}{1+\sqrt{x+1}}\mathrm{d}x = \int \dfrac{2t}{1+t}\mathrm{d}t = 2\int \dfrac{t+1-1}{1+t}\mathrm{d}t = 2\int \left(1-\dfrac{1}{1+t}\right)\mathrm{d}t$$

$$= 2(t-\ln|1+t|)+C = 2(\sqrt{x+1}-$$
$$\ln|1+\sqrt{x+1}|)+C .$$

例 4-21 求 $\int \dfrac{\mathrm{d}x}{\sqrt{x}+\sqrt[3]{x}}$.

解 因为被积函数中含有两个根号 $\sqrt{x}$ 和 $\sqrt[3]{x}$ ，此时令 $\sqrt[6]{x}=t$ ，可同时把两个根号都去掉，则 $x=t^6(t>0)$ ，$\mathrm{d}x=6t^5\mathrm{d}t$ ，于是

$$\begin{aligned}\int\frac{\mathrm{d}x}{\sqrt{x}+\sqrt[3]{x}}&=\int\frac{6t^5}{t^3+t^2}\,\mathrm{d}t=\int\frac{6t^3}{1+t}\,\mathrm{d}t=6\int\frac{t^3+1-1}{1+t}\,\mathrm{d}t\\&=6\int\left(t^2-t+1-\frac{1}{1+t}\right)\,\mathrm{d}t\\&=2t^3-3t^2+6t-6\ln|1+t|+C\\&=2\sqrt{x}-3\sqrt[3]{x}+6\sqrt[6]{x}-6\ln|1+\sqrt[6]{x}|+C.\end{aligned}$$

注： 当被积函数含有根式 $\sqrt[n]{ax+b}$ 时，可令 $\sqrt[n]{ax+b}=t$ 去掉根号；当被积函数同时含有根式 $\sqrt[n]{ax+b}$ 和 $\sqrt[m]{ax+b}$ 时，则令 $\sqrt[p]{ax+b}=t$ ，其中 p 为n，m 的最小公倍数．

例 4-22 求 $\int\sqrt{a^2-x^2}\,\mathrm{d}x\ (a>0)$.

解 作三角代换 $x=a\sin t\left(-\frac{\pi}{2}<t<\frac{\pi}{2}\right)$ ，则 $\mathrm{d}x=a\cos t\,\mathrm{d}t$ ，于是

$$\begin{aligned}\int\sqrt{a^2-x^2}\,\mathrm{d}x&=\int a\cos t\cdot a\cos t\,\mathrm{d}t=a^2\int\cos^2t\,\mathrm{d}t\\&=a^2\int\frac{1+\cos2t}{2}\mathrm{d}t=\frac{a^2}{2}t+\frac{a^2}{4}\sin2t+C.\end{aligned}$$

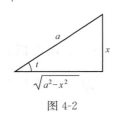

图 4-2

为了把变量还原为 x ，根据 $\sin t=\frac{x}{a}$ 有 $t=\arcsin\frac{x}{a}$ ，作如图 4-2 所示的辅助三角形，于是 $\cos t=\frac{\sqrt{a^2-x^2}}{a}$ ，$\sin2t=2\sin t\cos t=2\cdot\frac{x}{a}\cdot\frac{\sqrt{a^2-x^2}}{a}$ ，故

$$\int\sqrt{a^2-x^2}\,\mathrm{d}x=\frac{a^2}{2}\arcsin\frac{x}{a}+\frac{x}{2}\sqrt{a^2-x^2}+C.$$

例 4-23 求 $\int\frac{1}{\sqrt{x^2+a^2}}\mathrm{d}x\ (a>0)$.

解 为了去掉根号，令 $x=a\tan t\left(-\frac{\pi}{2}<t<\frac{\pi}{2}\right)$ ，则 $\mathrm{d}x=a\sec^2t\,\mathrm{d}t$ ，于是

$$\int\frac{1}{\sqrt{x^2+a^2}}\mathrm{d}x=\int\frac{a\sec^2t}{a\sec t}\mathrm{d}t=\int\sec t\,\mathrm{d}t=\ln|\sec t+\tan t|+C.$$

为了把 $\sec t$ 和 $\tan t$ 换成x 的函数，根据 $\tan t=\frac{x}{a}$ 作如图 4-3 所示的辅助三角形，于是有 $\sec t=\frac{\sqrt{a^2+x^2}}{a}$ ，代入上式得

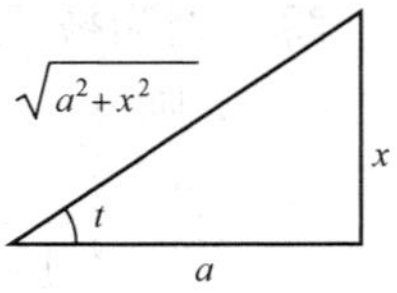

图 4-3

$$\int\frac{1}{\sqrt{x^2+a^2}}\mathrm{d}x=\ln\left|\frac{x}{a}+\frac{\sqrt{x^2+a^2}}{a}\right|+C_1=\ln\left|x+\sqrt{x^2+a^2}\right|+C,$$

其中 $C=C_1-\ln a$.

例 4-24　求 $\int \dfrac{1}{\sqrt{x^2-a^2}}\mathrm{d}x$（$a>0$）.

解　令 $x=a\sec t\left(0<t<\dfrac{\pi}{2}\right)$，则 $\mathrm{d}x=a\sec t\tan t\,\mathrm{d}t$，于是

$$\int \dfrac{1}{\sqrt{x^2-a^2}}\mathrm{d}x=\int \dfrac{a\sec t\tan t}{a\tan t}\mathrm{d}t=\int \sec t\,\mathrm{d}t=\ln|\sec t+\tan t|+C.$$

根据 $\sec t=\dfrac{x}{a}$ 作如图 4-4 所示的辅助三角形，于是有 $\tan t=$

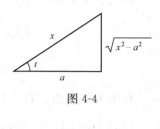

$\dfrac{\sqrt{x^2-a^2}}{a}$，代入上式得

图 4-4

$$\int \dfrac{1}{\sqrt{x^2-a^2}}\mathrm{d}x=\ln\left|\dfrac{x}{a}+\dfrac{\sqrt{x^2-a^2}}{a}\right|+C_1$$
$$=\ln\left|x+\sqrt{x^2-a^2}\right|+C,$$

其中 $C=C_1-\ln a$.

结论：

如果被积函数含有 $\sqrt{a^2-x^2}$，可作代换 $x=a\sin t$ 或 $x=a\cos t$；

如果被积函数含有 $\sqrt{x^2+a^2}$，可作代换 $x=a\tan t$ 或 $x=a\cot t$；

如果被积函数含有 $\sqrt{x^2-a^2}$，可作代换 $x=a\sec t$ 或 $x=a\csc t$.

以上三种代换统称为**三角代换**，利用三角代换，可以把根式积分化为三角函数有理式积分.

三角代换也适用于一些有理函数积分.

例 4-25　求 $\int \dfrac{\mathrm{d}x}{(x^2+a^2)^2}$（$a>0$）.

解　令 $x=a\tan t\left(-\dfrac{\pi}{2}<t<\dfrac{\pi}{2}\right)$，则 $\mathrm{d}x=a\sec^2 t\,\mathrm{d}t$，于是

$$\int \dfrac{\mathrm{d}x}{(x^2+a^2)^2}=\dfrac{1}{a^4}\int \dfrac{a\sec^2 t}{(1+\tan^2 t)^2}\mathrm{d}t=\dfrac{1}{a^3}\int \dfrac{\sec^2 t\,\mathrm{d}t}{\sec^4 t}$$
$$=\dfrac{1}{a^3}\int \cos^2 t\,\mathrm{d}t=\dfrac{1}{a^3}\int \dfrac{1+\cos 2t}{2}\mathrm{d}t$$
$$=\dfrac{1}{2a^3}t+\dfrac{1}{4a^3}\sin 2t+C.$$

由图 4-3 可知，$\sin t=\dfrac{x}{\sqrt{x^2+a^2}}$，$\cos t=\dfrac{a}{\sqrt{x^2+a^2}}$，所以

$$\int \dfrac{\mathrm{d}x}{(x^2+a^2)^2}=\dfrac{1}{2a^3}\arctan \dfrac{x}{a}+\dfrac{x}{2a^2(x^2+a^2)}+C.$$

有些积分用两类换元积分法都可求得结果.

例 4-26　求 $\int x\sqrt{x+1}\,\mathrm{d}x$.

解法一　用第二类换元积分法. 令 $\sqrt{x+1}=t$，则 $x=t^2-1$，所以

$$\int x\sqrt{x+1}\,\mathrm{d}x = \int (t^2-1)\,t \cdot 2t\,\mathrm{d}t = \int 2(t^4-t^2)\,\mathrm{d}t = \frac{2}{5}t^5 - \frac{2}{3}t^3 + C$$

$$= \frac{2}{5}(x+1)^2\sqrt{x+1} - \frac{2}{3}(x+1)\sqrt{x+1} + C.$$

解法二 用第一类换元积分法.

$$\int x\sqrt{x+1}\,\mathrm{d}x = \int (x+1-1)\sqrt{x+1}\,\mathrm{d}x = \int \left[(x+1)^{\frac{3}{2}} - (x+1)^{\frac{1}{2}}\right]\mathrm{d}x$$

$$= \int (x+1)^{\frac{3}{2}}\,\mathrm{d}(x+1) - \int (x+1)^{\frac{1}{2}}\,\mathrm{d}(x+1)$$

$$= \frac{2}{5}(x+1)^2\sqrt{x+1} - \frac{2}{3}(x+1)\sqrt{x+1} + C.$$

在本节例题中，有一些函数的积分今后经常用到，可以把它们作为公式使用：

(14) $\displaystyle\int \tan x\,\mathrm{d}x = -\ln|\cos x| + C$；

(15) $\displaystyle\int \cot x\,\mathrm{d}x = \ln|\sin x| + C$；

(16) $\displaystyle\int \sec x\,\mathrm{d}x = \ln|\sec x + \tan x| + C$；

(17) $\displaystyle\int \csc x\,\mathrm{d}x = \ln|\csc x - \cot x| + C$；

(18) $\displaystyle\int \frac{1}{a^2+x^2}\,\mathrm{d}x = \frac{1}{a}\arctan\frac{x}{a} + C$；

(19) $\displaystyle\int \frac{1}{x^2-a^2}\,\mathrm{d}x = \frac{1}{2a}\ln\left|\frac{x-a}{x+a}\right| + C\,(a>0)$；

(20) $\displaystyle\int \frac{1}{\sqrt{a^2-x^2}}\,\mathrm{d}x = \arcsin\frac{x}{a} + C$；

(21) $\displaystyle\int \frac{1}{\sqrt{x^2\pm a^2}}\,\mathrm{d}x = \ln|x+\sqrt{x^2\pm a^2}| + C$；

(22) $\displaystyle\int \sqrt{a^2-x^2}\,\mathrm{d}x = \frac{x}{2}\sqrt{a^2-x^2} + \frac{a^2}{2}\arcsin\frac{x}{a} + C$；

(23) $\displaystyle\int \sqrt{x^2\pm a^2}\,\mathrm{d}x = \frac{x}{2}\sqrt{x^2\pm a^2} \pm \frac{a^2}{2}\ln|x+\sqrt{x^2\pm a^2}| + C.$

习 题 4-2

1. 求下列不定积分.

(1) $\displaystyle\int (2x-3)^4\,\mathrm{d}x$；

(2) $\displaystyle\int \frac{\mathrm{d}x}{\sqrt{2-5x}}$；

(3) $\displaystyle\int x^2\sqrt{1+x^3}\,\mathrm{d}x$；

(4) $\displaystyle\int x\mathrm{e}^{-\frac{x^2}{2}}\,\mathrm{d}x$；

(5) $\displaystyle\int 8x^3(x^4+1)^9\,\mathrm{d}x$；

(6) $\displaystyle\int 2^{2x+3}\,\mathrm{d}x$；

(7) $\int \dfrac{\mathrm{e}^x}{1+\mathrm{e}^x}\,\mathrm{d}x$;

(8) $\int \dfrac{x+2}{x^2+1}\,\mathrm{d}x$;

(9) $\int \dfrac{\sin\sqrt{x}}{\sqrt{x}}\,\mathrm{d}x$;

(10) $\int \dfrac{1}{x^2}\,\mathrm{e}^{-\frac{1}{x}}\,\mathrm{d}x$;

(11) $\int \sin 2x\cos 3x\,\mathrm{d}x$;

(12) $\int \dfrac{\mathrm{d}x}{(\arcsin x)^2\sqrt{1-x^2}}$;

(13) $\int \dfrac{\mathrm{d}x}{x\ln x}$;

(14) $\int \cos^2 2x\,\mathrm{d}x$;

(15) $\int \dfrac{\mathrm{d}x}{x^2+2x+3}$;

(16) $\int \dfrac{f'(x)\,\mathrm{d}x}{\sqrt{f(x)}}$;

(17) $\int \tan^5 x\sec x\,\mathrm{d}x$;

(18) $\int \dfrac{\mathrm{d}x}{\cos^2 x\sqrt{\tan x-1}}$;

(19) $\int \tan^8 x\sec^2 x\,\mathrm{d}x$;

(20) $\int \sin^3 x\,\mathrm{d}x$;

(21) $\int \cot^3 x\,\mathrm{d}x$;

(22) $\int \dfrac{\arctan\sqrt{x}}{\sqrt{x}\,(1+x)}\,\mathrm{d}x$;

(23) $\int \dfrac{\mathrm{d}x}{x\ln x\ln\ln x}$;

(24) $\int \sec^6 x\,\mathrm{d}x$;

(25) $\int \dfrac{\mathrm{d}x}{x(x^2+1)}$;

(26) $\int \dfrac{\mathrm{e}^x-\mathrm{e}^{-x}}{\mathrm{e}^x+\mathrm{e}^{-x}}\,\mathrm{d}x$.

2. 求下列不定积分.

(1) $\int \dfrac{\mathrm{d}x}{1+\sqrt{2x}}$;

(2) $\int \dfrac{\mathrm{d}x}{\sqrt{1+\mathrm{e}^x}}$;

(3) $\int \dfrac{\sqrt{x+1}-1}{\sqrt{x+1}+1}\,\mathrm{d}x$;

(4) $\int \dfrac{\mathrm{d}x}{x\sqrt{2x+1}}$;

(5) $\int \dfrac{x^2}{\sqrt{a^2-x^2}}\,\mathrm{d}x$;

(6) $\int \dfrac{\mathrm{d}x}{\sqrt{4x^2+9}}$;

(7) $\int \dfrac{1}{x\sqrt{x^2-1}}\,\mathrm{d}x$;

(8) $\int \dfrac{\mathrm{d}x}{x\sqrt{x^2+4}}$;

(9) $\int \dfrac{\sqrt{x^2+a^2}}{x^2}\,\mathrm{d}x$;

(10) $\int \dfrac{\mathrm{d}x}{\sqrt{1+x-x^2}}$;

(11) $\int 2\mathrm{e}^x\sqrt{1-\mathrm{e}^{2x}}\,\mathrm{d}x$;

(12) $\int \dfrac{x}{\sqrt{x^2+2x+2}}\,\mathrm{d}x$.

3. 分别用第一及第二类换元积分法求下列不定积分.

(1) $\int \dfrac{\mathrm{d}x}{\sqrt{1+2x}}$;

(2) $\int \dfrac{x}{\sqrt{a^2+x^2}}\,\mathrm{d}x$;

(3) $\int x\sqrt{x^2-a^2}\,\mathrm{d}x$;

(4) $\int x^3\sqrt{1+x^2}\,\mathrm{d}x$.

习 题 4-2 参考答案

1. (1) $\frac{1}{10}(2x-3)^5+C$;　　(2) $-\frac{2}{5}\sqrt{2-5x}+C$;　　(3) $\frac{2}{9}(1+x^3)^{\frac{3}{2}}+C$;

(4) $-e^{-\frac{x^2}{2}}+C$;　　　　(5) $\frac{1}{5}(1+x^4)^{10}+C$;　　(6) $\frac{2^{2x+2}}{\ln 2}+C$;

(7) $\ln(1+e^x)+C$;　　　(8) $\frac{1}{2}\ln|1+x^2|+2\arctan x+C$;

(9) $-2\cos\sqrt{x}+C$;　　(10) $e^{-\frac{1}{x}}+C$;　　　　(11) $-\frac{1}{10}\cos 5x+\frac{1}{2}\cos x+C$;

(12) $-\frac{1}{\arcsin x}+C$;　　(13) $\ln|\ln x|+C$;　　(14) $\frac{1}{2}x+\frac{1}{8}\sin 4x+C$;

(15) $\frac{1}{\sqrt{2}}\arctan\frac{x+1}{\sqrt{2}}+C$;　　　　(16) $2\sqrt{f(x)}+C$.

(17) $\frac{1}{5}\sec^5 x-\frac{2}{3}\sec^3 x+\sec x+C$;　　(18) $2\sqrt{\tan x-1}+C$;

(19) $\frac{1}{9}\tan^9 x+C$;　　　　(20) $-\cos x+\frac{1}{3}\cos^3 x+C$;

(21) $-\frac{1}{2}\csc^2 x-\ln|\sin x|+C$;　　(22) $(\arctan\sqrt{x})^2+C$;

(23) $\ln|\ln\ln x|+C$;　　　(24) $\frac{1}{5}\tan^5 x+\frac{2}{3}\tan^3 x+\tan x+C$;

(25) $\frac{1}{2}[\ln x^2-\ln(1+x^2)]+C$;　　(26) $\ln|e^x+e^{-x}|+C$.

2. (1) $\sqrt{2x}-\ln|1+\sqrt{2x}|+C$;　　(2) $\ln\left|\frac{\sqrt{1+e^x}-1}{\sqrt{1+e^x}+1}\right|+C$;

(3) $x-4\sqrt{x+1}+4\ln|1+\sqrt{x+1}|+C$;　　(4) $\ln\left|\frac{\sqrt{2x+1}-1}{\sqrt{2x+1}+1}\right|+C$;

(5) $\frac{a^2}{2}\arcsin\frac{x}{a}-\frac{x\sqrt{a^2-x^2}}{2}+C$;　　(6) $\frac{1}{2}\ln|\sqrt{4x^2+9}+2x|+C$;

(7) $\arccos\frac{1}{x}+C$;　　(8) $\frac{1}{2}\ln\left|\frac{\sqrt{x^2+4}-2}{x}\right|+C$.

(9) $\ln|\sqrt{x^2+a^2}+x|-\frac{\sqrt{x^2+a^2}}{x}+C$;　　(10) $\arcsin\frac{2x-1}{\sqrt{5}}+C$;

(11) $\arcsin e^x+e^x\sqrt{1-e^{2x}}+C$;

(12) $\sqrt{x^2+2x+2}-\ln|\sqrt{x^2+2x+2}+x+1|+C$.

3. (1) $\sqrt{1+2x}+C$;　　(2) $\sqrt{a^2+x^2}+C$;　　(3) $\frac{1}{3}(x^2-a^2)^{\frac{3}{2}}+C$;

(4) $\dfrac{1}{5}(1+x^2)^{\frac{5}{2}}-\dfrac{1}{3}(1+x^2)^{\frac{3}{2}}+C$.

第三节 分 部 积 分 法

 学习目标

能表述不定积分的分部积分公式;

会用分部积分法计算不定积分.

前面我们在复合函数微分法的基础上推得了换元积分法. 现在我们利用两个函数乘积的微分法推导另一种求积分的基本方法——分部积分法.

定理 4.5 设函数 $u=u(x)$, $v=v(x)$ 具有连续导数,则

$$\int u\,\mathrm{d}v=uv-\int v\,\mathrm{d}u .$$

证明 由函数乘积的微分公式

$$\mathrm{d}(uv)=u\,\mathrm{d}v+v\,\mathrm{d}u ,$$

对上式两边积分得 $\quad uv=\displaystyle\int u\,\mathrm{d}v+\int v\,\mathrm{d}u$,移项得

$$\int u\,\mathrm{d}v=uv-\int v\,\mathrm{d}u .$$

上式叫作**分部积分公式**,利用上式求不定积分的方法称为**分部积分法**. 分部积分公式把左边的积分 $\displaystyle\int u\,\mathrm{d}v$ 转化为右边的积分 $\displaystyle\int v\,\mathrm{d}u$ 来计算,如果 $\displaystyle\int v\,\mathrm{d}u$ 比 $\displaystyle\int u\,\mathrm{d}v$ 容易求得,那么使用此公式就有意义了.

1. 当被积函数是幂函数 x^n(n 为正整数)与正(余)弦函数、指数函数 e^{kx} 的乘积时,设幂函数 x^n 为 u

例 4-27 求 $\displaystyle\int x\sin x\,\mathrm{d}x$.

解 设 $u=x$,$\mathrm{d}v=\sin x\,\mathrm{d}x=\mathrm{d}(-\cos x)$,则 $v=-\cos x$. 由分部积分公式

$$\int x\sin x\,\mathrm{d}x=\int x\,\mathrm{d}(-\cos x)=-x\cos x-\int(-\cos x)\,\mathrm{d}x$$
$$=-x\cos x+\sin x+C .$$

如果选取 $u=\sin x$,$\mathrm{d}v=x\,\mathrm{d}x=\mathrm{d}\left(\dfrac{x^2}{2}\right)$,则

$$\int x\sin x\,\mathrm{d}x=\int\sin x\,\mathrm{d}\left(\dfrac{x^2}{2}\right)=\dfrac{x^2}{2}\sin x-\int\dfrac{x^2}{2}\cos x\,\mathrm{d}x ,$$

右端积分 $\displaystyle\int\dfrac{x^2}{2}\cos x\,\mathrm{d}x$ 比原积分更不易求出. 由此可见,应用分部积分法时,正确选择 u 和 $\mathrm{d}v$ 很重要. 如果选择不当,就可能求不出结果,或使运算复杂化.

u 和 $\mathrm{d}v$ 选取的原则是:

(1) v 容易求出；

(2) $\int v\mathrm{d}u$ 比 $\int u\mathrm{d}v$ 容易求出.

例 4-28 求 $\int x^2 \mathrm{e}^x \mathrm{d}x$.

解 设 $u = x^2$，$\mathrm{d}v = \mathrm{e}^x \mathrm{d}x = \mathrm{d}\mathrm{e}^x$，则 $v = \mathrm{e}^x$. 由分部积分公式得

$$\int x^2 \mathrm{e}^x \mathrm{d}x = \int x^2 \mathrm{d}\mathrm{e}^x = x^2 \mathrm{e}^x - \int \mathrm{e}^x \mathrm{d}x^2$$

$$= x^2 \mathrm{e}^x - \int 2x\mathrm{e}^x \mathrm{d}x = x^2 \mathrm{e}^x - 2\int x\mathrm{d}\mathrm{e}^x$$

$$= x^2 \mathrm{e}^x - 2x\mathrm{e}^x + 2\int \mathrm{e}^x \mathrm{d}x$$

$$= x^2 \mathrm{e}^x - 2x\mathrm{e}^x + 2\mathrm{e}^x + C$$

$$= \mathrm{e}^x (x^2 - 2x + 2) + C.$$

2. 当被积函数是幂函数与对数函数或反三角函数的乘积时，设对数函数或反三角函数为 u

例 4-29 求 $\int x^2 \ln x \mathrm{d}x$.

解 $$\int x^2 \ln x \mathrm{d}x = \int \ln x \mathrm{d}\left(\frac{x^3}{3}\right) = \frac{x^3}{3}\ln x - \int \frac{x^3}{3}\mathrm{d}\ln x$$

$$= \frac{x^3}{3}\ln x - \int \frac{x^3}{3} \cdot \frac{1}{x}\mathrm{d}x = \frac{x^3}{3}\ln x - \int \frac{x^2}{3}\mathrm{d}x$$

$$= \frac{x^3}{3}\ln x - \frac{x^3}{9} + C.$$

例 4-30 求 $\int x\arctan x \mathrm{d}x$.

解 $$\int x\arctan x \mathrm{d}x = \int \arctan x \mathrm{d}\left(\frac{x^2}{2}\right)$$

$$= \frac{x^2}{2}\arctan x - \int \frac{x^2}{2}\mathrm{d}\arctan x$$

$$= \frac{x^2}{2}\arctan x - \int \frac{x^2}{2} \cdot \frac{1}{1+x^2}\mathrm{d}x$$

$$= \frac{x^2}{2}\arctan x - \frac{1}{2}\int \frac{x^2}{1+x^2}\mathrm{d}x$$

$$= \frac{x^2}{2}\arctan x - \frac{1}{2}\int \left(1 - \frac{1}{1+x^2}\right)\mathrm{d}x$$

$$= \frac{x^2}{2}\arctan x - \frac{x}{2} + \frac{1}{2}\arctan x + C$$

$$= \frac{1}{2}(1+x^2)\arctan x - \frac{x}{2} + C.$$

3. 当被积函数是指数函数与三角函数的乘积时，可任选一个函数为 u

例 4-31 求 $\int \mathrm{e}^x \cos x \mathrm{d}x$.

解 $\displaystyle\int e^x\cos x\,dx = \int \cos x\,de^x = e^x\cos x - \int e^x\,d\cos x$

$$= e^x\cos x + \int e^x\sin x\,dx = e^x\cos x + \int \sin x\,de^x$$

$$= e^x\cos x + e^x\sin x - \int e^x\cos x\,dx\,.$$

移项得 $\displaystyle 2\int e^x\cos x\,dx = e^x\cos x + e^x\sin x + C_1\,,$

因此 $\displaystyle\int e^x\cos x\,dx = \frac{1}{2}e^x(\cos x + \sin x) + C\,.$

注意，因为要使用两次分部积分公式，两次选取 u 和 dv 必须统一，否则不可能出现含所求不定积分的等式.

4. 当被积函数是一个函数时，将被积表达式看作已化为 $u\,dv$ 的形式了，直接用分部积分公式计算即可

例 4-32 求 $\displaystyle\int \arctan x\,dx$.

解 $\displaystyle\int \arctan x\,dx = x\arctan x - \int x\,d\arctan x$

$$= x\arctan x - \int \frac{x}{1+x^2}dx = x\arctan x - \int \frac{1}{1+x^2}d\left(\frac{x^2}{2}\right)$$

$$= x\arctan x - \frac{1}{2}\int \frac{1}{1+x^2}d(1+x^2)$$

$$= x\arctan x - \frac{1}{2}\ln(1+x^2) + C\,.$$

至此，初等函数的不定积分问题基本解决，且结果均为初等函数. 那么，是否任意初等函数的不定积分结果均为初等函数呢？答案是否定的. 例如

$$\int e^{-x^2}\,dx\,,\quad \int \frac{\sin x}{x}\,dx\,,\quad \int \frac{dx}{\ln x}\,,\quad \int \frac{dx}{\sqrt{1+x^4}}$$

等，虽然它们的原函数都存在，却不能用初等函数表示，这时也称"积不出来". 对这种积分常采用数值积分法求原函数.

在掌握了基本积分法的基础上，在实际应用中也可通过查阅积分表（见附录 B）求出函数的不定积分. 积分表是按照被积函数的类型排列的，使用时，可根据被积函数的类型直接或经过简单的变形后，在表内查得所需结果.

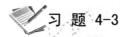 习 题 4-3

求下列不定积分.

(1) $\displaystyle\int x^2\cos x\,dx$;

(2) $\displaystyle\int \ln x\,dx$;

(3) $\displaystyle\int e^{-x}\sin x\,dx$;

(4) $\displaystyle\int x\arcsin x\,dx$;

(5) $\displaystyle\int \ln(1+x^2)\,dx$;

(6) $\displaystyle\int \arcsin x\,dx$;

(7) $\int (x^2-5x+7)\cos 2x\,\mathrm{d}x$ ；

(8) $\int (\ln x)^2\,\mathrm{d}x$ ；

(9) $\int x\sin^2 x\,\mathrm{d}x$ ；

(10) $\int \mathrm{e}^{\sqrt{x}}\,\mathrm{d}x$ ；

(11) $\int \cos(\ln x)\,\mathrm{d}x$ ；

(12) $\int \ln(x+\sqrt{1+x^2})\,\mathrm{d}x$ ；

(13) $\int (\arcsin x)^2\,\mathrm{d}x$ ；

(14) $\int \dfrac{\ln\ln x}{x}\,\mathrm{d}x$ ；

(15) $\int \sec^3 x\,\mathrm{d}x$ ；

(16) $\int xf''(x)\,\mathrm{d}x$ ．

习 题 4-3　参考答案

(1) $(x^2-2)\sin x+2x\cos x+C$ ；

(2) $x(\ln x-1)+C$ ；

(3) $-\dfrac{1}{2}\mathrm{e}^{-x}(\sin x+\cos x)+C$ ；

(4) $\dfrac{1}{4}(2x^2-1)\arcsin x+\dfrac{1}{4}x\sqrt{1-x^2}+C$ ；

(5) $x\ln(1+x^2)-2x+2\arctan x+C$ ；

(6) $x\arcsin x+\sqrt{1-x^2}+C$ ；

(7) $\dfrac{1}{2}\left(x^2-5x+\dfrac{13}{2}\right)\sin 2x+\dfrac{1}{4}(2x-5)\cos 2x+C$ ；

(8) $x\left[(\ln x)^2-2\ln x+2\right]+C$ ；

(9) $\dfrac{1}{4}x^2-\dfrac{1}{4}x\sin 2x-\dfrac{1}{8}\cos 2x+C$ ；

(10) $2\mathrm{e}^{\sqrt{x}}(\sqrt{x}-1)+C$ ；

(11) $\dfrac{1}{2}x\left[\cos(\ln x)+\sin(\ln x)\right]+C$ ；

(12) $x\ln(x+\sqrt{1+x^2})-\sqrt{1+x^2}+C$ ；

(13) $x(\arcsin x)^2+2\sqrt{1-x^2}\arcsin x-2x+C$ ；

(14) $\ln x(\ln\ln x-1)+C$ ；

(15) $\dfrac{1}{2}\sec x\tan x+\dfrac{1}{2}\ln|\sec x+\tan x|+C$ ；

(16) $xf'(x)-f(x)+C$ ．

复 习 题 四

1. 填空题．

(1) 设 $f(x)$ 是函数 $\sin x$ 的一个原函数，则 $\int f(x)\,\mathrm{d}x=$ _____．

(2) 若 $F'(x)=f(x)$ ，则 $\left[\int F'(x)\,\mathrm{d}x\right]'=$ _____．

(3) 若 $f'(\ln x)=x^2(x>1)$ ，则 $f(x)=$ _____．

(4) $\int [f(x)+f'(x)]\mathrm{e}^x\,\mathrm{d}x=$ _____．

(5) 曲线 $y=f(x)$ 在点 x 处的切线斜率为 $-x+2$ ，且曲线过点 $(2,5)$ ，则曲线方程为_____．

2. 选择题．

(1) 若 $f(x)=x+\ln x$ ，则 $\int f'(x)\,\mathrm{d}x=($ 　　)．

A. $1+\dfrac{1}{x}+C$;   B. $x+\ln x$;   C. $1+\dfrac{1}{x}$;   D. $x+\ln x+C$.

(2) $\displaystyle\int f(x)\cos\dfrac{1}{x}\,\mathrm{d}x=\sin\dfrac{1}{x}+C$ ，则 $f(x)=($)．

A. $-\dfrac{1}{x^2}$;   B. $\dfrac{1}{x^2}$;   C. $-\dfrac{1}{x}$;   D. $\dfrac{1}{x}$.

(3) 若 $\displaystyle\int f(x)\,\mathrm{d}x=\mathrm{e}^{\sqrt{x}}+C$ ，则当 $x>0$ 时，$\displaystyle\int xf(x^2)\,\mathrm{d}x=($)．

A. $\dfrac{1}{2}\mathrm{e}^{\sqrt{x}}+C$;   B. $\dfrac{1}{2}\mathrm{e}^{x}+C$;   C. $\mathrm{e}^{\sqrt{x}}$;   D. $\mathrm{e}^{\sqrt{x}}+C$.

(4) $\displaystyle\int \mathrm{e}^{\cos x}\sin x\,\mathrm{d}x=($)．

A. $\mathrm{e}^{\cos x}(1+\cos x)+C$;   B. $-\mathrm{e}^{\cos x}+C$;

C. $\mathrm{e}^{\cos x}\cos x+C$;   D. $\mathrm{e}^{\cos x}+C$.

(5) 下列等式中正确的是（   ）．

A. $\displaystyle\int\left[\mathrm{e}^{t}\sin 2t\right]'\,\mathrm{d}t=\mathrm{e}^{t}\sin 2t$;   B. $\left[\displaystyle\int\mathrm{e}^{t}\sin 2t\,\mathrm{d}t\right]'=\mathrm{e}^{t}\sin 2t$;

C. $\mathrm{d}\left[\displaystyle\int\mathrm{e}^{t}\sin 2t\,\mathrm{d}t\right]=\mathrm{e}^{t}\sin 2t$;   D. $\left[\displaystyle\int(\mathrm{e}^{t}\sin 2t)'\,\mathrm{d}t\right]'=\mathrm{e}^{t}\sin 2t$.

3. 求下列不定积分．

(1) $\displaystyle\int\dfrac{\cot x}{\sqrt{\sin x}}\,\mathrm{d}x$;   (2) $\displaystyle\int\dfrac{1}{\sin x\cos^2 x}\,\mathrm{d}x$;

(3) $\displaystyle\int\dfrac{\sin^3 x}{\cos^5 x}\,\mathrm{d}x$;   (4) $\displaystyle\int\dfrac{1}{\sin^2 x+4\cos^2 x}\,\mathrm{d}x$;

(5) $\displaystyle\int\dfrac{\mathrm{d}x}{2^x+2^{-x}}$;   (6) $\displaystyle\int\dfrac{1}{\sqrt{(x^2+9)^3}}\,\mathrm{d}x$;

(7) $\displaystyle\int\dfrac{\sqrt{x^2-1}}{x}\,\mathrm{d}x$;   (8) $\displaystyle\int x\ln(x-1)\,\mathrm{d}x$;

(9) $\displaystyle\int\dfrac{x}{\cos^2 x}\,\mathrm{d}x$;   (10) $\displaystyle\int x^3\arcsin\dfrac{1}{x}\,\mathrm{d}x$.

4. 已知 $f(x)$ 的一个原函数是 e^{-x^2} ，求 $\displaystyle\int xf'(x)\,\mathrm{d}x$ ．

5. 设某函数当 $x=1$ 时有极小值，当 $x=-1$ 时有极大值 4，又知函数的导数具有形状 $y'=3x^2+ax+b$ ，求此函数．

6. 设某函数的图像上有一拐点 $P(2，4)$ ，在拐点处的切线的斜率为 -3 ，又知函数的二阶导数具有形状 $y''=6x+a$ ，求此函数．

复习题四　参考答案

1. (1) $-\sin x+C_1 x+C_2$;   (2) $f(x)$;   (3) $\dfrac{1}{2}\mathrm{e}^{2x}+C$;

$\quad$ (4) $e^x f(x) + C$; $\qquad\qquad$ (5) $-\dfrac{1}{2}x^2 + 2x + 3$.

2. (1) D ; (2) A ; (3) B ; (4) B ; (5) B.

3. (1) $-\dfrac{2}{\sqrt{\sin x}} + C$; $\qquad\qquad$ (2) $\sec x + \ln|\csc x - \cot x| + C$;

$\quad$ (3) $\dfrac{1}{4}\tan^4 x + C$; $\qquad\qquad$ (4) $-\dfrac{1}{2}\arctan(2\cot x) + C$;

$\quad$ (5) $\dfrac{\arctan(2^x)}{\ln 2} + C$; $\qquad\qquad$ (6) $\dfrac{x}{9\sqrt{x^2 + 9}} + C$;

$\quad$ (7) $\sqrt{x^2 - 1} - \arccos\dfrac{1}{x} + C$; $\quad$ (8) $\dfrac{1}{2}(x^2 - 1)\ln(x - 1) - \dfrac{1}{4}(x + 1)^2 + C$;

$\quad$ (9) $x\tan x + \ln|\cos x| + C$;

$\quad$ (10) $\begin{cases} \dfrac{x^4}{4}\arcsin\dfrac{1}{x} + \dfrac{1}{12}(x^2 - 1)^{\frac{3}{2}} + \dfrac{1}{4}\sqrt{x^2 - 1} + C, & x > 1 \\[3mm] \dfrac{x^4}{4}\arcsin\dfrac{1}{x} - \dfrac{1}{12}(x^2 - 1)^{\frac{3}{2}} - \dfrac{1}{4}\sqrt{x^2 - 1} + C, & x < -1 \end{cases}$.

4. $-(2x^2 + 1)e^{-x^2} + C$.

5. $y = x^3 - 3x + 2$.

6. $y = x^3 - 6x^2 + 9x + 2$.

第五章 定积分及其应用

📙 教学目的

理解定积分的概念、性质，掌握牛顿—莱布尼茨公式；

能熟练地应用换元积分法和分部积分法计算定积分；

了解无穷区间上的广义积分；

理解定积分在几何、物理和经济上的应用．

第一节 定积分的概念与性质

🍎 学习目标

能表述定积分的定义，会用定积分表示曲边梯形的面积、变速直线运动的路程等；

理解并能表述定积分的几何意义和性质．

一、两个实例

1. 曲边梯形的面积

在初等数学中，我们会计算矩形、梯形、三角形等图形的面积，如果是任意曲线所围成的平面图形的面积，就不会计算了．为解决这个问题，我们先讨论曲边梯形的面积．

在直角坐标系中，由闭区间 $[a, b]$ 上的连续函数 $y = f(x)(f(x) \geqslant 0)$，与直线 $x = a$，$x = b$ 及 x 轴所围成的平面图形（如图 5-1 所示），称为**曲边梯形**，曲线 $y = f(x)$ 称为**曲边**，x 轴上的线段 $[a, b]$ 叫**曲边梯形的底**．

由曲线所围成的图形的面积，在适当选择坐标系后，往往可以化为两个曲边梯形面积的差．图 5-2 中所围成的图形 $ADBC$ 的面积 S_{ADBC} 可以化为两个曲边梯形面积的差，即 $S_{ADBC} = S_{M_1ACBN_1} - S_{M_1ADBN_1}$．

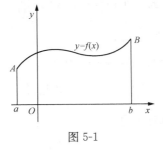

图 5-1

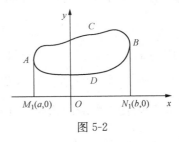

图 5-2

由此可见，求任意曲线所围图形的面积，必须先解决曲边梯形的面积问题．下面计算曲边梯形的面积 A，如图 5-3 所示．

我们知道，矩形的面积＝底×高，将曲边梯形与矩形比较：矩形的四边都是直的，而曲

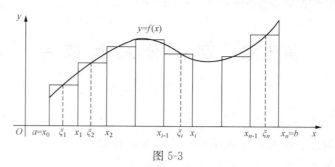

图 5-3

边梯形有一边是曲线．这样就导致曲边梯形的高 $f(x)$ 随 x 的变化而变化，无法直接用矩形面积公式计算．但曲边梯形的高 $f(x)$ 是连续变化的，当 x 在区间 $[a，b]$ 上变化很小时，高 $f(x)$ 的变化也很小，近似不变．为此，我们用一组垂直于 x 轴的直线把整个曲边梯形分成许多小曲边梯形，在每个小区间上用某一点处的高近似代替该区间上的小曲边梯形的变高．那么，对于每个小曲边梯形来说，由于底边很窄，$f(x)$ 是连续变化的，高度变化很小，所以可把每一个小曲边梯形的高近似看作不变，用相应的小矩形的面积近似代替小曲边梯形的面积，从而所有小矩形面积之和就可近似代替曲边梯形的面积．显然，分割越细，所有小矩形面积之和就越逼近曲边梯形的面积．当分割无限细密时，即把区间 $[a，b]$ 无限细分，使每个小区间的长度都趋于零，这时所有小矩形面积之和的极限就是曲边梯形的面积．其具体做法如下．

（1）分割：任取分点 $a=x_0<x_1<x_2<\cdots<x_{n-1}<x_n=b$，把区间 $[a，b]$ 分成 n 个小区间

$$[x_0，x_1]，[x_1，x_2]，\cdots，[x_{i-1}，x_i]，\cdots，[x_{n-1}，x_n]，$$

小区间 $[x_{i-1}，x_i]$ 的长度依次记为 $\Delta x_i=x_i-x_{i-1}(i=1，2，\cdots，n)$．过各分点作垂直于 x 轴的直线，将整个曲边梯形分成 n 个小曲边梯形，第 i 个小曲边梯形的面积记为 $\Delta A_i(i=1，2，\cdots，n)$．

（2）近似代替：在每个小区间 $[x_{i-1}，x_i]$ 上任意取一点 $\xi_i(x_{i-1}\leqslant\xi_i\leqslant x_i)$，作以 $f(\xi_i)$ 为高，底边为 Δx_i 的小矩形，其面积为 $f(\xi_i)\Delta x_i$，它可作为同底的小曲边梯形面积的近似值，即

$$\Delta A_i\approx f(\xi_i)\Delta x_i \quad (i=1，2，\cdots，n)．$$

（3）求和：把 n 个小矩形的面积加起来，就得到整个曲边梯形面积 A 的近似值：

$$A=\sum_{i=1}^{n}\Delta A_i\approx\sum_{i=1}^{n}f(\xi_i)\Delta x_i．$$

（4）取极限：记 $\lambda=\max_{1\leqslant i\leqslant n}\{\Delta x_i\}$ 为所有小区间中长度的最大值，则当 $\lambda\to0$ 时，每个小区间 $[x_{i-1}，x_i](i=1，2，\cdots，n)$ 的长度 $\Delta x_i(i=1，2，\cdots，n)$ 也趋于零．此时和式 $\sum_{i=1}^{n}f(\xi_i)\Delta x_i$ 的极限便是所求曲边梯形面积 A 的精确值，即

$$A=\lim_{\lambda\to0}\sum_{i=1}^{n}f(\xi_i)\Delta x_i．$$

2. 变速直线运动的路程

设物体做直线运动，已知速度 $v=v(t)$ 是时间间隔 $[a，b]$ 上 t 的连续函数，且 $v(t)\geqslant$

0，计算在这段时间内物体所经过的路程 s.

解决这个问题的思路和步骤与上例相似. 我们把时间间隔 $[a，b]$ 分成 n 个小的时间间隔，在很短的时间间隔内，速度变化很小，近似于均速，所以可以用匀速直线运动的路程作为这段时间内路程的近似值. 把物体在每一小的时间间隔内运动的路程加起来作为物体在时间间隔 $[a，b]$ 内所经过的路程的近似值 s.

（1）分割：在时间间隔 $[a，b]$ 内任意插入若干个分点

$$a＝t_0＜t_1＜t_2＜\cdots＜t_{n-1}＜t_n＝b，$$

把 $[a，b]$ 分成 n 个小段 $[t_0，t_1]$，$[t_1，t_2]$，$\cdots$，$[t_{i-1}，t_i]$，$\cdots$，$[t_{n-1}，t_n]$，各小段时间的长为 $\Delta t_i＝t_i－t_{i-1}(i＝1，2，\cdots，n)$，各段时间内物体经过的路程为 $\Delta s_i(i＝1，2，\cdots，n)$.

（2）近似代替：在时间间隔 $[t_{i-1}，t_i]$ 上任取一个时刻 $\xi_i(t_{i-1}\leqslant\xi_i\leqslant t_i)$，以 ξ_i 时刻的速度 $v(\xi_i)$ 来代替 $[t_{i-1}，t_i]$ 上各个时刻的速度，得到各段路程 $\Delta s_i(i＝1，2，\cdots，n)$ 的近似值，即

$$\Delta s_i＝v(\xi_i)\Delta t_i(i＝1，2，\cdots，n).$$

（3）求和：这 n 段路程的近似值之和就是所求变速直线运动路程 s 的近似值，即

$$s\approx\sum_{i=1}^{n}v(\xi_i)\Delta t_i.$$

（4）取极限：记 $\lambda＝\max_{1\leqslant i\leqslant n}\{\Delta t_i\}$，当 $\lambda＝\max_{1\leqslant i\leqslant n}\{\Delta t_i\}\to0$ 时，取上述和式的极限，即得变速直线运动在时间间隔 $[a，b]$ 内的路程，即

$$s＝\lim_{\lambda\to0}\sum_{i=1}^{n}v(\xi_i)\Delta t_i.$$

上面我们讨论了两个不同的实际问题，但是解决问题的数学方法是相同的. 还有很多的实际问题，如物体的质量、转动惯量、企业在时间段 $[a，b]$ 上的总收益等问题也可以用同样的方法解决. 这类问题的共同特点是所求量关于区间具有可加性，并且最后的结果都可以归结为和式的极限. 因此，我们可以将这种方法抽象出来，得到定积分的定义.

二、定积分的定义

定义 5.1 设函数 $y＝f(x)$ 在区间 $[a，b]$ 上有界，任取分点

$$a＝x_0＜x_1＜x_2＜\cdots＜x_{n-1}＜x_n＝b，$$

将区间 $[a，b]$ 分成 n 个小区间

$$[x_0，x_1]，[x_1，x_2]，\cdots，[x_{n-1}，x_n]，$$

各小区间的长度依次记为 $\Delta x_i＝x_i－x_{i-1}(i＝1，2，\cdots，n)$，在每个小区间上任取一点 $\xi_i(x_{i-1}\leqslant\xi_i\leqslant x_i)$，作乘积 $f(\xi_i)\Delta x_i(i＝1，2，\cdots，n)$ 的和式

$$\sum_{i=1}^{n}f(\xi_i)\Delta x_i$$

记 $\lambda＝\max_{1\leqslant i\leqslant n}\{\Delta x_i\}$，如果不论对区间 $[a，b]$ 怎样划分，也不论小区间 $[x_{i-1}，x_i]$ 上点 ξ_i 如何选取，只要当 $\lambda\to0$ 时，和式 $\sum_{i=1}^{n}f(\xi_i)\Delta x_i$ 总趋于一个确定的值，则称 $f(x)$ 在 $[a，b]$ 上可积，称此极限值为函数 $f(x)$ 在 $[a，b]$ 上的**定积分**，记作 $\int_a^b f(x)\mathrm{d}x$，即

$$\int_a^b f(x)\mathrm{d}x = \lim_{\lambda \to 0} \sum_{i=1}^n f(\xi_i)\Delta x_i \,,$$

其中 $f(x)$ 叫作**被积函数**，$f(x)\mathrm{d}x$ 叫作**被积表达式**，x 叫作**积分变量**，a 叫作**积分下限**，b 叫作**积分上限**，$[a,b]$ 叫作**积分区间**．

根据定义，上面两个实际问题可用定积分分别表示为

曲边梯形的面积

$$A = \int_a^b f(x)\mathrm{d}x \,.$$

变速直线运动的路程

$$s = \int_a^b v(t)\mathrm{d}t \,.$$

关于定积分的定义作如下说明．

(1) 定积分是一个依赖于被积函数 $f(x)$ 及积分区间 $[a,b]$ 的常量，与积分变量采用什么字母无关，即

$$\int_a^b f(x)\mathrm{d}x = \int_a^b f(t)\mathrm{d}t = \int_a^b f(u)\mathrm{d}u \,.$$

(2) 定义中要求 $a < b$，为方便起见，允许 $b \leqslant a$，并规定：

当 $a = b$ 时， $\qquad\qquad\qquad \int_a^b f(x)\mathrm{d}x = 0$ ；

当 $a > b$ 时， $\qquad\qquad\qquad \int_a^b f(x)\mathrm{d}x = -\int_b^a f(x)\mathrm{d}x$ ．

(3) 函数 $f(x)$ 在 $[a,b]$ 上可积的充分条件：

①若 $f(x)$ 在区间 $[a,b]$ 上连续，则 $f(x)$ 在 $[a,b]$ 上可积；

②若 $f(x)$ 在区间 $[a,b]$ 上有界，且仅有有限个第一类间断点，则 $f(x)$ 在 $[a,b]$ 上可积．

例 5-1 风力发电是利用风机将风动能转换为电能的发电方式，考量风电的关键因素是风能密度．假设某地的风能密度为 $W = \dfrac{1}{2}\rho V^3$，ρ 为空气密度，风速是关于时间 t 的函数，即 $V = V(t)$．因此，时间段 $[0,T]$ 内的风能密度为

$$W = \int_0^T \frac{1}{2}\rho V^3 \mathrm{d}t = \int_0^T \frac{1}{2}\rho V^3(t)\mathrm{d}t \,.$$

例 5-2 设产量的变化率 q 是时间 t 的函数 $q = q(t)$，在生产连续进行时，总产量为 $Q = q(t)t$．在时间间隔 $[a,b]$ 上的总产量

$$Q = \int_a^b q(t)\mathrm{d}t \,.$$

三、定积分的几何意义

(1) 在 $[a,b]$ 上，若 $f(x) \geqslant 0$，则由曲边梯形的面积问题知，定积分 $\int_a^b f(x)\mathrm{d}x$ 表示由曲线 $y = f(x)$ 与直线 $x = a$，$x = b$ 及 x 轴所围成的曲边梯形的面积 A，即

$$\int_a^b f(x)\mathrm{d}x = A \,.$$

(2) 在 $[a, b]$ 上，若 $f(x) \leqslant 0$，因 $f(\xi_i) \leqslant 0$，从而 $\sum\limits_{i=1}^{n} f(\xi_i)\Delta x_i \leqslant 0$，因此
$\int_a^b f(x)\mathrm{d}x \leqslant 0$. 此时 $\int_a^b f(x)\mathrm{d}x$ 表示由曲线 $y = f(x)$ 与直线 $x = a$，$x = b$ 及 x 轴所围成的曲边梯形面积 A 的负值（见图 5-4），即

$$\int_a^b f(x)\mathrm{d}x = -A .$$

(3) 在 $[a, b]$ 上，若 $f(x)$ 的值有正有负，则 $\int_a^b f(x)\mathrm{d}x$ 的值等于曲线 $y = f(x)$ 与直线 $x = a$，$x = b$ 及 x 轴所围成的各部分图形面积的代数和（见图 5-5），即在 x 轴上方图形的面积减去 x 轴下方图形的面积

$$\int_a^b f(x)\mathrm{d}x = A_1 - A_2 + A_3 .$$

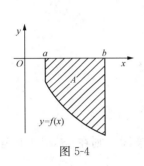

图 5-4

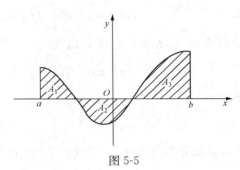

图 5-5

四、定积分的基本性质

假设下列各性质中所列出的定积分都存在．

性质 5.1　两个函数的代数和的定积分等于它们定积分的代数和，即

$$\int_a^b [f(x) \pm g(x)]\mathrm{d}x = \int_a^b f(x)\mathrm{d}x \pm \int_a^b g(x)\mathrm{d}x .$$

性质 5.2　被积函数中的常数因子可以提到积分号外面，即

$$\int_a^b k f(x)\mathrm{d}x = k \int_a^b f(x)\mathrm{d}x .$$

特别地，当被积函数为常数 k 时，

$$\int_a^b k\mathrm{d}x = k(b - a) ,$$

当 $k = 1$ 时，

$$\int_a^b \mathrm{d}x = b - a .$$

性质 5.1，性质 5.2 可推广到有限多个函数的情形，即

$$\int_a^b [k_1 f_1(x) \pm k_2 f_2(x) \pm \cdots \pm k_n f_n(x)]\mathrm{d}x$$

$$= k_1 \int_a^b f_1(x)\mathrm{d}x \pm k_2 \int_a^b f_2(x)\mathrm{d}x \pm \cdots \pm k_n \int_a^b f_n(x)\mathrm{d}x .$$

性质 5.3（积分对区间的可加性）　对于任意三个数 a，b，c，恒有

$$\int_a^b f(x)\mathrm{d}x = \int_a^c f(x)\mathrm{d}x + \int_c^b f(x)\mathrm{d}x$$

即当 $a < c < b$、$c < a < b$ 及 $a < b < c$ 时上式均成立.

性质 5.4 如果在区间 $[a, b]$ 上 $f(x) \leqslant g(x)$，则

$$\int_a^b f(x)\mathrm{d}x \leqslant \int_a^b g(x)\mathrm{d}x.$$

特别地，有

$$\left| \int_a^b f(x)\mathrm{d}x \right| \leqslant \int_a^b |f(x)|\mathrm{d}x.$$

由性质 5.4 易得定积分的保号性，当 $f(x) \geqslant 0$ 时，$\int_a^b f(x)\mathrm{d}x \geqslant 0$.

性质 5.5（估值定理） 设 M, m 分别是函数 $f(x)$ 在区间 $[a, b]$ 上的最大值与最小值，则

$$m(b-a) \leqslant \int_a^b f(x)\mathrm{d}x \leqslant M(b-a).$$

证明 因为 $m \leqslant f(x) \leqslant M$，由性质 5.4 得

$$\int_a^b m\mathrm{d}x \leqslant \int_a^b f(x)\mathrm{d}x \leqslant \int_a^b M\mathrm{d}x,$$

又由性质 5.2 有

$$m(b-a) \leqslant \int_a^b f(x)\mathrm{d}x \leqslant M(b-a).$$

性质 5.6（积分中值定理） 设函数 $f(x)$ 在 $[a, b]$ 上连续，则在 $[a, b]$ 上至少存在一点 ξ 使得

$$\int_a^b f(x)\mathrm{d}x = f(\xi)(b-a) \quad (a \leqslant \xi \leqslant b).$$

该式也称为积分中值公式.

证明 将性质 5.5 中不等式的每一项同除以 $b-a$，得

$$m \leqslant \frac{1}{b-a}\int_a^b f(x)\mathrm{d}x \leqslant M.$$

由闭区间上连续函数的介值性质知，在 $[a, b]$ 上至少存在一点 ξ，使

$$\frac{1}{b-a}\int_a^b f(x)\mathrm{d}x = f(\xi),$$

从而得到

$$\int_a^b f(x)\mathrm{d}x = f(\xi)(b-a).$$

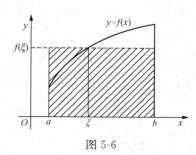

图 5-6

积分中值公式的几何解释：在区间 $[a, b]$ 上至少存在一点 ξ，使得以区间 $[a, b]$ 为底，以曲线 $y = f(x)$ 为曲边的曲边梯形的面积等于与之同底边而高为 $f(\xi)$ 的一个矩形的面积，如图 5-6 所示.

而 $f(\xi) = \dfrac{1}{b-a}\int_a^b f(x)\mathrm{d}x$ 即为连续函数 $y = f(x)$ 在区间 $[a, b]$ 上的平均值.

例 5-1 中在时间段 $[0, T]$ 内的平均风能密度即为

$$\overline{W} = \frac{1}{T}\int_0^T \frac{1}{2}\rho V^3(t)\mathrm{d}t .$$

用性质 5.3 和定积分的几何意义，还可推得关于奇函数和偶函数在对称区间上的定积分计算公式：

(1) 如果函数 $f(x)$ 在 $[-a, a]$ 上连续且为奇函数，则

$$\int_{-a}^a f(x)\mathrm{d}x = 0 .$$

(2) 如果函数 $f(x)$ 在 $[-a, a]$ 上连续且为偶函数，则

$$\int_{-a}^a f(x)\mathrm{d}x = 2\int_0^a f(x)\mathrm{d}x .$$

如图 5-7（a）所示，对于在 $[-a, a]$ 上连续的奇函数，阴影部分所示的图形是关于原点对称的，左下方图形的面积与右上方图形的面积大小相等，但对应的定积分却符号相反，即

$$\int_{-a}^0 f(x)\mathrm{d}x = -\int_0^a f(x)\mathrm{d}x ,$$

于是积分结果为

$$\int_{-a}^a f(x)\mathrm{d}x = \int_{-a}^0 f(x)\mathrm{d}x + \int_0^a f(x)\mathrm{d}x = 0 .$$

类似地，由图 5-7（b）可知，对于在 $[-a, a]$ 上连续的偶函数，阴影部分所示的图形关于 y 轴对称，这一图形的面积 $\int_{-a}^a f(x)\mathrm{d}x$，恰好是图形位于 y 轴右侧部分面积 $\int_0^a f(x)\mathrm{d}x$ 的两倍，即 $\int_{-a}^a f(x)\mathrm{d}x = 2\int_0^a f(x)\mathrm{d}x .$

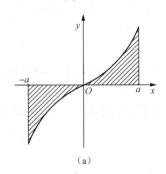
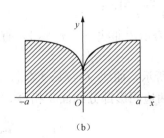

(a)　　　　　　　　　　　　　　(b)

图 5-7

例 5-3 利用定积分的性质，比较 $\int_1^2 \ln x\,\mathrm{d}x$ 和 $\int_1^2 (\ln x)^2\,\mathrm{d}x$ 值的大小.

解 因为在区间 $[1, 2]$ 上有 $0 \leqslant \ln x < 1$，于是

$$\ln x > (\ln x)^2 ,$$

由性质 5.4 知

$$\int_1^2 \ln x\,\mathrm{d}x > \int_1^2 (\ln x)^2\,\mathrm{d}x .$$

例 5-4 利用定积分的性质，估计 $\int_{-1}^{1} e^{-x^2} dx$ 的值.

解 设 $f(x) = e^{-x^2}$，因为 $f'(x) = -2x e^{-x^2}$，令 $f'(x) = 0$，得驻点 $x = 0$.

$$f(0) = 1, \quad f(-1) = f(1) = \frac{1}{e}.$$

所以 $f(x) = e^{-x^2}$ 在区间 $[-1, 1]$ 上有最大值 $M = 1$，最小值 $m = \frac{1}{e}$. 根据定积分性质 5.5 知，$\frac{2}{e} \leqslant \int_{-1}^{1} e^{-x^2} dx \leqslant 2$.

习 题 5-1

1. 由定积分的几何意义，指出下列定积分的值.

   (1) $\int_{0}^{1} 2x \, dx$ ；

   (2) $\int_{0}^{a} \sqrt{a^2 - x^2} \, dx$ ；

   (3) $\int_{-\pi}^{\pi} \sin x \, dx$ ；

   (4) $\int_{1}^{2} (1 - x) \, dx$.

2. 由定积分的几何意义，判断下列定积分的值是正还是负（不必计算）.

   (1) $\int_{0}^{\frac{\pi}{2}} \sin x \, dx$ ；   (2) $\int_{-\frac{\pi}{2}}^{0} \sin x \cos x \, dx$ ；   (3) $\int_{-2}^{1} x^2 \, dx$.

3. 利用定积分的性质，比较下列积分的大小.

   (1) $\int_{0}^{1} x^2 \, dx$ 和 $\int_{0}^{1} x^3 \, dx$ ；

   (2) $\int_{3}^{4} \ln x \, dx$ 和 $\int_{3}^{4} (\ln x)^2 \, dx$.

4. 利用定积分表示图 5-8 各图中阴影部分的面积.

5. 利用函数 $f(x)$ 在对称区间上的定积分计算公式求下列定积分.

   (1) $\int_{-1}^{1} \frac{x^3}{1 + x^2} dx$ ；

   (2) $\int_{-\frac{\pi}{2}}^{\frac{\pi}{2}} \cos^7 x \sin^5 x \, dx$.

6. 用定积分表示由曲线 $y = x^2 + 1$，直线 $x = -1$，$x = 2$ 及 x 轴所围成的曲边梯形的面积.

7. 如图 5-9 所示，曲线 $y = f(x)$ 在 $[a, b]$ 上连续，且 $f(x) > 0$，试在 $[a, b]$ 上找一点 ξ，使在这点两边阴影部分的面积相等.

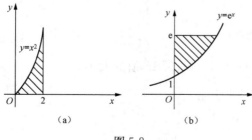

图 5-8

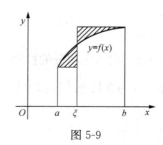

图 5-9

📖 习 题 5-1　参考答案

1. (1) 1；　　　(2) $\dfrac{\pi a^2}{4}$；　　　(3) 0；　　　(4) $-\dfrac{1}{2}$.

2. (1) 正；　　　(2) 负；　　　(3) 正.

3. (1) ＞；　　　(2) ＜.

4. (a) $\displaystyle\int_0^2 x^2 \mathrm{d}x$；　　　　　　(b) $\displaystyle\int_0^1 (e-e^x)\mathrm{d}x$ 或 $\displaystyle\int_1^e \ln y\,\mathrm{d}y$.

5. (1) 0；　　　(2) 0.

6. $A = \displaystyle\int_{-1}^2 (x^2+1)\mathrm{d}x$.

7. $\xi = \dfrac{\displaystyle\int_a^b f(x)\mathrm{d}x + a f(a) - b f(b)}{f(a)-f(b)}$.

第二节　牛顿—莱布尼茨公式

🎒 学习目标

能表述变上限的定积分的定义，会写出变上限的定积分的表示式；

知道变上限的定积分的导数等于被积函数；

理解定积分与不定积分的关系；

会用牛顿—莱布尼茨公式计算定积分.

一、变上限的定积分

从定积分的定义来看，用分割、近似代替、求和、取极限的方法计算一个函数的定积分往往是十分困难的，如果被积函数比较复杂，其难度更大. 因此，必须寻求计算定积分的新方法.

设 $f(x)$ 在 $[a,b]$ 上连续，x 为 $[a,b]$ 上任一点，由于 $f(x)$ 在 $[a,x]$ 上连续，所以定积分 $\displaystyle\int_a^x f(t)\mathrm{d}t$ 一定存在，并且它是积分上限 x 的函数，记为 $\varPhi(x)$，即

$$\varPhi(x) = \int_a^x f(t)\mathrm{d}t.$$

从几何上看，函数 $\varPhi(x)$ 表示区间 $[a,x]$ 上曲边梯形的面积（图 5-10 中阴影部分）.

变上限的定积分有以下定理.

定理 5.1　如果函数 $f(x)$ 在区间 $[a,b]$ 上连续，则变上限的定积分 $\varPhi(x) = \displaystyle\int_a^x f(t)\mathrm{d}t$ 在区间 $[a,b]$ 上可导，并且它的导数等于被积函数，即

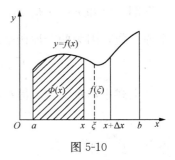

图 5-10

$$\Phi'(x) = \frac{\mathrm{d}}{\mathrm{d}x}\int_a^x f(t)\mathrm{d}t = f(x).$$

此定理表明：

（1）$\Phi(x)$ 是函数 $f(x)$ 的一个原函数．如果函数 $f(x)$ 在 $[a, b]$ 上连续，则它的原函数必定存在，这个定理也称为原函数存在定理，并且它的一个原函数可以用定积分的形式表达为

$$\Phi(x) = \int_a^x f(t)\mathrm{d}t.$$

（2）如果 $f(x)$ 在 $[a, b]$ 上连续，则有 $\int f(x)\mathrm{d}x = \int_a^x f(t)\mathrm{d}t + C$，说明 $f(x)$ 的不定积分可以通过变上限的定积分来表示．因此不定积分与定积分之间存在密切的关系．

例 5-5 求 $\left(\int_0^x \sin(t^2)\mathrm{d}t\right)'_x$．

解 由定理 5.1，$\left(\int_0^x \sin(t^2)\mathrm{d}t\right)'_x = \sin(x^2)$．

例 5-6 设 $y = \int_0^{x^2}\sqrt{1+t^2}\,\mathrm{d}t$，求 y'．

解 积分上限是 x 的函数，所以变上限的定积分是 x 的复合函数，由复合函数求导法则可得

$$y' = \left(\int_0^{x^2}\sqrt{1+t^2}\,\mathrm{d}t\right)'_x = \left(\int_0^{x^2}\sqrt{1+t^2}\,\mathrm{d}t\right)'_{x^2}(x^2)'_x = 2x\sqrt{1+x^4}.$$

由此得到如下一般结论：

$$\frac{\mathrm{d}}{\mathrm{d}x}\int_a^{\varphi(x)} f(t)\mathrm{d}t = f[\varphi(x)]\varphi'(x).$$

例 5-7 已知 $F(x) = \int_x^0 \mathrm{e}^{-t}\sin t\,\mathrm{d}t$，求 $F'(x)$．

解 $F'(x) = \left(\int_x^0 \mathrm{e}^{-t}\sin t\,\mathrm{d}t\right)' = \left(-\int_0^x \mathrm{e}^{-t}\sin t\,\mathrm{d}t\right)' = -\mathrm{e}^{-x}\sin x$．

二、牛顿—莱布尼茨公式

定理 5.2 如果函数 $F(x)$ 是连续函数 $f(x)$ 在 $[a, b]$ 上的一个原函数，则

$$\int_a^b f(x)\mathrm{d}x = F(b) - F(a).$$

证明 已知 $F(x)$ 是 $f(x)$ 的一个原函数，由定理 5.1，$\Phi(x) = \int_a^x f(t)\mathrm{d}t$ 也是 $f(x)$ 的一个原函数，因为两个原函数之间仅相差一个常数，所以

$$\int_a^x f(t)\mathrm{d}t = F(x) + C \quad (a \leqslant x \leqslant b).$$

在上式中，令 $x=a$ 得 $C = -F(a)$，代入上式得

$$\int_a^x f(t)\mathrm{d}t = F(x) - F(a),$$

再令 $x=b$，则

$$\int_a^b f(t)\mathrm{d}t = F(b) - F(a).$$

把积分变量 t 换成 x，便得到

$$\int_a^b f(x)\mathrm{d}x = F(b) - F(a).$$

上式称为**牛顿—莱布尼茨公式**或**微积分基本公式**，简称 **$N-L$ 公式**．它充分揭示了微分与积分以及定积分与不定积分之间的内在联系，它把定积分的计算问题转化为求原函数问题，从而为定积分的计算提供了一个简便而有效的方法．

方便起见，通常把 $F(b) - F(a)$ 记为 $\left[F(x)\right]_a^b$ 或 $F(x)\big|_a^b$，于是牛顿—莱布尼茨公式可写成

$$\int_a^b f(x)\mathrm{d}x = \left[F(x)\right]_a^b \text{ 或 } \int_a^b f(x)\mathrm{d}x = F(x)\big|_a^b ,$$

即 $\int_a^b f(x)\mathrm{d}x = \int f(x)\mathrm{d}x \bigg|_a^b$．此式表明了定积分与不定积分的关系．

例 5-8　求 $\displaystyle\int_{-1}^1 \frac{\mathrm{d}x}{1+x^2}$．

解　　$\displaystyle\int_{-1}^1 \frac{\mathrm{d}x}{1+x^2} = \arctan x \big|_{-1}^1 = \arctan 1 - \arctan(-1)$

$$= \frac{\pi}{4} - \left(-\frac{\pi}{4}\right) = \frac{\pi}{2}.$$

例 5-9　计算 $\displaystyle\int_{-2}^4 |x-2|\,\mathrm{d}x$．

解　　$\displaystyle\int_{-2}^4 |x-2|\,\mathrm{d}x = \int_{-2}^2 -(x-2)\mathrm{d}x + \int_2^4 (x-2)\mathrm{d}x$

$$= -\frac{1}{2}(x-2)^2 \big|_{-2}^2 + \frac{1}{2}(x-2)^2 \big|_2^4 = 10.$$

例 5-10　设 $f(x) = \begin{cases} x-1, & x \geqslant 1 \\ \dfrac{1}{2}x^2, & x < 1 \end{cases}$，求 $\displaystyle\int_0^2 f(x)\mathrm{d}x$．

解　　$\displaystyle\int_0^2 f(x)\mathrm{d}x = \int_0^1 \frac{1}{2}x^2\,\mathrm{d}x + \int_1^2 (x-1)\mathrm{d}x$

$$= \frac{1}{6}x^3 \bigg|_0^1 + \frac{1}{2}(x-1)^2 \bigg|_1^2 = \frac{2}{3}.$$

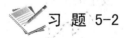 习 题 5-2

1. 计算下列各式．

    (1) $\left(\displaystyle\int_1^x \frac{\sin t}{t}\mathrm{d}t\right)'_x$；

    (2) $\left(\displaystyle\int_x^1 \frac{\sin t}{1+t^2}\mathrm{d}t\right)'_x$；

    (3) $\dfrac{\mathrm{d}}{\mathrm{d}x}\left(\displaystyle\int_0^{3x^2} \frac{\cos t}{2+t}\mathrm{d}t\right)$；

    (4) $\left(\displaystyle\int_t^{t^2} \mathrm{e}^{-x^2}\,\mathrm{d}x\right)'_t$；

    (5) $\displaystyle\lim_{x\to 0} \frac{\displaystyle\int_{\cos x}^1 \mathrm{e}^{-t^2}\,\mathrm{d}t}{x^2}$；

    (6) $\displaystyle\lim_{x\to 0} \frac{\displaystyle\int_x^0 t^2\,\mathrm{d}t}{\displaystyle\int_0^x t(t+\sin t)\mathrm{d}t}$．

2. 求由 $\int_0^y e^t dt + \int_0^x \cos t\, dt = 0$ 所确定的隐函数 y 对 x 的导数 $\dfrac{dy}{dx}$.

3. 当 x 为何值时，函数 $f(x) = \int_0^x t e^{-t^2} dt$ 有极值? 极值是多少?

4. 计算下列各定积分.

(1) $\displaystyle\int_0^1 \dfrac{1}{(1+x)^2} dx$;

(2) $\displaystyle\int_{-e-1}^{-2} \dfrac{1}{1+x} dx$;

(3) $\displaystyle\int_{-\frac{1}{2}}^{\frac{1}{2}} \dfrac{dx}{\sqrt{1-x^2}}$;

(4) $\displaystyle\int_0^{\sqrt{3}a} \dfrac{dx}{a^2+x^2}$;

(5) $\displaystyle\int_{-1}^0 \dfrac{3x^4+3x^2+1}{x^2+1} dx$;

(6) $\displaystyle\int_0^{\frac{\pi}{4}} \tan^2 x\, dx$;

(7) $\displaystyle\int_1^e \dfrac{1+\ln x}{x} dx$;

(8) $\displaystyle\int_{\frac{1}{\pi}}^{\frac{2}{\pi}} \dfrac{\sin\frac{1}{y}}{y^2} dy$;

(9) $\displaystyle\int_{-\frac{\pi}{2}}^{\frac{\pi}{2}} \cos^2 x\, dx$;

(10) $\displaystyle\int_0^{\frac{\pi}{4}} \sec^2 x\, dx$;

(11) $\displaystyle\int_0^1 \dfrac{x}{1+x^2} dx$;

(12) $\displaystyle\int_{-2}^3 x\sqrt{x^2}\, dx$;

(13) 设 $f(x) = \begin{cases} x+1, & x \leqslant 1 \\ \dfrac{1}{2}x^2, & x > 1 \end{cases}$, 求 $\displaystyle\int_0^2 f(x) dx$.

习 题 5-2 参考答案

1. (1) $\dfrac{\sin x}{x}$;

(2) $-\dfrac{\sin x}{1+x^2}$;

(3) $\dfrac{6x\cos 3x^2}{2+3x^2}$;

(4) $2t e^{-t^4} - e^{-t^2}$;

(5) $\dfrac{1}{2e}$;

(6) $-\dfrac{1}{2}$.

2. $-\dfrac{\cos x}{e^y}$.

3. 当 $x=0$ 时 $f(x)$ 有极小值，极小值为 0.

4. (1) $\dfrac{1}{2}$;

(2) -1 ;

(3) $\dfrac{\pi}{3}$;

(4) $\dfrac{\pi}{3a}$;

(5) $1+\dfrac{\pi}{4}$;

(6) $1-\dfrac{\pi}{4}$;

(7) $\dfrac{3}{2}$;

(8) 1 ;

(9) $\dfrac{\pi}{2}$;

(10) 1 ;

(11) $\dfrac{1}{2}\ln 2$;

(12) $\dfrac{19}{3}$;

(13) $\dfrac{8}{3}$.

第三节 定积分的换元积分法和分部积分法

🍎 **学习目标**

能表述定积分的换元积分法和分部积分法；

会正确应用换元积分法、分部积分法计算定积分.

一、定积分的换元积分法

定理 5.3 设函数 $f(x)$ 在 $[a,b]$ 上连续，函数 $x=\varphi(t)$ 在区间 $[\alpha,\beta]$ 上单调且有连续导数，$\varphi(\alpha)=a$，$\varphi(\beta)=b$，则

$$\int_a^b f(x)\mathrm{d}x = \int_\alpha^\beta f[\varphi(t)]\varphi'(t)\mathrm{d}t .$$

上式称为定积分的**换元积分公式**.

应用上述换元积分公式时应注意以下两点：

（1）用 $x=\varphi(t)$ 把原来变量 x 代换成新变量 t 时，积分限也要换成相应于新变量 t 的积分限.

（2）求出 $f[\varphi(t)]\varphi'(t)$ 的一个原函数 $F(t)$ 后，不必像计算不定积分那样再把 $F(t)$ 变换成原来变量 x 的函数，而只要把相应于新变量 t 的积分上、下限分别代入 $F(t)$，然后相减即可.

例 5-11 求 $\displaystyle\int_0^a \sqrt{a^2-x^2}\,\mathrm{d}x\,(a>0)$.

解 设 $x=a\sin t$，则 $\mathrm{d}x=a\cos t\mathrm{d}t$. 当 $x=0$ 时，$t=0$；当 $x=a$ 时，$t=\dfrac{\pi}{2}$. 于是

$$\int_0^a \sqrt{a^2-x^2}\,\mathrm{d}x = a^2\int_0^{\frac{\pi}{2}}\cos^2 t\mathrm{d}t = \frac{a^2}{2}\int_0^{\frac{\pi}{2}}(1+\cos 2t)\mathrm{d}t$$

$$= \frac{a^2}{2}\left[t+\frac{1}{2}\sin 2t\right]_0^{\frac{\pi}{2}} = \frac{\pi}{4}a^2 .$$

例 5-12 求 $\displaystyle\int_1^4 \frac{1}{x+\sqrt{x}}\mathrm{d}x$.

解 设 $\sqrt{x}=t$，则 $x=t^2$，$\mathrm{d}x=2t\mathrm{d}t$. 当 $x=1$ 时，$t=1$；当 $x=4$ 时，$t=2$. 于是

$$\int_1^4 \frac{1}{x+\sqrt{x}}\mathrm{d}x = \int_1^2 \frac{2t}{t^2+t}\mathrm{d}t = 2\int_1^2 \frac{1}{t+1}\mathrm{d}t = 2\ln(t+1)\big|_1^2 = 2\ln\frac{3}{2} .$$

应用定积分的换元积分法时，可以不引进新变量而利用"凑微分"法积分，这时积分上、下限就不需要改变了.

例 5-13 计算 $\displaystyle\int_0^{\ln 2} \mathrm{e}^x\sqrt{\mathrm{e}^x-1}\,\mathrm{d}x$.

解
$$\int_0^{\ln 2} \mathrm{e}^x\sqrt{\mathrm{e}^x-1}\,\mathrm{d}x = \int_0^{\ln 2}\sqrt{\mathrm{e}^x-1}\,\mathrm{d}(\mathrm{e}^x-1)$$

$$= \frac{2}{3}(\mathrm{e}^x-1)^{\frac{3}{2}}\bigg|_0^{\ln 2} = \frac{2}{3} .$$

例 5-14 求 $\int_1^{e^2} \dfrac{1}{x(1+3\ln x)}\mathrm{d}x$.

解 $\int_1^{e^2} \dfrac{1}{x(1+3\ln x)}\mathrm{d}x = \dfrac{1}{3}\int_1^{e^2} \dfrac{1}{1+3\ln x}\mathrm{d}(1+3\ln x)$

$$= \dfrac{1}{3}\big[\ln|1+3\ln x|\big]_1^{e^2} = \dfrac{1}{3}\ln 7.$$

例 5-15 求 $\int_0^{\pi} \sqrt{\sin^3 x - \sin^5 x}\,\mathrm{d}x$.

解 $\int_0^{\pi} \sqrt{\sin^3 x - \sin^5 x}\,\mathrm{d}x = \int_0^{\pi} \sqrt{\sin^3 x(1-\sin^2 x)}\,\mathrm{d}x = \int_0^{\pi} \sin^{\frac{3}{2}} x\,|\cos x|\,\mathrm{d}x$

$$= \int_0^{\frac{\pi}{2}} \sin^{\frac{3}{2}} x \cos x\,\mathrm{d}x + \int_{\frac{\pi}{2}}^{\pi} \sin^{\frac{3}{2}} x(-\cos x)\,\mathrm{d}x$$

$$= \int_0^{\frac{\pi}{2}} \sin^{\frac{3}{2}} x\,\mathrm{d}\sin x - \int_{\frac{\pi}{2}}^{\pi} \sin^{\frac{3}{2}} x\,\mathrm{d}\sin x$$

$$= \left[\dfrac{2}{5}\sin^{\frac{5}{2}} x\right]_0^{\frac{\pi}{2}} - \left[\dfrac{2}{5}\sin^{\frac{5}{2}} x\right]_{\frac{\pi}{2}}^{\pi} = \dfrac{2}{5} - \left(-\dfrac{2}{5}\right) = \dfrac{4}{5}.$$

注：如果忽略 $\cos x$ 在 $\left[\dfrac{\pi}{2}, \pi\right]$ 上非正，而按 $\sqrt{\sin^3 x - \sin^5 x} = \sin^{\frac{3}{2}} x \cos x$ 计算，将导致错误.

二、定积分的分部积分法

定理 5.4 如果函数 $u=u(x)$，$v=v(x)$ 在区间 $[a, b]$ 上具有连续导数，则

$$\int_a^b u\,\mathrm{d}v = [uv]_a^b - \int_a^b v\,\mathrm{d}u.$$

上式称为定积分的**分部积分公式**.

例 5-16 求 $\int_0^{\pi} x\cos x\,\mathrm{d}x$.

解 $\int_0^{\pi} x\cos x\,\mathrm{d}x = \int_0^{\pi} x\,\mathrm{d}\sin x = x\sin x\,|_0^{\pi} - \int_0^{\pi} \sin x\,\mathrm{d}x$

$$= -\int_0^{\pi} \sin x\,\mathrm{d}x = \cos x\,|_0^{\pi} = -2.$$

例 5-17 求 $\int_0^1 \arctan x\,\mathrm{d}x$.

解 $\int_0^1 \arctan x\,\mathrm{d}x = x\arctan x\,|_0^1 - \int_0^1 x\,\dfrac{1}{1+x^2}\mathrm{d}x$

$$= \dfrac{\pi}{4} - \dfrac{1}{2}\int_0^1 \dfrac{1}{1+x^2}\mathrm{d}(x^2+1)$$

$$= \dfrac{\pi}{4} - \dfrac{1}{2}\ln(x^2+1)\,\bigg|_0^1 = \dfrac{\pi}{4} - \dfrac{1}{2}\ln 2 = \dfrac{\pi}{4} - \ln\sqrt{2}.$$

例 5-18 求 $\int_0^1 e^{\sqrt{x}}\,\mathrm{d}x$.

解 令 $\sqrt{x}=t$，则 $x=t^2$，$\mathrm{d}x=2t\,\mathrm{d}t$，当 $x=0$ 时，$t=0$；当 $x=1$ 时，$t=1$. 于是

$$\int_0^1 e^{\sqrt{x}}\,\mathrm{d}x = 2\int_0^1 t e^t\,\mathrm{d}t = 2\int_0^1 t\,\mathrm{d}e^t = 2t e^t\,|_0^1 - 2\int_0^1 e^t\,\mathrm{d}t$$

$$= 2e - 2e^t\,|_0^1 = 2.$$

例 5-19　求 $I_n = \int_0^{\frac{\pi}{2}} \cos^n x \, dx$（$n$ 为大于 1 的正整数）.

解　$I_n = \int_0^{\frac{\pi}{2}} \cos^n x \, dx = \int_0^{\frac{\pi}{2}} \cos^{n-1} x \, d\sin x$

$$= \left[\sin x \cos^{n-1} x \right]_0^{\frac{\pi}{2}} - \int_0^{\frac{\pi}{2}} \sin x \, d\cos^{n-1} x$$

$$= (n-1) \int_0^{\frac{\pi}{2}} \sin^2 x \cos^{n-2} x \, dx = (n-1) \int_0^{\frac{\pi}{2}} (1 - \cos^2 x) \cos^{n-2} x \, dx$$

$$= (n-1) \int_0^{\frac{\pi}{2}} \cos^{n-2} x \, dx - (n-1) \int_0^{\frac{\pi}{2}} \cos^n x \, dx \, ,$$

即 $I_n = (n-1) I_{n-2} - (n-1) I_n$，移项得

$$I_n = \frac{n-1}{n} I_{n-2} \, .$$

这个等式叫做积分 I_n 关于下标的递推公式.

连续使用此公式可使 $\cos^n x$ 的幂 n 逐渐降低，当 n 为奇数时，可降到 1，当 n 为偶数时，可降到 0，再由

$$I_1 = \int_0^{\frac{\pi}{2}} \cos x \, dx = 1 \, , \qquad I_0 = \int_0^{\frac{\pi}{2}} dx = \frac{\pi}{2} \, ,$$

得

$$I_n = \int_0^{\frac{\pi}{2}} \cos^n x \, dx = \begin{cases} \dfrac{n-1}{n} \cdot \dfrac{n-3}{n-2} \cdot \dfrac{n-5}{n-4} \cdots \dfrac{4}{5} \dfrac{2}{3} \, , & (n \text{ 为大于 1 的奇数}) \\[2mm] \dfrac{n-1}{n} \cdot \dfrac{n-3}{n-2} \cdot \dfrac{n-5}{n-4} \cdots \dfrac{3}{4} \dfrac{1}{2} \dfrac{\pi}{2} \, , & (n \text{ 为偶数}) \end{cases} \, .$$

对例 5-19 中的 $\int_0^{\frac{\pi}{2}} \cos^n x \, dx$ 作变量代换 $x = \dfrac{\pi}{2} - t$，则有

$$\int_0^{\frac{\pi}{2}} \cos^n x \, dx = \int_{\frac{\pi}{2}}^0 \cos^n \left(\frac{\pi}{2} - t \right) (-dt) = \int_0^{\frac{\pi}{2}} \sin^n t \, dt = \int_0^{\frac{\pi}{2}} \sin^n x \, dx \, ,$$

因此，$\int_0^{\frac{\pi}{2}} \cos^n x \, dx$ 与 $\int_0^{\frac{\pi}{2}} \sin^n x \, dx$ 有相同的计算结果.

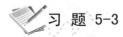

习 题 5-3

1. 计算下列定积分.

(1) $\displaystyle\int_{\frac{1}{\pi}}^{\frac{2}{\pi}} \frac{\sin \dfrac{1}{x}}{x^2} dx$;

(2) $\displaystyle\int_0^{\frac{\pi}{4}} \tan^3 x \, dx$;

(3) $\displaystyle\int_{-2}^0 \frac{1}{1 + e^x} dx$;

(4) $\displaystyle\int_0^1 \frac{t}{(t^2 + 3)^2} dt$;

(5) $\displaystyle\int_1^3 \frac{1}{\sqrt{x}(1 + x)} dx$;

(6) $\displaystyle\int_0^1 t \, e^{-\frac{t^2}{2}} dt$;

(7) $\displaystyle\int_{-\frac{\pi}{2}}^{\frac{\pi}{2}} \sqrt{\cos x - \cos^3 x}\,\mathrm{d}x$;

(8) $\displaystyle\int_{0}^{3} |x-1|\,\mathrm{d}x$;

(9) $\displaystyle\int_{4}^{9} \frac{\sqrt{x}}{\sqrt{x}-1}\,\mathrm{d}x$;

(10) $\displaystyle\int_{-1}^{1} \frac{x}{\sqrt{5-4x}}\,\mathrm{d}x$;

(11) $\displaystyle\int_{0}^{1} x^2\sqrt{1-x^2}\,\mathrm{d}x$;

(12) $\displaystyle\int_{1}^{\sqrt{3}} \frac{1}{x\sqrt{x^2+1}}\,\mathrm{d}x$;

(13) $\displaystyle\int_{0}^{1} \sqrt{(1-x^2)^3}\,\mathrm{d}x$;

(14) $\displaystyle\int_{0}^{\sqrt{2}} \sqrt{2-x^2}\,\mathrm{d}x$;

(15) $\displaystyle\int_{0}^{\pi} (1-\sin^3\theta)\,\mathrm{d}\theta$;

(16) $\displaystyle\int_{e^{\frac{\sqrt{3}}{3}}}^{e^{\sqrt{3}}} \frac{\ln x\,\mathrm{d}x}{x\sqrt{1+\ln^2 x}}$;

(17) $\displaystyle\int_{0}^{\frac{\pi}{2}} (1-\cos\theta)\sin^2\theta\,\mathrm{d}\theta$;

(18) $\displaystyle\int_{0}^{\frac{\pi}{2}} |\sin x-\cos x|\,\mathrm{d}x$;

(19) $\displaystyle\int_{1}^{5} e^{\sqrt{x-1}}\,\mathrm{d}x$;

(20) $\displaystyle\int_{0}^{\sqrt{2}a} \frac{x\,\mathrm{d}x}{\sqrt{3a^2-x^2}}$;

(21) $\displaystyle\int_{\ln 3}^{\ln 8} \sqrt{1+e^x}\,\mathrm{d}x$;

(22) $\displaystyle\int_{0}^{4} \frac{x+2}{\sqrt{2x+1}}\,\mathrm{d}x$;

(23) $\displaystyle\int_{0}^{\sqrt{\ln 2}} x^3 e^{x^2}\,\mathrm{d}x$;

(24) $\displaystyle\int_{\ln 3}^{\ln 8} \frac{x e^x}{\sqrt{1+e^x}}\,\mathrm{d}x$.

2. 计算下列定积分.

(1) $\displaystyle\int_{0}^{1} x e^{-2x}\,\mathrm{d}x$;

(2) $\displaystyle\int_{1}^{e} x^2\ln x\,\mathrm{d}x$;

(3) $\displaystyle\int_{0}^{2\pi} x^2\cos x\,\mathrm{d}x$;

(4) $\displaystyle\int_{0}^{1} x\arctan x\,\mathrm{d}x$;

(5) $\displaystyle\int_{0}^{\frac{\pi^2}{4}} \sin\sqrt{x}\,\mathrm{d}x$;

(6) $\displaystyle\int_{1}^{4} \frac{\ln x}{\sqrt{x}}\,\mathrm{d}x$;

(7) $\displaystyle\int_{0}^{2} \ln(x+\sqrt{x^2+1})\,\mathrm{d}x$;

(8) $\displaystyle\int_{1}^{e} \sin(\ln x)\,\mathrm{d}x$.

习 题 5-3　参考答案

1. (1) 1；(2) $\dfrac{1}{2}(1-\ln 2)$ ；(3) $2-\ln 2+\ln(1+e^{-2})$ ；(4) $\dfrac{1}{24}$ ；(5) $\dfrac{\pi}{6}$ ；(6) $1-e^{-\frac{1}{2}}$ ；

(7) $\dfrac{4}{3}$ ；(8) $\dfrac{5}{2}$ ；(9) $7+2\ln 2$；(10) $\dfrac{1}{6}$ ；(11) $\dfrac{\pi}{16}$ ；(12) $\ln\dfrac{\sqrt{2}+1}{\sqrt{3}}$ ；(13) $\dfrac{3\pi}{16}$ ；

(14) $\dfrac{\pi}{2}$ ；(15) $\pi-\dfrac{4}{3}$ ；(16) $2\left(1-\dfrac{1}{\sqrt{3}}\right)$ ；(17) $\dfrac{\pi}{4}-\dfrac{1}{3}$ ；(18) $2(\sqrt{2}-1)$ ；

(19) $2e^2+2$；(20) $(\sqrt{3}-1)a$ ；(21) $2+\ln\dfrac{3}{2}$ ；(22) $\dfrac{22}{3}$ ；(23) $\ln 2-\dfrac{1}{2}$ ；

(24) $20\ln 2-6\ln 3-4$.

2. (1) $\dfrac{1}{4}-\dfrac{3}{4}e^{-2}$ ；(2) $\dfrac{1}{9}(1+2e^3)$ ；(3) 4π ；(4) $\dfrac{\pi}{4}-\dfrac{1}{2}$ ；(5) 2；(6) $4(2\ln 2-1)$ ；

(7) $2\ln(2+\sqrt{5})-\sqrt{5}+1$;　(8) $\dfrac{1}{2}(e\sin1-e\cos1+1)$.

第四节　无穷区间上的广义积分

 学习目标

会表述无穷区间上的广义积分及其敛散性;

能在广义积分收敛时求其值.

前面讨论的定积分,积分区间都是有限闭区间,而且被积函数在此区间上都是有界的,这样的定积分称为常义积分.但在一些实际问题中,还会遇到无穷区间上的积分,因此需要将定积分的概念加以推广,将有限区间推广到无穷区间,这种无穷区间上的积分称为无穷区间上的广义积分,也称无穷积分.

引例　求曲线 $y=e^{-x}$,y 轴及 x 轴所围开口曲边梯形的面积.如果按定积分的几何意义,开口曲边梯形的面积应该写为 $A=\displaystyle\int_0^{+\infty} f(x)\mathrm{d}x=\int_0^{+\infty} e^{-x}\mathrm{d}x$.但这个积分已不是通常意义下的定积分,因为它的积分区间是无穷区间.这样的积分如何计算呢? 我们先求一个有限区间上的定积分,任取实数 $b>0$ (见图5-11),在有限区间 $[0,b]$ 上,以曲线 $y=e^{-x}$ 为曲边的曲边梯形的面积为

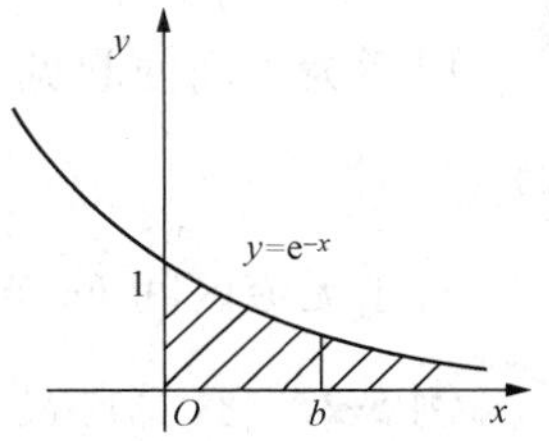

$$\int_0^b e^{-x}\mathrm{d}x=-e^{-x}\Big|_0^b=1-\frac{1}{e^b}.$$

当 $b\to+\infty$ 时,上式的极限就是开口曲边梯形的面积的精确值,即

$$A=\lim_{b\to+\infty}\int_0^b e^{-x}\mathrm{d}x=\lim_{b\to+\infty}\left(1-\frac{1}{e^b}\right)=1.$$

仿照定积分的符号,我们把 $\displaystyle\lim_{b\to+\infty}\int_0^b e^{-x}\mathrm{d}x$ 形式地记为 $\displaystyle\int_0^{+\infty} e^{-x}\mathrm{d}x$,这就是无穷区间上的广义积分.

定义5.2　设函数 $f(x)$ 在 $[a,+\infty)$ 上连续,取 $b>a$,如果极限

$$\lim_{b\to+\infty}\int_a^b f(x)\mathrm{d}x$$

存在,则称此极限为函数 $f(x)$ 在 $[a,+\infty)$ 上的**广义积分**,记作 $\displaystyle\int_a^{+\infty} f(x)\mathrm{d}x$,即

$$\int_a^{+\infty} f(x)\mathrm{d}x=\lim_{b\to+\infty}\int_a^b f(x)\mathrm{d}x,$$

这时也称**广义积分收敛**,如果上述极限不存在,就称**广义积分发散**.

类似地,可定义函数 $f(x)$ 在 $(-\infty,b]$ 上的广义积分

$$\int_{-\infty}^b f(x)\mathrm{d}x=\lim_{a\to-\infty}\int_a^b f(x)\mathrm{d}x$$

与函数 $f(x)$ 在 $(-\infty,+\infty)$ 上的广义积分

$$\int_{-\infty}^{+\infty} f(x)\mathrm{d}x=\int_{-\infty}^c f(x)\mathrm{d}x+\int_c^{+\infty} f(x)\mathrm{d}x$$

图5-11

$$= \lim_{a \to -\infty} \int_a^c f(x)\mathrm{d}x + \lim_{b \to +\infty} \int_c^b f(x)\mathrm{d}x,$$

其中 c 为任意常数. 若上式中右端的两个广义积分 $\int_{-\infty}^c f(x)\mathrm{d}x$ 及 $\int_c^{+\infty} f(x)\mathrm{d}x$ 均收敛，则称 $\int_{-\infty}^{+\infty} f(x)\mathrm{d}x$ 收敛；若二者至少有一个发散，则称 $\int_{-\infty}^{+\infty} f(x)\mathrm{d}x$ 发散.

例 5-20 求 $\int_{-\infty}^0 \mathrm{e}^x \mathrm{d}x$.

解 $\int_{-\infty}^0 \mathrm{e}^x \mathrm{d}x = \lim_{a \to -\infty} \int_a^0 \mathrm{e}^x \mathrm{d}x = \lim_{a \to -\infty} \mathrm{e}^x \big|_a^0 = \lim_{a \to -\infty}(1 - \mathrm{e}^a) = 1.$

例 5-21 求 $\int_1^{+\infty} \dfrac{1}{\sqrt{x}}\mathrm{d}x$.

解 $\int_1^{+\infty} \dfrac{1}{\sqrt{x}}\mathrm{d}x = \lim_{b \to +\infty} \int_1^b \dfrac{1}{\sqrt{x}}\mathrm{d}x = \lim_{b \to +\infty} \left[2\sqrt{x}\right]_1^b = 2 \lim_{b \to +\infty}(\sqrt{b} - 1) = +\infty.$

以后为了简便起见，计算广义积分时，也可按牛顿—莱布尼茨公式的记法，即

$$\int_a^{+\infty} f(x)\mathrm{d}x = \lim_{b \to +\infty} \int_a^b f(x)\mathrm{d}x = \lim_{b \to +\infty} \left[F(x)\right]_a^b = \left[F(x)\right]_a^{+\infty}.$$

对于无穷区间 $(-\infty, b]$ 及 $(-\infty, +\infty)$ 上的广义积分也可采用类似记号.

例 5-22 计算广义积分 $\int_{-\infty}^{+\infty} \dfrac{1}{1+x^2}\mathrm{d}x$.

解 $\int_{-\infty}^{+\infty} \dfrac{1}{1+x^2}\mathrm{d}x = \left[\arctan x\right]_{-\infty}^{+\infty} = \dfrac{\pi}{2} + \dfrac{\pi}{2} = \pi.$

例 5-23 计算广义积分 $\int_0^{+\infty} t\mathrm{e}^{-t}\mathrm{d}t$.

解 $\int_0^{+\infty} t\mathrm{e}^{-t}\mathrm{d}t = \int_0^{+\infty}(-t)\mathrm{d}\mathrm{e}^{-t} = \left[-t\mathrm{e}^{-t}\right]_0^{+\infty} + \int_0^{+\infty} \mathrm{e}^{-t}\mathrm{d}t$
$\qquad\qquad = \left[-\mathrm{e}^{-t}\right]_0^{+\infty} = 1.$

例 5-24 证明广义积分 $\int_1^{+\infty} \dfrac{1}{x^p}\mathrm{d}x$ 当 $p > 1$ 时收敛，当 $p \leqslant 1$ 时发散.

证明 当 $p = 1$ 时，$\int_1^{+\infty} \dfrac{1}{x^p}\mathrm{d}x = \int_1^{+\infty} \dfrac{1}{x}\mathrm{d}x = \left[\ln|x|\right]_1^{+\infty} = +\infty$；

当 $p \neq 1$ 时，$\int_1^{+\infty} \dfrac{1}{x^p}\mathrm{d}x = \left[\dfrac{x^{1-p}}{1-p}\right]_1^{+\infty} = \begin{cases} +\infty, & p < 1 \\ \dfrac{1}{p-1}, & p > 1 \end{cases},$

因此，当 $p > 1$ 时，广义积分收敛，其值等于 $\dfrac{1}{p-1}$；当 $p \leqslant 1$ 时，广义积分发散.

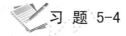 习 题 5-4

1. 计算下列广义积分.

    (1) $\int_1^{+\infty} \dfrac{1}{x^4}\mathrm{d}x$;
                          (2) $\int_e^{+\infty} \dfrac{1}{x(\ln x)^2}\mathrm{d}x$;

(3) $\displaystyle\int_0^{+\infty}\frac{x}{1+x^2}\mathrm{d}x$ ；
　　　　　　(4) $\displaystyle\int_0^{+\infty}x\mathrm{e}^{-x}\mathrm{d}x$ ；

(5) $\displaystyle\int_{-\infty}^{+\infty}\frac{\mathrm{d}x}{x^2+2x+2}$ ；
　　　　　　(6) $\displaystyle\int_e^{+\infty}\frac{\ln x}{x}\mathrm{d}x$ ；

(7) $\displaystyle\int_0^{+\infty}\mathrm{e}^{-\sqrt{x}}\mathrm{d}x$ ；
　　　　　　(8) $\displaystyle\int_0^{+\infty}\frac{x\,\mathrm{d}x}{(1+x)^3}$.

2. 当 k 为何值时，广义积分 $\displaystyle\int_2^{+\infty}\frac{\mathrm{d}x}{x(\ln x)^k}$ 收敛? 当 k 为何值时，该广义积分发散?

习 题 5-4　参考答案

1. (1) $\dfrac{1}{3}$ ；(2) 1；(3) 发散；(4) 1；(5) π ；(6) 发散；(7) 2；(8) $\dfrac{1}{2}$.

2. $k>1$ 时，积分收敛于 $\dfrac{(\ln 2)^{1-k}}{k-1}$ ，$k\leqslant 1$ 时，积分发散.

第五节　定积分的应用

学习目标

能用定积分表示并计算直角坐标系下平面图形的面积和旋转体的体积；

能用定积分表示变力做功；

已知总产量的变化率会求总产量，已知边际函数会求原经济函数.

一、微元法

由定积分的定义可知，定积分可以解决连续但非均匀分布的整体量问题. 在利用定积分研究解决这类实际问题时，常采用所谓"微元法". 我们以求解曲边梯形面积为例，说明"微元法"的基本思想和步骤.

求由连续曲线 $y=f(x)$ 与直线 $x=a$ ，$x=b$ 及 x 轴所围成的曲边梯形的面积 A 时，采用了"分割、近似代替、求和、取极限"这四步，关键的一步是：将 $[a,b]$ 分成 n 个小区间，在任意小区间 $[x_{i-1},x_i]$ 上求出小曲边梯形面积 ΔA_i 的近似值 $\Delta A_i\approx f(\xi_i)\Delta x_i(i=1,$ $2,\cdots,n)$ ，然后求和取极限，就得到所求面积 A ，并表示为定积分

$$A=\lim_{\lambda\to 0}\sum_{i=1}^n f(\xi_i)\Delta x_i=\int_a^b f(x)\mathrm{d}x .$$

由于 A 的值与区间 $[a,b]$ 的分法及 ξ_i 的取法无关，因此将任意小区间 $[x_{i-1},x_i]$ 简记为 $[x,x+\mathrm{d}x]$ ，区间长度则为 $\mathrm{d}x$ ，若取 $\xi_i=x$ ，则 $\mathrm{d}x$ 段对应的曲边梯形的面积

$$\Delta A\approx f(x)\mathrm{d}x ,$$

将上式右端 $f(x)\mathrm{d}x$ 称为面积 A 的微元（或面积微元），记为 $\mathrm{d}A$ ，于是求和取极限后

$$A=\lim\sum f(x)\mathrm{d}x=\int_a^b f(x)\mathrm{d}x=\int_a^b\mathrm{d}A .$$

可见，面积 A 就是面积微元 $\mathrm{d}A$ 在区间 $[a,b]$ 上的积分. 这种找出微元，并求出它在

相应区间上的积分的方法称为微元法.

一般地,建立所求量 F 在区间 $[a,b]$ 上的积分表达式的步骤如下.

(1) 根据实际问题,确定积分变量 x 及积分区间 $[a,b]$;

(2) 在区间 $[a,b]$ 上任取一小区间 $[x,x+\mathrm{d}x]$,并求出相应于该小区间的部分量 ΔF 的近似值 $\mathrm{d}F$,即

$$\mathrm{d}F=f(x)\mathrm{d}x;$$

(3) 以所求量 F 的微元 $\mathrm{d}F=f(x)\mathrm{d}x$ 为被积表达式,在 $[a,b]$ 上作定积分,得

$$F=\int_a^b f(x)\mathrm{d}x.$$

下面我们将应用微元法来讨论几何、物理、经济中的一些问题.

二、平面图形的面积

(1) 设平面图形由连续曲线 $y=f_1(x)$,$y=f_2(x)$ 及直线 $x=a$,$x=b$ 所围成,并且在 $[a,b]$ 上 $f_1(x)\geqslant f_2(x)$,如图 5-12 和图 5-13 所示,那么这个平面图形的面积为

$$A=\int_a^b[f_1(x)-f_2(x)]\mathrm{d}x.$$

事实上,根据图形可取 x 为积分变量,x 的变化区间为 $[a,b]$. 在 $[a,b]$ 内任取一个小区间 $[x,x+\mathrm{d}x]$,其对应的面积微元为 $\mathrm{d}A=[f_1(x)-f_2(x)]\mathrm{d}x$,于是所求平面图形的面积为 $A=\int_a^b[f_1(x)-f_2(x)]\mathrm{d}x.$

(2) 设平面图形由连续曲线 $x=g_1(y)$,$x=g_2(y)$ 及直线 $y=c$,$y=d$ 所围成,并且在 $[c,d]$ 上 $g_1(y)\geqslant g_2(y)$,如图 5-14 所示,那么这个平面图形的面积为

$$A=\int_c^d[g_1(y)-g_2(y)]\mathrm{d}y.$$

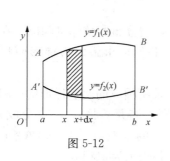

图 5-12

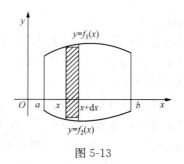

图 5-13

事实上,根据图形可取 y 为积分变量,y 的变化区间为 $[c,d]$. 在 $[c,d]$ 内任取一个小区间 $[y,y+\mathrm{d}y]$,其对应的面积微元 $\mathrm{d}A=[g_1(y)-g_2(y)]\mathrm{d}y$,于是所求平面图形的面积为 $A=\int_c^d[g_1(y)-g_2(y)]\mathrm{d}y.$

例 5-25　计算由两条抛物线 $y^2=x$ 和 $y=x^2$ 所围平面图形的面积.

解　解方程组 $\begin{cases} y^2=x \\ y=x^2 \end{cases}$

得两曲线的交点 $(0,0)$ 和 $(1,1)$.

如图 5-15 所示,取 x 为积分变量,积分区间为 $[0,1]$. 面积微元为

$$dA = [\sqrt{x} - x^2]dx ,$$

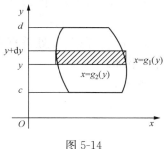

图 5-14

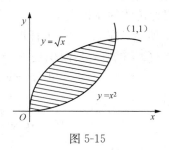

图 5-15

则

$$A = \int_0^1 [\sqrt{x} - x^2]dx = \left[\frac{2}{3}x^{\frac{3}{2}} - \frac{1}{3}x^3\right]_0^1 = \frac{1}{3} .$$

若取 y 为积分变量，积分区间为 $[0, 1]$. 面积微元为

$$dA = [\sqrt{y} - y^2]dy ,$$

则

$$A = \int_0^1 (\sqrt{y} - y^2)dy = \frac{1}{3} .$$

例 5-26　计算抛物线 $y^2 = 2x$ 与直线 $x - y = 4$ 所围平面图形的面积.

解　解方程组

$$\begin{cases} y^2 = 2x, \\ y = x - 4, \end{cases}$$

得两条曲线的交点 $(2, -2)$ 和 $(8, 4)$.

如图 5-16 所示，取 y 为积分变量，积分区间为 $[-2, 4]$. 面积微元为

$$dA = \left(y + 4 - \frac{1}{2}y^2\right)dy ,$$

则所求面积

$$A = \int_{-2}^4 \left(y + 4 - \frac{1}{2}y^2\right)dy = \left[\frac{y^2}{2} + 4y - \frac{y^3}{6}\right]_{-2}^4 = 18 .$$

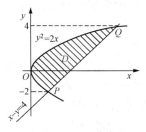

图 5-16

若以 x 为积分变量，积分区间为 $[0, 8]$. 用直线 $x = 2$ 将图形分成两部分，所求图形的面积

$$A = \int_0^2 [\sqrt{2x} - (-\sqrt{2x})]dx + \int_2^8 [\sqrt{2x} - (x-4)]dx$$

$$= 2\sqrt{2}\left[\frac{2}{3}x^{\frac{3}{2}}\right]_0^2 + \left[\frac{2\sqrt{2}}{3}x^{\frac{3}{2}} - \frac{1}{2}x^2 + 4x\right]_2^8$$

$$= \frac{16}{3} + \frac{38}{3} = 18.$$

由例 5-25，例 5-26 可知，对同一问题，有时可选取不同的积分变量进行计算，计算的难易程度往往不同，因此在实际计算时，应选取合适的积分变量，使计算简化.

三、旋转体的体积

（1）求由连续曲线 $y=f(x)$，直线 $x=a$，$x=b$ 及 x 轴所围成的曲边梯形绕 x 轴旋转一周所形成的旋转体的体积.

如图 5-17 所示，在 $[a，b]$ 上任取一个区间 $[x，x+\mathrm{d}x]$．在点 x 处垂直于 x 轴的截面是半径为 $y=f(x)$ 的圆，其面积是 $A(x)=\pi[f(x)]^2$，因此
$$\mathrm{d}V=\pi y^2\mathrm{d}x=\pi[f(x)]^2\mathrm{d}x，$$
则旋转体体积
$$V=\pi\int_a^b y^2\mathrm{d}x=\pi\int_a^b[f(x)]^2\mathrm{d}x．$$

（2）求由连续曲线 $x=g(y)$，直线 $y=c$，$y=d$ 及 y 轴所围成的曲边梯形绕 y 轴旋转一周所形成的旋转体的体积.

如图 5-18 所示，在 $[c，d]$ 上任取一个区间 $[y，y+\mathrm{d}y]$．在点 y 处垂直于 y 轴的截面是半径为 $x=\varphi(y)$ 的圆，其面积是 $S(y)=\pi[\varphi(y)]^2$，因此
$$\mathrm{d}V=\pi x^2\mathrm{d}y=\pi[\varphi(y)]^2\mathrm{d}y．$$

图 5-17

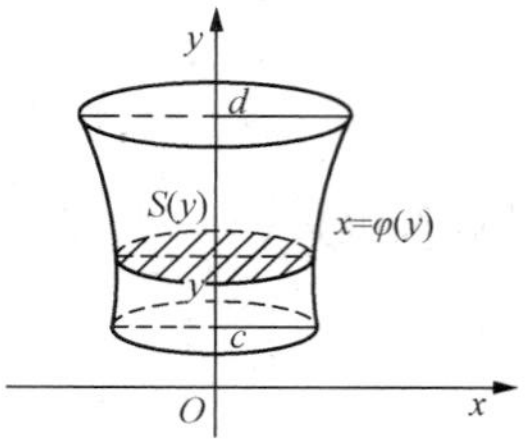

图 5-18

则旋转体体积
$$V=\pi\int_c^d x^2\mathrm{d}y=\pi\int_c^d[\varphi(y)]^2\mathrm{d}y．$$

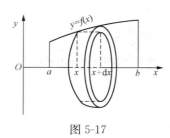

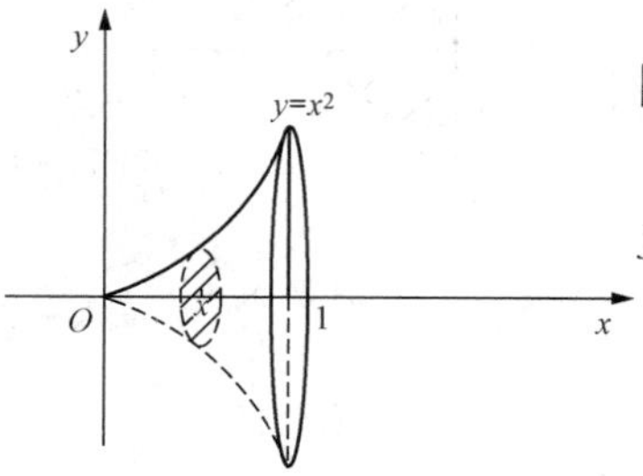

图 5-19

例 5-27　求抛物线 $y=x^2$，直线 $x=1$ 及 x 轴所围成的平面图形绕 x 轴旋转一周所形成的旋转体的体积.

解　如图 5-19 所示，积分变量 x 的变化区间为 $[0，1]$，$f(x)=x^2$，则体积为
$$V=\pi\int_0^1 y^2\mathrm{d}x=\pi\int_0^1 x^4\mathrm{d}x=\frac{1}{5}\pi．$$

注 5.1　若平面图形是由连续曲线 $y=f_1(x)$，$y=f_2(x)$ $[$不妨设 $0\leqslant f_1(x)\leqslant f_2(x)]$ 及 $x=a$，$x=b$ 所围成的，则该图形绕 x 轴旋转一周所形成的旋转体体积
$$V=\pi\int_a^b[f_2^2(x)-f_1^2(x)]\mathrm{d}x．$$

例 5-28　求圆 $x^2+(y-b)^2=a^2(0<a<b)$ 绕 x 轴旋转所形成的旋转体的体积.

解　由图 5-20 知，该旋转体是由 $y_1=b+\sqrt{a^2-x^2}$，$y_2=b-\sqrt{a^2-x^2}$ 以及 $x=a$，$x=-a$ 围成的平面图形绕 x 轴旋转所形成的，则

$$V = \pi \int_{-a}^{a} \left[(b + \sqrt{a^2 - x^2})^2 - (b - \sqrt{a^2 - x^2})^2 \right] \mathrm{d}x$$

$$= \pi \int_{-a}^{a} 4b \sqrt{a^2 - x^2} \, \mathrm{d}x$$

$$= 4b\pi \left[\frac{a^2}{2} \arcsin \frac{x}{a} + \frac{x}{2} \sqrt{a^2 - x^2} \right]_{-a}^{a}$$

$$= 2\pi^2 a^2 b .$$

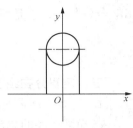

图 5-20

注 5.2　若平面图形是由连续曲线 $x = g_1(y)$，$x = g_2(y)$ ［不妨设 $0 \leqslant g_1(y) \leqslant g_2(y)$ ］及直线 $y = c$，$y = d$ 所围成的图形绕 y 轴旋转一周所形成的旋转体的体积

$$V = \pi \int_{c}^{d} \left[g_2^2(y) - g_1^2(y) \right] \mathrm{d}y .$$

四、定积分在物理上的应用举例

变力沿直线所做的功．

由物理学知道，在常力 F 的作用下，物体沿力的方向移动了距离 S，则力 F 对物体所做的功为 $W = F \cdot S$．但在实际问题中，物体所受的力经常是变化的，那么我们就来讨论如何求变力做功．

设物体在变力 $F = f(x)$ 的作用下，沿 Ox 轴由 a 移动到 b，而且变力方向与 Ox 轴一致．如图 5-21 所示．

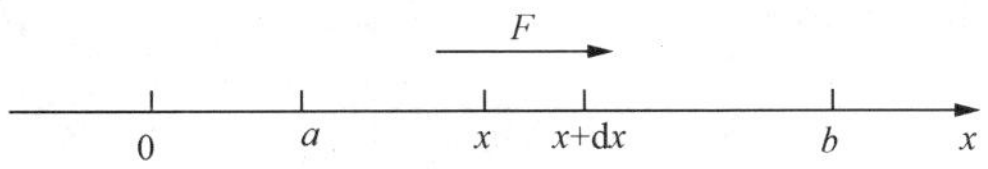

我们仍采用微元法来计算力 F 在这段路程中所做的功．

在区间 $[a, b]$ 上任取一小区间 $[x, x + \mathrm{d}x]$，当物体从 x 移动到 $x + \mathrm{d}x$ 时．变力 $F = f(x)$ 所做的功近似于把变力看作常力所做的功，从而功元素为

$$\mathrm{d}W = f(x)\mathrm{d}x ,$$

图 5-21

因此变力所做的功为

$$W = \int_{a}^{b} f(x)\mathrm{d}x .$$

例 5-29　把一个带 $+q$ 电量的点电荷放在 r 轴上坐标原点 O 处，它产生一个电场．这个电场对周围的电荷有作用力．由物理学知道，如果有一个单位正电荷放在这个电场中距离原点 O 为 r 的地方，那么电场对它的作用力的大小为

$$F = k \frac{q}{r^2} \ (k \text{ 是常数}).$$

当这个单位正电荷在电场中从 $r = a$ 处沿 r 轴移动到 $r = b (a < b)$ 处时，计算电场力 F 对它所做的功．

解　如图 5-22 所示，设积分变量为 r，积分区间为 $[a, b]$，在区间 $[a, b]$ 上任取一小区间 $[r, r + \mathrm{d}r]$，当单位正电荷从 r 移动到 $r + \mathrm{d}r$ 时，电场力对它所做的功的近似值，即功元素为

图 5-22

$dW = k\dfrac{q}{r^2}dr$. 于是所求的功为

$$W = \int_a^b \frac{kq}{r^2}dr = kq\left[-\frac{1}{r}\right]_a^b = kq\left(\frac{1}{a} - \frac{1}{b}\right) \ .$$

五、定积分在经济上的应用举例

1. 已知总产量的变化率求总产量

已知某产品的总产量 Q 的变化率是时间 t 的连续函数 $f(t)$，即 $Q'(t) = f(t)$，则该产品的总产量函数为

$$Q(t) = Q(t_0) + \int_{t_0}^t f(x)dx \ , \ t \geqslant t_0 ,$$

其中 t_0 为某初始时刻．通常取 $t_0 = 0$，则 $Q(0) = 0$（刚生产时总产量为零），即

$$Q(t) = \int_0^t f(x)dx \ , \ t \geqslant 0 .$$

从时刻 t_1 到时刻 t_2 的总产量的增量为

$$\Delta Q = Q(t_2) - Q(t_1) = \int_{t_1}^{t_2} f(t)dt \ .$$

例 5-30 设某产品在时刻 t 的总产量的变化率为

$$f(t) = 100 + 12t - 0.6t^2 \ (单位 / h) ,$$

求：（1）总产量函数 $Q(t)$；

（2）从 $t_1 = 2$ 到 $t_2 = 4$ 的总产量（ t 的单位为 h ）．

解　（1）总产量函数为

$$Q(t) = \int_0^t f(x)dx = \int_0^t (100 + 12x - 0.6x^2)dx$$
$$= 100t + 6t^2 - 0.2t^3 \ (单位).$$

（2）从 $t_1 = 2$ 到 $t_2 = 4$ 的总产量为

$$Q(4) - Q(2) = \int_2^4 (100 + 12t - 0.6t^2)dt$$
$$= (100t + 6t^2 - 0.2t^3) \big|_2^4 = 260.8,$$

即所求的总产量为 260.8 单位．

2. 已知边际函数求原经济函数

对于一个已知的经济函数 $F(x)$（如成本、收入、利润等），它的边际函数就是它的导数 $F'(x)$．若已知边际函数 $F'(x)$ 连续，则由牛顿—莱布尼茨公式 $\int_{x_0}^x F'(t)dt = F(x) - F(x_0)$，移项可得原经济函数

$$F(x) = F(x_0) + \int_{x_0}^x F'(t)dt \ .$$

另外，牛顿—莱布尼茨公式还可求出经济函数从 a 到 b 的变动值（增量）

$$\Delta F = F(b) - F(a) = \int_a^b F'(x)dx \ .$$

若边际成本、边际收益分别为 $C'(Q)$，$R'(Q)$，其中 Q 为产量或需求量，则总成本函数

$$C(Q) = \int_0^Q C'(Q) \mathrm{d}Q + C(0) , \quad C(0) \text{ 为固定成本};$$

总收益函数

$$R(Q) = \int_0^Q R'(Q) \mathrm{d}Q ;$$

总利润函数

$$L(Q) = \int_0^Q [R'(Q) - C'(Q)] \mathrm{d}Q - C(0) ,$$

其中，初始收益 $R(0) = 0$，即产量为零时总收益为零.

例 5-31 已知生产某产品 Q（百台）的边际成本和边际收益分别为

$$C'(Q) = 3 + \frac{1}{3}Q \text{（万元/百台）},$$

$$R'(Q) = 7 - Q \text{（万元/百台）}.$$

(1) 若固定成本 $C(0) = 1$ 万元，求总成本函数、总收益函数和总利润函数；

(2) 当产量从 100 台增加到 500 台时，求总成本与总收益；

(3) 产量为多少时，总利润最大？最大总利润是多少？

解 （1）总成本函数为

$$C(Q) = C(0) + \int_0^Q C'(Q) \mathrm{d}Q = C(0) + \int_0^Q \left(3 + \frac{Q}{3}\right) \mathrm{d}Q = 1 + 3Q + \frac{Q^2}{6} .$$

总收益函数为

$$R(Q) = \int_0^Q R'(Q) \mathrm{d}Q = \int_0^Q (7 - Q) \mathrm{d}Q = 7Q - \frac{Q^2}{2} .$$

总利润为总收入与总成本之差，故总利润 L 为

$$L(Q) = R(Q) - C(Q) = \left(7Q - \frac{1}{2}Q^2\right) - \left(1 + 3Q + \frac{1}{6}Q^2\right)$$

$$= -1 + 4Q - \frac{2}{3}Q^2 .$$

(2) 当产量从 100 台增加到 500 台时，总成本与总收益分别为

$$C(5) - C(1) = \int_1^5 C'(Q) \mathrm{d}Q = \int_1^5 \left(3 + \frac{Q}{3}\right) \mathrm{d}Q = 16 \text{（万元）},$$

$$R(5) - R(1) = \int_1^5 R'(Q) \mathrm{d}Q = \int_1^5 (7 - Q) \mathrm{d}Q = 16 \text{（万元）}.$$

(3) 由于

$$L'(Q) = R'(Q) - C'(Q) = 4 - \frac{4}{3}Q ,$$

令 $L'(Q) = 0$，得唯一驻点 $Q = 3$（百台）. 又由 $L''(Q) = -\frac{4}{3} < 0$ 可知 $Q = 3$（百台）时，总利润 $L(Q)$ 有最大值，即最大利润为 $L(3) = 5$（万元）.

习 题 5-5

1. 求如图 5-23 所示各阴影部分的面积.

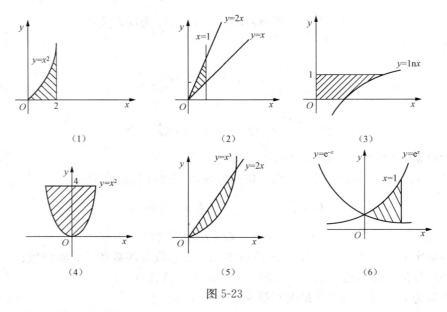

图 5-23

2. 求下列各曲线所围成的平面图形的面积.

(1) $y=x^2$ 与 $y=2x+3$;

(2) $y^2=2x$ 与 $x-y=4$;

(3) $y=x^2$ 与 $y=x$ 及 $y=2x$;

(4) $y=e^x(x\leqslant 0)$, $y=e^{-x}(x\geqslant 0)$, $x=-1$, $x=1$ 及 $y=0$.

(5) $y=\dfrac{1}{x}$ 与 $y=x$ 及 $x=2$;

(6) $y=x$ 与 $y=2x$ 及 $x+y=6$;

(7) $y=\dfrac{1}{2}x^2$ 与 $x^2+y^2=8$ (两部分都要计算);

(8) $y^2=x$ 与 $2x^2+y^2=1$.

3. 求下列已知曲线所围成的图形, 按指定的轴旋转所产生的旋转体的体积.

(1) $y=x^2$, $x=y^2$, 绕 y 轴;

(2) $y=\cos x$, $x=0$, $x=\pi$, $y=0$, 绕 x 轴;

(3) $y=2x-x^2$, $y=0$, 绕 x 轴;

(4) $y=x^3$, $y=8$, $x=0$, 绕 y 轴;

(5) $y=x^2$, $y=0$, $x=1$ 绕 y 轴旋转;

(6) $y=x^2$ 与 $y=8x$ 分别绕 x 轴及 y 轴旋转;

(7) $y=x^2+1$, $x+y=3$, 绕 x 轴;

(8) $x^2+(y-5)^2=16$, 绕 x 轴.

4. 由虎克定理知, 弹簧伸长量 s 与受力 F 的大小成正比, 即 $F=ks$ (k 为比例系数). 如果把弹簧伸长 6 单位, 力做多少功?

5. 两个小球中心相距 r, 各带同性电荷 Q_1 与 Q_2, 其相互推斥的力可以由库仑定律 $F=k\dfrac{Q_1Q_2}{r^2}$ (k 为常数) 计算. 设当 $r=0.5$m 时 $F=0.196$N. 今两球的距离自 $r=0.75$m 变

为 $r=1$m，求电场力所做的功（精确到 0.001J）.

6. 已知某产品总产量的变化率是时间 t（单位：年）的函数 $f(t)=2t+5$，求第一个五年和第二个五年的总产量各为多少？

7. 已知生产某产品 Q 单位时，边际收益函数为

$$R'(Q)=200-\frac{Q}{100}, Q\geqslant 0,$$

（1）求生产该产品 50 单位时的总收益；

（2）如果已经生产了 100 单位，求再生产 100 单位时，总收益的增加量.

8. 某产品的总成本 C（万元）的变化率（边际成本）$C'=1$，总收入 R（万元）的变化率（边际收入）为生产量 Q（百台）的函数 $R'=5-Q$，求：

（1）生产量等于多少时，总利润 $L=R-C$ 为最大？

（2）从利润最大的生产量又生产了 100 台，总利润减少了多少？

9. 每天生产某产品 Q 单位时，固定成本为 20 元，边际成本函数为 $C'(Q)=0.4Q+2$（元/单位）.

（1）求成本函数 $C(Q)$；

（2）如果这种产品销售价为 18（元/单位）且产品可以全部售出，求利润函数 $L(Q)$；

（3）每天生产多少单位产品时，才能获得最大利润？并求最大利润.

习 题 5-5　参考答案

1. （1）$\frac{8}{3}$；（2）$\frac{1}{2}$；（3）e-1；（4）$\frac{32}{3}$；（5）1；（6）e$+$e$^{-1}-2$.

2. （1）$\frac{32}{3}$；（2）18；（3）$\frac{7}{6}$；（4）$2(1-$e$^{-1})$；（5）$\frac{3}{2}-\ln2$；（6）3；

（7）$2\pi+\frac{4}{3}$，$6\pi-\frac{4}{3}$；（8）$\frac{\sqrt{2}}{4}\left(\frac{1}{3}+\frac{\pi}{2}\right)$.

3. （1）$\frac{3\pi}{10}$；（2）$\frac{\pi^2}{2}$；（3）$\frac{16\pi}{15}$；（4）$\frac{96\pi}{5}$；（5）$\frac{\pi}{2}$；（6）$\frac{2\times8^5\pi}{15}$，$\frac{4\times8^3\pi}{3}$；

（7）$\frac{117\pi}{5}$；（8）$160\pi^2$.

4. $18k$.

5. 0.016J.

6. 50，100.

7. （1）9987.5 元；（2）19 850 元.

8. （1）生产 4 百台时利润最大；（2）利润减少 0.5 万元.

9. （1）$C(Q)=0.2Q^2+2Q+20$；（2）$L(Q)=-0.2Q^2+16Q-20$；

（3）每天生产 40 单位产品，才能获得最大利润，最大利润为 $L(40)=300$ 元.

复 习 题 五

1. 填空题.

(1) 比较大小 $\displaystyle\int_0^1 x^2 \mathrm{d}x$ ＿＿＿＿ $\displaystyle\int_0^1 x^4 \mathrm{d}x$.

(2) $\dfrac{\mathrm{d}}{\mathrm{d}x}\left(\displaystyle\int_0^1 x\mathrm{e}^{2x}\mathrm{d}x\right)=$ ＿＿＿＿ .

(3) $\displaystyle\int_{-1}^1 \dfrac{\sin^3 x}{1+x^2}\mathrm{d}x=$ ＿＿＿＿ .

(4) $\dfrac{\mathrm{d}}{\mathrm{d}x}\left(\displaystyle\int_a^{x^2} \cos t^2 \mathrm{d}t\right)=$ ＿＿＿＿ .

(5) 设在 $[a,b]$ 上曲线 $y=f(x)$ 位于曲线 $y=g(x)$ 的上方, 则由两条曲线及直线 $x=a$, $x=b$ 所围成平面图形面积 $A=$ ＿＿＿＿ .

(6) 设 $f(x)$ 是连续函数, 且 $\displaystyle\int_0^{x^3-1} f(t)\mathrm{d}t=x$, 则 $f(7)=$ ＿＿＿＿ .

2. 选择题.

(1) 定积分 $\displaystyle\int_a^b f(x)\mathrm{d}x$ 的结果是 (　　) .

　　A. 函数;　　　　　B. 常数;　　　　　C. 不定值;　　　　　D. 正数 .

(2) 下列等式中错误的是 (　　) .

　　A. $\displaystyle\int_a^b f(x)\mathrm{d}x+\int_b^a f(x)\mathrm{d}x=0$;　　　　B. $\displaystyle\int_a^b f(x)\mathrm{d}x=\int_a^b f(t)\mathrm{d}t$;

　　C. $\displaystyle\int_{-a}^a f(x)\mathrm{d}x=0$;　　　　　　　　　D. $\displaystyle\int_a^a f(x)\mathrm{d}x=0$.

(3) 设函数 $f(x)$ 在闭区间 $[a,b]$ 上连续, 则由曲线 $y=f(x)$, 直线 $x=a$, $x=b$ 及 x 轴所围成的平面图形面积等于 (　　) .

　　A. $\displaystyle\int_a^b f(x)\mathrm{d}x$;　　　　　　　　　　B. $-\displaystyle\int_a^b f(x)\mathrm{d}x$;

　　C. $\left|\displaystyle\int_a^b f(x)\mathrm{d}x\right|$;　　　　　　　　D. $\displaystyle\int_a^b |f(x)|\mathrm{d}x$.

(4) 设 $f(x)=\begin{cases} x^6, & x>0 \\ x+1, & x\leqslant 0 \end{cases}$, 则 $\displaystyle\int_{-1}^1 f(x)\mathrm{d}x=$ (　　) .

　　A. 不存在;　　　　B. $\dfrac{9}{14}$;　　　　C. $\dfrac{2}{7}$;　　　　D. $\dfrac{8}{7}$.

(5) 设 $f(x)$ 为连续函数, $f(x)=4x-\displaystyle\int_0^1 f(x)\mathrm{d}x$, 则 $\displaystyle\int_0^1 f(x)\mathrm{d}x=$ (　　) .

　　A. 1;　　　　　　B. 2;　　　　　C. 3;　　　　　D. 4 .

3. 计算下列定积分 .

(1) $\displaystyle\int_3^4 \dfrac{x^2+x-6}{x-2}\mathrm{d}x$;　　　　　　　(2) $\displaystyle\int_0^\pi \sqrt{\sin x-\sin^3 x}\,\mathrm{d}x$;

(3) $\displaystyle\int_0^{\frac{\pi}{2}} \cos^3 x \sin 2x \,\mathrm{d}x$;　　　　　　(4) $\displaystyle\int_{-1}^1 \dfrac{x^2\sin x+(\arctan x)^2}{1+x^2}\mathrm{d}x$.

4. 计算下列广义定积分.

(1) $\displaystyle\int_{-\infty}^{+\infty}\frac{x^2}{1+x^6}\mathrm{d}x$;　　　　　　　　　　(2) $\displaystyle\int_{-\infty}^{+\infty}x\mathrm{e}^{-\frac{x^2}{2}}\mathrm{d}x$.

5. 求极限 $\displaystyle\lim_{x\to 0}\frac{1}{x^2}\int_{0}^{x}\sin 2t\,\mathrm{d}t$.

6. 设 $\varphi''(x)$ 在 $[a,b]$ 上连续,且 $\varphi'(b)=a$, $\varphi'(a)=b$,试求 $\displaystyle\int_{a}^{b}\varphi'(x)\varphi''(x)\mathrm{d}x$.

7. 设 $F(x)=\displaystyle\int_{0}^{x}\frac{\sin t}{t}\mathrm{d}t$,求 $F'(0)$ 。

8. 求 $y=|x|$ 与 $y=x^2-2$ 所围成的图形的面积.

9. 将抛物线 $y=\sqrt{x}$ 及直线 $y=0$, $x=a(a>0)$ 所围成的图形分别绕 x 轴和 y 轴旋转. 当 a 为何值时,所得到的两个旋转体的体积相等?

10. 某种产品每天生产 Q 个单位的固定成本是 80 元,边际成本为 $C'(Q)=0.6Q+20$ (元/单位),边际收入 $R'(Q)=32$ (元/单位),求:

(1) 每天生产多少个单位产品时利润最大?最大利润为多少?

(2) 在利润最大时,若生产 10 个单位产品,总利润有何变化?

复习题五　参考答案

1. (1) $>$; (2) 0; (3) 0; (4) $2x\cos x^4$; (5) $\displaystyle\int_{a}^{b}[f(x)-g(x)]\mathrm{d}x$; (6) $f(7)=\dfrac{1}{12}$.

2. (1) B; (2) C; (3) D; (4) B; (5) A .

3. (1) $\dfrac{13}{2}$; (2) $\dfrac{4}{3}$; (3) $\dfrac{2}{5}$; (4) $\dfrac{\pi^3}{96}$.

4. (1) $\dfrac{\pi}{3}$; (2) 0.

5. 1.

6. $\dfrac{1}{2}(a^2-b^2)$.

7. 1.

8. $\dfrac{20}{3}$.

9. $a=\dfrac{25}{64}$.

10. (1) 每天生产 20 个单位产品,才能获得最大利润,最大利润为 $L(20)=40$ 元;

(2) 在最大利润时再多生产 10 个单位产品,总利润将减少 30 元.

第六章 常 微 分 方 程

教学目的

理解微分方程、常微分方程、方程的阶、解、通解、特解、初始条件等概念；

熟练掌握可分离变量微分方程及一阶线性微分方程的求解方法；

掌握二阶线性微分方程解的结构；

掌握二阶常系数齐次线性微分方程解的形式及求解方法；

能求解自由项为多项式 $P_n(x)$ 和 $a\cos\omega x + b\sin\omega x$ 的二阶常系数非齐次线性微分方程；

会用微分方程解决一些简单的几何和物理问题.

第一节 常微分方程的基本概念

学习目标

能表述以下概念：微分方程、常微分方程、微分方程的解、通解、特解、初始条件；

能验证已知函数是否为某个一阶或二阶微分方程的解、通解或特解.

函数是客观事物的内在联系从数量方面的反映，利用函数关系可以对客观事物的规律性进行研究. 因此如何寻求函数关系在实际中具有重要意义. 但是在许多实际问题中，不能直接找到所需的函数关系，却可根据问题所提供的情况，列出含有未知函数的导数或微分的关系式，这样的关系式称为微分方程. 下面我们通过具体例题说明微分方程的概念.

例 6-1 求过点 $(1，2)$，且在曲线上任一点 $M(x，y)$ 处的切线斜率等于 $3x^2$ 的曲线方程.

解 设所求曲线方程为 $y=f(x)$，根据导数的几何意义可得

$$\frac{\mathrm{d}y}{\mathrm{d}x}=3x^2 ，$$

对上式两端积分，得 $y=x^3+C$（C 为任意常数）.

由于曲线过点 $(1，2)$，因此未知函数 $y=f(x)$ 还须满足条件 $y|_{x=1}=2$，将 $y|_{x=1}=2$ 代入 $y=x^3+C$，得 $C=1$. 因此，所求曲线方程为 $y=x^3+1$.

从例 6-1 可以看到，从方程 $\frac{\mathrm{d}y}{\mathrm{d}x}=3x^2$ 中解得了我们所需要的函数，从而解决了所提出的问题，由此例我们引出以下定义.

定义 6.1 含有未知函数的导数（或微分）的方程称为微分方程. 未知函数是一元函数的微分方程称为常微分方程，未知函数是多元函数的微分方程称为偏微分方程.

上述例题中方程 $\frac{\mathrm{d}y}{\mathrm{d}x}=3x^2$ 即是常微分方程.

例如 $\mathrm{d}y+\tan x\,\mathrm{d}x=0$，$y''+\sin xy=5x^2$，$y^{(4)}+3y''+2y'+y=\mathrm{e}^x$ 都是常微分方程.

定义 6.2 微分方程中未知函数导数（或微分）的最高阶数，称为微分方程的阶.

如方程 $\dfrac{\mathrm{d}y}{\mathrm{d}x}=3x^2$，$\mathrm{d}y+\tan x\,\mathrm{d}x=0$ 是一阶微分方程，$y''+\sin xy=5x^2$ 是二阶微分方程，$y^{(4)}+3y''+2y'+y=\mathrm{e}^x$ 是四阶微分方程.

定义 6.3 如果一个函数代入微分方程后方程两端保持恒等，则称此函数为微分方程的解.

从例 6-1 中可以看到，微分方程的解有两种形式，一种不含任意常数，一种含有任意常数. 如果微分方程的解中含有任意常数，且独立的任意常数的个数等于微分方程的阶数，这样的解叫做微分方程的**通解**. 在通解中若使任意常数取定某值，或利用附加条件求出任意常数应取的值，所得的解称为微分方程的**特解**. 用以确定出通解中任意常数取值的附加条件称为**初始条件**.

在例 6-1 中函数 $y=x^3+C$（C 为任意常数）和 $y=x^3+1$ 都是微分方程的解. 其中 $y=x^3+C$（C 为任意常数）是通解，$y=x^3+1$ 是特解，$y|_{x=1}=2$ 为初始条件.

例 6-2 验证 $y=Cx^{-3}$ 是方程 $xy'+3y=0$ 的通解，并求满足初始条件 $y|_{x=2}=1$ 的特解.

解 由 $y=Cx^{-3}$ 得 $y'=-3Cx^{-4}$，将 y、y' 代入原方程的左边，有
$$x(-3Cx^{-4})+3(Cx^{-3})=0.$$

所以函数 $y=Cx^{-3}$ 满足原方程，又因为其含有一个任意常数 C，所以 $y=Cx^{-3}$ 是微分方程 $xy'+3y=0$ 的通解.

将初始条件 $y|_{x=2}=1$ 代入通解中，解得 $C=8$，因此，所求特解为 $y=8x^{-3}$.

微分方程的求解过程较为复杂，不同类型的微分方程有不同的解法. 下面我们介绍一种最简单的微分方程，这类微分方程的一般形式是 $y^{(n)}=f(x)$，此类微分方程可通过直接积分求解.

例 6-3 求微分方程 $y''=2x+1$ 的解.

解 因为 y' 是 y'' 的原函数，所以对函数 $2x+1$ 求不定积分，得
$$y'=\int(2x+1)\mathrm{d}x=x^2+x+C_1, \tag{6-1}$$

对式（6-1）再求不定积分得
$$y=\int(x^2+x+C_1)\,\mathrm{d}x=\frac{1}{3}x^3+\frac{1}{2}x^2+C_1x+C_2. \tag{6-2}$$

式（6-2）就是微分方程 $y''=2x+1$ 的解，因为其中包含了两个独立的任意常数，所以式（6-2）是微分方程的通解.

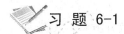

习 题 6-1

1. 下列各等式中哪些是微分方程？哪些不是微分方程？

    （1）$y''-2y'+3y=0$；   （2）$y=4x+1$；   （3）$\sin y'=2x+1$；

(4) $\mathrm{d}y = (2x^2 - 1)\mathrm{d}x$;　　　　　(5) $y^2 - 2y + 2 = 0$;　　(6) $\dfrac{\mathrm{d}^3 y}{\mathrm{d}x^3} = \cos x$.

2. 说出下列微分方程的阶数.

(1) $x(y')^3 - yy' + x = 0$;　　　　　(2) $xy''' + 4y' + x^2 = 0$;

(3) $\dfrac{\mathrm{d}y}{\mathrm{d}x} + \sqrt{\dfrac{y-1}{x-1}} = 0$;　　　　　(4) $y - x\left(\dfrac{\mathrm{d}y}{\mathrm{d}x}\right)^3 = a\left(y^2 + \dfrac{\mathrm{d}^2 y}{\mathrm{d}x^2}\right)$.

3. 验证下列各题中的函数是否为所给微分方程的解,并说明是通解还是特解.

(1) $xy' = 2y$, $y = 5x^2$;

(2) $2\ln x\,\mathrm{d}x + x\,\mathrm{d}y = 0$, $y = C - \ln^2 x$;

(3) $\dfrac{\mathrm{d}^2 x}{\mathrm{d}t^2} + w^2 x = 0$, $x = C_1 \cos wt + C_2 \sin wt (C_1, C_2$ 为常数) ;

(4) $(x - y + 1)y' = 1$, 由 $y = x + Ce^y$ 确定的隐函数 y .

4. 已知曲线上任意点 $M(x, y)$ 处的切线斜率为 $\sin x$,求该曲线方程.

5. 一物体做直线运动,其运动速度为 $v = 2\cos t$ (m/s),当 $t = \dfrac{\pi}{4}$ (s) 时,物体与原点 O 相距 10m,求物体在时刻 t 与原点 O 的距离 $s(t)$.

 习 题 6-1　参考答案

1. (1) 是;(2) 否;(3) 是;(4) 是;(5) 否;(6) 是.

2. (1) 1;(2) 3;(3) 1;(4) 2.

3. (1) 特解;(2) 通解;(3) 通解;(4) 通解.

4. $y = -\cos x + C$.

5. $s(t) = 2\sin t + 10 - \sqrt{2}$.

第二节　一 阶 微 分 方 程

学习目标

能识别可分离变量的微分方程;

会求可分离变量的微分方程的通解和特解;

会建立简单的 $R - C$ 电路中 U_C 变化规律的微分方程并能求其解;

能表述线性微分方程的定义,能识别一阶线性微分方程;

能用公式求一阶线性微分方程的通解或特解.

一、可分离变量的微分方程

本节讨论一种特殊形式的一阶微分方程,即形如

$$\frac{\mathrm{d}y}{\mathrm{d}x} = f(x)g(y)$$

的一阶微分方程,称为可分离变量的微分方程.

通常我们采用分离变量法求解该方程，具体步骤如下：

（1）分离变量 $\dfrac{\mathrm{d}y}{g(y)}=f(x)\mathrm{d}x \qquad g(y)\neq 0$；

（2）两边积分 $\displaystyle\int\dfrac{\mathrm{d}y}{g(y)}=\int f(x)\mathrm{d}x$；

（3）求出积分，得通解 $G(y)=F(x)+C$，其中 $G(y)$ 和 $F(x)$ 分别是 $\dfrac{1}{g(y)}$ 和 $f(x)$ 的一个原函数.

例 6-4 求微分方程 $\dfrac{\mathrm{d}y}{\mathrm{d}x}=2xy$ 的通解.

解 此方程是可分离变量的微分方程.

分离变量得 $$\dfrac{\mathrm{d}y}{y}=2x\mathrm{d}x，$$

两边积分得 $$\int\dfrac{\mathrm{d}y}{y}=\int 2x\mathrm{d}x，$$

即 $$\ln|y|=x^2+C_1， \tag{6-3}$$

从而其通解为 $$y=\pm\mathrm{e}^{x^2+C_1}=\pm\mathrm{e}^{C_1}\mathrm{e}^{x^2}=C\mathrm{e}^{x^2}\ (C=\pm\mathrm{e}^{C_1}\neq 0).$$

事实上，$y=0$ 仍是方程的解，故 $C\neq 0$ 的限制可以去掉，所以原方程的通解为 $y=C\mathrm{e}^{x^2}$.

以后在运算中为了方便，可把式（6-3）中的 $\ln|y|$ 写成 $\ln y$，只要最后所得的 C 是任意常数即可.

例 6-5 求微分方程 $\dfrac{\mathrm{d}y}{\mathrm{d}x}=-\dfrac{x}{y}$ 满足初始条件 $y|_{x=2}=1$ 的特解.

解 分离变量得 $$y\mathrm{d}y=-x\mathrm{d}x，$$

两边积分得 $$\int y\mathrm{d}y=-\int x\mathrm{d}x，$$

即 $$\dfrac{1}{2}y^2=-\dfrac{1}{2}x^2+C_1，$$

故其通解为 $$x^2+y^2=C\ (C=2C_1\text{ 是任意常数}).$$

将初始条件 $y|_{x=2}=1$ 代入，得 $C=5$，因此所给方程的特解为 $x^2+y^2=5$.

例 6-6 如图 6-1 所示的 $R-C$ 电路，已知在开关 K 合上前电容 C 上没有电荷，电容 C 两端的电压为零，电源电压为 E. 把开关合上，电源对电容 C 充电，电容 C 上的电压 U_c 随时间 t 逐渐升高，求电压 U_c 随时间变化的规律.

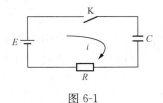

图 6-1

解 （1）建立微分方程. 根据回路电压定律，电容 C 的电压 U_c 与电阻 R 的电压 Ri 之和等于电源电压 E，即

$$U_c+Ri=E. \tag{6-4}$$

电容充电时，电容的电量 Q 逐渐增加. 由电容性质可知 $Q=CU_c$，于是

$$i=\dfrac{\mathrm{d}Q}{\mathrm{d}t}=\dfrac{\mathrm{d}(CU_c)}{\mathrm{d}t}=C\cdot\dfrac{\mathrm{d}U_c}{\mathrm{d}t}，$$

把此式代入式（6-4），得微分方程

$$RC\frac{\mathrm{d}U_c}{\mathrm{d}t}+U_c=E，\tag{6-5}$$

且初始条件 $U_c|_{t=0}=0$.

（2）求微分方程的通解．微分方程（6-5）是可分离变量的微分方程，其中 R，C，E 都是常数．

分离变量得
$$\frac{\mathrm{d}U_c}{E-U_c}=\frac{\mathrm{d}t}{RC}，$$

两边积分得
$$-\ln(E-U_c)=\frac{t}{RC}+\ln\frac{1}{A}\quad（A\text{ 为任意常数}），$$

即
$$\ln\left[\frac{1}{A}(E-U_c)\right]=-\frac{t}{RC}，$$

从而有
$$\frac{1}{A}(E-U_c)=\mathrm{e}^{-\frac{t}{RC}}．$$

于是 $U_c=E-A\mathrm{e}^{-\frac{t}{RC}}$，这就是微分方程（6-5）的通解．

（3）求微分方程的特解．把初始条件 $U_c|_{t=0}=0$ 代入通解，得 $0=E-A\mathrm{e}^0$，即 $A=E$，于是

$$U_c=E(1-\mathrm{e}^{-\frac{t}{RC}})．$$

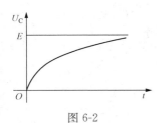

图 6-2

这就是电压 U_c 随时间 t 的变化规律，即电容的充电规律．由图 6-2 可以看出，充电时 U_c 随时间 t 的增加越来越接近于电源电压 E．

二、一阶线性微分方程

定义 6.4 形如 $\dfrac{\mathrm{d}y}{\mathrm{d}x}+P(x)y=Q(x)$ 的微分方程，称为一阶线性微分方程，其中 $P(x)$，$Q(x)$ 为已知函数，$Q(x)$ 称为微分方程的非齐次项．

当 $Q(x)=0$ 时，称方程

$$\frac{\mathrm{d}y}{\mathrm{d}x}+P(x)y=0\tag{6-6}$$

为一阶齐次线性微分方程；

当 $Q(x)\neq0$ 时，称方程

$$\frac{\mathrm{d}y}{\mathrm{d}x}+P(x)y=Q(x)\tag{6-7}$$

为一阶非齐次线性微分方程．

方程（6-6）也称为与方程（6-7）相对应的一阶齐次线性微分方程．

（一）一阶齐次线性微分方程的解法

一阶齐次线性微分方程 $\dfrac{\mathrm{d}y}{\mathrm{d}x}+P(x)y=0$ 是可分离变量的微分方程，

分离变量得
$$\frac{\mathrm{d}y}{y} = -P(x)\mathrm{d}x,$$

两边积分得
$$\ln y = -\int P(x)\mathrm{d}x + C_1,$$

即
$$y = C\mathrm{e}^{-\int P(x)\mathrm{d}x}.$$

此即一阶齐次线性微分方程的通解，其中不定积分 $\int P(x)\mathrm{d}x$ 只表示 $P(x)$ 的一个原函数.

（二）一阶非齐次线性微分方程的解法

由于一阶非齐次线性微分方程 $\dfrac{\mathrm{d}y}{\mathrm{d}x} + P(x)y = Q(x)$ 的左端与其对应的齐次微分方程

（6-6）相同，因此设想将齐次方程（6-6）的通解 $y = C\mathrm{e}^{-\int P(x)\mathrm{d}x}$ 中的常数 C 换成未知函数 $u(x)$，即设

$$y = u(x)\mathrm{e}^{-\int P(x)\mathrm{d}x} \tag{6-8}$$

是非齐次方程（6-7）的解，其中 $u(x)$ 是待定函数. 该设想是否成立，就要看能否找到一个合适的 $u(x)$，使式（6-8）满足方程（6-7），为此将式（6-8）代入方程（6-7）得

$$u'(x)\mathrm{e}^{-\int P(x)\mathrm{d}x} + u(x)\mathrm{e}^{-\int P(x)\mathrm{d}x}[-P(x)] + P(x)u(x)\mathrm{e}^{-\int P(x)\mathrm{d}x} = Q(x),$$

整理可得
$$u'(x) = Q(x)\mathrm{e}^{\int P(x)\mathrm{d}x},$$

两边积分得
$$u(x) = \int Q(x)\mathrm{e}^{\int P(x)\mathrm{d}x}\mathrm{d}x + C,$$

代入式（6-8）得
$$y = \mathrm{e}^{-\int P(x)\mathrm{d}x}\left[\int Q(x)\mathrm{e}^{\int P(x)\mathrm{d}x}\mathrm{d}x + C\right], \tag{6-9}$$

此即为一阶非齐次线性微分方程的通解.

式（6-9）也可写成
$$y = C\mathrm{e}^{-\int P(x)\mathrm{d}x} + \mathrm{e}^{-\int P(x)\mathrm{d}x}\int Q(x)\mathrm{e}^{\int P(x)\mathrm{d}x}\mathrm{d}x.$$

由上式可看出，一阶非齐次线性微分方程的通解等于它的一个特解与其对应的齐次线性微分方程的通解之和. 式（6-9）可直接用来求一阶非齐次线性微分方程的通解.

例 6-7　求一阶线性微分方程 $\dfrac{\mathrm{d}y}{\mathrm{d}x} - \dfrac{y}{x} = x^3$ 的通解.

解　所给方程中 $P(x) = -\dfrac{1}{x}$，$Q(x) = x^3$，把它们代入式（6-9），得通解

$$y = \mathrm{e}^{-\int\left(-\frac{1}{x}\right)\mathrm{d}x}\left[\int x^3\mathrm{e}^{\int\left(-\frac{1}{x}\right)\mathrm{d}x}\mathrm{d}x + C\right] = \mathrm{e}^{\ln x}\left[\int x^3\mathrm{e}^{-\ln x}\mathrm{d}x + C\right]$$

$$= x\left[\int x^2\mathrm{d}x + C\right] = \frac{1}{3}x^4 + Cx.$$

例 6-8　求方程 $\cos x\,\mathrm{d}y - (y\sin x + 1)\mathrm{d}x = 0$ 满足初始条件 $y|_{x=0} = 1$ 的特解.

解　原方程可变形为 $\dfrac{\mathrm{d}y}{\mathrm{d}x} - \tan x \cdot y = \sec x$，这是一阶非齐次线性微分方程，其中 $P(x) = -\tan x$，$Q(x) = \sec x$，将它们代入式（6-9），得通解

$$y = \mathrm{e}^{\int\tan x\,\mathrm{d}x}\left[\int\sec x\,\mathrm{e}^{-\int\tan x\,\mathrm{d}x}\mathrm{d}x + C\right] = \sec x\left[\int\sec x\cos x\,\mathrm{d}x + C\right]$$

$$= (x + C)\sec x.$$

将初始条件 $y|_{x=0}=1$ 代入通解中，得 $C=1$，于是所求方程的特解为

$$y=(x+1)\sec x.$$

例 6-9 求方程 $y\,dx+(x-y^3)\,dy=0$ 的通解.

解 如果将上式改写为 $\dfrac{dy}{dx}+\dfrac{y}{x-y^3}=0$，则显然不是线性微分方程. 但可以将上式改写

为 $\dfrac{dx}{dy}+\dfrac{1}{y}x=y^2$，即将 y 作为自变量，x 看做是 y 的函数. 其中 $P(y)=\dfrac{1}{y}$，$Q(y)=y^2$，于是

$$x=e^{-\int\frac{1}{y}dy}\left[\int y^2 e^{\int\frac{1}{y}dy}\,dy+C\right]=\frac{1}{y}\left[\int y^3\,dy+C\right]$$

$$=\frac{y^3}{4}+\frac{C}{y}$$

即为方程通解.

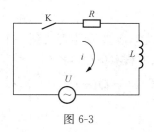

图 6-3

例 6-10 如图 6-3 所示的电路中，已知电阻 $R=10\,\Omega$，电感 $L=2\mathrm{H}$，电源电压 $U=20\sin5t\,\mathrm{V}$. 当开关 K 闭合后，电路中有电流通过，求电流 $i(t)$ 随时间 t 的变化规律.

解 （1）建立微分方程. 设电感电压为 U_L，电阻电压为 U_R，根据回路电压定律知

$$U_L+U_R=U,\tag{6-10}$$

由题意可得 $U_R=Ri=10i$，$U_L=L\dfrac{di}{dt}=2\dfrac{di}{dt}$，

将其代入式（6-10）可得 $2\dfrac{di}{dt}+10i=20\sin5t$，

整理得

$$\frac{di}{dt}+5i=10\sin5t,\tag{6-11}$$

式（6-11）即为 $i(t)$ 所满足的微分方程，且有初始条件 $i(t)|_{t=0}=0$.

（2）求微分方程的通解. 方程（6-11）是一阶非齐次线性微分方程，其中 $P(t)=5$，$Q(t)=10\sin5t$. 利用式（6-9），得

$$i(t)=e^{-\int 5dt}\left[\int 10\sin5t\,e^{\int 5dt}\,dt+C\right]=e^{-5t}\left[10\int\sin5t\,e^{5t}\,dt+C\right]$$

$$=e^{-5t}\left[e^{5t}(\sin5t-\cos5t)+C\right]=\sin5t-\cos5t+Ce^{-5t},$$

即

$$i(t)=\sin5t-\cos5t+Ce^{-5t}.\tag{6-12}$$

（3）求微分方程的特解. 把初始条件 $i(t)|_{t=0}=0$ 代入式（6-12），得 $C=1$，于是所求微分方程的特解 $i(t)=\sin5t-\cos5t+e^{-5t}$，这就是所求电流的变化规律.

 习 题 6-2

1. 求下列微分方程的解.

（1）$\dfrac{dy}{dx}+y=e^{-x}$；

（2）$xy'+y=x^2+3x+2$；

（3）$y'-\dfrac{2y}{x}=x^2\sin3x$；

（4）$(1+e^x)yy'=e^x$，$y|_{x=0}=1$；

(5) $\tan x \sin^2 y \mathrm{d}x + \cos^2 x \cot y \mathrm{d}y = 0$; (6) $(1+y^2)\mathrm{d}x = (\sqrt{1+y^2}\sin y - xy)\mathrm{d}y$;

(7) $y'\tan x = y$; (8) $(xy^2+x)\mathrm{d}x + (x^2y-y)\mathrm{d}y = 0$, $y\,|_{x=0}=1$.

2. 某曲线通过原点，且在点 $(x，y)$ 处的切线斜率等于 $2x+$ y，求该曲线的方程.

3. 设有一电路如图 6-4 所示，R 是电阻，L 是电感，它们都是常数. 电源的电动势为 $E = E_0 \sin\omega t$. 在时刻 $t = 0$ 时合上开关 K，电路中的电流为 $i(t)$. 根据电学原理知道

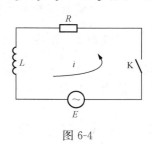

图 6-4

$$L\frac{\mathrm{d}i}{\mathrm{d}t} + Ri = E_0\sin\omega t ，$$

求 $i(t)$.

习题 6-2 参考答案

1. (1) $y = \mathrm{e}^{-x}(x+C)$; (2) $y = \dfrac{x^2}{3} + \dfrac{3}{2}x + 2 + \dfrac{C}{x}$; (3) $y = x^2\left(C - \dfrac{1}{3}\cos 3x\right)$;

(4) $y^2 = \ln(1+\mathrm{e}^x)^2 + 1 - \ln 4$; (5) $\tan^2 x - \cot^2 y = C$;

(6) $x = \dfrac{C - \cos y}{\sqrt{1+y^2}}$; (7) $y = C\sin x$; (8) $(x^2-1)(y^2+1) = -2$.

2. $y = 2(\mathrm{e}^x - x - 1)$.

3. $i(t) = \dfrac{E_0}{(\omega L)^2 + R^2}(R\sin\omega t - L\omega\cos\omega t + L\omega \mathrm{e}^{-\frac{Rt}{L}})$.

第三节 二阶常系数齐次线性微分方程

学习目标

能表述二阶常系数齐次线性微分方程的特征方程和特征根的定义；

能指出特征根与其对应的微分方程通解的关系；

能用求特征根的方法求二阶常系数齐次线性微分方程的通解或特解；

能建立简单的 $R-C-L$ 恒压电路的电流变化规律的微分方程.

定义 6.5 形如

$$y'' + py' + qy = f(x)$$

的微分方程，称为二阶常系数线性微分方程，其中 y 为未知函数，x 为自变量，p，q 为常数，$f(x)$ 为非齐次项.

当 $f(x) = 0$ 时，方程 $y'' + py' + qy = 0$ 称为二阶常系数齐次线性微分方程.

当 $f(x) \neq 0$ 时，方程 $y'' + py' + qy = f(x)$ 称为二阶常系数非齐次线性微分方程.

微分方程 $y'' + py' + qy = 0$ 又称为微分方程 $y'' + py' + qy = f(x)$ 所对应的二阶常系数齐次线性微分方程. 它的解具有以下性质：

定理 6.1 如果 $y_1(x)$、$y_2(x)$ 都是齐次线性微分方程的解，则 C_1y_1、C_2y_2 和 $C_1y_1 + C_2y_2$ 也是该方程的解，其中 C_1， C_2 是任意常数．

对于二阶常系数齐次线性微分方程的解有下述结构定理．

定理 6.2 如果 y_1 与 y_2 是微分方程 $y'' + py' + qy = 0$ 的两个非零解，且 $\dfrac{y_1}{y_2} \neq k$（k 是常数），则 $y = C_1y_1 + C_2y_2$ 是方程 $y'' + py' + qy = 0$ 的通解．

证明 因为 y_1 与 y_2 都是方程 $y'' + py' + qy = 0$ 的解，故有
$$y''_1 + py'_1 + qy_1 = 0 , \quad y''_2 + py'_2 + qy_2 = 0 ,$$
将 $y = C_1y_1 + C_2y_2$ 代入方程 $y'' + py' + qy = 0$ 的左边，得
$$(C_1y_1 + C_2y_2)'' + p(C_1y_1 + C_2y_2)' + q(C_1y_1 + C_2y_2)$$
$$= C_1y''_1 + C_2y''_2 + pC_1y'_1 + pC_2y'_2 + qC_1y_1 + qC_2y_2$$
$$= C_1(y''_1 + py'_1 + qy_1) + C_2(y''_2 + py'_2 + qy_2) = 0.$$

这就是说，$y = C_1y_1 + C_2y_2$ 是方程 $y'' + py' + qy = 0$ 的解．又因为 $\dfrac{y_1}{y_2} \neq k$，所以 $y = C_1y_1 + C_2y_2$ 中的两个任意常数是独立的，所以 $y = C_1y_1 + C_2y_2$ 是原方程的通解．

由定理 6.2 可知，求方程 $y'' + py' + qy = 0$ 的通解，只需求出该方程的任意两个特解 y_1 和 y_2，且 $\dfrac{y_1}{y_2} \neq k$（k 是常数）就可以．下面讨论特解 y_1 和 y_2 的求法．

从方程 $y'' + py' + qy = 0$ 的形式上来看，它的特点是 y''，y'，y 各乘以常数因子后相加等于零，如果能找到一个函数 y，其 y''，y'，y 之间只相差一个常数因子，这样的函数就有可能是方程 $y'' + py' + qy = 0$ 的特解．在初等函数中，指数函数 e^{rx} 符合上述要求，于是我们令方程的特解为 $y = \mathrm{e}^{rx}$（其中 r 为待定常数），将 $y = \mathrm{e}^{rx}$，$y' = r\mathrm{e}^{rx}$，$y'' = r^2\mathrm{e}^{rx}$ 代入方程 $y'' + py' + qy = 0$ 中，得
$$\mathrm{e}^{rx}(r^2 + pr + q) = 0 ,$$
因为 $\mathrm{e}^{rx} \neq 0$，故得 $r^2 + pr + q = 0.$

由此可见，若 r 的取值能满足方程 $r^2 + pr + q = 0$，则 e^{rx} 就能满足方程 $y'' + py' + qy = 0$，即若 r 是方程 $r^2 + pr + q = 0$ 的根，那么 e^{rx} 就是方程 $y'' + py' + qy = 0$ 的特解．于是方程 $y'' + py' + qy = 0$ 的求特解问题，就转化为求代数方程 $r^2 + pr + q = 0$ 根的问题，因此称 $r^2 + pr + q = 0$ 为微分方程 $y'' + py' + qy = 0$ 的**特征方程**，特征方程的两个根 r_1，r_2 称为**特征根**．

由一元二次方程求根公式可知，特征根有三种不同情况，下面我们分别进行讨论．

1. 若特征方程 $r^2 + pr + q = 0$ 有两个不相等的实根 r_1，r_2．

此时 $y_1 = \mathrm{e}^{r_1x}$，$y_2 = \mathrm{e}^{r_2x}$ 是方程 $y'' + py' + qy = 0$ 的两个特解．因为 $\dfrac{\mathrm{e}^{r_1x}}{\mathrm{e}^{r_2x}} = \mathrm{e}^{(r_1-r_2)x} \neq k$（$k$ 是常数），由定理 6.2 知，方程 $y'' + py' + qy = 0$ 的通解为 $y = C_1\mathrm{e}^{r_1x} + C_2\mathrm{e}^{r_2x}$．

例 6-11 求微分方程 $\dfrac{\mathrm{d}^2y}{\mathrm{d}x^2} + 3\dfrac{\mathrm{d}y}{\mathrm{d}x} - 10y = 0$ 的通解．

解 所给方程的特征方程为 $r^2 + 3r - 10 = 0$，它有两个不相等的实根 $r_1 = -5$，$r_2 = 2.$ 于是所求方程的通解 $y = C_1\mathrm{e}^{-5x} + C_2\mathrm{e}^{2x}.$

2. 若特征方程 $r^2 + pr + q = 0$ 有两个相等的实根 $r_1 = r_2 = r$．

此时只能得到方程 $y'' + py' + qy = 0$ 的一个特解 $y_1 = \mathrm{e}^{rx}$，经证明 $y_2 = x\mathrm{e}^{rx}$ 也是方程 $y'' +$

$py' + qy = 0$ 的一个特解，且 $\dfrac{y_1}{y_2} = \dfrac{1}{x} \neq$ 常数，所以方程 $y'' + py' + qy = 0$ 的通解为

$$y = C_1 e^{rx} + C_2 x e^{rx} = e^{rx}(C_1 + C_2 x).$$

例 6-12　求微分方程 $\dfrac{d^2 y}{dx^2} - 4\dfrac{dy}{dx} + 4y = 0$ 的通解.

解　所给微分方程的特征方程为 $r^2 - 4r + 4 = 0$，特征根为 $r_1 = r_2 = 2$，于是所求方程的通解为 $y = (C_1 + C_2 x)e^{2x}$.

3. 若特征方程 $r^2 + pr + q = 0$ 有一对共轭复根 $r_1 = \alpha + i\beta$，$r_2 = \alpha - i\beta$（$\beta \neq 0$）

此时方程有两个特解 $y_1 = e^{(\alpha + i\beta)x}$，$y_2 = e^{(\alpha - i\beta)x}$，利用欧拉公式 $e^{i\theta} = \cos\theta + i\sin\theta$，则有

$$\frac{1}{2}(y_1 + y_2) = \frac{1}{2}e^{\alpha x}(e^{i\beta x} + e^{-i\beta x}) = e^{\alpha x}\cos\beta x,$$

$$\frac{1}{2i}(y_1 - y_2) = \frac{1}{2i}e^{\alpha x}(e^{i\beta x} - e^{-i\beta x}) = e^{\alpha x}\sin\beta x.$$

由定理 6.2 可知，$\dfrac{1}{2}(y_1 + y_2)$，$\dfrac{1}{2i}(y_1 - y_2)$ 也是方程 $y'' + py' + qy = 0$ 的两个特解，且

$\dfrac{e^{\alpha x}\cos\beta x}{e^{\alpha x}\sin\beta x} = \cot\beta x \neq k$（$k$ 为常数），于是方程 $y'' + py' + qy = 0$ 的通解为

$$y = e^{\alpha x}(C_1 \cos\beta x + C_2 \sin\beta x),$$

其中 C_1，C_2 为任意常数，α，β 分别是特征方程 $r^2 + pr + q = 0$ 共轭复根的实部和虚部.

例 6-13　求微分方程 $\dfrac{d^2 y}{dx^2} + 4\dfrac{dy}{dx} + 7y = 0$ 的通解.

解　所给微分方程的特征方程为 $r^2 + 4r + 7 = 0$，其特征根是一对共轭复根 $r_1 = -2 + \sqrt{3}\,i$，$r_2 = -2 - \sqrt{3}\,i$，其中 $\alpha = -2$，$\beta = \sqrt{3}$.

于是所求微分方程的通解为 $y = e^{-2x}(C_1 \cos\sqrt{3}\,x + C_2 \sin\sqrt{3}\,x)$.

综上所述，求二阶常系数齐次线性微分方程 $y'' + py' + qy = 0$ 的通解，只需先求出其特征方程 $r^2 + pr + q = 0$ 的根，再由特征根的三种情况确定其通解，对应关系见表 6-1：

表 6-1

特征方程 $r^2 + pr + q = 0$ 的根	微分方程 $y'' + py' + qy = 0$ 的通解
有二个不相等的实根 r_1，r_2	$y = C_1 e^{r_1 x} + C_2 e^{r_2 x}$
有二重根 $r_1 = r_2 = r$	$y = e^{rx}(C_1 + C_2 x)$
有一对共轭复根 $r_1 = \alpha + i\beta$，$r_2 = \alpha - i\beta$（$\beta \neq 0$）	$y = e^{\alpha x}(C_1 \cos\beta x + C_2 \sin\beta x)$

例 6-14　在如图 6-5 所示的电路中，先将开关拨向 A，使电容充电，当达到稳定状态后再将开关拨向 B. 设开关拨向 B 的时间 $t = 0$. 求 $t > 0$ 时，回路中的电流 $i(t)$. 已知 $E = 20\text{V}$，$C = 0.5\text{F}$，$L = 1.6\text{H}$，$R = 4.8\Omega$，且 $i(t)|_{t=0} = 0$，$\dfrac{di}{dt}\Big|_{t=0} = \dfrac{25}{2}$.

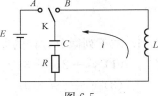

图 6-5

解　根据回路电压定律，在 $R-L-C$ 电路中有 $U_L+U_C+U_R=0$. 各元件的电压分别为

$$U_R=Ri\,,\ U_C=\frac{1}{C}Q,\ U_L=-E_L=L\,\frac{\mathrm{d}i}{\mathrm{d}t}\,.$$

于是有

$$L\,\frac{\mathrm{d}i}{\mathrm{d}t}+\frac{1}{C}Q+Ri=0\,,$$

两边对 t 求导 $\left(\text{注意}\dfrac{\mathrm{d}Q}{\mathrm{d}t}=i\right)$ 得

$$L\,\frac{\mathrm{d}^2i}{\mathrm{d}t^2}+R\,\frac{\mathrm{d}i}{\mathrm{d}t}+\frac{1}{C}i=0\,,$$

整理得

$$\frac{\mathrm{d}^2i}{\mathrm{d}t^2}+\frac{R}{L}\,\frac{\mathrm{d}i}{\mathrm{d}t}+\frac{1}{CL}i=0\,,$$

代入常数得

$$\frac{\mathrm{d}^2i}{\mathrm{d}t^2}+3\,\frac{\mathrm{d}i}{\mathrm{d}t}+\frac{5}{4}i=0\,. \tag{6-13}$$

式（6-13）的特征方程为 $r^2+3r+\dfrac{5}{4}=0$，特征根为 $r_1=-\dfrac{5}{2}$，$r_2=-\dfrac{1}{2}$，所以方程（6-13）的通解为

$$i(t)=C_1\mathrm{e}^{-\frac{5}{2}t}+C_2\mathrm{e}^{-\frac{1}{2}t}\,. \tag{6-14}$$

为求得满足初始条件的特解，对式（6-14）求导得

$$i'(t)=-\frac{5}{2}C_1\mathrm{e}^{-\frac{5}{2}t}-\frac{1}{2}C_2\mathrm{e}^{-\frac{1}{2}t}\,. \tag{6-15}$$

将初始条件 $i(t)|_{t=0}=0$ 及 $\dfrac{\mathrm{d}i}{\mathrm{d}t}\Big|_{t=0}=\dfrac{25}{2}$ 分别代入式（6-14）和式（6-15），得

$$\begin{cases}C_1+C_2=0\\[2mm]\dfrac{5}{2}C_1+\dfrac{1}{2}C_2=-\dfrac{25}{2}\end{cases},$$

解得

$$C_1=-\frac{25}{4},\ C_2=\frac{25}{4}\,,$$

因此得回路电流为

$$i(t)=-\frac{25}{4}\mathrm{e}^{-\frac{5}{2}t}+\frac{25}{4}\mathrm{e}^{-\frac{1}{2}t}\,.$$

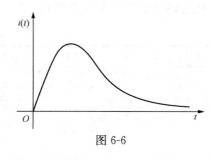

图 6-6

图 6-6 为电流 $i(t)$ 随时间变化的图像．由图 6-5 可知，开关 K 拨向 B 后，回路中的反向电流 i 先由零开始逐渐增大，达到最大值后又逐渐趋向零．

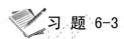

习 题 6-3

1. 求下列微分方程的通解．

　(1) $y''+2y'-3y=0$；　　　　　　(2) $y''-3y'-4y=0$；

　(3) $y''+5y'=0$；　　　　　　　　(4) $y''+4y'+4y=0$；

(5) $y'' + 6y' + 13y = 0$；　　　　　　　(6) $y'' - 4y' = 0$；

(7) $y'' + y = 0$；　　　　　　　　　　(8) $y'' - 2y' + (1 - a^2)y = 0 \ (a > 0)$.

2. 求下列微分方程满足初始条件的特解.

(1) $y'' - 4y' + 3y = 0$，$y|_{x=0} = 6$，$y'|_{x=0} = 10$；

(2) $\dfrac{d^2 s}{dt^2} + 2\dfrac{ds}{dt} + s = 0$，$s|_{t=0} = 4$，$\dfrac{ds}{dt}\Big|_{t=0} = 2$；

(3) $y'' + 4y' + 29y = 0$，$y|_{x=0} = 0$，$y'|_{x=0} = 15$.

3. 已知特征方程的根为下面的形式，试写出相应的二阶常系数齐次线性微分方程和它们的通解.

(1) $r_1 = 2$，$r_2 = -1$；　　(2) $r_1 = r_2 = 2$；　　(3) $r_1 = -1 + i$，$r_2 = -1 - i$.

4. 一质点运动的加速度为 $a = -2v - 5s$. 如果该质点以初速度 $v_0 = 12\text{m/s}$ 由原点出发，试求质点的运动方程.

5. 在 $R - L - C$ 回路中，电源的电动势为 E. 已知 $E = 20\text{V}$，$C = 0.2\mu\text{F}$，$L = 0.1\text{H}$，$R = 10^3\Omega$，求该回路合上开关后的电流 $i(t)$ 和电压 $U_C(t)$.

习 题 6-3　参考答案

1. (1) $y = C_1 e^{-3x} + C_2 e^x$；　　　　　　(2) $y = C_1 e^{-x} + C_2 e^{4x}$；

(3) $y = C_1 + C_2 e^{-5x}$；　　　　　　　(4) $y = (C_1 + C_2 x)e^{-2x}$；

(5) $y = e^{-3x}(C_1 \sin 2x + C_2 \cos 2x)$；　　(6) $y = C_1 + C_2 e^{4x}$；

(7) $y = C_1 \sin x + C_2 \cos x$；　　　　　(8) $y = C_1 e^{(1-a)x} + C_2 e^{(1+a)x}$.

2. (1) $y = 4e^x + 2e^{3x}$；　　(2) $s = 2e^{-t}(3t + 2)$；　　(3) $y = 3e^{-2x}\sin 5x$.

3. (1) $y'' - y' - 2y = 0$，$y = C_1 e^{-x} + C_2 e^{2x}$；(2) $y'' - 4y' + 4y = 0$，$y = e^{2x}(C_1 x + C_2)$；

(3) $y'' + 2y' + 2y = 0$，$y = e^{-x}(C_1 \sin x + C_2 \cos x)$.

4. $s = 6e^{-t}\sin 2t$.

5. $i(t) = 0.04e^{-5000t}\sin 5000t\,(\text{A})$，　　$U_C(t) = 20[1 - e^{-5000t}(\cos 5000t + \sin 5000t)]\,(\text{V})$.

第四节　二阶常系数非齐次线性微分方程

学习目标

会求形如 $y'' + py' + qy = f(x)$ 的方程的通解或特解，其中 $f(x)$ 为多项式或 $f(x) = a\cos\omega x + b\sin\omega x$.

定理 6.3　设 $\bar{y}$ 是二阶常系数非齐次线性微分方程 $y'' + py' + qy = f(x)$ 的一个特解，Y 是方程 $y'' + py' + qy = f(x)$ 对应的齐次线性微分方程 $y'' + py' + qy = 0$ 的通解，则 $y = \bar{y} + Y$ 是方程 $y'' + py' + qy = f(x)$ 的通解.

证明　因 $\bar{y}$ 是方程 $y'' + py' + qy = f(x)$ 的一个特解，故有

$$\bar{y}'' + p\bar{y}' + q\bar{y} = f(x)，$$

又因 Y 是方程 $y'' + py' + qy = 0$ 的通解，则有 $Y'' + pY' + qY = 0$.

将 $y=\bar{y}+Y$ 代入方程 $y''+py'+qy=f(x)$ 的左边，得

$$(\bar{y}+Y)''+p(\bar{y}+Y)'+q(\bar{y}+Y)=(\bar{y}''+p\bar{y}'+q\bar{y})+(Y''+pY'+qY)=f(x),$$

这说明 $y=\bar{y}+Y$ 是方程 $y''+py'+qy=f(x)$ 的解，又因为 $\bar{y}$ 是方程 $y''+py'+qy=f(x)$ 的特解，不含任意常数，Y 是方程 $y''+py'+qy=0$ 的通解，包含两个独立的任意常数，即 y 中包含两个独立的任意常数，故 $y=\bar{y}+Y$ 是方程 $y''+py'+qy=f(x)$ 的通解.

由定理 6.3 可知，求二阶常系数非齐次线性微分方程的通解，只要先求出其对应的齐次微分方程的通解，再求出非齐次微分方程的一个特解，而后相加就得到非齐次微分方程的通解. 对应的齐次微分方程的通解的解法，前面已经解决，下面要解决的问题是如何求二阶常系数非齐次线性微分方程的一个特解.

方程 $y''+py'+qy=f(x)$ 的特解形式，与方程右边的 $f(x)$ 有关，这里只就 $f(x)$ 的两种常见形式进行讨论.

1. $f(x)=p_n(x)$

二阶常系数非齐次线性微分方程为

$$y''+py'+qy=p_n(x), \tag{6-16}$$

其中 $p_n(x)$ 是关于 x 的 n 次多项式，即

$$p_n(x)=a_0x^n+a_1x^{n-1}+\cdots+a_{n-1}x+a_n.$$

由于方程（6-16）右端 $p_n(x)$ 是 n 次多项式，而多项式求导以后变成比原来低一次的多项式，为使方程左右两边相等，方程左边也必须是 n 次多项式. 考虑到方程（6-16）左边系数 p，q 均是常数，因此方程（6-16）的特解 $\bar{y}$ 应当是一个多项式.

当方程（6-16）中 $q\neq0$ 时，$\bar{y}$ 应是一个 n 次多项式，记为 $Q_n(x)$；

当方程（6-16）中 $q=0$，$p\neq0$ 时，$\bar{y}$ 应是一个 $n+1$ 次多项式，记为 $Q_{n+1}(x)$.

下面通过具体例题来说明方程（6-16）特解的求法.

例 6-15 求方程 $y''-2y'-3y=x^2+1$ 的通解.

解 （1）求所给方程对应的齐次方程 $y''-2y'-3y=0$ 的通解 Y.

$y''-2y'-3y=0$ 的特征方程为 $r^2-2r-3=0$，特征根 $r_1=-1$，$r_2=3$，于是方程 $y''-2y'-3y=0$ 的通解为

$$Y=C_1\mathrm{e}^{-x}+C_2\mathrm{e}^{3x}.$$

（2）求方程 $y''-2y'-3y=x^2+1$ 的一个特解 $\bar{y}$.

由于原方程中 $p=-2$，$q=-3\neq0$，且 $p_n(x)=x^2+1$ 为二次多项式，故原方程的特解也应当是一个二次多项式，设为 $\bar{y}=Ax^2+Bx+C$，其中 A，B，C 为待定系数. 将 $\bar{y}=Ax^2+Bx+C$ 代入原方程得

$$2A-2(2Ax+B)-3(Ax^2+Bx+C)=x^2+1,$$

比较 x 的同次幂系数，得

$$\begin{cases} -3A=1 \\ -4A-3B=0 \\ 2A-2B-3C=1 \end{cases},$$

解得

$$A=-\frac{1}{3},\ B=\frac{4}{9},\ C=-\frac{23}{27}.$$

故原方程的一个特解为

$$\bar{y}=-\frac{1}{3}x^2+\frac{4}{9}x-\frac{23}{27}.$$

所以原方程的通解为 $y = Y + \bar{y} = C_1 e^{-x} + C_2 e^{3x} - \frac{1}{3} x^2 + \frac{4}{9} x - \frac{23}{27}$.

例 6-16 求方程 $y'' + y' = x - 2$ 的通解 .

解 （1）求所给方程对应的齐次方程 $y'' + y' = 0$ 的通解 Y .

$y'' + y' = 0$ 的特征方程为 $r^2 + r = 0$，特征根为 $r_1 = 0$，$r_2 = -1$，所以方程 $y'' + y' = 0$ 的通解为

$$Y = C_1 + C_2 e^{-x} .$$

（2）求方程 $y'' + y' = x - 2$ 的一个特解 $\bar{y}$.

由于原方程中 $p = 1$，$q = 0$，且 $p_n(x) = x - 2$ 为一次多项式，故原方程的特解应当是一个二次多项式，设为 $\bar{y} = Ax^2 + Bx + C$，其中 A，B，C 为待定系数 . 将 $\bar{y} = Ax^2 + Bx + C$ 代入原方程得

$$2A + 2Ax + B = x - 2 ,$$

比较 x 的同次幂的系数有
$$\begin{cases} 2A = 1 \\ 2A + B = -2 \end{cases} ,$$

于是 $A = \frac{1}{2}$，$B = -3$，这里 C 的值可以任意选取，为简单起见，取 $C = 0$.

故原方程的一个特解为
$$\bar{y} = \frac{1}{2} x^2 - 3x ,$$

所以原方程的通解为 $y = Y + \bar{y} = C_1 + C_2 e^{-x} + \frac{1}{2} x^2 - 3x$.

2. $f(x) = a\cos\omega x + b\sin\omega x$

二阶常系数非齐次线性微分方程为
$$y'' + py' + qy = a\cos\omega x + b\sin\omega x , \tag{6-17}$$
其中 a，b，ω 为常数 .

方程（6-17）等号右边为三角函数，且三角函数的导数仍是同一类型的函数，由于 p，q 是常数，可推得该方程具有如下形式的特解：
$$\bar{y} = x^k (A\cos\omega x + B\sin\omega x) ,$$
其中 A，B 为待定常数，k 是整数 . 当 $\pm\omega i$ 不是特征根时，取 $k = 0$；当 $\pm\omega i$ 是特征根时，取 $k = 1$.

例 6-17 求方程 $y'' - y = \cos 2x$ 的特解 .

解 原方程的特征方程为 $r^2 - 1 = 0$，特征根为 $r = \pm 1$，观察原方程可知 $\omega = 2$，于是 $\pm\omega i = \pm 2i$ 不是特征根，故 $k = 0$，因此原方程特解设为
$$\bar{y} = A\cos 2x + B\sin 2x .$$

将其代入原方程得
$$-4A\cos 2x - 4B\sin 2x - A\cos 2x - B\sin 2x = \cos 2x ,$$
整理得
$$-5A\cos 2x - 5B\sin 2x = \cos 2x .$$
比较上式两端同类项的系数，得
$$A = -\frac{1}{5} , \ B = 0 .$$

故原方程的特解为
$$\bar{y} = -\frac{1}{5} \cos 2x .$$

例 6-18　求方程 $y'' + y = \sin x$ 的通解.

解　(1) 原方程对应的齐次方程的特征方程为 $r^2 + 1 = 0$,其特征根为 $r = \pm i$,所以齐次方程的通解为 $Y = C_1 \cos x + C_2 \sin x$.

(2) 观察原方程可知 $\omega = 1$,于是 $\pm \omega i = \pm i$ 是特征根,故 $k = 1$,因此原方程的特解设为 $\bar{y} = x(A\cos x + B\sin x)$.将其代入原方程得

$$-2A\sin x + 2B\cos x = \sin x \ ,$$

比较上式两端同类项的系数,解得 $A = -\dfrac{1}{2}$,$B = 0$.

原方程的特解为
$$\bar{y} = -\frac{1}{2}x\cos x \ ,$$

故原方程的通解为
$$y = Y + \bar{y} = C_1\cos x + C_2\sin x - \frac{1}{2}x\cos x \ .$$

现将解二阶常系数非齐次线性微分方程 $y'' + py' + qy = f(x)$ 的步骤归纳如下:

(1) 求方程 $y'' + py' + qy = 0$ 的通解 Y;

(2) 求方程 $y'' + py' + qy = f(x)$ 的特解 $\bar{y}$,$\bar{y}$ 的形式参见表 6-2.

表 6-2

$f(x)$ 的形式	特解 $\bar{y}$ 的形式
$f(x) = p_n(x)$	当 $q \neq 0$ 时,$\bar{y} = Q_n(x)$;当 $q = 0$,$p \neq 0$ 时,$\bar{y} = Q_{n+1}(x)$
$f(x) = a\cos\omega x + b\sin\omega x$	$\bar{y} = x^k(A\cos\omega x + B\sin\omega x)$. 当 $\pm\omega i$ 不是特征根时,$k = 0$; 当 $\pm\omega i$ 是特征根时,$k = 1$;

(3) 写出方程 $y'' + py' + qy = f(x)$ 的通解 $y = Y + \bar{y}$.

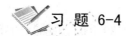

习 题 6-4

1. 求下列非齐次线性微分方程的通解.

(1) $y'' - 2y' - 3y = 3x + 1$;　　　　　　(2) $y'' - 5y' + 6y = x^2$;

(3) $y'' + y = \cos 2x$;　　　　　　　　　(4) $\dfrac{d^2 x}{dt^2} = 4\sin 2t$.

2. 求下列微分方程在给定条件下的特解.

(1) $2y'' + 3y' + y = 9$,$y|_{x=0} = 1$,$y'|_{x=0} = 0$;

(2) $\dfrac{d^2 s}{dt^2} + s = 2\cos t$,$s|_{t=0} = 2$,$\dfrac{ds}{dt}\Big|_{t=0} = 0$;

(3) $y'' + 9y = \sin 3x$,$y|_{x=0} = 1$,$y'|_{x=0} = 1$;

(4) $y'' - y = 4x$,$y|_{x=0} = 0$,$y'|_{x=0} = 1$.

3. 方程 $y'' + 4y = \sin x$ 的一条积分曲线通过点 $(0,1)$,并在这一点与直线 $y = 1$ 相切,求此曲线方程.

4. 在 $R - L - C$ 与电源 E 连接的回路中,已知 $C = 0.2\text{F}$,$L = 1\text{H}$,$R = 6\Omega$,电源电压 $E = 5\sin 10t\,\text{V}$. 设在 $t = 0$ 时,将开关闭合,并设电容初始电压为零,试求开关闭合后的回路电流.

📖习 题 6-4 参考答案

1. (1) $y = C_1 e^{3x} + C_2 e^{-x} - x + \frac{1}{3}$;　　　(2) $y = C_1 e^{2x} + C_2 e^{3x} + \frac{x^2}{6} + \frac{5}{18}x + \frac{19}{108}$;

　　(3) $y = C_1 \cos x + C_2 \sin x - \frac{1}{3} \cos 2x$;　　(4) $x = -\sin 2t + C_1 t + C_2$.

2. (1) $y = 8e^{-x} - 16e^{-\frac{x}{2}} + 9$;　　　　(2) $s = t \sin t + 2 \cos t$;

　　(3) $y = \cos 3x + \frac{7}{18} \sin 3x - \frac{1}{6} x \cos 3x$;　　(4) $y = \frac{5}{2} e^x - \frac{5}{2} e^{-x} - 4x$.

3. $y = \frac{1}{3} \sin x - \frac{1}{6} \sin 2x + \cos 2x$.

4. $i(t) = \frac{1}{101} \left(\frac{101}{2} e^{-5t} - \frac{25}{2} e^{-t} + 24 \sin 10t - 38 \cos 10t \right)$ (A) .

📚复 习 题 六

1. 填空题 .

　　(1) 一阶线性微分方程 $\frac{\mathrm{d}y}{\mathrm{d}x} + P(x)y = Q(x)$ 的通解为_____ .

　　(2) 微分方程 $\left(\frac{\mathrm{d}y}{\mathrm{d}x} \right)^n + \frac{\mathrm{d}y}{\mathrm{d}x} - y^2 + x^2 = 0$ 的阶数是_____ .

　　(3) 方程 $\left(\frac{\mathrm{d}r}{\mathrm{d}s} \right)^3 = \sqrt{1 + \frac{\mathrm{d}^2 r}{\mathrm{d}s^2}}$ 是_____阶微分方程 .

　　(4) 方程 $y'' - 9y = 0$ 的特征方程是_____ .

　　(5) 方程 $y'' - 2y' - 3y = 0$ 的特征方程是_____ .

　　(6) 方程 $y \mathrm{d}x = x \mathrm{d}y$ 的通解为_____ .

　　(7) 方程 $y' = e^{2x-y}$ 满足初始条件 $y|_{x=0} = 0$ 的特解为_____ .

　　(8) 设 $r = -1 \pm 3i$ 是某二阶常系数齐次线性微分方程的特征根，则该方程的通解为_____ .

　　(9) 方程 $y'' = 2 \sin \omega x$ 的通解是_____ .

　　(10) 方程 $x^2 y' + y = xy$ 的通解是_____ .

2. 解下列微分方程 .

　　(1) $\tan y \mathrm{d}x - \cot x \mathrm{d}y = 0$;　　　　(2) $(1-x)y' = a(y^2 - y')$;

　　(3) $\sec^2 x \tan y \mathrm{d}y + \sec^2 y \tan x \mathrm{d}x = 0$;　　(4) $y'(e^{x+y} + e^y) = e^{x+y} - e^x$.

3. 解下列一阶线性微分方程 .

　　(1) $y' - y \tan x = \sec x$;　　　　　(2) $y \mathrm{d}x + (x - y^3) \mathrm{d}y = 0$;

　　(3) $\frac{\mathrm{d}y}{\mathrm{d}x} - \frac{2y}{x+1} = (x+1)^3$;　　　(4) $x' + 9x = \sin 3t$.

4. 解下列二阶常系数线性微分方程 .

(1) $y'' - 6y' + 13y = 0$;   (2) $x'' + x' + x = 0$;

(3) $y'' - 4y' + 4y = 4x^3$;   (4) $x'' + x = \sin t - \cos t$.

复习题六　参考答案

1. (1) $y = e^{-\int P(x)dx}\left[\int Q(x)e^{\int P(x)dx}dx + C\right]$;   (2) 一;   (3) 二;

(4) $r^2 - 9 = 0$;   (5) $r^2 - 2r - 3 = 0$;   (6) $y = Cx$;

(7) $e^y = \dfrac{1}{2}(e^{2x} + 1)$;   (8) $y = e^{-x}(C_1\cos 3x + C_2\sin 3x)$;

(9) $y = -\dfrac{2}{\omega^2}\sin\omega x + C_1 x + C_2$;   (10) $y = Cx e^{\frac{1}{x}}$.

2. (1) $\sin y\cos x = C$;   (2) $ay = \dfrac{1}{\ln|(1+a)-x|+C}$;

(3) $\sin^2 y = -\sin^2 x + C$;   (4) $y = \ln[C(e^x + 1) + 1]$.

3. (1) $y = \sec x(x + C)$;   (2) $xy = \dfrac{1}{4}y^4 + C$;

(3) $y = (x+1)^2\left(\dfrac{1}{2}x^2 + x + C\right)$;   (4) $x = \dfrac{1}{10}\sin 3t - \dfrac{1}{30}\cos 3t + Ce^{-9t}$.

4. (1) $y = e^{3x}(C_1\cos 2x + C_2\sin 2x)$;

(2) $x = e^{-\frac{t}{2}}\left(C_1\cos\dfrac{\sqrt{3}}{2}t + C_2\sin\dfrac{\sqrt{3}}{2}t\right)$;

(3) $y = e^{2x}(C_1 + C_2 x) + x^3 + 3x^2 + \dfrac{9}{2}x + 3$;

(4) $x = C_1\cos t + C_2\sin t - \dfrac{t}{2}(\sin t + \cos t)$.

第七章 拉 普 拉 斯 变 换

教学目的

理解拉普拉斯变换的概念和性质；

会求简单函数的拉普拉斯变换和拉普拉斯逆变换；

会用拉普拉斯变换求简单的常系数线性微分方程的特解.

第一节 拉普拉斯变换及其性质

学习目标

能表述拉普拉斯变换和拉普拉斯逆变换的定义；

理解拉普拉斯变换的八个性质；

记住 $\delta(t)$，$u(t)$，t^n，e^{at}，$\sin\omega t$，$\cos\omega t$ 的拉普拉斯变换公式；

会求简单函数的拉普拉斯变换.

拉普拉斯（Laplace）变换是一种函数积分变换，简称拉氏变换. 利用拉氏变换可以将微分方程转化为代数方程，而且在转化的同时可以将初始条件代入，使得求微分方程满足初始条件特解的过程大为简化. 又由于自动化理论中的传递函数也是建立在拉氏变换的基础之上，因此拉氏变换是自动化控制理论的数学基础，同时是各个学科中求解微分方程的有力工具. 本章将简要介绍拉普拉斯变换的基本概念、主要性质、逆变换及其在解常系数线性微分方程中的应用. 本节先介绍拉氏变换及其性质.

一、拉氏变换的基本概念

定义 7.1 设函数 $f(t)$ 的定义域为 $[0，+\infty)$，若广义积分 $\int_0^{+\infty} f(t)e^{-pt}dt$ 对于 p 在某一范围内的值收敛，则此积分就确定了一个参数为 p 的函数，记做 $F(p)$，即

$$F(p) = \int_0^{+\infty} f(t)e^{-pt}dt . \tag{7-1}$$

函数 $F(p)$ 称为 $f(t)$ 的拉普拉斯变换［或 $f(t)$ 的像函数］，式（7-1）称为函数 $f(t)$ 的拉氏变换式，用记号 $L[f(t)]$ 表示，即 $F(p) = L[f(t)]$.

若 $F(p)$ 是 $f(t)$ 的拉氏变换，则称 $f(t)$ 为 $F(p)$ 的拉氏逆变换［或 $F(p)$ 的像原函数］，记做 $L^{-1}[F(p)]$，即 $f(t) = L^{-1}[F(p)]$.

关于拉氏变换的定义，这里作两点说明：

（1）在定义中，只要求 $f(t)$ 在 $t \geq 0$ 时有定义，以后总假定在 $t < 0$ 时，$f(t) \equiv 0$. 这种假定是符合实际情况的，因一个物理过程一般从时间 $t = 0$ 开始，在 $t < 0$ 时，物理过程没有发生，表示过程的函数取 0 值. 拉氏变换式中的参数 p 是在复数范围内取值，为了方便起见，本章我们把 p 作为实数来讨论，这并不影响对拉氏变换性质的研究和应用.

（2）拉氏变换是将给定的函数通过广义积分转换成一个新的函数，它是一种积分变换．一般说来，在科学技术中遇到的函数，它的拉氏变换总是存在的．

例 7-1　求指数函数 $f(t)=\mathrm{e}^{at}$（$t \geqslant 0$，a 是常数）的拉氏变换．

解　根据式（7-1），有 $L[\mathrm{e}^{at}]=\displaystyle\int_{0}^{+\infty}\mathrm{e}^{at}\mathrm{e}^{-pt}\mathrm{d}t=\int_{0}^{+\infty}\mathrm{e}^{-(p-a)t}\mathrm{d}t$，这个积分在 $p>a$ 时收敛，所以有

$$L[\mathrm{e}^{at}]=\int_{0}^{+\infty}\mathrm{e}^{at}\mathrm{e}^{-pt}\mathrm{d}t=\int_{0}^{+\infty}\mathrm{e}^{-(p-a)t}\mathrm{d}t=\frac{1}{p-a}(p>a).$$

例 7-2　求一次函数 $f(t)=at$（$t \geqslant 0$，a 是常数）的拉氏变换．

解　$L[at]=\displaystyle\int_{0}^{+\infty}at\mathrm{e}^{-pt}\mathrm{d}t=-\frac{a}{p}\int_{0}^{+\infty}t\mathrm{d}(\mathrm{e}^{-pt})$

$$=-\left[\frac{at}{p}\mathrm{e}^{-pt}\right]_{0}^{+\infty}+\frac{a}{p}\int_{0}^{+\infty}\mathrm{e}^{-pt}\mathrm{d}t.$$

根据罗必达法则，有

$$\lim_{t\to+\infty}\left(-\frac{at}{p}\mathrm{e}^{-pt}\right)=-\lim_{t\to+\infty}\frac{at}{p\mathrm{e}^{pt}}=-\lim_{t\to+\infty}\frac{a}{p^{2}\mathrm{e}^{pt}}.$$

上述极限当 $p>0$ 时收敛于 0，所以有 $\displaystyle\lim_{t\to+\infty}\left(-\frac{at}{p}\mathrm{e}^{-pt}\right)=0$，因此

$$L[at]=\frac{a}{p}\int_{0}^{+\infty}\mathrm{e}^{-pt}\mathrm{d}t=-\left[\frac{a}{p^{2}}\mathrm{e}^{-pt}\right]_{0}^{+\infty}=\frac{a}{p^{2}}(p>0).$$

例 7-3　求正弦函数 $f(t)=\sin\omega t$（$t \geqslant 0$）的拉氏变换．

解　$L[\sin\omega t]=\displaystyle\int_{0}^{+\infty}\sin\omega t\,\mathrm{e}^{-pt}\mathrm{d}t$

$$=\left[-\frac{1}{p^{2}+\omega^{2}}\cdot\mathrm{e}^{-pt}(p\sin\omega t+\omega\cos\omega t)\right]_{0}^{+\infty}$$

$$=\frac{\omega}{p^{2}+\omega^{2}}(p>0).$$

同法可求得 $L[\cos\omega t]=\dfrac{p}{p^{2}+\omega^{2}}(p>0)$．

在自动控制系统中，经常会用到下述两个函数：

1. 单位阶梯函数

如图 7-1（a）所示，它的表示式是

$$u(t)=\begin{cases}0,\ t<0\\1,\ t\geqslant0\end{cases}, \tag{7-2}$$

把 $u(t)$ 分别平移 $|a|$ 和 $|b|$ 个单位［见图 7-1（b）、（c）］，则有

$$u(t-a)=\begin{cases}0,\ t<a\\1,\ t\geqslant a\end{cases}, \tag{7-3}$$

$$u(t-b)=\begin{cases}0,\ t<b\\1,\ t\geqslant b\end{cases}. \tag{7-4}$$

当 $a<b$ 时，式（7-3）减去式（7-4）［见图 7-1（d）］，得

$$u(t-a)-u(t-b)=\begin{cases}1, & a\leqslant t<b\\0, & t<a \text{ 或 } t\geqslant b\end{cases}. \tag{7-5}$$

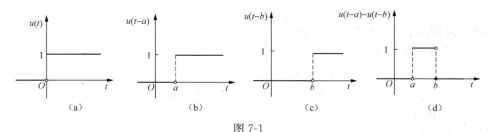

图 7-1

利用单位阶梯函数 (7-2) ～ (7-5) 可以将某些分段函数的表达式合写成一个式子.

例 7-4 已知如图 7-2 (a) 所示分段函数

$$f(t)=\begin{cases}0, & t<0\\c, & 0\leqslant t<a\\2c, & a\leqslant t<3a\\0, & t\geqslant 3a\end{cases},$$

试用单位阶梯函数 $u(t)$ 将 $f(t)$ 合写成一个式子.

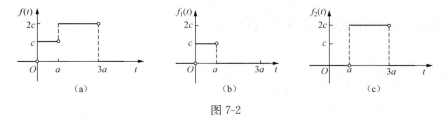

图 7-2

解 观察图 7-2 可知 $f(t)=f_1(t)+f_2(t)$，其中

$$f_1(t)=\begin{cases}c, & 0\leqslant t<a\\0, & t<0 \text{ 或 } t\geqslant a\end{cases}, \quad f_2(t)=\begin{cases}2c, & a\leqslant t<3a\\0, & t<a \text{ 或 } t\geqslant 3a\end{cases},$$

利用式 (7-5) 可分别将 $f_1(t)$ 和 $f_2(t)$ 表示为

$$f_1(t)=c[u(t)-u(t-a)], \quad f_2(t)=2c[u(t-a)-u(t-3a)],$$

即

$$f(t)=c[u(t)-u(t-a)]+2c[u(t-a)-u(t-3a)]$$
$$=cu(t)+cu(t-a)-2cu(t-3a).$$

用单位阶梯函数将复杂的分段函数合写成一个式子，除上例中的方法，在工程应用中常用如下公式：

设函数 $y=f(t)$ 的定义域为 $[0, +\infty)$，且 $t_0, t_1, \cdots, t_n\geqslant 0$，

$$f(t)=\begin{cases}f_0(t), & t_0\leqslant t<t_1\\f_1(t), & t_1\leqslant t<t_2\\\vdots & \vdots\\f_n(t), & t_n\leqslant t\end{cases}, \tag{7-6}$$

则 $f(t)=\sum_{i=0}^{n-1}[u(t-t_i)-u(t-t_{i+1})]f_i(t)+u(t-t_n)f_n(t).$

例 7-5 已知分段函数

$$f(t) = \begin{cases} \sin t, & 0 \leqslant t < \pi, \\ t, & t \geqslant \pi \end{cases},$$

试利用单位阶梯函数 $u(t)$ 将 $f(t)$ 合写成一个式子.

解 由式 (7-6) 可知

$$f(t) = \sin t [u(t-0) - u(t-\pi)] + tu(t-\pi)$$
$$= \sin t \, u(t) + (t - \sin t) u(t-\pi).$$

2. 狄拉克函数

定义 7.2 设

$$\delta_\tau(t) = \begin{cases} 0, & t < 0 \\ \dfrac{1}{\tau}, & 0 \leqslant t \leqslant \tau, \\ 0, & t > \tau \end{cases}$$

当 $\tau \to 0$ 时, $\delta_\tau(t)$ 的极限 $\delta(t) = \lim\limits_{\tau \to 0} \delta_\tau(t)$ 称为狄拉克函数, 简称为 $\delta -$ 函数.

当 $t \neq 0$ 时 $\delta(t)$ 的值为 0, 当 $t = 0$ 时 $\delta(t)$ 的值为无穷大, 即

$$\delta(t) = \begin{cases} 0, & t \neq 0 \\ +\infty, & t = 0 \end{cases}.$$

$\delta_\tau(t)$ 和 $\delta(t)$ 的图形如图 7-3 (a)、(b) 所示.

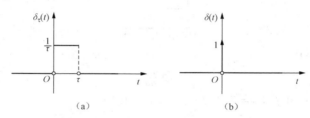

(a)   (b)

图 7-3

又因为 $\displaystyle\int_{-\infty}^{+\infty} \delta_\tau(t)\mathrm{d}t = \int_{-\infty}^{0} \delta_\tau(t)\mathrm{d}t + \int_{0}^{\tau} \delta_\tau(t)\mathrm{d}t + \int_{\tau}^{+\infty} \delta_\tau(t)\mathrm{d}t = \int_{0}^{\tau} \dfrac{1}{\tau}\mathrm{d}t = 1,$

所以我们规定 $$\int_{-\infty}^{+\infty} \delta(t)\mathrm{d}t = 1.$$

同时狄拉克函数有下述性质:

设 $g(t)$ 是 $(-\infty, +\infty)$ 上的一个连续函数, 则 $g(t)\delta(t)$ 在 $(-\infty, +\infty)$ 上的积分等于函数 $g(t)$ 在 $t = 0$ 处的函数值, 即

$$\int_{-\infty}^{+\infty} g(t)\delta(t)\mathrm{d}t = g(0). \tag{7-7}$$

证明 因为当 $t \neq 0$ 时 $\delta(t) = 0$, 而 $g(t)$, $g(0)$ 均有定义, 所以在 $t \neq 0$ 时, 下列等式成立:

$$g(t)\delta(t) = g(0)\delta(t). \tag{7-8}$$

当 $t = 0$ 时, $g(t) = g(0)$, 式 (7-8) 也成立, 因此有

$$\int_{-\infty}^{+\infty} g(t)\delta(t)\mathrm{d}t = \int_{-\infty}^{+\infty} g(0)\delta(t)\mathrm{d}t = g(0)\int_{-\infty}^{+\infty} \delta(t)\mathrm{d}t = g(0) \cdot 1 = g(0).$$

例 7-6 求单位阶梯函数 $u(t)$ 的拉氏变换.

解 $L[u(t)] = \int_0^{+\infty} u(t) e^{-pt} dt = \int_0^{+\infty} 1 \cdot e^{-pt} dt = \left[-\frac{1}{p} e^{-pt} \right]_0^{+\infty} = \frac{1}{p} (p > 0)$.

例 7-7 求狄拉克函数 $\delta(t)$ 的拉氏变换.

解 因为当 $t < 0$ 时，$\delta(t) = 0$，所以有

$$L[\delta(t)] = \int_0^{+\infty} \delta(t) e^{-pt} dt = \int_{-\infty}^{+\infty} \delta(t) e^{-pt} dt,$$

利用式（7-7）可得 $L[\delta(t)] = e^{-p \cdot 0} = 1$.

二、拉氏变换的性质

拉氏变换有以下主要性质，利用这些性质可以求一些较为复杂函数的拉氏变换.

性质 7.1（线性性质） 若 a_1，a_2 是常数，设 $L[f_1(t)] = F_1(p)$，$L[f_2(t)] = F_2(p)$，则

$$L[a_1 f_1(t) + a_2 f_2(t)] = a_1 L[f_1(t)] + a_2 L[f_2(t)] = a_1 F_1(p) + a_2 F_2(p). \quad (7\text{-}9)$$

证明 由式（7-1）得

$$
\begin{aligned}
L[a_1 f_1(t) + a_2 f_2(t)] &= \int_0^{+\infty} [a_1 f_1(t) + a_2 f_2(t)] e^{-pt} dt \\
&= a_1 \int_0^{+\infty} f_1(t) e^{-pt} dt + a_2 \int_0^{+\infty} f_2(t) e^{-pt} dt \\
&= a_1 L[f_1(t)] + a_2 L[f_2(t)] = a_1 F_1(p) + a_2 F_2(p).
\end{aligned}
$$

例 7-8 求函数 $f(t) = \frac{1}{a}(1 - e^{-at})$ 的拉氏变换.

解 由性质 7.1 可知

$$L\left[\frac{1}{a}(1 - e^{-at})\right] = \frac{1}{a} L[1 - e^{-at}] = \frac{1}{a}(L[1] - L[e^{-at}]),$$

利用例 7-6 和例 7-1 的结果，得

$$L\left[\frac{1}{a}(1 - e^{-at})\right] = \frac{1}{a}\left(\frac{1}{p} - \frac{1}{p+a}\right) = \frac{1}{p(p+a)}.$$

性质 7.2（平移性质） 若 $L[f(t)] = F(p)$，则

$$L[e^{at} f(t)] = F(p - a). \quad (7\text{-}10)$$

证明 由式（7-1）得

$$L[e^{at} f(t)] = \int_0^{+\infty} e^{at} f(t) e^{-pt} dt = \int_0^{+\infty} f(t) e^{-(p-a)t} dt = F(p - a).$$

性质 7.2 指出，像原函数乘以 e^{at} 意味着其像函数作位移 a，因此这个性质称为平移性质.

例 7-9 求 $L[e^{at} \sin\omega t]$.

解 由例 7-3 知 $L[\sin\omega t] = \dfrac{\omega}{p^2 + \omega^2}$，所以根据平移性质有

$$L[e^{at} \sin\omega t] = \frac{\omega}{(p-a)^2 + \omega^2}.$$

同理可得

$$L[\mathrm{e}^{at}\cos\omega t] = \frac{p-a}{(p-a)^2 + \omega^2}.$$

例 7-10 求 $L[t\mathrm{e}^{-t}]$.

解 由例 7-2 可知 $L[t] = \frac{1}{p^2}(p > 0)$，则由平移性质可得

$$L[t\mathrm{e}^{-t}] = \frac{1}{(p+1)^2}.$$

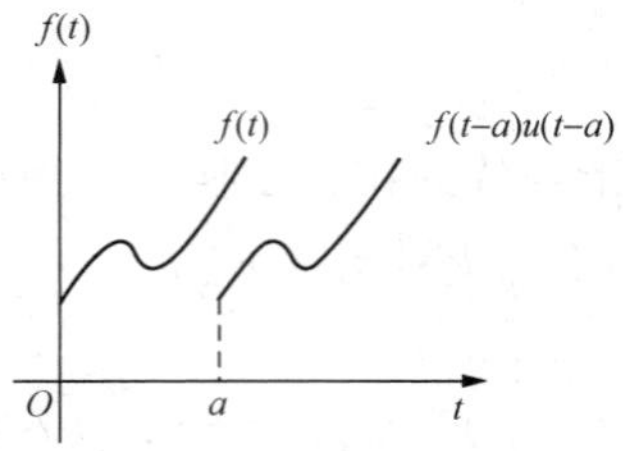

图 7-4

性质 7.3（延滞性质） 若 $L[f(t)] = F(p)$，则

$$L[u(t-a)f(t-a)] = \mathrm{e}^{-ap}F(p)(a > 0). \qquad (7\text{-}11)$$

实际的工程技术问题中，讨论一个系统的运动状态，经常将初始时刻定位为 $t = 0$，然而有时也会讨论初始时刻 $t \neq 0$ 的情况．假设系统运动的初始时刻为 $t = a$，这时讨论的函数记作 $u(t-a)f(t-a)(a > 0)$，函数 $u(t-a)f(t-a)$ 相对于函数 $f(t)$ 在时间上滞后 a 个单位（见图 7-4），所以这个性质称为延滞性质．

例 7-11 求 $L\left[\sin\left(t-\frac{\pi}{3}\right)u\left(t-\frac{\pi}{3}\right)\right]$.

解 因为 $L[\sin t] = \frac{1}{p^2+1}$，所以由式（7-11）可得

$$L\left[\sin\left(t-\frac{\pi}{3}\right)u\left(t-\frac{\pi}{3}\right)\right] = \mathrm{e}^{-\frac{\pi}{3}p}\frac{1}{p^2+1}.$$

例 7-12 求 $L[\mathrm{e}^{a(t-\tau)}u(t-\tau)](\tau > 0)$.

解 因为 $L[\mathrm{e}^{at}] = \frac{1}{p-a}$，所以由式（7-11）可得

$$L[\mathrm{e}^{a(t-\tau)}u(t-\tau)] = \mathrm{e}^{-\tau p}\frac{1}{p-a}(p > a).$$

例 7-13 求 $L[u(t-a)](a > 0)$.

解 因为 $L[u(t)] = \frac{1}{p}$，所以由式（7-11）可得

$$L[u(t-a)] = \mathrm{e}^{-ap}\frac{1}{p}(p > 0).$$

例 7-14 求 $L[\sin(\omega t + \alpha)u(\omega t + \alpha)(\omega > 0, \ \alpha < 0)$.

解 因为 $u(\omega t + \alpha) = \begin{cases} 0, & \omega t + \alpha < 0 \\ 1, & \omega t + \alpha \geqslant 0 \end{cases} = \begin{cases} 0, & t < -\dfrac{\alpha}{\omega} \\ 1, & t \geqslant -\dfrac{\alpha}{\omega} \end{cases}$,

所以 $u(\omega t + \alpha) = u\left(t + \dfrac{\alpha}{\omega}\right)$，因此可知

$$L[\sin(\omega t + \alpha)u(\omega t + \alpha)] = L\left[\sin\omega\left(t + \frac{\alpha}{\omega}\right)u\left(t + \frac{\alpha}{\omega}\right)\right],$$

又因为 $L[\sin\omega t] = \dfrac{\omega}{p^2 + \omega^2}$，所以有

$$L[\sin(\omega t+\alpha)u(\omega t+\alpha)]=L\left[\sin\omega\left(t+\frac{\alpha}{\omega}\right)u\left(t+\frac{\alpha}{\omega}\right)\right]=e^{\frac{\alpha}{\omega}p}\frac{\omega}{p^2+\omega^2}.$$

例 7-15　已知

$$f(t)=\begin{cases}0, & t<0\\ c, & 0\leqslant t<a\\ 2c, & a\leqslant t<3a\\ 0, & t\geqslant 3a\end{cases},$$

求 $L[f(t)]$.

解　由例 7-4 可知函数 $f(t)$ 可用单位阶梯函数表示为

$$f(t)=cu(t)+cu(t-a)-2cu(t-3a),$$

所以　　　　$L[f(t)]=L[cu(t)+cu(t-a)-2cu(t-3a)]$

$$=\frac{c}{p}+\frac{c}{p}e^{-ap}-2\frac{c}{p}e^{-3ap}=\frac{c}{p}(1+e^{-ap}-2e^{-3ap}).$$

例 7-16　已知 $f(t)=\begin{cases}\sin t, & 0\leqslant t<\pi\\ t, & t\geqslant\pi\end{cases}$，求 $L[f(t)]$.

解　由例 7-5 可知函数可表示为

$$f(t)=\sin t\,u(t)+(t-\sin t)u(t-\pi)$$
$$=\sin t\,u(t)+[\pi+(t-\pi)+\sin(t-\pi)]u(t-\pi),$$

所以　　　$L[f(t)]=L[\sin t\,u(t)]+L\{[\pi+(t-\pi)+\sin(t-\pi)]u(t-\pi)\}$

$$=\frac{1}{p^2+1}+e^{-\pi p}\left(\frac{\pi}{p}+\frac{1}{p^2}+\frac{1}{p^2+1}\right).$$

性质 7.4（微分性质）　若 $L[f(t)]=F(p)$，并设 $f(t)$ 在 $[0,+\infty)$ 上连续，$f'(t)$ 分段连续，则

$$L[f'(t)]=pF(p)-f(0). \tag{7-12}$$

微分性质表明：一个函数求导后取拉氏变换等于这个函数的拉氏变换乘以参数 p，再减去函数的初始值.

类似地，在相应条件成立时，还可推得二阶导数以及高阶导数的拉氏变换公式：

$$L[f''(t)]=pL[f'(t)]-f'(0)=p\{pL[f(t)]-f(0)\}-f'(0)$$
$$=p^2F(p)-[pf(0)+f'(0)]. \tag{7-13}$$

用同样的方法可求得

$$L[f'''(t)]=p^3F(p)-[p^2f(0)+pf'(0)+f''(0)].$$

推广到 n 阶导可得

$$L[f^{(n)}(t)]=p^nF(p)-[p^{n-1}f(0)+p^{n-2}f'(0)+\cdots+f^{(n-1)}(0)].$$

特别是当初始值 $f(0)=f'(0)=\cdots=f^{(n-1)}(0)=0$ 时，有更简单的结果：

$$L[f^{(n)}(t)]=p^nF(p)(n=1,2,\cdots).$$

利用这个性质，可将函数的微分运算化为代数运算，这是拉氏变换的一个重要特点.

例 7-17　利用微分性质求 $L[\sin\omega t]$ 和 $L[\cos\omega t]$.

解　令 $f(t)=\sin\omega t$，则 $f'(t)=\omega\cos\omega t$，$f''(t)=-\omega^2\sin\omega t$，由式（7-13）可得

$$L[-\omega^2\sin\omega t]=p^2L[\sin\omega t]-[p\sin 0+\omega\cos 0]$$

即 $$-\omega^2 L[\sin\omega t] = p^2 L[\sin\omega t] - \omega$$

由此可推得 $$L[\sin\omega t] = \frac{\omega}{p^2 + \omega^2} . \tag{7-14}$$

又由式（7-12）及式（7-14）可得

$$L[\omega\cos\omega t] = pL[\sin\omega t] - \sin 0 = p\,\frac{\omega}{p^2 + \omega^2} ,$$

即 $$\omega L[\cos\omega t] = \frac{p\omega}{p^2 + \omega^2} ,$$

所以 $$L[\cos\omega t] = \frac{p}{p^2 + \omega^2} .$$

性质 7.5（积分性质） 若 $L[f(t)] = F(p)(p \neq 0)$，且设 $f(t)$ 连续，则

$$L\left[\int_0^t f(x)\mathrm{d}x\right] = \frac{F(p)}{p} . \tag{7-15}$$

证明 令 $\varphi(t) = \int_0^t f(x)\mathrm{d}x$，显见 $\varphi(0) = 0$，且因 $\varphi'(t) = f(t)$，故由式（7-12）得

$$L[\varphi'(t)] = pL[\varphi(t)] - \varphi(0) = pL[\varphi(t)] ,$$

而 $$L[\varphi'(t)] = L[f(t)] = F(p) ,$$

所以有 $$F(p) = pL[\varphi(t)] = pL\left[\int_0^t f(x)\mathrm{d}x\right] ,$$

于是可推得 $$L\left[\int_0^t f(x)\mathrm{d}x\right] = \frac{1}{p}F(p) .$$

积分性质表明：一个函数积分后再取拉氏变换，等于这个函数的像函数除以参数 p。

例 7-18 求 $L[t]$，$L[t^2]$，$\cdots$，$L[t^n]$（n 为自然数）。

解法一 因为 $t = \int_0^t 1\mathrm{d}x$，$t^2 = \int_0^t 2x\mathrm{d}x$，$\cdots$，$t^n = \int_0^t nx^{n-1}\mathrm{d}x$，所以由式（7-15）得

$$L[t] = L\left[\int_0^t 1\mathrm{d}x\right] = \frac{1}{p}L[1] = \frac{1}{p^2} ,$$

$$L[t^2] = L\left[\int_0^t 2x\mathrm{d}x\right] = \frac{2}{p}L[t] = \frac{2}{p^3} ,$$

$$L[t^3] = L\left[\int_0^t 3x^2\mathrm{d}x\right] = \frac{3}{p}L[t^2] = \frac{3 \cdot 2}{p^4} ,$$

$$\cdots$$

一般地，有 $$L[t^n] = L\left[\int_0^t nx^{n-1}\mathrm{d}x\right] = \frac{n}{p}L[t^{n-1}] = \frac{(n-1)!\ n}{p^{n+1}} = \frac{n!}{p^{n+1}} .$$

解法二 设 $f(t) = t^n$，则 $f'(t) = nt^{n-1}$，$f''(t) = n(n-1)t^{n-2}$，$\cdots$，$f^{(n)}(t) = n!$，所以又有 $f(0) = f'(0) = \cdots = f^{(n-1)}(0) = 0$。由公式 $L[f^{(n)}(t)] = p^n L[f(t)]$ 得

$$L[n!] = p^n L[f(t)] ,$$

所以有 $$L[f(t)] = \frac{1}{p^n}L[n!] = \frac{n!}{p^{n+1}} .$$

拉氏变换除上述五个主要性质外，由定义还可以得到下列性质（证明从略）。

性质 7.6 若 $L[f(t)] = F(p)$，则当 $a > 0$ 时，有

$$L[f(at)] = \frac{1}{a}F\left(\frac{p}{a}\right). \tag{7-16}$$

性质 7.7 若 $L[f(t)] = F(p)$，则
$$L[t^n f(t)] = (-1)^n F^{(n)}(p). \tag{7-17}$$

性质 7.8 若 $L[f(t)] = F(p)$，且 $\lim\limits_{t \to 0} \frac{f(t)}{t}$ 存在，则
$$L\left[\frac{f(t)}{t}\right] = \int_p^{+\infty} F(p)\mathrm{d}p. \tag{7-18}$$

例 7-19 求 $L[t\sin\omega t]$.

解 因为 $L[\sin\omega t] = \dfrac{\omega}{p^2 + \omega^2}$，所以由式（7-17）可得
$$L[t\sin\omega t] = (-1)\frac{\mathrm{d}}{\mathrm{d}p}\left(\frac{\omega}{p^2 + \omega^2}\right) = \frac{2p\omega}{(p^2 + \omega^2)^2}.$$

例 7-20 求 $L\left[\dfrac{\sin t}{t}\right]$.

解 因为 $L[\sin t] = \dfrac{1}{p^2 + 1}$，而且 $\lim\limits_{t \to 0}\dfrac{\sin t}{t} = 1$，所以由式（7-18）可得
$$L\left[\frac{\sin t}{t}\right] = \int_p^{+\infty}\frac{1}{p^2 + 1}\mathrm{d}p = [\arctan p]_p^{+\infty} = \frac{\pi}{2} - \arctan p.$$

基于例 7-20 我们还可以作以下讨论：

因为 $L\left[\dfrac{\sin t}{t}\right] = \dfrac{\pi}{2} - \arctan p$，即 $\displaystyle\int_0^{+\infty}\frac{\sin t}{t}\mathrm{e}^{-pt}\mathrm{d}t = \frac{\pi}{2} - \arctan p$，因此，当 $p = 0$ 时，得

到一个广义积分的值 $\displaystyle\int_0^{+\infty}\frac{\sin t}{t}\mathrm{d}t = \frac{\pi}{2}$，这个结果用原来的广义积分的计算方法是得不到的.

现将拉氏变换的八个性质和在实际应用中常用的一些函数的像函数分别总结如下：

设 $L[f(t)] = F(p)$.

(1) $L[a_1 f_1(t) + a_2 f_2(t)] = a_1 L[f_1(t)] + a_2 L[f_2(t)]$.

(2) $L[\mathrm{e}^{at}f(t)] = F(p - a)$.

(3) $L[u(t - a)f(t - a)] = \mathrm{e}^{-ap}F(p)\ (a > 0)$.

(4) $L[f'(t)] = pF(p) - f(0)$.
$$L[f^{(n)}(t)] = p^n F(p) - [p^{n-1}f(0) + p^{n-2}f'(0) + \cdots + f^{(n-1)}(0)].$$

(5) $L\left[\displaystyle\int_0^t f(x)\mathrm{d}x\right] = \dfrac{F(p)}{p}$.

(6) $L[f(at)] = \dfrac{1}{a}F\left(\dfrac{p}{a}\right)\ (a > 0)$.

(7) $L[t^n f(t)] = (-1)^n F^{(n)}(p)$.

(8) $L\left[\dfrac{f(t)}{t}\right] = \displaystyle\int_p^{+\infty}F(p)\mathrm{d}p$.

常用函数的拉氏变换表见表 7-1.

表 7-1　　　　　　　　　　　　　　　常用函数的拉氏变换表

序号	$f(t)$	$F(p)$	序号	$f(t)$	$F(p)$
(1)	$\delta(t)$	1	(12)	$\cos(\omega t+\varphi)$	$\dfrac{p\cos\varphi-\omega\sin\varphi}{p^2+\omega^2}$
(2)	$u(t)$	$\dfrac{1}{p}$	(13)	$t\sin\omega t$	$\dfrac{2\omega p}{(p^2+\omega^2)^2}$
(3)	t	$\dfrac{1}{p^2}$	(14)	$\sin\omega t-\omega t\cos\omega t$	$\dfrac{2\omega^3}{(p^2+\omega^2)^2}$
(4)	$t^n\,(n=1,2,\cdots)$	$\dfrac{n!}{p^{n+1}}$	(15)	$t\cos\omega t$	$\dfrac{p^2-\omega^2}{(p^2+\omega^2)^2}$
(5)	e^{at}	$\dfrac{1}{p-a}$	(16)	$\mathrm{e}^{-at}\sin\omega t$	$\dfrac{\omega}{(p+a)^2+\omega^2}$
(6)	$1-\mathrm{e}^{-at}$	$\dfrac{a}{p(p+a)}$	(17)	$\mathrm{e}^{-at}\cos\omega t$	$\dfrac{p+a}{(p+a)^2+\omega^2}$
(7)	$t\,\mathrm{e}^{at}$	$\dfrac{1}{(p-a)^2}$	(18)	$\dfrac{1}{a^2}(1-\cos\omega t)$	$\dfrac{1}{p(p^2+\omega^2)}$
(8)	$t^n\mathrm{e}^{at}\,(n=1,2,\cdots)$	$\dfrac{n!}{(p-a)^{n+1}}$	(19)	$\mathrm{e}^{at}-\mathrm{e}^{bt}$	$\dfrac{a-b}{(p-a)(p-b)}$
(9)	$\sin\omega t$	$\dfrac{\omega}{p^2+\omega^2}$	(20)	$2\sqrt{\dfrac{t}{\pi}}$	$\dfrac{1}{p\sqrt{p}}$
(10)	$\cos\omega t$	$\dfrac{p}{p^2+\omega^2}$	(21)	$\dfrac{1}{\sqrt{\pi t}}$	$\dfrac{1}{\sqrt{p}}$
(11)	$\sin(\omega t+\varphi)$	$\dfrac{p\sin\varphi+\omega\cos\varphi}{p^2+\omega^2}$			

习 题 7-1

1. 求下列函数的拉氏变换.

(1) $3\mathrm{e}^{-5t}$；　　　　　　(2) t^2+3t-1；　　　　　　(3) $2\cos 4t-3\sin 5t$；

(4) $8\sin^2 3t$；　　　　　　(5) $\sin 2t\cos 2t$；　　　　　　(6) $\sin\left[\left(2t+\dfrac{\pi}{3}\right)u\left(2t+\dfrac{\pi}{3}\right)\right]$；

(7) $1+t\mathrm{e}^{t}$；　　　　　　(8) $\mathrm{e}^{2t}\cos 5t$；　　　　　　(9) $\mathrm{e}^{-4t}\cos\left(2t+\dfrac{\pi}{4}\right)$；

(10) $t^2\mathrm{e}^{-2t}$；　　　　　　(11) $t^n\mathrm{e}^{at}$；　　　　　　(12) $\mathrm{e}^{-4t}\sin 3t\cos 2t$；

(13) $u(2t-1)$；　　　　　　(14) $f(t)=\begin{cases}-1,&0\leqslant t<4\\1,&t\geqslant 4\end{cases}$；

(15) $f(t)=\begin{cases}0,&0\leqslant t<2\\1,&2\leqslant t<4\\0,&t\geqslant 4\end{cases}$；　　　　　　(16) $f(t)=\begin{cases}\cos t,&0\leqslant t<\pi\\t,&t\geqslant\pi\end{cases}$.

2. 证明拉氏变换的性质 7.6：若 $L[f(t)]=F(p)$，则当 $a>0$ 时，有

$$L[f(at)]=\frac{1}{a}F\left(\frac{p}{a}\right).$$

3. 对下列各函数验证拉氏变换的微分性质：$L[f'(t)]=pL[f(t)]-f(0)$.

(1) $f(t)=2\mathrm{e}^{3t}$；　　　(2) $f(t)=\cos 5t$；　　　(3) $f(t)=t^2+2t-4$.

4. 利用拉氏变换的性质 7.7 和性质 7.8，求下列各拉氏变换：

(1) $L[t\sin at]$；   (2) $L[t^2\cos 2t]$；   (3) $L[te^t\sin t]$；

(4) $L\left[\dfrac{1-e^t}{t}\right]$；   (5) $L\left[\dfrac{e^{-2t}-e^{-4t}}{t}\right]$.

5. 利用第 4（5）题的结果，证明 $\displaystyle\int_0^{+\infty}\dfrac{e^{-2t}-e^{-4t}}{t}dt=\ln 2$.

习 题 7-1   参考答案

1. (1) $\dfrac{3}{p+5}$；   (2) $\dfrac{2}{p^3}+\dfrac{3}{p^2}-\dfrac{1}{p}$；   (3) $\dfrac{2p}{p^2+16}-\dfrac{15}{p^2+25}$；

(4) $\dfrac{144}{p(p^2+36)}$；   (5) $\dfrac{2}{p^2+16}$；   (6) $e^{\frac{\pi}{6}p}\dfrac{2}{p^2+4}$；

(7) $\dfrac{1}{p}+\dfrac{1}{(p-1)^2}$； (8) $\dfrac{p-2}{(p-2)^2+25}$；   (9) $\dfrac{\sqrt{2}}{2}\cdot\dfrac{p+2}{(p+4)^2+4}$；

(10) $\dfrac{2}{(p+2)^3}$；   (11) $\dfrac{n!}{(p-a)^{n+1}}$；   (12) $\dfrac{1}{2}\left[\dfrac{5}{(p+4)^2+25}+\dfrac{1}{(p+4)^2+1}\right]$；

(13) $e^{-\frac{p}{2}}\dfrac{1}{p}$；   (14) $\dfrac{1}{p}(2e^{-4p}-1)$；   (15) $\dfrac{1}{p}(e^{-2p}-e^{-4p})$；

(16) $\dfrac{p}{p^2+1}+e^{-\pi p}\left(\dfrac{p}{p^2+1}+\dfrac{1}{p^2}+\dfrac{\pi}{p}\right)$.

2. 略. 3. 略.

4. (1) $\dfrac{2ap}{(p^2+a^2)^2}$；   (2) $\dfrac{2p^3-24p}{(p^2+4)^3}$；   (3) $\dfrac{2(p-1)}{[(p-1)^2+1]^2}$；

(4) $\ln\left[1-\dfrac{1}{p}\right]$；   (5) $\ln\dfrac{p+4}{p+2}$.

5. 略.

第二节   拉普拉斯逆变换

🍎 学习目标

理解拉普拉斯逆变换的线性性质、平移性质和延滞性质；
会用这些性质求简单函数的拉氏逆变换.

下面要讨论拉普拉斯逆变换（简称拉氏逆变换），即由像函数 $F(p)$ 求它相应的像原函数 $f(t)$ 的问题. 对于常用的像函数 $F(p)$，可直接从拉氏变换表 7-1 中查找.

性质 7.9（线性性质）

$$L^{-1}[a_1F_1(p)+a_2F_2(p)]=a_1L^{-1}[F_1(p)]+a_2L^{-1}[F_2(p)]$$
$$=a_1f_1(t)+a_2f_2(t).$$

性质 7.10（平移性质） $L^{-1}[F(p-a)]=e^{at}L^{-1}[F(p)]=e^{at}f(t)$.

性质 7.11（延滞性质） $L^{-1}[e^{-ap}F(p)]=f(t-a)u(t-a)$.

例 7-21 求下列像函数的逆变换：

(1) $F(p)=\dfrac{1}{p+3}$；
(2) $F(p)=\dfrac{1}{(p-2)^3}$；

(3) $F(p)=\dfrac{2p-5}{p^2}$；
(4) $F(p)=\dfrac{4p-3}{p^2+4}$.

解 （1）由表 7-1（5）知 $a=-3$，故

$$f(t)=L^{-1}\left[\frac{1}{p+3}\right]=e^{-3t}.$$

（2）由性质 7.10 及表 7-1（4）得

$$f(t)=L^{-1}\left[\frac{1}{(p-2)^3}\right]=e^{2t}L^{-1}\left[\frac{1}{p^3}\right]=\frac{e^{2t}}{2}L^{-1}\left[\frac{2!}{p^3}\right]=\frac{1}{2}t^2e^{2t}.$$

（3）由性质 7.9 及表 7-1（2）、（3）得

$$f(t)=L^{-1}\left[\frac{2p-5}{p^2}\right]=2L^{-1}\left[\frac{1}{p}\right]-5L^{-1}\left[\frac{1}{p^2}\right]=2-5t.$$

（4）由性质 7.9 及表 7-1（9）、（10）得

$$f(t)=L^{-1}\left[\frac{4p-3}{p^2+4}\right]=4L^{-1}\left[\frac{p}{p^2+4}\right]-\frac{3}{2}L^{-1}\left[\frac{2}{p^2+4}\right]=4\cos2t-\frac{3}{2}\sin2t.$$

例 7-22 求 $F(p)=\dfrac{2p+3}{p^2-2p+5}$ 的逆变换.

解

$$\begin{aligned}
f(t)&=L^{-1}\left[\frac{2p+3}{p^2-2p+5}\right]=L^{-1}\left[\frac{2(p-1)+5}{(p-1)^2+4}\right]\\
&=2L^{-1}\left[\frac{p-1}{(p-1)^2+4}\right]+\frac{5}{2}L^{-1}\left[\frac{2}{(p-1)^2+4}\right]\\
&=2e^tL^{-1}\left[\frac{p}{p^2+4}\right]+\frac{5}{2}e^tL^{-1}\left[\frac{2}{p^2+4}\right]\\
&=2e^t\cos2t+\frac{5}{2}e^t\sin2t=e^t\left(2\cos2t+\frac{5}{2}\sin2t\right).
\end{aligned}$$

例 7-23 求 $F(p)=\dfrac{p+9}{p^2+5p+6}$ 的逆变换.

解 先将 $F(p)$ 分解为两个简单分式之和：

$$\frac{p+9}{p^2+5p+6}=\frac{p+9}{(p+2)(p+3)}=\frac{A}{p+2}+\frac{B}{p+3}.$$

用待定系数法求得 $A=7$，$B=-6$，所以 $\dfrac{p+9}{p^2+5p+6}=\dfrac{7}{p+2}-\dfrac{6}{p+3}$.

于是

$$f(t)=L^{-1}[F(p)]=L^{-1}\left[\frac{7}{p+2}-\frac{6}{p+3}\right]$$

$$=7L^{-1}\left[\frac{1}{p+2}\right]-6L^{-1}\left[\frac{1}{p+3}\right]=7e^{-2t}-6e^{-3t}.$$

例 7-24 求 $F(p)=\dfrac{p+3}{p^3+4p^2+4p}$ 的逆变换.

解 先将 $F(p)$ 分解为简单分式之和：

$$\frac{p+3}{p^3+4p^2+4p}=\frac{p+3}{p(p+2)^2}=\frac{A}{p}+\frac{B}{p+2}+\frac{C}{(p+2)^2}.$$

用待定系数法求得 $A=\dfrac{3}{4}$，$B=-\dfrac{3}{4}$，$C=-\dfrac{1}{2}$，所以

$$F(p)=\frac{p+3}{p^3+4p^2+4p}=\frac{\dfrac{3}{4}}{p}-\frac{\dfrac{3}{4}}{p+2}-\frac{\dfrac{1}{2}}{(p+3)^2}.$$

于是

$$f(t)=L^{-1}[F(p)]=L^{-1}\left[\frac{3}{4}\frac{1}{p}-\frac{3}{4}\frac{1}{p+2}-\frac{1}{2}\frac{1}{(p+2)^2}\right]$$

$$=\frac{3}{4}L^{-1}\left[\frac{1}{p}\right]-\frac{3}{4}L^{-1}\left[\frac{1}{p+2}\right]-\frac{1}{2}L^{-1}\left[\frac{1}{(p+2)^2}\right]$$

$$=\frac{3}{4}-\frac{3}{4}\mathrm{e}^{-2t}-\frac{1}{2}t\mathrm{e}^{-2t}.$$

例 7-25 求 $F(p)=\dfrac{p^2}{(p+2)(p^2+2p+2)}$ 的逆变换．

解 先将 $F(p)$ 分解为两个简单分式之和：

$$F(p)=\frac{p^2}{(p+2)(p^2+2p+2)}=\frac{A}{p+2}+\frac{Bp+C}{p^2+2p+2}.$$

用待定系数法求得 $A=2$，$B=-1$，$C=-2$，所以

$$F(p)=\frac{p^2}{(p+2)(p^2+2p+2)}=\frac{2}{p+2}-\frac{p+2}{p^2+2p+2}$$

$$=\frac{2}{p+2}-\frac{p+1}{(p+1)^2+1}-\frac{1}{(p+1)^2+1},$$

于是

$$f(t)=L^{-1}\left[\frac{p^2}{(p+2)(p^2+2p+2)}\right]$$

$$=L^{-1}\left[\frac{2}{p+2}\right]-L^{-1}\left[\frac{p+1}{(p+1)^2+1}\right]-L^{-1}\left[\frac{1}{(p+1)^2+1}\right]$$

$$=2\mathrm{e}^{-2t}-\mathrm{e}^{-t}\cos t-\mathrm{e}^{-t}\sin t=2\mathrm{e}^{-2t}-\mathrm{e}^{-t}(\cos t+\sin t).$$

习 题 7-2

求下列各函数的拉氏逆变换．

(1) $F(p)=\dfrac{2}{p-3}$；

(2) $F(p)=\dfrac{1}{3p+5}$；

(3) $F(p)=\dfrac{4p}{p^2+16}$；

(4) $F(p)=\dfrac{1}{4p^2+9}$；

(5) $F(p)=\dfrac{2p-8}{p^2+36}$；

(6) $F(p)=\dfrac{p}{(p+3)(p+5)}$；

(7) $F(p)=\dfrac{1}{p(p+1)(p+2)}$；

(8) $F(p)=\dfrac{4}{p^2+4p+10}$；

(9) $F(p) = \dfrac{p^2 + 2}{p^3 + 6p^2 + 9p}$;

(10) $F(p) = \dfrac{p}{p + 2}$;

(11) $F(p) = \dfrac{p^2 + 1}{p(p-1)^2}$;

(12) $F(p) = \dfrac{4p - 2}{(p^2 + 1)^2}$;

(13) $F(p) = \dfrac{p}{(p^2 + a^2)^2}$;

(14) $F(p) = \dfrac{(2p + 1)^2}{p^5}$;

(15) $F(p) = \dfrac{1}{p^4 - 2p^3}$;

(16) $F(p) = \dfrac{150}{(p^2 + 2p + 5)(p^2 - 4p + 8)}$.

习 题 7-2　参考答案

(1) $2e^{3t}$;

(2) $\dfrac{1}{3} e^{-\frac{5}{3}t}$;

(3) $4\cos 4t$;

(4) $\dfrac{1}{6} \sin \dfrac{3}{2} t$;

(5) $2\cos 6t - \dfrac{4}{3} \sin 6t$;

(6) $\dfrac{5}{2} e^{-5t} - \dfrac{3}{2} e^{-3t}$;

(7) $\dfrac{1}{2} - e^{-t} + \dfrac{1}{2} e^{-2t}$;

(8) $\dfrac{4}{\sqrt{6}} e^{-2t} \sin \sqrt{6} t$;

(9) $\dfrac{2}{9} + \dfrac{7}{9} e^{-3t} - \dfrac{11}{3} t e^{-3t}$;

(10) $\delta(t) - 2e^{-2t}$;

(11) $1 + 2t e^{t}$;

(12) $2t \sin t - \sin t + t \cos t$;

(13) $\dfrac{t}{2a} \sin at$;

(14) $2t^2 + \dfrac{2}{3} t^3 + \dfrac{1}{24} t^4$;

(15) $-\dfrac{1}{8}(2t^2 + 2t + 1 - e^{2t})$;

(16) $e^{-t}(4\cos 2t + 3\sin 2t) - e^{2t}(4\cos 2t - 3\sin 2t)$.

第三节　拉普拉斯变换的应用

学习目标

掌握用拉普拉斯变换解常系数线性微分方程的步骤；

能用拉氏变换求简单的常系数线性微分方程的特解．

下面举例说明拉氏变换在解微分方程中的用法．

例 7-26　求微分方程 $x'(t) + 2x(t) = 0$ 满足初始条件 $x(0) = 3$ 的解．

解　第一步，对方程两端取拉氏变换，并设 $L[x(t)] = X(p)$ ，得

$$L[x'(t) + 2x(t)] = L[0] , \quad L[x'(t)] + 2L[x(t)] = 0 ,$$

$$pX(p) - x(0) + 2X(p) = 0.$$

将初始条件 $x(0) = 3$ 代入上式，得

$$(p + 2)X(p) = 3 .$$

这样，原来的微分方程经过拉氏变换后，就得到了一个关于像函数的代数方程．

第二步，解出 $X(p)$: $X(p) = \dfrac{3}{p + 2}$.

第三步，求像函数的逆变换：

$$x(t) = L^{-1}[X(p)] = L^{-1}\left[\frac{3}{p+2}\right] = 3e^{-2t}.$$

这样就得到微分方程的解 $x(t) = 3e^{-2t}$.

由例 7-26 可知，用拉氏变换解常系数线性微分方程的运算过程如图 7-5 所示：

图 7-5

例 7-27 求微分方程 $y'' - 3y' + 2y = 2e^{-t}$ 满足初始条件 $y(0) = 2$，$y'(0) = -1$ 的解.

解 对所给微分方程的两边分别作拉氏变换，设 $L[y(t)] = Y(p) = Y$，则得

$$[p^2 Y - p y(0) - y'(0)] - 3[pY - y(0)] + 2Y = \frac{2}{p+1},$$

将初始条件 $y(0) = 2, y'(0) = -1$ 代入，得 Y 的代数方程

$$(p^2 - 3p + 2)Y = \frac{2}{p+1} + 2p - 7，\ \text{即}\ (p^2 - 3p + 2)Y = \frac{2p^2 - 5p - 5}{p+1},$$

解出 Y，得

$$Y = \frac{2p^2 - 5p - 5}{(p+1)(p-2)(p-1)},$$

将它分解为部分分式得

$$Y = \frac{\dfrac{1}{3}}{p+1} + \frac{4}{p-1} - \frac{\dfrac{7}{3}}{p-2},$$

再取逆变换，就得到满足所给初始条件的方程的特解

$$y(t) = \frac{1}{3}e^{-t} + 4e^{t} - \frac{7}{3}e^{2t}.$$

用拉氏变换还可以解常系数线性微分方程组.

例 7-28 求微分方程组

$$\begin{cases} x'' - 2y' - x = 0 \\ x' - y = 0 \end{cases},$$

满足初始条件 $x(0) = 0$，$x'(0) = 1$，$y(0) = 1$ 的解.

解 设 $L[x(t)] = X(p) = X$，$L[y(t)] = Y(p) = Y$. 对方程组取拉氏变换，得

$$\begin{cases} p^2 X - p x(0) - x'(0) - 2(pY - y(0)) - X = 0 \\ pX - x(0) - Y = 0 \end{cases},$$

将初始条件 $x(0) = 0, x'(0) = 1$，$y(0) = 1$ 代入，整理后得

$$\begin{cases} (p^2 - 1)X - 2pY + 1 = 0 \\ pX - Y = 0 \end{cases},$$

解此方程组，得

$$\begin{cases} X(p) = \dfrac{1}{p^2 + 1} \\ Y(p) = \dfrac{p}{p^2 + 1} \end{cases}.$$

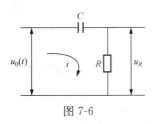

图 7-6

取逆变换，得所求的解为 $\begin{cases} x(t)=\sin t \\ y(t)=\cos t \end{cases}$.

例 7-29 在如图 7-6 所示的电路中，设输入电压为

$$u_0(t)=\begin{cases} 1, & 0\leqslant t<T \\ 0, & t\geqslant T \end{cases},$$

求输出电压 $u_R(t)$（电容 C 在 $t=0$ 时不带电）．

解 设电路中的电流为 $i(t)$．由图 7-6 可得关于 $i(t)$ 的方程为

$$\begin{cases} Ri(t)+\dfrac{1}{C}\displaystyle\int_0^t i(t)\mathrm{d}t=u_0(t) \\[2mm] u_R(t)=Ri(t) \end{cases}, \tag{7-19}$$

对所列方程作拉普拉斯变换，设 $L[i(t)]=I(p)$，$L[u_R(t)]=U_R(p)$．

又 $u_0(t)=u(t)-u(t-T)$，这里 $u(t)$ 是单位阶梯函数，所以有

$$L[u_0(t)]=L[u(t)]-L[u(t-T)]=\frac{1}{p}-\frac{\mathrm{e}^{-Tp}}{p}=\frac{1}{p}(1-\mathrm{e}^{-Tp}),$$

故由式（7-19）得

$$\begin{cases} RI(p)+\dfrac{1}{pC}I(p)=\dfrac{1}{p}(1-\mathrm{e}^{-Tp}) \\[2mm] U_R(p)=RI(p) \end{cases}. \tag{7-20} \tag{7-21}$$

由式（7-20）解得 $I(p)=\dfrac{C(1-\mathrm{e}^{-Tp})}{RCp+1}$，代入式（7-21），得

$$U_R(p)=\frac{RC(1-\mathrm{e}^{-Tp})}{RCp+1}=\frac{RC}{RCp+1}-\frac{RC\mathrm{e}^{-Tp}}{RCp+1},$$

求逆变换得 $\qquad u_R(t)=\mathrm{e}^{-\frac{t}{RC}}-u(t-T)\mathrm{e}^{\frac{t-T}{RC}}$．

输入、输出的电压与时间 t 的关系分别如图 7-7（a）、（b）所示．

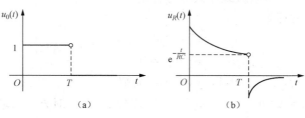

图 7-7

习 题 7-3

1. 用拉氏变换解下列微分方程．

(1) $\dfrac{\mathrm{d}i}{\mathrm{d}t}+5i=10\mathrm{e}^{-3t}$，$i(0)=0$；

(2) $\dfrac{\mathrm{d}^2 y}{\mathrm{d}t^2}+\omega^2 y=0$，$y(0)=0$，$y'(0)=\omega$；

(3) $y''(t) - 3y'(t) + 2y(t) = 4$，$y(0) = 0$，$y'(0) = 1$；

(4) $y''(t) + 16y(t) = 32t$，$y(0) = 3$，$y'(0) = -2$；

(5) $x''(t) + 2x'(t) + 5x(t) = 0$，$x(0) = 1$，$x'(0) = 5$；

(6) $x'''(t) + x(t) = 1$，$x(0) = x'(0) = x''(0) = 0$.

2. 解下列微分方程组.

(1) $\begin{cases} x' + x - y = e^t \\ y' + 3x - 2y = 2e^t \end{cases}$，$x(0) = y(0) = 1$；

(2) $\begin{cases} x'' + 2y = 0 \\ y' + x + y = 0 \end{cases}$，$x(0) = 0$，$x'(0) = 1$，$y(0) = 1$.

3. 在 $R-L$ 串联电路中，当 $t = 0$ 时，将开关闭合，接上直流电源，求电路中的电流 $i(t)$.

习题 7-3　参考答案

1. (1) $i = 5(e^{-3t} - e^{-5t})$；　(2) $y = \sin\omega t$；

(3) $y = 2 - 5e^t + 3e^{2t}$；　(4) $y = 2t + 3\cos4t - \sin4t$；

(5) $x = e^{-t}(\cos2t + 3\sin2t)$；　(6) $x = 1 - \frac{1}{3}e^{-t} - \frac{2}{3}e^{\frac{t}{2}}\cos\frac{\sqrt{3}}{2}t$.

2. (1) $\begin{cases} x = e^t \\ y = e^t \end{cases}$；　(2) $\begin{cases} x = e^{-t}\sin t \\ y = e^{-t}\cos t \end{cases}$.

3. $i(t) = \frac{E}{R}\left[1 - e^{-\frac{R}{L}t}\right]$.

复习题七

1. 求下列函数的拉氏变换.

(1) $f(t) = \begin{cases} 8, & 0 \leqslant t < 2 \\ 6, & t \geqslant 2 \end{cases}$；　(2) $f(t) = \begin{cases} 3, & 0 \leqslant t < \frac{\pi}{2} \\ \cos t, & t \geqslant \frac{\pi}{2} \end{cases}$；

(3) $f(t) = e^{4t}\cos3t\cos4t$；　(4) $f(t) = \frac{e^{-\pi t}}{\sqrt{\pi t}}$.

2. 求下列像函数的逆变换.

(1) $F(p) = \frac{1}{p(p-1)^2}$；　(2) $F(p) = \frac{3p+9}{p^2+2p+10}$；

(3) $F(p) = \frac{5p^2-15p+7}{(p+1)(p-2)^2}$；　(4) $F(p) = \frac{2e^{-p}-e^{-3p}}{p}$；

(5) $F(p) = \frac{p^3}{(p-1)^4}$；　(6) $F(p) = \frac{p^2}{(p^2+1)^2}$.

3. 用拉氏变换解下列微分方程.

(1) $y'' + 2y' + 2y = \mathrm{e}^{-x}$，$y(0) = y'(0) = 0$；

(2) $y''' + 8y = 32t^3 - 16t$，$y(0) = y'(0) = y''(0) = 0$；

(3) $y'' + 2y' = 3\mathrm{e}^{-2t}$，$y(0) = y'(0) = 0$；

(4) $y'' + 9y = \cos 3t$，$y(0) = y'(0) = 0$.

4. 用拉氏变换解微分方程组.

(1) $\begin{cases} x'' + y' + 3x = \cos 2t, & x\big|_{t=0} = \dfrac{1}{5},\ x'\big|_{t=0} = 0; \\ y'' - 4x' + 3y = \sin 2t, & y\big|_{t=0} = 0,\ y'\big|_{t=0} = \dfrac{6}{5}. \end{cases}$

(2) $\begin{cases} 2x - y - y' = 4(1 - \mathrm{e}^{-t}), \\ 2x' + y = 2(1 + 3\mathrm{e}^{-2t}), \end{cases}$ $x(0) = y(0) = 0$.

复习题七　参考答案

1. (1) $\dfrac{2}{p}(4 - \mathrm{e}^{-2p})$；

(2) $\dfrac{3}{p}(1 - \mathrm{e}^{-\frac{\pi}{2}p}) - \mathrm{e}^{-\frac{\pi}{2}p}\dfrac{1}{p^2+1}$；

(3) $\dfrac{1}{2}\left[\dfrac{p-4}{(p-4)^2+49} + \dfrac{p-4}{(p-4)^2+1}\right]$；

(4) $\dfrac{1}{\sqrt{p+\pi}}$.

2. (1) $1 - \mathrm{e}^t + t\mathrm{e}^t$；

(2) $\mathrm{e}^{-t}(3\cos 3t + 2\sin 3t)$；

(3) $3\mathrm{e}^{-t} + 2\mathrm{e}^{2t} - t\mathrm{e}^{2t}$；

(4) $f(t) = \begin{cases} 2, & 1 \leqslant t < 3 \\ 1, & t \geqslant 3 \end{cases}$；

(5) $\mathrm{e}^t\left(1 + 3t + \dfrac{3}{2}t^2 + \dfrac{1}{6}t^3\right)$；

(6) $\dfrac{1}{2}(t\cos t + \sin t)$.

3. (1) $y = \mathrm{e}^{-x}(1 - \cos x)$；

(2) $y = -3 - 2t + 4t^2 + \dfrac{2}{3}\mathrm{e}^{-2t} + \mathrm{e}^t\left(\dfrac{7}{3}\cos\sqrt{3}\,t + \dfrac{1}{\sqrt{3}}\sin\sqrt{3}\,t\right)$；

(3) $y = \dfrac{3}{4} - \dfrac{3}{4}\mathrm{e}^{-2t}(1 + 2t)$；

(4) $y = \dfrac{1}{6}t\sin 3t$.

4. (1) $\begin{cases} x = \dfrac{1}{5}\cos 2t \\ y = \dfrac{3}{5}\sin 2t \end{cases}$；

(2) $\begin{cases} x = 3 - 2\mathrm{e}^{-t} - \mathrm{e}^{-2t} \\ y = 2 - 4\mathrm{e}^{-t} + 2\mathrm{e}^{-2t} \end{cases}$.

第八章 无 穷 级 数

教学目的

理解级数、级数收敛、级数发散的概念；

理解幂级数及其收敛半径、收敛区间的概念，会将简单的函数展开成幂级数；

掌握奇、偶周期函数的傅里叶级数的特点；

会将以 2π 为周期或以 $2l$ 为周期的简单函数展开为傅里叶级数.

无穷级数是研究函数的工具，它既可作为一个函数的表达式，又可用它求得一些函数的近似公式. 本章主要讨论无穷级数的概念、幂级数及一些简单函数展开成幂级数的方法，重点介绍傅里叶（Fourier）级数.

第一节 幂 级 数

学习目标

能表述级数、级数收敛、级数发散的定义；

能表述幂级数及其收敛半径、收敛区间的定义；

能将常用函数展开成马克劳林级数.

一、数项级数的概念

定义 8.1 设给定数列或函数列 u_1，u_2，u_3，$\cdots$，u_n，$\cdots$，则

$$u_1 + u_2 + u_3 + \cdots + u_n + \cdots,$$

称为由这个数列或函数列产生的无穷级数，简称**级数**，记作 $\displaystyle\sum_{n=1}^{\infty} u_n$，即

$$\sum_{n=1}^{\infty} u_n = u_1 + u_2 + u_3 + \cdots + u_n + \cdots, \tag{8-1}$$

其中 u_n 称为级数的第 n 项，也称**一般项**或**通项**. 如果 u_n 是常数，则级数 $\displaystyle\sum_{n=1}^{\infty} u_n$ 称为**常数项级数**，简称**数项级数**；如果 u_n 是函数，则级数 $\displaystyle\sum_{n=1}^{\infty} u_n$ 称为**函数项级数**. 例如，

$$\frac{1}{2} + \frac{1}{4} + \frac{1}{8} + \frac{1}{16} + \cdots + \frac{1}{2^n} + \cdots,$$

$$1 - 2 + 3 - 4 + \cdots + (-1)^{n-1} n + \cdots$$

都是数项级数；

$$\sin x + \sin 2x + \cdots + \sin nx + \cdots,$$

$$1 - x + x^2 - x^3 + \cdots + (-1)^{n-1} x^{n-1} + \cdots$$

都是函数项级数.

下面讨论数项级数. 无穷级数是无穷多个数累加的结果,这就无法像通常有限个数那样可以直接把它们逐项相加,但我们可以先求有限项的和,然后运用极限的方法解决无穷多项的累加问题.

级数(8-1)的前 n 项之和

$$S_n = u_1 + u_2 + u_3 + \cdots + u_n = \sum_{k=1}^{n} u_k.$$

S_n 称为级数(8-1)的**部分和**,当 n 依次取 1,2,3,$\cdots$ 时,就构成一个新的数列 $\{S_n\}$.

根据这个数列是否有极限,我们引入无穷级数(8-1)的收敛和发散的概念.

定义 8.2 如果无穷级数 $\sum\limits_{n=1}^{\infty} u_n$ 的部分和数列 $\{S_n\}$ 的极限为 S,即 $\lim\limits_{n\to\infty} S_n = S$,则称**无穷级数 $\sum\limits_{n=1}^{\infty} u_n$ 收敛**,极限 S 称为这个级数的**和**,记作

$$\sum_{n=1}^{\infty} u_n = u_1 + u_2 + u_3 + \cdots + u_n + \cdots = S.$$

如果数列 $\{S_n\}$ 极限不存在,则称**无穷级数发散**,显然发散的级数没有和.

例 8-1 判别等比级数(几何级数)

$$\sum_{n=0}^{\infty} aq^n = a + aq + aq^2 + \cdots + aq^n + \cdots (a \neq 0) \text{ 的敛散性.}$$

解 若 $|q| \neq 1$,则部分和为 $S_n = a + aq + aq^2 + \cdots + aq^{n-1} = \dfrac{a(1-q^n)}{1-q}$.

(1) 当 $|q| < 1$ 时,$\lim\limits_{n\to\infty} q^n = 0$,从而 $\lim\limits_{n\to\infty} S_n = \dfrac{a}{1-q}$,所以级数收敛,其和为 $\dfrac{a}{1-q}$;

(2) 当 $|q| > 1$ 时,$\lim\limits_{n\to\infty} q^n = \infty$,从而 $\lim\limits_{n\to\infty} S_n = \infty$,所以级数发散;

(3) 当 $q = 1$ 时,$S_n = na$,从而 $\lim\limits_{n\to\infty} S_n = \infty$,所以级数发散;

(4) 当 $q = -1$ 时,$\sum\limits_{n=0}^{\infty} aq^n = a - a + a - a + \cdots$ 其部分和

$$S_n = \begin{cases} 0, & n \text{ 为偶数} \\ a, & n \text{ 为奇数} \end{cases},$$

此时,$\lim\limits_{n\to\infty} S_n$ 不存在,所以级数发散.

因此,当 $|q| < 1$ 时,等比级数 $\sum\limits_{n=0}^{\infty} aq^n$ 收敛于 $\dfrac{a}{1-q}$;当 $|q| \geqslant 1$ 时,等比级数 $\sum\limits_{n=0}^{\infty} aq^n$ 发散.

例 8-2 判别级数 $\dfrac{1}{2 \times 3} + \dfrac{1}{3 \times 4} + \cdots + \dfrac{1}{(n+1)(n+2)} + \cdots$ 的敛散性.

解 由于 $u_n = \dfrac{1}{(n+1)(n+2)} = \dfrac{1}{n+1} - \dfrac{1}{n+2}$,

则 $\quad S_n = \dfrac{1}{2 \times 3} + \dfrac{1}{3 \times 4} + \cdots + \dfrac{1}{(n+1)(n+2)}$

$$= \left(\frac{1}{2} - \frac{1}{3}\right) + \left(\frac{1}{3} - \frac{1}{4}\right) + \cdots + \left(\frac{1}{n+1} - \frac{1}{n+2}\right)$$

$$= \frac{1}{2} - \frac{1}{n+2} .$$

而 $\lim\limits_{n \to \infty} S_n = \lim\limits_{n \to \infty} \left(\frac{1}{2} - \frac{1}{n+2} \right) = \frac{1}{2}$ ，所以级数收敛，其和为 $\frac{1}{2}$ ．

二、级数收敛的必要条件

定理 8.1（级数收敛的必要条件） 若级数 $\sum\limits_{n=1}^{\infty} u_n$ 收敛，则 $\lim\limits_{n \to +\infty} u_n = 0$ ．

该定理意味着，若 $\lim\limits_{n \to \infty} u_n \neq 0$ 或不存在，则级数 $\sum\limits_{n=1}^{\infty} u_n$ 一定发散．这是判定级数发散的一种常用方法．

例如，级数 $\sum\limits_{n=1}^{\infty} \frac{n}{n+1} = \frac{1}{2} + \frac{2}{3} + \frac{3}{4} + \cdots + \frac{n}{n+1} + \cdots$ ，因 $\lim\limits_{n \to +\infty} u_n = \lim\limits_{n \to +\infty} \frac{n}{n+1} = 1 \neq 0$ ，故级数发散．

应注意，定理不是级数收敛的充分条件，即反过来不成立．

例如，调和级数 $\sum\limits_{n=1}^{\infty} \frac{1}{n} = 1 + \frac{1}{2} + \frac{1}{3} + \cdots + \frac{1}{n} + \cdots$ ，可以证明该级数 $\sum\limits_{n=1}^{\infty} \frac{1}{n}$ 是发散的，但是 $\lim\limits_{n \to +\infty} u_n = \lim\limits_{n \to +\infty} \frac{1}{n} = 0$ ．

三、幂级数的概念

上面我们简单介绍了数项级数及其敛散性问题．事实上，我们应用最多的是函数项级数，数项级数只是函数项级数的一种特殊情形．下面我们将讨论函数项级数中一类很特殊的级数：它的每一项都是 x 的幂函数，我们称这种函数项级数为幂级数．

定义 8.3 形如

$$a_0 + a_1 x + a_2 x^2 + \cdots + a_n x^n + \cdots = \sum_{n=0}^{\infty} a_n x^n$$

的级数称为关于 x 的**幂级数**，其中 a_0，a_1，a_2，$\cdots$，a_n，$\cdots$ 都是常数，称为幂级数的**系数**．

形如

$$a_0 + a_1 (x - x_0) + a_2 (x - x_0)^2 + \cdots a_n (x - x_0)^n + \cdots = \sum_{n=0}^{\infty} a_n (x - x_0)^n$$

的级数称为关于 $x - x_0$ 的幂级数．

如果作代换 $t = x - x_0$ ，并将 t 改记为 x ，这个级数就变为 $\sum\limits_{n=0}^{\infty} a_n x^n$ ．简单地，我们仅讨论形如 $\sum\limits_{n=0}^{\infty} a_n x^n$ 的幂级数．

四、幂级数的收敛区间

幂级数 $\sum\limits_{n=0}^{\infty} a_n x^n$ 当 x 取某个数值 x_0 后，就变成一个相应的数项级数．若 $\sum\limits_{n=0}^{\infty} a_n x^n$ 在点 x_0 处收敛，称 x_0 为它的一个收敛点；若 $\sum\limits_{n=0}^{\infty} a_n x^n$ 在点 x_0 处发散，称 x_0 为它的一个发散点；

$\sum\limits_{n=0}^{\infty} a_n x^n$ 的全体收敛点的集合，称为它的收敛域．也就是说，对于收敛域内的每一个 x，级数 $\sum\limits_{n=0}^{\infty} a_n x^n$ 都收敛，设其和为 $S(x)$，即

$$\sum_{n=0}^{\infty} a_n x^n = S(x).$$

$S(x)$ 是 x 的函数，称为级数 $\sum\limits_{n=0}^{\infty} a_n x^n$ 的和函数，也称级数 $\sum\limits_{n=0}^{\infty} a_n x^n$ 收敛于 $S(x)$．

例 8-3　讨论幂级数 $1 + x + x^2 + \cdots + x^n + \cdots$ 的敛散性．

解　由例 8-1 可知，当 $|x| < 1$ 时，该级数收敛于 $\dfrac{1}{1-x}$，当 $|x| \geqslant 1$ 时，该级数发散．因此，其收敛域是开区间 $(-1, 1)$．

上例中幂级数的收敛域是一个区间．事实上，该结论对于一般的幂级数也是成立的．

定义 8.4　对于幂级数 $\sum\limits_{n=0}^{\infty} a_n x^n$，若存在一个非负数 R，满足下列条件之一：

（1）当 $|x| < R$ 时，幂级数 $\sum\limits_{n=0}^{\infty} a_n x^n$ 收敛；$|x| > R$ 时，幂级数 $\sum\limits_{n=0}^{\infty} a_n x^n$ 发散；

（2）当 $R = +\infty$ 时，对任意 $x \in (-\infty, +\infty)$，幂级数 $\sum\limits_{n=0}^{\infty} a_n x^n$ 收敛；

（3）当 $R = 0$ 时，幂级数 $\sum\limits_{n=0}^{\infty} a_n x^n$ 仅在 $x = 0$ 时收敛．

则称 R 为幂级数 $\sum\limits_{n=0}^{\infty} a_n x^n$ 的**收敛半径**，$(-R, R)$ 为幂级数 $\sum\limits_{n=0}^{\infty} a_n x^n$ 的**收敛区间**．

对幂级数的收敛半径我们不加证明地给出如下定理：

定理 8.2　若幂级数 $\sum\limits_{n=0}^{\infty} a_n x^n$ 的系数满足 $\lim\limits_{n\to\infty} \left| \dfrac{a_n}{a_{n+1}} \right| = R$，则 R 为幂级数的收敛半径．

由上面的讨论知，幂级数的收敛域为区间．但需要注意：收敛域不一定总是开区间，而收敛区间则总是指开区间 $(-R, R)$．由 $x = \pm R$ 处的收敛性，便可确定该幂级数的收敛域．若级数只在 $x = 0$ 处收敛，我们规定它的收敛半径 $R = 0$；若对任何实数 x，幂级数 $\sum\limits_{n=0}^{\infty} a_n x^n$ 皆收敛，则规定其收敛半径 $R = +\infty$，这时收敛域是 $(-\infty, +\infty)$．由于 $x = \pm R$ 处级数的敛散性讨论比较复杂，为方便起见，本书只研究幂级数的收敛区间．

例 8-4　试求下列幂级数的收敛区间．

（1）$\sum\limits_{n=1}^{\infty} \dfrac{x^n}{2^n}$；　　　　　　　（2）$\sum\limits_{n=1}^{\infty} (-1)^n \dfrac{x^n}{n}$；　　　　　　　（3）$\sum\limits_{n=1}^{\infty} \dfrac{1}{n!} x^n$．

解　（1）因为 $R = \lim\limits_{n\to\infty} \left| \dfrac{a_n}{a_{n+1}} \right| = \lim\limits_{n\to\infty} \dfrac{\dfrac{1}{2^n}}{\dfrac{1}{2^{n+1}}} = 2$，所以 $\sum\limits_{n=1}^{\infty} \dfrac{x^n}{2^n}$ 的收敛区间为 $(-2, 2)$．

（2）因为 $R = \lim\limits_{n \to \infty} \left| \dfrac{a_n}{a_{n+1}} \right| = \lim\limits_{n \to \infty} \left| \dfrac{(-1)^n \dfrac{1}{n}}{(-1)^{n+1} \dfrac{1}{(n+1)}} \right| = \lim\limits_{n \to \infty} \dfrac{n+1}{n} = 1$，所以 $\sum\limits_{n=1}^{\infty} (-1)^n \dfrac{x^n}{n}$ 的

收敛区间为 $(-1, 1)$.

（3）因为 $R = \lim\limits_{n \to \infty} \left| \dfrac{a_n}{a_{n+1}} \right| = \lim\limits_{n \to \infty} \dfrac{(n+1)!}{n!} = \lim\limits_{n \to \infty} \dfrac{n+1}{1} = +\infty$，所以 $\sum\limits_{n=1}^{\infty} \dfrac{1}{n!} x^n$ 的收敛区间

为 $(-\infty, +\infty)$.

五、将函数展开成幂级数

在实际中，常常遇到复杂的数值计算问题，往往需要将函数展开成幂级数．将函数展开成幂级数需要讨论余项，而余项的讨论又非常复杂，为方便起见，对函数展开成幂级数不进行余项的讨论，而只进行直观但不严格的说明．

设函数 $f(x)$ 在点 x_0 的附近具有任意阶导数，且

$$f(x) = a_0 + a_1(x - x_0) + a_2(x - x_0)^2 + \cdots + a_n(x - x_0)^n + \cdots.$$

对上式两边求导（逐项求导）得

$$f'(x) = a_1 + 2a_2(x - x_0) + 3a_3(x - x_0)^2 \cdots + na_n(x - x_0)^{n-1} + \cdots,$$

$$f''(x) = 2a_2 + 3 \cdot 2a_3(x - x_0) + \cdots + n(n-1)a_n(x - x_0)^{n-2} + \cdots,$$

$$f'''(x) = 3 \cdot 2a_3 + \cdots + n(n-1)(n-2)a_n(x - x_0)^{n-3} + \cdots.$$

依次类推，可得

$$f^{(n)}(x) = n(n-1)(n-2) \cdots 1 a_n + (n+1)n(n-1) \cdots 2a_{n+1}(x - x_0) + \cdots$$

$$= n! a_n + (n+1)n(n-1) \cdots 2a_{n+1}(x - x_0) + \cdots.$$

上式右端省略的项均为 $b_k(x - x_0)^k (k \geqslant 2)$ 的形式．

特别地，令 $x = x_0$，则得 $f^{(n)}(x_0) = n! a_n$，即 $a_n = \dfrac{f^{(n)}(x_0)}{n!}$ $(n = 0, 1, 2, \cdots)$. 其中特别规定 $0! = 1$，$f^{(0)}(x_0) = f(x_0)$.

于是有

定义 8.5 设 $f(x)$ 在 x_0 的某邻域内具有任意阶导数，则以 $a_n = \dfrac{1}{n!} f^{(n)}(x_0)$ 为系数的幂级数

$$\sum_{n=0}^{\infty} \dfrac{1}{n!} f^{(n)}(x_0)(x - x_0)^n = f(x_0) + f'(x_0)(x - x_0) + \dfrac{1}{2!} f''(x_0)(x - x_0)^2 + \cdots$$

$$+ \dfrac{1}{n!} f^{(n)}(x_0)(x - x_0)^n + \cdots$$

称为 $f(x)$ 在点 x_0 处的泰勒级数．

当 $x_0 = 0$ 时，幂级数

$$\sum_{n=0}^{\infty} \dfrac{1}{n!} f^{(n)}(0) x^n = f(0) + f'(0)x + \dfrac{1}{2!} f''(0)x^2 + \cdots + \dfrac{1}{n!} f^{(n)}(0)x^n + \cdots$$

称为 $f(x)$ 在点 $x_0 = 0$ 处的马克劳林级数．

利用 $f(x) = \sum\limits_{n=0}^{\infty} \dfrac{1}{n!} f^{(n)}(0) x^n$ 直接将 $f(x)$ 展开成幂级数的方法，称为直接展开法．

例 8-5   将 $f(x) = \mathrm{e}^x$ 展开成马克劳林级数.

解 $f(x) = \mathrm{e}^x$ 显然有任意阶连续导数, 且 $f^{(n)}(x) = \mathrm{e}^x$, 而 $f^{(n)}(0) = \mathrm{e}^0 = 1$.

于是 $f(x) = \mathrm{e}^x$ 的马克劳林级数为

$$1 + x + \frac{1}{2!}x^2 + \cdots + \frac{1}{n!}x^n + \cdots.$$

而此级数的收敛半径为

$$R = \lim_{n \to \infty} \left| \frac{a_n}{a_{n+1}} \right| = \lim_{n \to \infty} \frac{\dfrac{1}{n!}}{\dfrac{1}{(n+1)!}} = \lim_{n \to \infty}(n+1) = +\infty.$$

所以

$$\mathrm{e}^x = \sum_{n=0}^{\infty} \frac{x^n}{n!} = 1 + x + \frac{1}{2!}x^2 + \cdots + \frac{1}{n!}x^n + \cdots,\ x \in (-\infty,\ +\infty).$$

例 8-6   把 $f(x) = \cos x$ 展成马克劳林级数.

解   因为 $f^{(n)}(0) = \cos\left(0 + \dfrac{n\pi}{2}\right) = \cos\dfrac{n\pi}{2}$,

于是 $f(x) = \cos x$ 的马克劳林级数为

$$1 - \frac{x^2}{2!} + \frac{x^4}{4!} - \frac{x^6}{6!} + \cdots + (-1)^n \frac{x^{2n}}{(2n)!} + \cdots.$$

而此级数的收敛半径为

$$R = \lim_{n \to \infty} \left| \frac{a_n}{a_{n+1}} \right| = \lim_{n \to \infty} \frac{\dfrac{1}{(2n)!}}{\dfrac{1}{[2(n+1)]!}} = \lim_{n \to \infty}(2n+2)(2n+1) = +\infty.$$

所以

$$\cos x = 1 - \frac{x^2}{2!} + \frac{x^4}{4!} - \frac{x^6}{6!} + \cdots + (-1)^n \frac{x^{2n}}{(2n)!} + \cdots,\ x \in (-\infty,\ +\infty).$$

因为 $(\cos x)' = -\sin x$, 所以

$$\sin x = x - \frac{x^3}{3!} + \frac{x^5}{5!} - \frac{x^7}{7!} + \cdots + (-1)^n \frac{x^{2n+1}}{(2n+1)!} + \cdots,\ x \in (-\infty,\ +\infty).$$

下面利用已知幂级数的展开式进行逐项积分、逐项微分或变量替换等方法, 通过适当的运算, 而将给定函数简捷灵活地展开, 从而求出一些函数的幂级数展开式, 这种方法称为**间接展开法**.

例 8-7   将 $f(x) = a^x (a > 0,\ a \neq 1)$ 展开成马克劳林级数.

解   因为 $\mathrm{e}^x = \sum_{n=0}^{\infty} \dfrac{x^n}{n!} = 1 + x + \dfrac{1}{2!}x^2 + \cdots + \dfrac{1}{n!}x^n + \cdots,\ x \in (-\infty,\ +\infty)$.

所以

$$a^x = \mathrm{e}^{\ln a^x} = \mathrm{e}^{x \ln a} = \sum_{n=0}^{\infty} \frac{(\ln a)^n}{n!} x^n \qquad (-\infty < x < +\infty).$$

例 8-8   将 $f(x) = \ln(1+x)$ 展开成马克劳林级数.

解   由等比级数知识可知

$$[\ln(1+x)]' = \frac{1}{1+x} = 1 - x + x^2 - x^3 + \cdots + (-1)^n x^n + \cdots (-1 < x < 1).$$

将上式从 0 到 x 逐项积分，得

$$\ln(1+x) = x - \frac{x^2}{2} + \frac{x^3}{3} - \frac{x^4}{4} + \cdots + (-1)^n \frac{x^{n+1}}{n+1} + \cdots (-1 < x < 1).$$

例 8-9 将 $f(x) = \arctan x$ 展开成马克劳林级数．

解 因为 $(\arctan x)' = \frac{1}{1+x^2} = \frac{1}{1-(-x^2)} = \sum_{n=0}^{\infty} (-1)^n x^{2n}$ $(-1 < x < 1).$

于是，逐项积分可得

$$\arctan x = \sum_{n=0}^{\infty} (-1)^n \int_0^x t^{2n} \mathrm{d}t = \sum_{n=0}^{\infty} (-1)^n \frac{x^{2n+1}}{2n+1}.$$

例 8-10 将 $f(x) = \ln(3+x)$ 展开成马克劳林级数．

解 因为 $\ln(1+x) = x - \frac{x^2}{2} + \frac{x^3}{3} - \frac{x^4}{4} + \cdots + (-1)^n \frac{x^{n+1}}{n+1} + \cdots (-1 < x < 1).$ 所以

$$\ln(3+x) = \ln\left[3\left(1+\frac{x}{3}\right)\right] = \ln 3 + \ln\left(1+\frac{x}{3}\right)$$

$$= \ln 3 + \frac{x}{3} - \frac{1}{2}\left(\frac{x}{3}\right)^2 + \frac{1}{3}\left(\frac{x}{3}\right)^3 - \cdots + (-1)^n \frac{1}{n+1}\left(\frac{x}{3}\right)^{n+1} + \cdots$$

$$= \ln 3 + \frac{x}{3} - \frac{1}{3^2 \cdot 2}x^2 + \frac{1}{3^3 \cdot 3}x^3 - \cdots + (-1)^n \frac{1}{3^{n+1}(n+1)}x^{n+1} + \cdots (-3 < x < 3),$$

其中 $-3 < x < 3$ 是由不等式 $-1 < \frac{x}{3} < 1$ 解出的．

习 题 8-1

1. 求下列级数的和．

(1) $\sum_{n=1}^{\infty} \frac{1}{(3n-1)(3n+2)}$;

(2) $\sum_{n=1}^{\infty} \frac{1}{4n^2-1}$;

(3) $\sum_{n=1}^{\infty} \frac{(-1)^{n-1}}{2^n}$;

(4) $\sum_{n=1}^{\infty} \left(\frac{1}{2^n} + \frac{1}{3^n}\right)$.

2. 用定义判别下列级数的敛散性．

(1) $\sum_{n=1}^{\infty} (-1)^{n-1}$;

(2) $\sum_{n=1}^{\infty} \frac{1}{(2n-1)(2n+1)}$;

(3) $\sum_{n=1}^{\infty} (2n-1)$;

(4) $\sum_{n=1}^{\infty} \frac{1}{3^n}$.

3. 试求下列幂级数的收敛区间．

(1) $\sum_{n=1}^{\infty} \frac{n}{2^n}x^n$;

(2) $\sum_{n=1}^{\infty} \frac{x^n}{n}$;

(3) $\sum_{n=1}^{\infty} (-1)^n \frac{x^n}{\sqrt{n}}$;

(4) $\sum_{n=1}^{\infty} n^n x^n$;

(5) $\displaystyle\sum_{n=1}^{\infty} \frac{2^n}{n^2+1} x^n$;　　　　　　　　(6) $\displaystyle\sum_{n=1}^{\infty} \frac{1}{(2n)!} x^n$.

4. 将下列函数展开成马克劳林级数.

(1) $y = \mathrm{e}^{-x^2}$;　　　　　　　　(2) $y = \ln(5+x)$;

(3) $y = x\ln(1+x)$;　　　　　　　　(4) $y = x\sin x\cos x$.

习 题 8-1　参考答案

1. (1) $\dfrac{1}{6}$;　　　(2) $\dfrac{1}{2}$;　　　(3) $\dfrac{1}{3}$;　　　(4) $\dfrac{3}{2}$.

2. (1) 发散;　　(2) 收敛;　　(3) 发散;　　(4) 收敛.

3. (1) $(-2, 2)$;　(2) $(-1, 1)$;　　(3) $(-1, 1)$;　(4) $x=0$;

(5) $\left(-\dfrac{1}{2}, \dfrac{1}{2}\right)$;　　　　　　(6) $(-\infty, +\infty)$.

4. (1) $\displaystyle\sum_{n=0}^{\infty} \frac{(-1)^n}{n!} x^{2n} (-\infty < x < +\infty)$;

(2) $\ln 5 + \dfrac{x}{5} - \dfrac{1}{5^2 \cdot 2} x^2 + \dfrac{1}{5^3 \cdot 3} x^3 - \cdots + (-1)^n \dfrac{1}{5^{n+1}(n+1)} x^{n+1} + \cdots, (-5 < x < 5)$;

(3) $x^2 - \dfrac{x^3}{2} + \dfrac{x^4}{3} + \cdots + (-1)^n \dfrac{x^{n+2}}{n+1} + \cdots (-1 < x < 1)$;

(4) $\displaystyle\sum_{n=0}^{\infty} \frac{(-1)^n 2^{2n}}{(2n+1)!} x^{2n+2}$.

第二节　傅 里 叶 级 数

学习目标

能表述三角函数系及其正交性;

能表述以 2π 或 $2l$ 为周期的函数的傅里叶级数表达式,并掌握傅里叶系数的定积分表达式;

能将简单的周期函数展开为傅里叶级数;

能表述奇、偶周期函数的傅里叶级数的特征,能将奇、偶周期函数展开成傅里叶级数.

在周期函数中正弦型函数是较为简单的一种,但是较为复杂的周期现象往往不能只用一个正弦型函数来表示,而是无穷多个不同的正弦型函数叠加的结果.这就是本节要研究的另一类重要的函数项级数——三角级数.

一、以 2π 为周期的函数展开成傅里叶级数

定义 8.6 函数项级数

$$\frac{a_0}{2} + \sum_{n=1}^{\infty} (a_n \cos nx + b_n \sin nx)$$

称为三角级数,其中 a_0, a_n, $b_n (n=1, 2, \cdots)$ 都是常数,称为系数.

1. 三角函数系的正交性

为讨论如何把给定的以 2π 为周期的函数展开成三角级数的问题，我们必须首先讨论三角函数系的一个重要性质——正交性.

函数列 1，$\cos x$，$\sin x$，$\cos 2x$，$\sin 2x$，…，$\cos nx$，$\sin nx$，… 称为三角函数系.

三角函数系具有如下性质：除了 1 以外，其中的每个函数在 $[-\pi, \pi]$ 上的积分等于零，而且其中任意两个不同函数的乘积在 $[-\pi, \pi]$ 上的积分等于零，即

$$\int_{-\pi}^{\pi} \cos nx\, \mathrm{d}x = 0\ ,\ \int_{-\pi}^{\pi} \sin nx\, \mathrm{d}x = 0 \quad (n = 1,\ 2,\ 3\cdots),$$

$$\int_{-\pi}^{\pi} \sin kx \cos nx\, \mathrm{d}x = 0 \quad (k,\ n = 1,\ 2,\ 3\cdots),$$

$$\int_{-\pi}^{\pi} \cos kx \cos nx\, \mathrm{d}x = 0 \quad (k,\ n = 1,\ 2,\ 3,\ \cdots,\ n \neq k),$$

$$\int_{-\pi}^{\pi} \sin kx \sin nx\, \mathrm{d}x = 0 \quad (k,\ n = 1,\ 2,\ 3,\ \cdots,\ n \neq k).$$

这个性质称为三角函数系在 $[-\pi, \pi]$ 上的正交性.

2. 将周期为 2π 的函数展开成傅里叶级数

设 $f(x)$ 是以 2π 为周期的函数，且能展成三角级数，即

$$f(x) = \frac{a_0}{2} + \sum_{n=1}^{\infty} (a_n \cos nx + b_n \sin nx). \tag{8-2}$$

为了确定系数 a_0，a_1，b_1，a_2，b_2，…，假设上式右端可以逐项积分.

首先求 a_0. 对式（8-2）在 $[-\pi, \pi]$ 上逐项积分，

$$\int_{-\pi}^{\pi} f(x) \mathrm{d}x = \int_{-\pi}^{\pi} \frac{a_0}{2} \mathrm{d}x + \sum_{k=1}^{\infty} \left(a_k \int_{-\pi}^{\pi} \cos kx\, \mathrm{d}x + b_k \int_{-\pi}^{\pi} \sin kx\, \mathrm{d}x \right),$$

由三角函数系的正交性，右端除第一项外，其余各项均为零，所以

$$\int_{-\pi}^{\pi} f(x) \mathrm{d}x = \int_{-\pi}^{\pi} \frac{a_0}{2} \mathrm{d}x = a_0 \pi.$$

于是得

$$a_0 = \frac{1}{\pi} \int_{-\pi}^{\pi} f(x) \mathrm{d}x.$$

其次求 a_n. 将式（8-2）乘 $\cos nx$，并在 $[-\pi, \pi]$ 上逐项积分，

$$\int_{-\pi}^{\pi} f(x) \cos nx\, \mathrm{d}x = \frac{a_0}{2} \int_{-\pi}^{\pi} \cos nx\, \mathrm{d}x + \sum_{k=1}^{\infty} \left(a_k \int_{-\pi}^{\pi} \cos kx \cos nx\, \mathrm{d}x + b_k \int_{-\pi}^{\pi} \sin kx \cos nx\, \mathrm{d}x \right)$$

由三角函数系的正交性，等式右端除 $n = k$ 项外，其余各项均为零，所以

$$\int_{-\pi}^{\pi} f(x) \cos nx\, \mathrm{d}x = a_n \int_{-\pi}^{\pi} \cos^2 nx\, \mathrm{d}x = a_n \pi.$$

于是

$$a_n = \frac{1}{\pi} \int_{-\pi}^{\pi} f(x) \cos nx\, \mathrm{d}x\ (n = 1,\ 2,\ \cdots).$$

类似地，用 $\sin nx$ 乘式（8-2）两端，并在 $[-\pi, \pi]$ 上逐项积分，可得

$$b_n = \frac{1}{\pi} \int_{-\pi}^{\pi} f(x) \sin nx\, \mathrm{d}x\ (n = 1,\ 2,\ \cdots).$$

由此得到系数 a_0，a_n，b_n $(n=1，2，\cdots)$ 与函数 $f(x)$ 之间的关系式为

$$\begin{cases} a_n = \dfrac{1}{\pi}\displaystyle\int_{-\pi}^{\pi} f(x)\cos nx\,\mathrm{d}x & (n=0，1，2，\cdots) \\[3mm] b_n = \dfrac{1}{\pi}\displaystyle\int_{-\pi}^{\pi} f(x)\sin nx\,\mathrm{d}x & (n=1，2，\cdots) \end{cases} \tag{8-3}$$

由式（8-3）所确定的 a_0，a_n，b_n $(n=1，2，\cdots)$ 称为函数 $f(x)$ 的傅里叶系数，由傅里叶系数形成的三角级数

$$\frac{a_0}{2} + \sum_{n=1}^{\infty}(a_n\cos nx + b_n\sin nx)$$

称为 $f(x)$ 的傅里叶级数.

特别地，当 $f(x)$ 是周期为 2π 的奇函数时，它的傅里叶系数为

$$\begin{cases} a_n = \dfrac{1}{\pi}\displaystyle\int_{-\pi}^{\pi} f(x)\cos nx\,\mathrm{d}x = 0 & (n=0，1，2，\cdots) \\[3mm] b_n = \dfrac{2}{\pi}\displaystyle\int_{-\pi}^{\pi} f(x)\sin nx\,\mathrm{d}x = \dfrac{2}{\pi}\displaystyle\int_{0}^{\pi} f(x)\sin nx\,\mathrm{d}x & (n=1，2，\cdots) \end{cases},$$

则奇函数 $f(x)$ 的傅里叶级数为正弦级数 $\displaystyle\sum_{n=1}^{\infty} b_n\sin nx$.

当 $f(x)$ 是周期为 2π 的偶函数时，它的傅里叶系数为

$$\begin{cases} a_n = \dfrac{2}{\pi}\displaystyle\int_{0}^{\pi} f(x)\cos nx\,\mathrm{d}x & (n=0，1，2，\cdots) \\[3mm] b_n = 0 & (n=1，2，\cdots) \end{cases},$$

则偶函数 $f(x)$ 的傅里叶级数为余弦级数 $\dfrac{a_0}{2} + \displaystyle\sum_{n=1}^{\infty} a_n\cos nx$.

3. 收敛定理

$f(x)$ 的傅里叶级数是否收敛于 $f(x)$？函数 $f(x)$ 满足什么条件时，它的傅里叶级数收敛于 $f(x)$？或者说 $f(x)$ 满足什么条件时可展开成傅里叶级数？对此，有下面的定理.

定理 8.3（狄利克雷收敛定理） 设以 2π 为周期的函数 $f(x)$ 在 $[-\pi，\pi]$ 上满足条件：

（1）仅有有限个第一类间断点，其余均为连续点；

（2）至多只有有限个极值点.

则 $f(x)$ 的傅里叶级数收敛，且

（1）当 x 是 $f(x)$ 的连续点时，级数收敛于 $f(x)$；

（2）当 x 是 $f(x)$ 的间断点时，级数收敛于 $\dfrac{f(x-0)+f(x+0)}{2}$.

例 8-11 设 $f(x)$ 是以 2π 为周期的函数，它在 $[-\pi，\pi]$ 上的表达式为

$$f(x) = \begin{cases} -1，& -\pi \leqslant x < 0 \\ 1，& 0 \leqslant x < \pi \end{cases},$$

试将 $f(x)$ 展开成傅里叶级数.

解 函数 $f(x)$ 的图形如图 8-1 所示.

计算傅里叶系数. 由于 $f(x)$ 为奇函数，所以 $a_n = 0(n=0，1，2，\cdots)$，

$$b_n = \frac{2}{\pi}\int_{0}^{\pi} f(x)\sin nx\,\mathrm{d}x = \frac{2}{\pi}\int_{0}^{\pi}\sin nx\,\mathrm{d}x$$

$$= \frac{2}{\pi}\left[-\frac{1}{n}\cos nx\right]_0^\pi = \frac{2}{n\pi}(1-\cos n\pi) = \frac{2}{n\pi}\left[1-(-1)^n\right]$$

$$= \begin{cases} \dfrac{4}{n\pi}, & n=1,\ 3,\ 5,\ \cdots, \\ 0, & n=2,\ 4,\ 6,\ \cdots \end{cases}$$

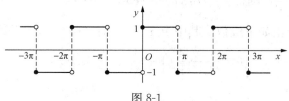

图 8-1

由收敛定理知，函数 $f(x)$ 满足收敛定理的条件. 当 $x\neq k\pi$ 时，$f(x)$ 的傅里叶级数收敛于 $f(x)$；当 $x=k\pi$ 时，级数收敛于 $\frac{1+(-1)}{2}=0$（其中 $k=0,\ \pm1,\ \pm2,\ \cdots$）.

$f(x)$ 的傅里叶展开式为

$$f(x)=\frac{4}{\pi}\left[\sin x+\frac{1}{3}\sin 3x+\cdots+\frac{1}{2k-1}\sin(2k-1)x+\cdots\right]$$

$$(-\infty<x<+\infty,\ x\neq k\pi,\ k=0,\ \pm1,\ \pm2,\ \cdots).$$

如果把 $f(x)$ 理解为矩形波的波形函数，那么上式表明：矩形波是由一系列不同频率的正弦波叠加而成.

一般地，将周期函数 $f(x)$ 展开成傅里叶级数，在电工学中叫做谐波分析，其中常数项 $\frac{a_0}{2}$ 叫做 $f(x)$ 的直流分量，$a_n\cos nx+b_n\sin nx$ 叫做 $n(n\geqslant1)$ 次谐波. 特别地，$a_1\cos x+b_1\sin x$ 叫做一次谐波（又叫基波）.

例 8-12 以 2π 为周期的函数 $f(x)$（见图 8-2）在 $[-\pi,\pi)$ 上的表达式为

$$f(x)=\begin{cases} -x, & -\pi\leqslant x<0, \\ x, & 0\leqslant x<\pi \end{cases},$$

试将 $f(x)$ 展开成傅里叶级数.

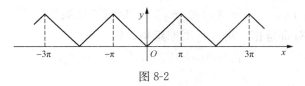

图 8-2

解 计算傅里叶系数：

由于 $f(x)$ 为偶函数，所以 $b_n=0(n=1,\ 2,\ \cdots)$，

$$a_0=\frac{2}{\pi}\int_0^\pi f(x)\mathrm{d}x=\frac{2}{\pi}\int_0^\pi x\,\mathrm{d}x=\pi,$$

$$a_n=\frac{2}{\pi}\int_0^\pi f(x)\cos nx\,\mathrm{d}x=\frac{2}{\pi}\int_0^\pi x\cos nx\,\mathrm{d}x=\frac{2}{\pi}\left[\frac{x\sin nx}{n}+\frac{\cos nx}{n^2}\right]_0^\pi$$

$$= \frac{2}{n^2\pi}(\cos n\pi - 1) = \begin{cases} -\dfrac{4}{n^2\pi} & n=1,\ 3,\ 5,\ \cdots \\ 0 & n=2,\ 4,\ 6,\ \cdots \end{cases}.$$

故 $f(x)$ 的傅里叶级数展开式为

$$f(x) = \frac{\pi}{2} - \frac{4}{\pi}\left(\cos x + \frac{1}{3^2}\cos 3x + \frac{1}{5^2}\cos 5x + \cdots\right) \quad (-\infty < x < +\infty).$$

利用该式，可以导出如下级数．其中令 $x=0$，有 $f(0)=0$，于是有

$$0 = \frac{\pi}{2} - \frac{4}{\pi}\left(1 + \frac{1}{3^2} + \frac{1}{5^2} + \cdots\right),$$

移项得

$$\frac{\pi^2}{8} = 1 + \frac{1}{3^2} + \frac{1}{5^2} + \cdots.$$

二、$[-\pi,\ \pi]$ 或 $[0,\ \pi]$ 上的函数展开成傅里叶级数

有时，我们用到函数 $f(x)$ 的傅里叶级数在 $[-\pi,\ \pi]$ 上的部分．这时，只要函数 $f(x)$ 在 $[-\pi,\ \pi]$ 上满足收敛定理的条件，不管函数 $f(x)$ 是否为周期函数，也不管函数 $f(x)$ 在 $[-\pi,\ \pi]$ 以外有无定义，我们可以以函数 $f(x)$ 在 $(-\pi,\ \pi)$ 上图像为基础，在 $(-\pi,\ \pi)$ 外对函数 $f(x)$ 补充定义，把它延拓成以 2π 为周期的函数 $F(x)$，这种延拓方式叫做周期延拓．然后将函数 $F(x)$ 展开为傅里叶级数．由于在 $(-\pi,\ \pi)$ 上 $F(x) \equiv f(x)$，这样便得到 $f(x)$ 在 $(-\pi,\ \pi)$ 上的傅里叶级数．根据收敛定理，这个级数在 $x = \pm\pi$ 处收敛于 $\dfrac{f(\pi-0)+f(-\pi+0)}{2}$．

类似地，可以得到函数 $f(x)$ 在 $[0,\ \pi]$ 上的傅里叶级数．只要函数 $f(x)$ 在 $[0,\ \pi]$ 上满足收敛定理的条件，可以补充 $f(x)$ 在 $[-\pi,\ 0)$ 上的定义，然后按照周期延拓的方法将得到的 $F(x)$ 展成傅里叶级数．由于在 $(0,\ \pi)$ 上 $F(x) \equiv f(x)$，这样便得到 $f(x)$ 在 $(0,\ \pi)$ 上的傅里叶级数．在区间端点 $x=0$，$x=\pi$ 处，可根据收敛定理判断其收敛情况．上面补充 $f(x)$ 在 $[-\pi,\ 0)$ 上的定义，可以使 $F(x)$ 在 $(-\pi,\ \pi)$ 上成为奇函数或偶函数，这种方式的延拓称为奇延拓或偶延拓．由此得到的傅里叶级数一定是正弦级数或余弦级数．

例 8-13 将函数 $f(x) = x+1(0 \leqslant x \leqslant \pi)$ 展成正弦级数．

解 将 $f(x)$ 进行奇延拓，再进行周期延拓，则

$$a_n = 0(n=0,\ 1,\ 2,\ 3,\ \cdots),$$

$$b_n = \frac{2}{\pi}\int_0^\pi f(x)\sin nx\,\mathrm{d}x = \frac{2}{\pi}\int_0^\pi (x+1)\sin nx\,\mathrm{d}x$$

$$= -\frac{2}{n\pi}\int_0^\pi (x+1)\,\mathrm{d}\cos nx = \frac{2}{n\pi}[1-(\pi+1)\cos n\pi]$$

$$= \begin{cases} \dfrac{2}{n\pi}(\pi+2), & (n=1,\ 3,\ 5,\ \cdots) \\ -\dfrac{2}{n}, & (n=2,\ 4,\ 6,\ \cdots) \end{cases},$$

所以函数 $f(x)$ 的正弦级数展开式为

$$x + 1 = \frac{2}{\pi}\left[(\pi+2)\sin x - \frac{\pi}{2}\sin 2x + \frac{1}{3}(\pi+2)\sin 3x - \frac{\pi}{4}\sin 4x + \cdots\right](0 < x < \pi).$$

在端点 $x = 0$，$x = \pi$ 处，级数收敛于零.

三、以 2*l* 为周期的函数展开成傅里叶级数（选学）

设 $f(x)$ 是以 $2l$ 为周期的函数，函数 $f(x)$ 满足收敛定理的条件，作变量代换 $x = \frac{l}{\pi}t$，即 $t = \frac{\pi}{l}x$，则当 x 在 $[-l, l]$ 上变化时，t 在 $[-\pi, \pi]$ 上变化，这样函数 $F(t) = f\left(\frac{l}{\pi}t\right)$ 是以 2π 为周期的函数，且在 $[-\pi, \pi]$ 上满足收敛定理条件. 于是运用前面的方法将 $F(t)$ 展开成傅里叶级数：

$$F(t) = \frac{a_0}{2} + \sum_{n=1}^{\infty}(a_n\cos nt + b_n\sin nt).$$

其中

$$\begin{cases} a_n = \frac{1}{\pi}\int_{-\pi}^{\pi}f\left(\frac{l}{\pi}t\right)\cos nt\,\mathrm{d}t & (n = 0, 1, 2, \cdots) \\ b_n = \frac{1}{\pi}\int_{-\pi}^{\pi}f\left(\frac{l}{\pi}t\right)\sin nt\,\mathrm{d}t & (n = 1, 2, \cdots) \end{cases}.$$

将 $t = \frac{\pi}{l}x$ 代入以上各式，便得到以 $2l$ 为周期的函数 $f(x)$ 的傅里叶级数展开式：

$$f(x) = \frac{a_0}{2} + \sum_{n=1}^{\infty}\left(a_n\cos\frac{n\pi}{l}x + b_n\sin\frac{n\pi}{l}x\right).$$

其中

$$\begin{cases} a_n = \frac{1}{l}\int_{-l}^{l}f(x)\cos\frac{n\pi}{l}x\,\mathrm{d}x & (n = 0, 1, 2, \cdots) \\ b_n = \frac{1}{l}\int_{-l}^{l}f(x)\sin\frac{n\pi}{l}x\,\mathrm{d}x & (n = 1, 2, \cdots) \end{cases}.$$

例 8-14（脉冲电压） 设以 $2l(l > 0)$ 为周期的脉冲电压的脉冲波形如图 8-3 所示，其中 t 为时间. 将脉冲电压 $f(t)$ 在 $[-l, l]$ 上展开成以 $2l(l > 0)$ 为周期的傅里叶级数.

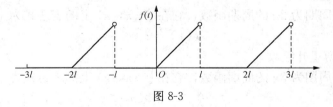

图 8-3

解 由图 8-3 知，脉冲电压 $f(t)$ 在 $[-l, l]$ 上的表达式为

$$f(t) = \begin{cases} 0, & -l \leqslant t < 0 \\ t, & 0 \leqslant t < l \end{cases}.$$

计算傅里叶系数：

$$a_0 = \frac{1}{l} \int_{-l}^{l} f(t) \mathrm{d}t = \frac{1}{l} \int_{0}^{l} t \mathrm{d}t = \frac{l}{2} ,$$

$$a_n = \frac{1}{l} \int_{-l}^{l} f(t) \cos \frac{n\pi t}{l} \mathrm{d}t = \frac{1}{l} \int_{0}^{l} t \cos \frac{n\pi t}{l} \mathrm{d}t$$

$$= \frac{l}{n^2 \pi^2} (\cos n\pi - 1) = \frac{l}{n^2 \pi^2} \left[(-1)^n - 1 \right] (n = 1, 2, 3, \cdots),$$

$$b_n = \frac{1}{l} \int_{-l}^{l} f(t) \sin \frac{n\pi t}{l} \mathrm{d}t = \frac{1}{l} \int_{0}^{l} t \sin \frac{n\pi t}{l} \mathrm{d}t$$

$$= \frac{1}{l} \left(-\frac{l}{n\pi} \right) l \cos n\pi = (-1)^{n+1} \frac{l}{n\pi} (n = 1, 2, 3, \cdots).$$

根据收敛定理, 在 $f(t)$ 的间断点 $t = (2k+1)l (k = 0, \pm 1, \pm 2, \cdots)$ 处, 傅里叶级数收敛于

$$\frac{f(t-0) + f(t+0)}{2} = \frac{l+0}{2} = \frac{l}{2} .$$

而在连续点处级数收敛于 $f(t)$, 即

$$f(t) = \frac{l}{4} - \frac{2l}{\pi^2} \left[\cos \frac{\pi}{l} t + \frac{1}{3^2} \cos \frac{3\pi}{l} t + \frac{1}{5^2} \cos \frac{5\pi}{l} t + \cdots \right]$$

$$+ \frac{l}{\pi} \left[\sin \frac{\pi}{l} t - \frac{1}{2} \sin \frac{2\pi}{l} t + \frac{1}{3} \sin \frac{3\pi}{l} t - \frac{1}{4} \sin \frac{4\pi}{l} t + \cdots \right]$$

$$(-\infty < t < +\infty, \ t \neq \pm l, \ \pm 3l, \ \pm 5l, \cdots).$$

上面介绍的是傅里叶级数的三角形式, 但在工程技术上常采用它的指数形式, 因篇幅所限, 这里不再赘述, 有兴趣的读者, 可参阅相关书籍.

习 题 8-2

1. 设 $f(x)$ 是周期为 2π 的周期函数, 它在 $[-\pi, \pi)$ 上的表达式为

$$f(x) = \begin{cases} x, & -\pi \leqslant x < 0, \\ 0, & 0 \leqslant x < \pi \end{cases},$$

试将 $f(x)$ 展开成傅里叶级数.

2. 设 $f(x)$ 是周期为 2π 的周期函数, 它在 $[-\pi, \pi)$ 上的表达式为

$$f(x) = x ,$$

试将 $f(x)$ 展开成傅里叶级数.

3. 设 $f(x)$ 是周期为 2π 的周期函数, 它在 $[-\pi, \pi)$ 上的表达式为

$$f(x) = \begin{cases} 0, & -\pi \leqslant x < 0 \\ \pi - x, & 0 \leqslant x < \pi \end{cases},$$

试将 $f(x)$ 展开成傅里叶级数, 傅叶级数在 $x = 0$ 处收敛于什么值?

4. 设 $f(x)$ 是周期为 4 的函数, 它在 $[-2, 2)$ 上的表达式为

$$f(x) = \begin{cases} 0, & -2 \leqslant x < 0 \\ 1, & 0 \leqslant x < 2 \end{cases},$$

试将 $f(x)$ 展开成傅里叶级数.

习 题 8-2　参考答案

1. $-\dfrac{1}{4}+\sum\limits_{n=1}^{\infty}\dfrac{1-(-1)^n}{n^2}\cdot\cos nx+\dfrac{(-1)^{n+1}}{n}\cdot\sin nx$ $(-\infty<x<+\infty,\ x\neq\pm\pi,\ \pm3\pi,\ \cdots)$.

2. $2\sum\limits_{n=1}^{\infty}(-1)^{n+1}\dfrac{\sin nx}{n},\quad x\neq(2k+1)\pi$.

3. $\dfrac{\pi}{4}+\sum\limits_{k=1}^{\infty}\left[\dfrac{2}{(2k-1)^2\pi}\cos(2k-1)x+\dfrac{1}{2k-1}\sin(2k-1)x+\dfrac{1}{2k}\sin2kx\right](-\infty<x<+\infty,$

$x\neq k\pi)$. 傅里叶级数在 $x=0$ 处收敛于 $\dfrac{\pi}{2}$.

4. $\dfrac{1}{2}+\dfrac{2}{\pi}\left[\sin\dfrac{\pi}{2}x+\dfrac{1}{3}\sin\dfrac{3\pi}{2}x+\dfrac{1}{5}\sin\dfrac{5\pi}{2}x+\cdots\right]$ $(-\infty<x<+\infty,\ x\neq0,\ \pm2,$

$\pm4,\ \cdots)$.

复 习 题 八

1. 判断题.

(1) 级数 $\sum\limits_{n=10}^{\infty}\dfrac{1}{n}$ 发散; 　　　　　　　　　　　　　　　　(　)

(2) 几何级数 $\sum\limits_{n=0}^{\infty}2q^n$,当 $|q|<1$ 时,收敛于 $\dfrac{2}{1-q}$;当 $|q|\geqslant1$ 时,发散;

(　)

(3) 若级数 $\sum\limits_{n=1}^{\infty}u_n$ 发散,则 $\lim\limits_{n\to\infty}u_n\neq0$; 　　　　　　　　　　　(　)

(4) 若 $f(x)=e^x+1(-\pi\leqslant x\leqslant\pi)$ 是以 2π 为周期的函数,其傅里叶级数为正弦

级数. 　　　　　　　　　　　　　　　　　　　　　　　　　　　　(　)

2. 填空题.

(1) $f(x)=\dfrac{1}{1-x}$ 在 $x=0$ 处展开成的幂级数为_____;

(2) $f(x)=\dfrac{1}{1+x}$ 在 $x=0$ 处展开成的幂级数为_____;

(3) $y=\sin2x$ 的马克劳林级数为_____;

(4) $y=(1+x)^m$ 的马克劳林级数为_____.

3. 求下列幂级数的收敛区间.

(1) $\sum\limits_{n=1}^{\infty}\dfrac{2^n}{n^2}x^n$; 　　　　　　　　　　(2) $\sum\limits_{n=1}^{\infty}n!\ x^n$.

4. 把下列函数展开为马克劳林级数,并写出收敛区间.

(1) $y=3^x$; 　　　　　　　　　　　　(2) $y=\sin\dfrac{x}{2}$;

(3) $y = \sin^2 x$;　　　　　　　　(4) $y = \ln(7 + x)$;

(5) $y = \dfrac{1}{2 + x^2}$;　　　　　　　(6) $y = (1 + x)e^x$.

5. 设 $f(x)$ 是以 2π 为周期的函数，它在 $[-\pi, \pi)$ 上的表达式为 $f(x) = x^2 - \pi^2$，试将 $f(x)$ 展开成傅里叶级数，并求级数 $\displaystyle\sum_{n=1}^{\infty} \dfrac{1}{n^2}$ 的和 .

6. 设 $f(x)$ 是周期为 6 的函数，它在 $[-3, 3)$ 上的表达式为

$$f(x) = \begin{cases} 0, & -3 \leqslant x < 0 \\ c, & 0 \leqslant x < 3 \end{cases} \text{（常数 } c \neq 0\text{）},$$

试将 $f(x)$ 展开成傅里叶级数 .

复习题八　参考答案

1. (1) $\checkmark$; (2) $\checkmark$; (3) $\times$; (4) $\times$.

2. (1) $1 + x + x^2 + \cdots + x^n + \cdots$, $-1 < x < +1$;

(2) $1 - x + x^2 \cdots + (-1)^n x^n + \cdots$, $-1 < x < +1$;

(3) $2x - \dfrac{(2x)^3}{3!} + \dfrac{(2x)^5}{5!} - \cdots + (-1)^n \dfrac{(2x)^{2n+1}}{(2n+1)!} + \cdots$, $(-\infty < x < +\infty)$;

(4) $1 + mx + \dfrac{m(m-1)}{2!} x^2 + \cdots + \dfrac{m(m-1)\cdots(m-n+1)}{n!} + \cdots$, $(-1 < x < +1)$.

3. (1) $\left(-\dfrac{1}{2}, \dfrac{1}{2}\right)$;　　　　　　　(2) $x = 0$.

4. (1) $\displaystyle\sum_{n=0}^{\infty} \dfrac{(\ln 3)^n}{n!} x^n$ 　　$(-\infty < x < +\infty)$;

(2) $\displaystyle\sum_{n=0}^{\infty} \dfrac{(-1)^n}{2^{2n+1}(2n+1)!} x^{2n+1}$ $(-\infty < x < +\infty)$;

(3) $\dfrac{1}{2} - \dfrac{1}{2} \displaystyle\sum_{n=0}^{\infty} (-1)^n \dfrac{(2x)^{2n}}{(2n)!}$ 　　$(-\infty < x < +\infty)$;

(4) $\ln 7 + \dfrac{x}{7} - \dfrac{1}{7^2 \cdot 2} x^2 + \dfrac{1}{7^3 \cdot 3} x^3 - \cdots + (-1)^n \dfrac{1}{7^{n+1}(n+1)} x^{n+1} + \cdots$,

$(-7 < x < 7)$;

(5) $\displaystyle\sum_{n=0}^{\infty} \dfrac{(-1)^n}{2^{n+1}} x^{2n}$ 　$(-\sqrt{2} < x < \sqrt{2})$;

(6) $1 + \displaystyle\sum_{n=0}^{\infty} \dfrac{n+1}{n!} x^n$ 　$(-\infty < x < +\infty)$.

5. $\dfrac{2}{3}\pi^2 + 4 \displaystyle\sum_{n=1}^{\infty} \dfrac{(-1)^{n+1}}{n^2} \cos nx$ $(-\infty < x < +\infty)$; $\displaystyle\sum_{n=1}^{\infty} \dfrac{1}{n^2} = \dfrac{\pi^2}{6}$.

6. $\dfrac{c}{2} + \dfrac{2c}{\pi} \left(\sin \dfrac{\pi}{3} x + \dfrac{1}{3} \sin \dfrac{3\pi}{3} x + \dfrac{1}{5} \sin \dfrac{5\pi}{3} x + \cdots \right)$ $(-\infty < x < +\infty, x \neq 0, \pm 3,$ $\pm 6, \cdots)$.

第九章 线性代数及其应用

 教学目的

掌握行列式的概念与性质，会计算行列式；

掌握克莱姆法则；

理解矩阵、逆矩阵、矩阵的秩、矩阵的初等变换、线性方程组的系数矩阵和增广矩阵等概念；

掌握矩阵的运算（矩阵的加法、数乘矩阵、矩阵相乘）；

掌握初等变换求矩阵的秩及逆矩阵的方法；

掌握解线性方程组的高斯消元法；

了解齐次、非齐次线性方程组解的结构.

在科学技术中，常常遇到解线性方程组（多元线性方程组）的问题，而行列式和矩阵是解决该问题的重要工具. 本章将介绍行列式和矩阵的相关概念，并借助它们求解线性方程组.

第一节 行列式与克莱姆法则

学习目标

能表述行列式的定义与性质；

会计算行列式；

会用克莱姆法则解简单的线性方程组.

n 元线性方程组的一般形式为

$$\begin{cases} a_{11}x_1 + a_{12}x_2 + \cdots + a_{1n}x_n = b_1, \\ a_{21}x_1 + a_{22}x_2 + \cdots + a_{2n}x_n = b_2, \\ \qquad\qquad\qquad \cdots \\ a_{m1}x_1 + a_{m2}x_2 + \cdots + a_{mn}x_n = b_m. \end{cases}$$

其中 x_1，x_2，$\cdots$，x_n 是方程组的未知数，b_1，b_2，$\cdots$，b_m 是常数，a_{11}，a_{12}，$\cdots$，a_{21}，a_{22}，$\cdots$ 是方程组未知数的系数. 该线性方程组包含 m 个方程，n 个未知数，m 与 n 未必相等. 一般地，将线性方程组中第 i 个方程的未知数 x_j 的系数记为 a_{ij}（$i=1$，2，$\cdots$，m；$j=1$，2，$\cdots$，n）. 下面首先讨论 $m=n=2$ 时二元线性方程组解的情形.

一、二阶、三阶行列式

设二元线性方程组为

$$\begin{cases} a_{11}x_1 + a_{12}x_2 = b_1, \\ a_{21}x_1 + a_{22}x_2 = b_2. \end{cases} \tag{9-1}$$

现用代数消元法求解方程组（9-1）.

首先，将方程组（9-1）中第一个方程两边同乘以 a_{22}，第二个方程两边同乘以 a_{12}，然后两方程相减，消去 x_2，可得

$$(a_{11}a_{22}-a_{12}a_{21})x_1=b_1a_{22}-a_{12}b_2.$$

运用类似方法，消去 x_1，可得

$$(a_{11}a_{22}-a_{12}a_{21})x_2=a_{11}b_2-a_{21}b_1.$$

当 $a_{11}a_{22}-a_{12}a_{21}\neq0$ 时，方程组（9-1）的解为

$$x_1=\frac{b_1a_{22}-a_{12}b_2}{a_{11}a_{22}-a_{12}a_{21}},\ x_2=\frac{a_{11}b_2-b_1a_{21}}{a_{11}a_{22}-a_{12}a_{21}}. \tag{9-2}$$

为了便于记忆式（9-2），人们给出如下记忆法.

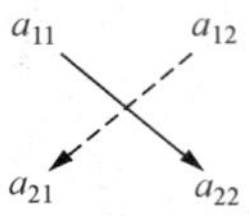

图 9-1

以式（9-2）中的分母为例. 将 a_{11}，a_{22}，a_{12}，a_{21} 按其在方程组中出现的位置，排成如图 9-1 所示的方形表，并用两竖线将其框住，其结果表示将方形表中从左上角到右下角的对角线（实线连接的，称为主对角线）上两个数之积 $a_{11}a_{22}$，减去另一条对角线（虚线连接的，称为次对角线）上两数之积 $a_{12}a_{21}$，即 $a_{11}a_{22}-a_{12}a_{21}$，这就是二阶行列式的对角线法则. 关于二阶行列式的定义如下：

定义 9.1　规定

$$\begin{vmatrix} a_{11} & a_{12} \\ a_{21} & a_{22} \end{vmatrix}=a_{11}a_{22}-a_{12}a_{21}, \tag{9-3}$$

式（9-3）的左端称为**二阶行列式**，右端称为**二阶行列式的展开式**. $a_{ij}(i,j=1,2)$ 称为行列式第 i 行第 j 列的**元素**，i 称为**行标**，j 称为**列标**.

由二阶行列式定义，可将式（9-2）中的分子分别表示为

$$b_1a_{22}-a_{12}b_2=\begin{vmatrix} b_1 & a_{12} \\ b_2 & a_{22} \end{vmatrix},\ a_{11}b_2-b_1a_{21}=\begin{vmatrix} a_{11} & b_1 \\ a_{21} & b_2 \end{vmatrix},$$

以 D，D_1 和 D_2 分别标记上述各行列式，则

$$D=\begin{vmatrix} a_{11} & a_{12} \\ a_{21} & a_{22} \end{vmatrix},\ D_1=\begin{vmatrix} b_1 & a_{12} \\ b_2 & a_{22} \end{vmatrix},\ D_2=\begin{vmatrix} a_{11} & b_1 \\ a_{21} & b_2 \end{vmatrix},$$

于是，当 $D\neq0$ 时，方程组（9-1）的解可简记为

$$\begin{cases} x_1=\dfrac{D_1}{D}, \\[2mm] x_2=\dfrac{D_2}{D}. \end{cases}$$

式中 D 称为线性方程组（9-1）的**系数行列式**，D_1 和 D_2 是以 b_1，b_2 分别替换行列式 D 中的第 1 列和第 2 列的元素所得的两个二阶行列式，这种利用二阶行列式解二元线性方程组的方法称为**克莱姆（Cramer）法则**.

例 9-1　计算下列行列式：

(1) $\begin{vmatrix} -3 & 5 \\ -2 & 5 \end{vmatrix}$;　　　　　　　　(2) $\begin{vmatrix} \cos^2\alpha & \sin^2\alpha \\ \sin^2\alpha & \cos^2\alpha \end{vmatrix}$.

解　(1) $\begin{vmatrix} -3 & 5 \\ -2 & 5 \end{vmatrix}=(-3)\times5-(-2)\times5=-5.$

（2）$\begin{vmatrix} \cos^2\alpha & \sin^2\alpha \\ \sin^2\alpha & \cos^2\alpha \end{vmatrix} = \cos^4\alpha - \sin^4\alpha = (\cos^2\alpha - \sin^2\alpha)(\cos^2\alpha + \sin^2\alpha) = \cos 2\alpha$.

例 9-2 利用行列式解下列线性方程组

$$\begin{cases} 3x_1 - 2x_2 = 3 \\ x_1 + 3x_2 = -1 \end{cases}.$$

解 因为

$$D = \begin{vmatrix} 3 & -2 \\ 1 & 3 \end{vmatrix} = 11 \neq 0 , \ D_1 = \begin{vmatrix} 3 & -2 \\ -1 & 3 \end{vmatrix} = 7 , \ D_2 = \begin{vmatrix} 3 & 3 \\ 1 & -1 \end{vmatrix} = -6 ,$$

所以方程组的解为 $\begin{cases} x_1 = \dfrac{D_1}{D} = \dfrac{7}{11}, \\ x_2 = \dfrac{D_2}{D} = -\dfrac{6}{11}. \end{cases}$

同样，解三元线性方程组

$$\begin{cases} a_{11}x_1 + a_{12}x_2 + a_{13}x_3 = b_1, \\ a_{21}x_1 + a_{22}x_2 + a_{23}x_3 = b_2, \\ a_{31}x_1 + a_{32}x_2 + a_{33}x_3 = b_3. \end{cases} \tag{9-4}$$

依然可采用类似方法，即利用行列式解线性方程组，由此也定义了三阶行列式.

定义 9.2 规定

$$\begin{vmatrix} a_{11} & a_{12} & a_{13} \\ a_{21} & a_{22} & a_{23} \\ a_{31} & a_{32} & a_{33} \end{vmatrix} = a_{11}\begin{vmatrix} a_{22} & a_{23} \\ a_{32} & a_{33} \end{vmatrix} - a_{12}\begin{vmatrix} a_{21} & a_{23} \\ a_{31} & a_{33} \end{vmatrix} + a_{13}\begin{vmatrix} a_{21} & a_{22} \\ a_{31} & a_{32} \end{vmatrix} , \tag{9-5}$$

式（9-5）的左端称为**三阶行列式**，右端称为**三阶行列式按第一行的展开式**.

以记号 D 标记行列式，有

$$D = \begin{vmatrix} a_{11} & a_{12} & a_{13} \\ a_{21} & a_{22} & a_{23} \\ a_{31} & a_{32} & a_{33} \end{vmatrix} ,$$

其中 $a_{ij}(i, j = 1, 2, 3)$ 称为行列式 D 第 i 行第 j 列的**元素**，i 称为**行标**，j 称为**列标**.

将 D 中元素 a_{ij} 所在的第 i 行和第 j 列（$i, j = 1, 2, 3$）划去后，剩下的二阶行列式称为元素 a_{ij} 的**余子式**，记为 M_{ij} . 如元素 a_{11}、a_{12} 和 a_{13} 的余子式分别为

$$M_{11} = \begin{vmatrix} a_{22} & a_{23} \\ a_{32} & a_{33} \end{vmatrix} , \quad M_{12} = \begin{vmatrix} a_{21} & a_{23} \\ a_{31} & a_{33} \end{vmatrix} , \quad M_{13} = \begin{vmatrix} a_{21} & a_{22} \\ a_{31} & a_{32} \end{vmatrix} ,$$

据此，式（9-5）可也写成：

$$D = a_{11}M_{11} - a_{12}M_{12} + a_{13}M_{13} = \sum_{k=1}^{3} a_{1k}(-1)^{1+k}M_{1k} . \tag{9-6}$$

若记 $A_{ij} = (-1)^{i+j}M_{ij}$ ，则称 A_{ij} 为元素 a_{ij} 的**代数余子式**.

由此，式（9-6）又可写成

$$D = a_{11}A_{11} + a_{12}A_{12} + a_{13}A_{13} = \sum_{k=1}^{3} a_{1k}A_{1k} . \tag{9-7}$$

若将三阶行列式定义中的三个二阶行列式均展开，则有

$$D=\begin{vmatrix} a_{11} & a_{12} & a_{13} \\ a_{21} & a_{22} & a_{23} \\ a_{31} & a_{32} & a_{33} \end{vmatrix}=a_{11}a_{22}a_{33}+a_{12}a_{23}a_{31}+a_{13}a_{21}a_{32}-a_{13}a_{22}a_{31}-a_{11}a_{23}a_{32}-a_{12}a_{21}a_{33}.$$

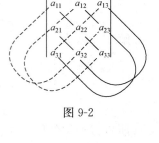

上式右端称为对角线展开式，该式可按如图 9-2 所示的对角线法则记忆. 即图中实线所联三个元素的乘积之和，再减去虚线所联三个元素的乘积之和.

图 9-2

例 9-3　计算 $\begin{vmatrix} 2 & 3 & 4 \\ 0 & 5 & 6 \\ 0 & 0 & 1 \end{vmatrix}$.

解　$\begin{vmatrix} 2 & 3 & 4 \\ 0 & 5 & 6 \\ 0 & 0 & 1 \end{vmatrix}=2\begin{vmatrix} 5 & 6 \\ 0 & 1 \end{vmatrix}-3\begin{vmatrix} 0 & 6 \\ 0 & 1 \end{vmatrix}+4\begin{vmatrix} 0 & 5 \\ 0 & 0 \end{vmatrix}$

$$=2\times5-3\times0+4\times0=10.$$

二、n 阶行列式及性质

下面将二阶、三阶行列式的概念推广至 n 阶行列式.

定义 9.3　设 $n-1$ 阶行列式已经定义，规定

$$D=\begin{vmatrix} a_{11} & a_{12} & \cdots & a_{1n} \\ a_{21} & a_{22} & \cdots & a_{2n} \\ \cdots & \cdots & \cdots & \cdots \\ a_{n1} & a_{n2} & \cdots & a_{nn} \end{vmatrix}=a_{11}\begin{vmatrix} a_{22} & a_{23} & \cdots & a_{2n} \\ a_{32} & a_{33} & \cdots & a_{3n} \\ \cdots & \cdots & \cdots & \cdots \\ a_{n2} & a_{n3} & \cdots & a_{nn} \end{vmatrix}-a_{12}\begin{vmatrix} a_{21} & a_{23} & \cdots & a_{2n} \\ a_{31} & a_{33} & \cdots & a_{3n} \\ \cdots & \cdots & \cdots & \cdots \\ a_{n1} & a_{n3} & \cdots & a_{nn} \end{vmatrix}$$

$$+\cdots+(-1)^{1+n}a_{1n}\begin{vmatrix} a_{21} & a_{22} & \cdots & a_{2n-1} \\ a_{31} & a_{32} & \cdots & a_{3n-1} \\ \cdots & \cdots & \cdots & \cdots \\ a_{n1} & a_{n2} & \cdots & a_{nn-1} \end{vmatrix},\qquad(9\text{-}8)$$

式（9-8）右端称为 **n 阶行列式按第一行的展开式**. 其中 $a_{ij}(i,\ j=1,\ 2,\ \cdots,\ n)$ 称为 **n 阶行列式第 i 行第 j 列的元素**. 行列式从左上角到右下角的对角线称为**主对角线**，位于主对角线上的元素称为**主对角元**，即 $a_{ii}(i=1,\ 2,\ \cdots,\ n)$.

在 n 阶行列式 D 中，划去元素 a_{ij} 所在第 i 行和第 j 列上的所有元素后形成的 $n-1$ 阶行列式称为元素 a_{ij} 的**余子式**，记作 M_{ij}，并称 $A_{ij}=(-1)^{i+j}M_{ij}$ 为元素 a_{ij} 的**代数余子式**.

定义 9.4　设

$$D=\begin{vmatrix} a_{11} & a_{12} & \cdots & a_{1n} \\ a_{21} & a_{22} & \cdots & a_{2n} \\ \cdots & \cdots & \cdots & \cdots \\ a_{n1} & a_{n2} & \cdots & a_{nn} \end{vmatrix},$$

D 的**转置行列式**为

$$D^T=\begin{vmatrix} a_{11} & a_{21} & \cdots & a_{n1} \\ a_{12} & a_{22} & \cdots & a_{n2} \\ \cdots & \cdots & \cdots & \cdots \\ a_{1n} & a_{2n} & \cdots & a_{nn} \end{vmatrix}.$$

即 D 的转置行列式是将 D 的行依次换成同序数的列所得的行列式. 如，

$$行列式 D = \begin{vmatrix} 3 & 2 & 0 & 1 \\ -4 & -6 & -1 & -2 \\ 2 & 3 & 1 & 0 \\ -1 & -3 & -4 & -5 \end{vmatrix} \text{ 的转置行列式 } D^T = \begin{vmatrix} 3 & -4 & 2 & -1 \\ 2 & -6 & 3 & -3 \\ 0 & -1 & 1 & -4 \\ 1 & -2 & 0 & -5 \end{vmatrix}.$$

例 9-4 计算 $\begin{vmatrix} 2 & 1 & 1 \\ 1 & 2 & 1 \\ 1 & 1 & 2 \end{vmatrix}$.

解 将行列式按第一行展开，得

$$\begin{vmatrix} 2 & 1 & 1 \\ 1 & 2 & 1 \\ 1 & 1 & 2 \end{vmatrix} = 2 \times \begin{vmatrix} 2 & 1 \\ 1 & 2 \end{vmatrix} + 1 \times (-1)^{1+2} \times \begin{vmatrix} 1 & 1 \\ 1 & 2 \end{vmatrix} + 1 \times (-1)^{1+3} \times \begin{vmatrix} 1 & 2 \\ 1 & 1 \end{vmatrix}$$

$$= 2 \times 3 - 1 + (-1) = 4.$$

例 9-5 计算 $\begin{vmatrix} 1 & 0 & -2 & -1 \\ 2 & 1 & -1 & 0 \\ 0 & 2 & 1 & -1 \\ 1 & -1 & 0 & -2 \end{vmatrix}$，并写出元素 a_{23} 的余子式.

解 将行列式按第一行展开，得

$$\begin{vmatrix} 1 & 0 & -2 & -1 \\ 2 & 1 & -1 & 0 \\ 0 & 2 & 1 & -1 \\ 1 & -1 & 0 & -2 \end{vmatrix} = 1 \times \begin{vmatrix} 1 & -1 & 0 \\ 2 & 1 & -1 \\ -1 & 0 & -2 \end{vmatrix} - 0 \times \begin{vmatrix} 2 & -1 & 0 \\ 0 & 1 & -1 \\ 1 & 0 & -2 \end{vmatrix} +$$

$$(-2) \times \begin{vmatrix} 2 & 1 & 0 \\ 0 & 2 & -1 \\ 1 & -1 & -2 \end{vmatrix} - (-1) \times \begin{vmatrix} 2 & 1 & -1 \\ 0 & 2 & 1 \\ 1 & -1 & 0 \end{vmatrix}$$

$$= 1 \times (-7) + (-2) \times (-11) - (-1) \times 5 = 20.$$

元素 a_{23} 的余子式为 $M_{23} = \begin{vmatrix} 1 & 0 & -1 \\ 0 & 2 & -1 \\ 1 & -1 & -2 \end{vmatrix}$.

例 9-6 计算下三角行列式（主对角线上方的所有元素均为零的行列式）

$$\begin{vmatrix} a_{11} & 0 & \cdots & \cdots & 0 \\ a_{21} & a_{22} & 0 & \cdots & 0 \\ \cdots & \cdots & \cdots & \cdots & \cdots \\ a_{n1} & a_{n2} & \cdots & \cdots & a_{nn} \end{vmatrix}.$$

解 $\begin{vmatrix} a_{11} & 0 & \cdots & \cdots & 0 \\ a_{21} & a_{22} & 0 & \cdots & 0 \\ \cdots & \cdots & \cdots & \cdots & \cdots \\ a_{n1} & a_{n2} & \cdots & \cdots & a_{nn} \end{vmatrix} = a_{11} \begin{vmatrix} a_{22} & 0 & \cdots & \cdots & 0 \\ a_{32} & a_{33} & 0 & \cdots & 0 \\ \cdots & \cdots & \cdots & \cdots & \cdots \\ a_{n2} & a_{n3} & \cdots & \cdots & a_{nn} \end{vmatrix}$

$$= a_{11}a_{22}\begin{vmatrix} a_{33} & 0 & \cdots & \cdots & 0 \\ a_{43} & a_{44} & 0 & \cdots & 0 \\ \cdots & \cdots & \cdots & \cdots & \cdots \\ a_{n3} & a_{n4} & \cdots & \cdots & a_{nn} \end{vmatrix} = \cdots = a_{11}a_{22}\cdots a_{nn}.$$

由例 9-6 可知，n 阶行列式在比较特殊的情况下，根据定义直接计算比较方便；但如果行列式第一行中非零元素较多，再由定义计算，则要计算多个 $n-1$ 阶行列式，此时整个计算将显得十分繁杂. 为简化计算，下面给出 n 阶行列式的性质.

性质 9.1 行列式与它的转置行列式相等. 如，

$$D = \begin{vmatrix} 3 & 2 \\ -1 & -4 \end{vmatrix} = -10, D^T = \begin{vmatrix} 3 & -1 \\ 2 & -4 \end{vmatrix} = -10.$$

性质 9.1 表明：行列式中行和列的地位是对称的，凡是对行成立的性质对列也成立.

例 9-7 证明：**上三角行列式**（主对角线下方所有元素都为零的行列式）

$$\begin{vmatrix} a_{11} & a_{12} & a_{13} & \cdots & a_{1n} \\ 0 & a_{22} & a_{23} & \cdots & a_{2n} \\ 0 & 0 & a_{33} & \cdots & a_{3n} \\ \cdots & \cdots & \cdots & \cdots & \cdots \\ 0 & 0 & 0 & \cdots & a_{nn} \end{vmatrix} = a_{11}a_{22}\cdots a_{nn}.$$

证明 由性质 9.1 及例 9-6 可知，

$$\begin{vmatrix} a_{11} & a_{12} & a_{13} & \cdots & a_{1n} \\ 0 & a_{22} & a_{23} & \cdots & a_{2n} \\ 0 & 0 & a_{33} & \cdots & a_{3n} \\ \cdots & \cdots & \cdots & \cdots & \cdots \\ 0 & 0 & 0 & \cdots & a_{nn} \end{vmatrix} = \begin{vmatrix} a_{11} & 0 & 0 & \cdots & 0 \\ a_{12} & a_{22} & 0 & \cdots & 0 \\ a_{13} & a_{23} & a_{33} & \cdots & 0 \\ \cdots & \cdots & \cdots & \cdots & \cdots \\ a_{1n} & a_{2n} & a_{3n} & \cdots & a_{nn} \end{vmatrix} = a_{11}a_{22}\cdots a_{nn}.$$

上三角行列式与下三角行列式统称为**三角行列式**，由例 9-6、例 9-7 可知，三角行列式的值等于主对角元之积.

性质 9.2 如果行列式某列（行）的每个元素都是二项式，则此行列式等于将这些二项式各取一项作相应的列（行），而其余列（行）不变的行列式之和. 如，

$$\begin{vmatrix} a_{11} & a_{12} & \cdots & a_{1j}+b_{1j} & \cdots & a_{1n} \\ a_{21} & a_{22} & \cdots & a_{2j}+b_{2j} & \cdots & a_{2n} \\ \cdots & \cdots & \cdots & \cdots & \cdots & \cdots \\ a_{n1} & a_{n2} & \cdots & a_{nj}+b_{nj} & \cdots & a_{nn} \end{vmatrix} = \begin{vmatrix} a_{11} & a_{12} & \cdots & a_{1j} & \cdots & a_{1n} \\ a_{21} & a_{22} & \cdots & a_{2j} & \cdots & a_{2n} \\ \cdots & \cdots & \cdots & \cdots & \cdots & \cdots \\ a_{n1} & a_{n2} & \cdots & a_{nj} & \cdots & a_{nn} \end{vmatrix}$$

$$+ \begin{vmatrix} a_{11} & a_{12} & \cdots & b_{1j} & \cdots & a_{1n} \\ a_{21} & a_{22} & \cdots & b_{2j} & \cdots & a_{2n} \\ \cdots & \cdots & \cdots & \cdots & \cdots & \cdots \\ a_{n1} & a_{n2} & \cdots & b_{nj} & \cdots & a_{nn} \end{vmatrix}.$$

性质 9.3 如果将行列式 D 的某一列（行）的每个元素乘以同一常数 k，则此行列式的值等于 kD.

性质 9.4 如果将行列式的某两列（行）对调，则所得行列式与原行列式绝对值相等符

号相反.

推论　如果行列式的某两列（行）的对应元素相同，则此行列式为零.

性质 9.5　如果行列式的某两列（行）的对应元素成比例，则此行列式为零.

例 9-8　计算 $\begin{vmatrix} a_1+b_1 & 2a_1 & b_1 \\ a_2+b_2 & 2a_2 & b_2 \\ a_3+b_3 & 2a_3 & b_3 \end{vmatrix}$.

解　$\begin{vmatrix} a_1+b_1 & 2a_1 & b_1 \\ a_2+b_2 & 2a_2 & b_2 \\ a_3+b_3 & 2a_3 & b_3 \end{vmatrix} = \begin{vmatrix} a_1 & 2a_1 & b_1 \\ a_2 & 2a_2 & b_2 \\ a_3 & 2a_3 & b_3 \end{vmatrix} + \begin{vmatrix} b_1 & 2a_1 & b_1 \\ b_2 & 2a_2 & b_2 \\ b_3 & 2a_3 & b_3 \end{vmatrix} = 0.$

性质 9.6　如果将行列式的某一列（行）的每一个元素加上另一列（行）对应元素的 k 倍，则所得行列式与原行列式相等.

在行列式的计算中，性质 9.6 起着重要的作用. 选择适当的 k 运用于行列式的计算中，可以使行列式的某些元素变为 0，由此简化计算. 其中，若 $k=1$，是指行列式的某一列（行）的元素加上另一列（行）的对应元素；若 $k=-1$，是指行列式的某一列（行）的元素减去另一列（行）的对应元素. 这两种情形在行列式的计算中会经常使用.

由例 9-6 和例 9-7 可知，在行列式计算时，如果有目的的反复运用性质 9.6，可使行列式化为三角行列式，该三角行列式的值就等于主对角元之积.

例 9-9　计算 $D = \begin{vmatrix} -1 & 3 & 2 & -2 \\ 1 & 1 & 1 & 4 \\ -1 & 2 & 1 & -1 \\ 1 & 1 & 2 & 9 \end{vmatrix}$.

解　为了使行列式第 1 列中除第 1 行元素外，余下的三行元素全为 0，可利用性质 9.6，把第 2 行、第 4 行的元素分别加上第 1 行的对应元素，并将第 3 行的元素减去第 1 行的对应元素，可得

$$D = \begin{vmatrix} -1 & 3 & 2 & -2 \\ 1 & 1 & 1 & 4 \\ -1 & 2 & 1 & -1 \\ 1 & 1 & 2 & 9 \end{vmatrix} = \begin{vmatrix} -1 & 3 & 2 & -2 \\ 0 & 4 & 3 & 2 \\ 0 & -1 & -1 & 1 \\ 0 & 4 & 4 & 7 \end{vmatrix}.$$

可以看出，变形后的行列式第一列除第一行元素外其余元素全为 0. 为了使第 2 列中第 3、4 行元素也全为 0，可用同样方法处理. 即将第 2 行和第 3 行互换，有

$$D = -\begin{vmatrix} -1 & 3 & 2 & -2 \\ 0 & -1 & -1 & 1 \\ 0 & 4 & 3 & 2 \\ 0 & 4 & 4 & 7 \end{vmatrix}.$$

再将第 3 行、第 4 行的元素分别加上第 2 行对应元素的 4 倍，得

$$D = -\begin{vmatrix} -1 & 3 & 2 & -2 \\ 0 & -1 & -1 & 1 \\ 0 & 0 & -1 & 6 \\ 0 & 0 & 0 & 11 \end{vmatrix} = -(-1)^3 \times 11 = 11.$$

由于行列式的计算方法灵活多变，为便于书写和复查，在计算过程中约定采用下列标记方法：

(1) 以 r 代表行，c 代表列；

(2) 第 i 行（第 i 列）的每一个元素加上第 j 行（第 j 列）对应元素的 k 倍，记作 $r_i + kr_j$（或 $c_i + kc_j$）；

(3) 互换 i 行（列）和 j 行（列），记作 $r_i \leftrightarrow r_j$（或 $c_i \leftrightarrow c_j$）.

按上述方法，例 9-9 的求解过程可记为

$$D = \begin{vmatrix} -1 & 3 & 2 & -2 \\ 1 & 1 & 1 & 4 \\ -1 & 2 & 1 & -1 \\ 1 & 1 & 2 & 9 \end{vmatrix} \xrightarrow{r_2+r_1,\ r_3-r_1,\ r_4+r_1} \begin{vmatrix} -1 & 3 & 2 & -2 \\ 0 & 4 & 3 & 2 \\ 0 & -1 & -1 & 1 \\ 0 & 4 & 4 & 7 \end{vmatrix}$$

$$\xrightarrow{r_2 \leftrightarrow r_3} \begin{vmatrix} -1 & 3 & 2 & -2 \\ 0 & -1 & -1 & 1 \\ 0 & 4 & 3 & 2 \\ 0 & 4 & 4 & 7 \end{vmatrix} \xrightarrow{r_3+4r_2,\ r_4+4r_2} \begin{vmatrix} -1 & 3 & 2 & -2 \\ 0 & -1 & -1 & 1 \\ 0 & 0 & -1 & 6 \\ 0 & 0 & 0 & 11 \end{vmatrix} = 11.$$

例 9-10 计算 $\begin{vmatrix} b & a & a & a \\ a & b & a & a \\ a & a & b & a \\ a & a & a & b \end{vmatrix}$.

解 该行列式的特点是每一列上的 4 个元素之和都等于 $3a+b$. 为此，连续运用性质 9.6，将第 2、3、4 行逐一加至第一行，可简化计算.

$$\begin{vmatrix} b & a & a & a \\ a & b & a & a \\ a & a & b & a \\ a & a & a & b \end{vmatrix} \xrightarrow{r_1+r_2+r_3+r_4} \begin{vmatrix} 3a+b & 3a+b & 3a+b & 3a+b \\ a & b & a & a \\ a & a & b & a \\ a & a & a & b \end{vmatrix}$$

$$= (3a+b) \begin{vmatrix} 1 & 1 & 1 & 1 \\ a & b & a & a \\ a & a & b & a \\ a & a & a & b \end{vmatrix}$$

$$\xrightarrow{r_2-ar_1,\ r_3-ar_1,\ r_4-ar_1} (3a+b) \begin{vmatrix} 1 & 1 & 1 & 1 \\ 0 & b-a & 0 & 0 \\ 0 & 0 & b-a & 0 \\ 0 & 0 & 0 & b-a \end{vmatrix}$$

$$= (3a+b)(b-a)^3.$$

性质 9.7 行列式等于它的任一列（行）的各元素与其对应元素的代数余子式乘积之和. 即

（按列） $D = a_{1j}A_{1j} + a_{2j}A_{2j} + \cdots + a_{nj}A_{nj}$ $(j = 1, 2, \cdots, n)$，

或

（按行） $D = a_{i1}A_{i1} + a_{i2}A_{i2} + \cdots + a_{in}A_{in}$ $(i = 1, 2, \cdots, n)$.   (9-9)

式（9-9）称为**行列式按第 j 列（第 i 行）的展开式**.

推论 行列式的某一列（行）元素分别与另一列（行）对应元素的代数余子式乘积之和等于零，即

（按列） $a_{1i}A_{1j}+a_{2i}A_{2j}+\cdots+a_{ni}A_{nj}=0$ $(i\neq j; \ i, \ j=1, \ 2, \ \cdots, \ n)$，

或

（按行） $a_{i1}A_{j1}+a_{i2}A_{j2}+\cdots+a_{in}A_{jn}=0$ $(i\neq j; \ i, \ j=1, \ 2, \ \cdots, \ n)$. (9-10)

例 9-11 将行列式 $\begin{vmatrix} 1 & 0 & -1 & -1 \\ 0 & -1 & -1 & 1 \\ a & b & c & d \\ -1 & -1 & 1 & 0 \end{vmatrix}$ 按第 3 行展开并计算.

解

$$\begin{vmatrix} 1 & 0 & -1 & -1 \\ 0 & -1 & -1 & 1 \\ a & b & c & d \\ -1 & -1 & 1 & 0 \end{vmatrix}=a\times(-1)^{3+1}\begin{vmatrix} 0 & -1 & -1 \\ -1 & -1 & 1 \\ -1 & 1 & 0 \end{vmatrix}$$

$$+b\times(-1)^{3+2}\begin{vmatrix} 1 & -1 & -1 \\ 0 & -1 & 1 \\ -1 & 1 & 0 \end{vmatrix}+c\times(-1)^{3+3}\begin{vmatrix} 1 & 0 & -1 \\ 0 & -1 & 1 \\ -1 & -1 & 0 \end{vmatrix}$$

$$+d\times(-1)^{3+4}\begin{vmatrix} 1 & 0 & -1 \\ 0 & -1 & -1 \\ -1 & -1 & 1 \end{vmatrix}=3a-b+2c+d.$$

例 9-12 计算 $\begin{vmatrix} 1 & 2 & 0 & 1 \\ 1 & 3 & 5 & 0 \\ 0 & 1 & 5 & 6 \\ 1 & 3 & 3 & 4 \end{vmatrix}$.

解 $\begin{vmatrix} 1 & 2 & 0 & 1 \\ 1 & 3 & 5 & 0 \\ 0 & 1 & 5 & 6 \\ 1 & 3 & 3 & 4 \end{vmatrix}\xrightarrow{r_2-r_1, \ r_4-r_1}\begin{vmatrix} 1 & 2 & 0 & 1 \\ 0 & 1 & 5 & -1 \\ 0 & 1 & 5 & 6 \\ 0 & 1 & 3 & 3 \end{vmatrix}\xrightarrow{\text{按第 1 列展开}}\begin{vmatrix} 1 & 5 & -1 \\ 1 & 5 & 6 \\ 1 & 3 & 3 \end{vmatrix}$

$\xrightarrow{r_2-r_1}\begin{vmatrix} 1 & 5 & -1 \\ 0 & 0 & 7 \\ 1 & 3 & 3 \end{vmatrix}\xrightarrow{\text{按第 2 行展开}}7\times(-1)^{2+3}\begin{vmatrix} 1 & 5 \\ 1 & 3 \end{vmatrix}=14.$

三、克莱姆法则

设 n 个方程、n 个未知数的线性方程组为

$$\begin{cases} a_{11}x_1+a_{12}x_2+\cdots+a_{1n}x_n=b_1, \\ a_{21}x_1+a_{22}x_2+\cdots+a_{2n}x_n=b_2, \\ \qquad\qquad\cdots \\ a_{n1}x_1+a_{n2}x_2+\cdots+a_{nn}x_n=b_n. \end{cases} \tag{9-11}$$

其系数行列式为　　$D = \begin{vmatrix} a_{11} & a_{12} & \cdots & a_{1n} \\ a_{21} & a_{22} & \cdots & a_{2n} \\ \cdots & \cdots & \cdots & \cdots \\ a_{n1} & a_{n2} & \cdots & a_{nn} \end{vmatrix}$.

将系数行列式 D 中第 j 列元素用 b_1，b_2，$\cdots$，b_n 替换，所得行列式记为 D_j，即

$$D_j = \begin{vmatrix} a_{11} & \cdots & a_{1j-1} & b_1 & a_{1j+1} & \cdots & a_{1n} \\ a_{21} & \cdots & a_{2j-1} & b_2 & a_{2j+1} & \cdots & a_{2n} \\ \cdots & \cdots & \cdots & \cdots & \cdots & \cdots & \cdots \\ a_{n1} & \cdots & a_{nj-1} & b_n & a_{nj+1} & \cdots & a_{nn} \end{vmatrix}.$$

利用行列式解线性方程组（9-11）有以下法则：

克莱姆法则　当线性方程组（9-11）的系数行列式 $D \neq 0$ 时，该方程组有且仅有唯一解 $x_j = \dfrac{D_j}{D}(j = 1, 2, \cdots, n)$.

例 9-13　用克莱姆法则解线性方程组

$$\begin{cases} x_1 - x_2 + 2x_4 = -5, \\ 3x_1 + 2x_2 - x_3 - 2x_4 = 6, \\ 4x_1 + 3x_2 - x_3 - x_4 = 0, \\ 2x_1 - x_3 = 0. \end{cases}$$

解　$D = \begin{vmatrix} 1 & -1 & 0 & 2 \\ 3 & 2 & -1 & -2 \\ 4 & 3 & -1 & -1 \\ 2 & 0 & -1 & 0 \end{vmatrix} \xrightarrow{c_1 + 2 \times c_3} \begin{vmatrix} 1 & -1 & 0 & 2 \\ 1 & 2 & -1 & -2 \\ 2 & 3 & -1 & -1 \\ 0 & 0 & -1 & 0 \end{vmatrix}$

$\xrightarrow{\text{按第 4 行展开}} (-1) \times (-1)^{4+3} \begin{vmatrix} 1 & -1 & 2 \\ 1 & 2 & -2 \\ 2 & 3 & -1 \end{vmatrix} \xrightarrow[r_3 - 2 \times r_1]{r_2 - r_1} \begin{vmatrix} 1 & -1 & 2 \\ 0 & 3 & -4 \\ 0 & 5 & -5 \end{vmatrix}$

$\xrightarrow{\text{按第 1 列展开}} \begin{vmatrix} 3 & -4 \\ 5 & -5 \end{vmatrix} = 5 \neq 0$,

$D_1 = \begin{vmatrix} -5 & -1 & 0 & 2 \\ 6 & 2 & -1 & -2 \\ 0 & 3 & -1 & -1 \\ 0 & 0 & -1 & 0 \end{vmatrix} \xrightarrow{\text{按第 4 行展开}} (-1) \times (-1)^{4+3} \times \begin{vmatrix} -5 & -1 & 2 \\ 6 & 2 & -2 \\ 0 & 3 & -1 \end{vmatrix}$

$\xrightarrow{c_2 + 3 \times c_3} \begin{vmatrix} -5 & 5 & 2 \\ 6 & -4 & -2 \\ 0 & 0 & -1 \end{vmatrix} \xrightarrow{\text{按第 3 行展开}} - \begin{vmatrix} -5 & 5 \\ 6 & -4 \end{vmatrix} = 10$,

类似可得

$D_2 = \begin{vmatrix} 1 & -5 & 0 & 2 \\ 3 & 6 & -1 & -2 \\ 4 & 0 & -1 & -1 \\ 2 & 0 & -1 & 0 \end{vmatrix} = -15, \qquad D_3 = \begin{vmatrix} 1 & -1 & -5 & 2 \\ 3 & 2 & 6 & -2 \\ 4 & 3 & 0 & -1 \\ 2 & 0 & 0 & 0 \end{vmatrix} = 20,$

$$D_4 = \begin{vmatrix} 1 & -1 & 0 & -5 \\ 3 & 2 & -1 & 6 \\ 4 & 3 & -1 & 0 \\ 2 & 0 & -1 & 0 \end{vmatrix} = -25.$$

故所求方程组的解为

$$x_1 = \frac{D_1}{D} = 2 \ , \ x_2 = \frac{D_2}{D} = -3 \ , \ x_3 = \frac{D_3}{D} = 4 \ , \ x_4 = \frac{D_4}{D} = -5 \ .$$

克莱姆法则的局限性：①只适用于求解方程的个数与未知数个数相等且系数行列式不为零的线性方程组；②当未知数个数较多时，运用该法则解线性方程组的计算量将很大.

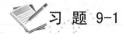
习 题 9-1

1. 写出行列式 $\begin{vmatrix} 3 & 4 & -5 \\ 11 & 6 & -1 \\ 2 & 3 & 6 \end{vmatrix}$ 中元素 a_{12} , a_{31} , a_{33} 的代数余子式.

2. 求下列行列式的值.

(1) $\begin{vmatrix} 3 & 5 \\ 1 & 5 \end{vmatrix}$;　　　　　　(2) $\begin{vmatrix} \sin\alpha & \cos\alpha \\ \sin\beta & \cos\beta \end{vmatrix}$;　　　　　　(3) $\begin{vmatrix} 3 & 2 & 1 \\ 2 & 3 & 2 \\ 1 & 2 & 3 \end{vmatrix}$;

(4) $\begin{vmatrix} 1 & 1 & 1 & 1 \\ 1 & -1 & 1 & 1 \\ 1 & 1 & -1 & 1 \\ 1 & 1 & 1 & -1 \end{vmatrix}$;　　(5) $\begin{vmatrix} -1 & 2 & -2 & 1 \\ 2 & 3 & 1 & -1 \\ 2 & 0 & 0 & 3 \\ 4 & 1 & 0 & 1 \end{vmatrix}$.

3. 用克莱姆法则解下列线性方程组.

(1) $\begin{cases} 4x + 3y = 5, \\ 3x + 4y = 6. \end{cases}$　　　　　(2) $\begin{cases} 2x - y + 3z = 3, \\ 3x + y - 5z = 0, \\ 4x - y + z = 3. \end{cases}$

4. 设行列式 $\begin{vmatrix} a_{11} & a_{12} & a_{13} \\ a_{21} & a_{22} & a_{23} \\ a_{31} & a_{32} & a_{33} \end{vmatrix} = 2$, 计算 $\begin{vmatrix} a_{13} & 2a_{12} & -3a_{11} \\ a_{23} & 2a_{22} & -3a_{21} \\ a_{33} & 2a_{32} & -3a_{31} \end{vmatrix}$.

习 题 9-1　参考答案

1. $A_{12} = (-1)^{1+2} \times \begin{vmatrix} 11 & -1 \\ 2 & 6 \end{vmatrix}$; $A_{31} = (-1)^{3+1} \times \begin{vmatrix} 4 & -5 \\ 6 & -1 \end{vmatrix}$; $A_{33} = (-1)^{3+3} \times \begin{vmatrix} 3 & 4 \\ 11 & 6 \end{vmatrix}$.

2. (1) 10; (2) $\sin(\alpha - \beta)$; (3) 8; (4) -8; (5) -69.

3. (1) $x = \frac{2}{7}$, $y = \frac{9}{7}$; (2) $x = 1$, $y = 2$, $z = 1$.

4. 12.

第二节　矩阵的概念与运算

 学习目标

能表述矩阵的概念及几种常见的特殊矩阵，以及两矩阵相等的定义；
掌握矩阵的运算：①矩阵的加法；②数乘矩阵；③矩阵相乘.

一、矩阵的概念

例如，某公司生产四种产品 A、B、C、D，第一季度的销量如表 9-1 所示.

表 9-1

月份 ＼ 产品	销　　量			
	A	B	C	D
1 月	300	250	220	180
2 月	320	230	200	200
3 月	310	280	210	220

为了研究方便，在数学中常把表中的说明去掉，将表中数据按原来的位置、次序排成一个矩形表，并置于一个括号（方括号或圆括号，本书采用前者）中，即

$$\begin{bmatrix} 300 & 250 & 220 & 180 \\ 320 & 230 & 200 & 200 \\ 310 & 280 & 210 & 220 \end{bmatrix} \text{ 或 } \begin{bmatrix} 300 & 250 & 220 & 180 \\ 320 & 230 & 200 & 200 \\ 310 & 280 & 210 & 220 \end{bmatrix}.$$

这种矩形数表称为**矩阵**. 一般地，有以下定义：

定义 9.5　由 $m \times n$ 个数排成 m 行 n 列的数表

$$\begin{bmatrix} a_{11} & a_{12} & \cdots & a_{1n} \\ a_{21} & a_{22} & \cdots & a_{2n} \\ \cdots & \cdots & \cdots & \cdots \\ a_{m1} & a_{m2} & \cdots & a_{mn} \end{bmatrix},$$

称为 **m 行 n 列矩阵**（或称 **$m \times n$ 矩阵**）. 其中 $a_{ij}(i=1, 2, \cdots, m; j=1, 2, \cdots, m)$ 称为矩阵第 i 行第 j 列的**元素**，i 与 j 分别代表元素 a_{ij} 的**行标与列标**.

通常用大写黑体字母 $\boldsymbol{A}$，$\boldsymbol{B}$，$\cdots$ 表示矩阵，如

$$\boldsymbol{A} = \begin{bmatrix} a_{11} & a_{12} & \cdots & a_{1n} \\ a_{21} & a_{22} & \cdots & a_{2n} \\ \cdots & \cdots & \cdots & \cdots \\ a_{m1} & a_{m2} & \cdots & a_{mn} \end{bmatrix},$$

也可简写为 $\boldsymbol{A}_{m \times n}$ 或 $(a_{ij})_{m \times n}$.

例如，某厂向三个商店发送四种产品，其数量可列成如下三行四列矩阵.

$$A = \begin{bmatrix} a_{11} & a_{12} & a_{13} & a_{14} \\ a_{21} & a_{22} & a_{23} & a_{24} \\ a_{31} & a_{32} & a_{33} & a_{34} \end{bmatrix} \begin{matrix} \leftarrow 商店1 \\ \leftarrow 商店2 \\ \leftarrow 商店3 \end{matrix}$$

（列标题：产品1 产品2 产品3 产品4）

其中 a_{ij} 为工厂向第 i 个店发送第 j 种产品的数量.

同样，四种产品的单价及单件重量也可写成四行两列矩阵

$$B = \begin{bmatrix} b_{11} & b_{12} \\ b_{21} & b_{22} \\ b_{31} & b_{32} \\ b_{41} & b_{42} \end{bmatrix},$$

其中 $b_{i1}(i=1, 2, 3, 4)$ 为第 i 种产品的单价，$b_{i2}(i=1, 2, 3, 4)$ 为第 i 种产品的单件重量.

当 $m=n$ 时，矩阵 $A_{n \times n}$ 称为 **n 阶方阵**，如

$$A = \begin{bmatrix} a_{11} & a_{12} & \cdots & a_{1n} \\ a_{21} & a_{22} & \cdots & a_{2n} \\ \cdots & \cdots & \cdots & \cdots \\ a_{n1} & a_{n2} & \cdots & a_{nn} \end{bmatrix}.$$

注意：矩阵与行列式是两个不同的概念. 行列式是算式，计算结果为一个数值，而矩阵则是一个数表；以方阵 A 的元素为元素（元素的位置保持不变）的行列式称为方阵 A 的行列式，记作 $|A|$ 或 $\det A$.

二、几种常见的特殊矩阵

设矩阵 $A = (a_{ij})_{m \times n}$.

（1）**行矩阵、列矩阵**. 当 $m=1$ 时，矩阵 A 仅一行，即 $[a_{11} a_{12} \cdots a_{1n}]$，称为**行矩阵**，也称为（$n$ 维）**行向量**；当 $n=1$ 时，矩阵 A 仅一列，即 $\begin{bmatrix} a_{11} \\ a_{21} \\ \vdots \\ a_{m1} \end{bmatrix}$，称为**列矩阵**，也称为（$m$ 维）**列向量**；行向量和列向量简称为**向量**.

（2）**零矩阵**. 元素均为零的矩阵称为**零矩阵**，记作 $\mathbf{0}_{m \times n}$ 或 $\mathbf{0}$.

（3）**对角方阵**. 方阵 $(a_{ij})_{n \times n}$ 中元素 a_{11}，a_{22}，$\cdots$，a_{nn} 所在的对角线称为**主对角线**，主对角线上的元素称为主对角元. 方阵中除主对角元外，其余元素均为零的 n 阶方阵称为**对角方阵**，简称**对角阵**，即

$$\begin{bmatrix} a_{11} & 0 & \cdots & 0 \\ 0 & a_{22} & \cdots & 0 \\ \cdots & \cdots & \ddots & \cdots \\ 0 & 0 & \cdots & a_{nn} \end{bmatrix}.$$

（4）**上三角阵、下三角阵**．如果方阵主对角线以下的元素全为零，称该方阵为**上三角阵**，即

$$\begin{bmatrix} a_{11} & a_{12} & \cdots & a_{1n} \\ 0 & a_{22} & \cdots & a_{2n} \\ \cdots & \cdots & \ddots & \vdots \\ 0 & 0 & \cdots & a_{nn} \end{bmatrix}.$$

主对角线以上元素全为零的方阵，称为**下三角阵**，即

$$\begin{bmatrix} a_{11} & 0 & \cdots & 0 \\ a_{21} & a_{22} & \cdots & 0 \\ \cdots & \cdots & \ddots & \cdots \\ a_{n1} & a_{n2} & \cdots & a_{nn} \end{bmatrix}.$$

（5）**对称矩阵**．如果 n 阶方阵 A 的元素满足 $a_{ij} = a_{ji}(i, j = 1, 2, \cdots, n)$，则称 A 为

对称矩阵，简称**对称阵**．如 $\begin{bmatrix} 1 & 2 & 5 \\ 2 & -1 & -3 \\ 5 & -3 & 0 \end{bmatrix}$．

（6）**单位矩阵**．主对角元均为 1 的对角方阵称为单位矩阵，简称**单位阵**，记作 I，即

$$I = \begin{bmatrix} 1 & 0 & 0 & \cdots & 0 \\ 0 & 1 & 0 & \cdots & 0 \\ \cdots & \cdots & \cdots & \cdots & \cdots \\ 0 & 0 & 0 & \cdots & 1 \end{bmatrix}.$$

（7）**转置矩阵**．依次将矩阵 A 的行换成同序数的列所得矩阵称为矩阵 A 的**转置矩阵**，

记作 A^T．例如 $A = \begin{bmatrix} 2 & -1 & 3 \\ 1 & 0 & -2 \end{bmatrix}$，则 $A^T = \begin{bmatrix} 2 & 1 \\ -1 & 0 \\ 3 & -2 \end{bmatrix}$．

如果 $A = (a_{ij})$，$B = (b_{ij})$ 都是 m 行 n 列矩阵，并且它们的对应元素相等，即 $a_{ij} = b_{ij}(i = 1, 2, \cdots, m; j = 1, 2, \cdots, n)$，则称**矩阵 A 与矩阵 B 相等**，记作 $A = B$．

三、矩阵的加法与数乘运算

例如，将某产品（单位：吨）从 3 个产地运往 4 个销售地，两次运输方案分别用矩阵 A 和矩阵 B 依次表示如下（产地作行，销售地作列）：

$$A = \begin{bmatrix} 3 & 5 & 7 & 2 \\ 2 & 0 & 4 & 3 \\ 0 & 1 & 2 & 3 \end{bmatrix}, B = \begin{bmatrix} 1 & 3 & 2 & 0 \\ 2 & 1 & 5 & 7 \\ 0 & 6 & 4 & 8 \end{bmatrix}.$$

那么，各产地运往各销售地两次的运输量就是将两矩阵的对应元素相加，即用矩阵表示为

$$\begin{bmatrix} 3+1 & 5+3 & 7+2 & 2+0 \\ 2+2 & 0+1 & 4+5 & 3+7 \\ 0+0 & 1+6 & 2+4 & 3+8 \end{bmatrix} = \begin{bmatrix} 4 & 8 & 9 & 2 \\ 4 & 1 & 9 & 10 \\ 0 & 7 & 6 & 11 \end{bmatrix}.$$

实际上，该例所反映的就是矩阵的加法运算，运算法则如下：

法则 9.1（矩阵的加法运算） 设 $A = (a_{ij})_{m \times n}$，$B = (b_{ij})_{m \times n}$，则矩阵 A 与矩阵 B 的和记为

$$A+B=\begin{bmatrix} a_{11}+b_{11} & a_{12}+b_{12} & \cdots & a_{1n}+b_{1n} \\ a_{21}+b_{21} & a_{22}+b_{22} & \cdots & a_{2n}+b_{2n} \\ \cdots & \cdots & \cdots & \cdots \\ a_{m1}+b_{m1} & a_{m2}+b_{m2} & \cdots & a_{mn}+b_{mn} \end{bmatrix},$$

简记为

$$A+B=(a_{ij}+b_{ij})_{m\times n}.$$

可以看出，两矩阵的和就是两矩阵对应元素相加，并且该运算只有当两个矩阵的行数、列数都相同时，才可进行加法运算.

例 9-14 已知 $A=\begin{bmatrix} 1 & 0 & -1 \\ 2 & 3 & 1 \end{bmatrix}$，$B=\begin{bmatrix} -1 & 2 & 3 \\ 0 & 1 & -2 \end{bmatrix}$，求 $A+B$.

解 由法则 9.1 可得

$$A+B=\begin{bmatrix} 1+(-1) & 0+2 & (-1)+3 \\ 2+0 & 3+1 & 1+(-2) \end{bmatrix}=\begin{bmatrix} 0 & 2 & 2 \\ 2 & 4 & -1 \end{bmatrix}.$$

矩阵的加法运算满足以下运算律：

（1）交换律：$A+B=B+A$；

（2）结合律：$(A+B)+C=A+(B+C)$.

其中 A、B、C 均为 m 行 n 列矩阵.

例 9-15 已知 $A=\begin{bmatrix} 4 & 3 \\ -1 & 2 \end{bmatrix}$，$B=\begin{bmatrix} x & 1 \\ -2 & y \end{bmatrix}$，$C=\begin{bmatrix} y & 2 \\ 1 & -x \end{bmatrix}$，且 $A=B+C$，求矩阵 B 和 C.

解 由 $A=B+C$ 得

$$\begin{bmatrix} 4 & 3 \\ -1 & 2 \end{bmatrix}=\begin{bmatrix} x & 1 \\ -2 & y \end{bmatrix}+\begin{bmatrix} y & 2 \\ 1 & -x \end{bmatrix}，\text{即 } \begin{bmatrix} 4 & 3 \\ -1 & 2 \end{bmatrix}=\begin{bmatrix} x+y & 3 \\ -1 & y-x \end{bmatrix}.$$

由矩阵相等可知 $\begin{cases} x+y=4 \\ y-x=2 \end{cases}$，解方程组得 $\begin{cases} x=1 \\ y=3 \end{cases}$，故所求矩阵

$$B=\begin{bmatrix} 1 & 1 \\ -2 & 3 \end{bmatrix}，C=\begin{bmatrix} 3 & 2 \\ 1 & -1 \end{bmatrix}.$$

法则 9.2（矩阵的数乘运算） 将数 k 与矩阵 $A=(a_{ij})_{m\times n}$ 的乘积记为

$$kA=k\begin{bmatrix} a_{11} & a_{12} & \cdots & a_{1n} \\ a_{21} & a_{22} & \cdots & a_{2n} \\ \cdots & \cdots & \cdots & \cdots \\ a_{m1} & a_{m2} & \cdots & a_{mn} \end{bmatrix}=\begin{bmatrix} ka_{11} & ka_{12} & \cdots & ka_{1n} \\ ka_{21} & ka_{22} & \cdots & ka_{2n} \\ \cdots & \cdots & \cdots & \cdots \\ ka_{m1} & ka_{m2} & \cdots & ka_{mn} \end{bmatrix}.$$

kA 简称为**数乘矩阵**，且 $kA=Ak$.

事实上，数乘矩阵是用数 k 乘遍矩阵的每个元素. 由此，也获得了两矩阵差的表示式，即 $A-B=A+(-1)\times B$（两矩阵对应元素相减）.

如，由例 9-14 中的已知条件可得：

$$A-B=\begin{bmatrix} 1-(-1) & 0-2 & (-1)-3 \\ 2-0 & 3-1 & 1-(-2) \end{bmatrix}=\begin{bmatrix} 2 & -2 & -4 \\ 2 & 2 & 3 \end{bmatrix}.$$

又如，从某地的四个地区到另外三个地区的距离（单位：km）用矩阵表示为：

$$B = \begin{bmatrix} 40 & 60 & 105 \\ 175 & 130 & 190 \\ 120 & 70 & 135 \\ 80 & 55 & 100 \end{bmatrix},$$

已知货物每吨的运费为 2.40 元，那么，各地区之间每吨货物的运费可用数乘矩阵表示为

$$2.4 \times B = \begin{bmatrix} 2.4 \times 40 & 2.4 \times 60 & 2.4 \times 105 \\ 2.4 \times 175 & 2.4 \times 130 & 2.4 \times 190 \\ 2.4 \times 120 & 2.4 \times 70 & 2.4 \times 135 \\ 2.4 \times 80 & 2.4 \times 55 & 2.4 \times 100 \end{bmatrix} = \begin{bmatrix} 96 & 144 & 252 \\ 420 & 312 & 456 \\ 288 & 168 & 324 \\ 192 & 132 & 240 \end{bmatrix}.$$

矩阵的数乘运算满足如下运算律：

(1) 分配律：$k(A + B) = kA + kB$，$(k + h)A = kA + hA$；

(2) 结合律：$k(hA) = (kh)A$.

例 9-16 已知 $A = \begin{bmatrix} 1 & 0 & -1 \\ 2 & 3 & 1 \end{bmatrix}$，$B = \begin{bmatrix} -2 & 4 & -1 \\ 1 & 0 & -4 \end{bmatrix}$，求 $2A - \dfrac{1}{2}B$.

解 由法则 9.1 和法则 9.2 可得

$$2A - \frac{1}{2}B = 2\begin{bmatrix} 1 & 0 & -1 \\ 2 & 3 & 1 \end{bmatrix} - \frac{1}{2}\begin{bmatrix} -2 & 4 & -1 \\ 1 & 0 & -4 \end{bmatrix}$$

$$= \begin{bmatrix} 2 & 0 & -2 \\ 4 & 6 & 2 \end{bmatrix} - \begin{bmatrix} -1 & 2 & -\dfrac{1}{2} \\ \dfrac{1}{2} & 0 & -2 \end{bmatrix} = \begin{bmatrix} 3 & -2 & -\dfrac{3}{2} \\ \dfrac{7}{2} & 6 & 4 \end{bmatrix}.$$

四、矩阵的乘法运算

例如，某厂生产 A，B 两种产品，第一季度的销售额如表 9-2 所示（单位：千元），表 9-3 为产品质量全为一等品或二等品的利润表. 因此，该厂第一季度产品若全为一等品或二等品，其利润如表 9-4 所示.

表 9-2

产品 月份	A	B
1 月	5	7
2 月	6	10
3 月	8	12

表 9-3

等级 产品	一等品	二等品
A	20%	10%
B	30%	15%

表 9-4

等级 月份	一 等 品	二 等 品
1 月	$5 \times 0.2 + 7 \times 0.3 = 3.1$	$5 \times 0.1 + 7 \times 0.15 = 1.55$
2 月	$6 \times 0.2 + 10 \times 0.3 = 4.2$	$6 \times 0.1 + 10 \times 0.15 = 2.1$
3 月	$8 \times 0.2 + 12 \times 0.3 = 5.2$	$8 \times 0.1 + 12 \times 0.15 = 2.6$

以上三个数表及元素间的关系，用矩阵可依次表示为

$$A = \begin{bmatrix} 5 & 7 \\ 6 & 10 \\ 8 & 12 \end{bmatrix}, \qquad B = \begin{bmatrix} 0.2 & 0.1 \\ 0.3 & 0.15 \end{bmatrix},$$

$$C = \begin{bmatrix} 5 \times 0.2 + 7 \times 0.3 & 5 \times 0.1 + 7 \times 0.15 \\ 6 \times 0.2 + 10 \times 0.3 & 6 \times 0.1 + 10 \times 0.15 \\ 8 \times 0.2 + 12 \times 0.3 & 8 \times 0.1 + 12 \times 0.15 \end{bmatrix} = \begin{bmatrix} 3.1 & 1.55 \\ 4.2 & 2.1 \\ 5.2 & 2.6 \end{bmatrix}.$$

可以看出，矩阵 C 中第 1 行第 1 列的元素 3.1 等于矩阵 A 的第 1 行各元素与矩阵 B 的第 1 列对应元素乘积之和，即 $3.1 = 5 \times 0.2 + 7 \times 0.3$，矩阵 C 中第 1 行第 2 列的元素 1.55 等于矩阵 A 的第 1 行各元素与矩阵 B 的第 2 列对应元素乘积之和，即 $1.55 = 5 \times 0.1 + 7 \times 0.15$，依次类推，可得到矩阵 C 的全部元素.

矩阵 A，B 之间的这种关系，可写成以下形式：

$$\begin{bmatrix} 5 & 7 \\ 6 & 10 \\ 8 & 12 \end{bmatrix} \begin{bmatrix} 0.2 & 0.1 \\ 0.3 & 0.15 \end{bmatrix} = \begin{bmatrix} 5 \times 0.2 + 7 \times 0.3 & 5 \times 0.1 + 7 \times 0.15 \\ 6 \times 0.2 + 10 \times 0.3 & 6 \times 0.1 + 10 \times 0.15 \\ 8 \times 0.2 + 12 \times 0.3 & 8 \times 0.1 + 12 \times 0.15 \end{bmatrix}.$$

这就是两个矩阵相乘的乘法运算，运算法则如下：

法则 9.3（矩阵的乘法运算） 设矩阵 $A = (a_{ij})_{m \times s}$，$B = (b_{ij})_{s \times n}$，以

$$c_{ij} = a_{i1}b_{1j} + a_{i2}b_{2j} + \cdots + a_{in}b_{nj}\, (i = 1, 2, \cdots, m; j = 1, 2, \cdots, n)$$

为元素的矩阵 C 称为**矩阵 A 与矩阵 B 的乘积**（或**矩阵 A 左乘矩阵 B**，或**矩阵 B 右乘矩阵 A**），记作 AB，即 $C = AB$.

注意：当矩阵 A（称**左矩阵**）的列数与矩阵 B（称**右矩阵**）的行数相等时，矩阵 A 才能与矩阵 B 相乘（左乘），且矩阵 C 的行数等于矩阵 A 的行数，列数等于矩阵 B 的列数，即

$$AB = (a_{ij})_{m \times s}(b_{ij})_{s \times n} = (c_{ij})_{m \times n} = C.$$

矩阵的乘法运算满足以下规律：

（1）分配律：$A(B + C) = AB + AC$，$(B + C)A = BA + CA$；

（2）结合律：$(AB)C = A(BC)$，$k(AB) = (kA)B = A(kB)$.

其中 A，B，C 为矩阵，k 为任意常数.

例 9-17 设 $A = \begin{bmatrix} 3 & -1 & 1 \\ -2 & 0 & 2 \end{bmatrix}$，$B = \begin{bmatrix} 1 & 0 & 0 & 0 \\ 1 & 2 & 0 & 0 \\ 2 & 1 & 3 & 4 \end{bmatrix}$. 求 AB.

解 由法则 9.3 可得，$C = AB = \begin{bmatrix} c_{11} & c_{12} & c_{13} & c_{14} \\ c_{21} & c_{22} & c_{23} & c_{24} \end{bmatrix}$，其中，

$c_{11} = 3 \times 1 + (-1) \times 1 + 1 \times 2 = 4$，$c_{12} = 3 \times 0 + (-1) \times 2 + 1 \times 1 = -1$，$\cdots$，依次类推，则

$$AB = \begin{bmatrix} 4 & -1 & 3 & 4 \\ 2 & 2 & 6 & 8 \end{bmatrix}.$$

注意：该例中的矩阵 A 和矩阵 B 无法进行 BA 运算.

例 9-18 已知 $A = \begin{bmatrix} 2 & 1 & -2 \\ 3 & 0 & 1 \end{bmatrix}$，$B = \begin{bmatrix} 1 & 4 \\ 2 & -1 \\ 0 & 2 \end{bmatrix}$，求 AB 和 BA.

解 $AB = \begin{bmatrix} 2 & 1 & -2 \\ 3 & 0 & 1 \end{bmatrix} \begin{bmatrix} 1 & 4 \\ 2 & -1 \\ 0 & 2 \end{bmatrix}$

$= \begin{bmatrix} 2\times1+1\times2+(-2)\times0 & 2\times4+1\times(-1)+(-2)\times2 \\ 3\times1+0\times2+1\times0 & 3\times4+0\times(-1)+1\times2 \end{bmatrix}$

$= \begin{bmatrix} 4 & 3 \\ 3 & 14 \end{bmatrix},$

$BA = \begin{bmatrix} 1 & 4 \\ 2 & -1 \\ 0 & 2 \end{bmatrix} \begin{bmatrix} 2 & 1 & -2 \\ 3 & 0 & 1 \end{bmatrix}$

$= \begin{bmatrix} 1\times2+4\times3 & 1\times1+4\times0 & 1\times(-2)+4\times1 \\ 2\times2+(-1)\times3 & 2\times1+(-1)\times0 & 2\times(-2)+(-1)\times1 \\ 0\times2+2\times3 & 0\times1+2\times0 & 0\times(-2)+2\times1 \end{bmatrix}$

$= \begin{bmatrix} 14 & 1 & 2 \\ 1 & 2 & -5 \\ 6 & 0 & 2 \end{bmatrix}.$

由例 9-18 可知，一般情况下，$AB \neq BA$，也就是矩阵乘法不满足"交换律".

例 9-19 已知 $A = \begin{bmatrix} -2 & 4 \\ 1 & -2 \end{bmatrix}$，$B = \begin{bmatrix} 2 & 4 \\ -3 & -6 \end{bmatrix}$，$C = \begin{bmatrix} 1 & 2 \\ 2 & 4 \end{bmatrix}$，求 BA 和 CA.

解 $BA = \begin{bmatrix} 2 & 4 \\ -3 & -6 \end{bmatrix} \begin{bmatrix} -2 & 4 \\ 1 & -2 \end{bmatrix} = \begin{bmatrix} 0 & 0 \\ 0 & 0 \end{bmatrix},$

$CA = \begin{bmatrix} 1 & 2 \\ 2 & 4 \end{bmatrix} \begin{bmatrix} -2 & 4 \\ 1 & -2 \end{bmatrix} = \begin{bmatrix} 0 & 0 \\ 0 & 0 \end{bmatrix}.$

由例 9-19 可以看出：当 $A \neq 0$，$B \neq 0$ 时，存在 $BA = 0$ 的情形；并且，对于矩阵乘法一般不满足"消去律"，即若 $BA = CA$，且 $A \neq 0$，未必有 $B = C$. 此外，经检验可知，单位阵 I 所起的作用与普通代数中的数 1 类似，即 $AI = IA = A$.

例 9-20 计算 $\begin{bmatrix} 1 & 1 \\ 0 & 1 \end{bmatrix}^n$.

解 设 $A = \begin{bmatrix} 1 & 1 \\ 0 & 1 \end{bmatrix}$，则 $A^2 = AA = \begin{bmatrix} 1 & 1 \\ 0 & 1 \end{bmatrix} \begin{bmatrix} 1 & 1 \\ 0 & 1 \end{bmatrix} = \begin{bmatrix} 1 & 2 \\ 0 & 1 \end{bmatrix},$

$A^3 = A^2 A = \begin{bmatrix} 1 & 2 \\ 0 & 1 \end{bmatrix} \begin{bmatrix} 1 & 1 \\ 0 & 1 \end{bmatrix} = \begin{bmatrix} 1 & 3 \\ 0 & 1 \end{bmatrix},$

假设 $A^{n-1} = \begin{bmatrix} 1 & n-1 \\ 0 & 1 \end{bmatrix}$，则

$A^n = A^{n-1} A = \begin{bmatrix} 1 & n-1 \\ 0 & 1 \end{bmatrix} \begin{bmatrix} 1 & 1 \\ 0 & 1 \end{bmatrix} = \begin{bmatrix} 1 & n \\ 0 & 1 \end{bmatrix}.$

由归纳法知，对于任意正整数 n，有

$$\begin{bmatrix} 1 & 1 \\ 0 & 1 \end{bmatrix}^n = \begin{bmatrix} 1 & n \\ 0 & 1 \end{bmatrix}.$$

Excel 软件中，工作表区域的顶部是由 A，B，C，$\cdots$ 大写字母组成，而左侧是由1，2，3，$\cdots$ 数字组成．顶部的每个字母标识了工作表中的每一列，左侧的每一个数字标识了工作表中的每一行．一行与一列的交叉点就是一个单元格．这样工作表区域就构成了一个矩阵．

在进行矩阵"和"的运算时，只需将输入的两个矩阵对应区域执行"＋"运算即可；而软件中函数"MMULT"执行的是矩阵乘法运算；针对第一节的行列式，软件提供的函数"MDETERM"执行的是相关区域（矩阵）对应的行列式的计算．读者不妨试一试，以此了解该软件在矩阵运算中的便利．

五、线性方程组的矩阵表示

设 n 元线性方程组为

$$\begin{cases} a_{11}x_1 + a_{12}x_2 + \cdots + a_{1n}x_n = b_1, \\ a_{21}x_1 + a_{22}x_2 + \cdots + a_{2n}x_n = b_2, \\ \qquad\qquad\cdots \\ a_{m1}x_1 + a_{m2}x_2 + \cdots + a_{mn}x_n = b_m. \end{cases} \tag{9-12}$$

定义 9.6 由线性方程组（9-12）的系数构成的矩阵

$$A = \begin{bmatrix} a_{11} & a_{12} & \cdots & a_{1n} \\ a_{21} & a_{22} & \cdots & a_{2n} \\ \cdots & \cdots & \cdots & \cdots \\ a_{m1} & a_{m2} & \cdots & a_{mn} \end{bmatrix}$$

称为线性方程组（9-12）的**系数矩阵**．

由线性方程组（9-12）的系数和常数项构成的矩阵

$$\bar{A} = \begin{bmatrix} a_{11} & a_{12} & \cdots & a_{1n} & b_1 \\ a_{21} & a_{22} & \cdots & a_{2n} & b_2 \\ \cdots & \cdots & & \cdots & \cdots \\ a_{m1} & a_{m2} & \cdots & a_{mn} & b_m \end{bmatrix}$$

称为线性方程组（9-12）的**增广矩阵**．

根据矩阵乘法，线性方程组（9-12）用矩阵可表示为

$$AX = B,$$

其中，$X = \begin{bmatrix} x_1 \\ x_2 \\ \vdots \\ x_n \end{bmatrix}$，$B = \begin{bmatrix} b_1 \\ b_2 \\ \vdots \\ b_m \end{bmatrix}$．

例 9-21 利用矩阵表示下面线性方程组

$$\begin{cases} x_1 + 2x_2 + 3x_3 + 4x_4 = 1, \\ 4x_1 + x_2 + 2x_3 + 3x_4 = 2, \\ 3x_1 + 4x_2 + x_3 + 4x_4 = 2, \\ 2x_1 + 3x_2 + 4x_3 + x_4 = 1. \end{cases}$$

解 设

$$A = \begin{bmatrix} 1 & 2 & 3 & 4 \\ 4 & 1 & 2 & 3 \\ 3 & 4 & 1 & 4 \\ 2 & 3 & 4 & 1 \end{bmatrix}, \quad X = \begin{bmatrix} x_1 \\ x_2 \\ x_3 \\ x_4 \end{bmatrix}, \quad B = \begin{bmatrix} 1 \\ 2 \\ 2 \\ 1 \end{bmatrix}.$$

则线性方程组用矩阵可表示为 $AX=B$，

即

$$\begin{bmatrix} 1 & 2 & 3 & 4 \\ 4 & 1 & 2 & 3 \\ 3 & 4 & 1 & 4 \\ 2 & 3 & 4 & 1 \end{bmatrix} \begin{bmatrix} x_1 \\ x_2 \\ x_3 \\ x_4 \end{bmatrix} = \begin{bmatrix} 1 \\ 2 \\ 2 \\ 1 \end{bmatrix}.$$

在线性控制系统中，常常将一个线性系统 A 的输出作为另一个线性系统 B 的输入，然后将两个系统串联起来，构成等效的线性系统 $C = BA$.

例 9-22 设线性系统 A：$\begin{cases} y_1 = x_1 + x_2 + 2x_3 \\ y_2 = 2x_1 + x_2 - x_3 \\ y_3 = x_1 - 2x_2 + x_3 \end{cases}$，即 $A = \begin{bmatrix} 1 & 1 & 2 \\ 2 & 1 & -1 \\ 1 & -2 & 1 \end{bmatrix}$.

线性系统 B：$\begin{cases} z_1 = 2y_1 + y_3 \\ z_2 = 4y_1 + y_2 - y_3 \end{cases}$，即 $B = \begin{bmatrix} 2 & 0 & 1 \\ 4 & 1 & -1 \end{bmatrix}$. 求 A，B 两系统串联后的等效系统.

解 设线性系统 A，B 可分别用矩阵表示为

$$Y = AX, \quad Z = BY.$$

其中，$X = \begin{bmatrix} x_1 \\ x_2 \\ x_3 \end{bmatrix}$，$Y = \begin{bmatrix} y_1 \\ y_2 \\ y_3 \end{bmatrix}$，$Z = \begin{bmatrix} z_1 \\ z_2 \end{bmatrix}$.

由此，A，B 两系统串联后的等效系统 C 为

$$Z = BY = B(AX) = (BA)X = CX,$$

其中，$C = BA = \begin{bmatrix} 2 & 0 & 1 \\ 4 & 1 & -1 \end{bmatrix} \begin{bmatrix} 1 & 1 & 2 \\ 2 & 1 & -1 \\ 1 & -2 & 1 \end{bmatrix} = \begin{bmatrix} 3 & 0 & 5 \\ 5 & 7 & 6 \end{bmatrix}$.

故等效系统 C 为：$Z = CX$，等效系统的输入、输出关系为

$$\begin{cases} z_1 = 3x_1 + 5x_3, \\ z_2 = 5x_1 + 7x_2 + 6x_3. \end{cases}$$

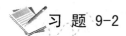 习 题 9-2

1. 已知 $A = \begin{bmatrix} 3 & 2 & 4 \\ -2 & 4 & 5 \\ 10 & 7 & 2 \end{bmatrix}$，$B = \begin{bmatrix} 4 & 10 & 20 \\ 0 & 9 & 3 \\ 4 & 5 & 7 \end{bmatrix}$，求 $4A - B$.

2. 已知 $A = \begin{bmatrix} -4 & 3 & -1 \\ 0 & 5 & 7 \end{bmatrix}$，$B = \begin{bmatrix} 0 & 3 & 4 \\ 7 & 0 & -1 \end{bmatrix}$，求 $A + 3B$.

3. 求下列矩阵中元素 x，y 的值.

(1) $\begin{bmatrix} x & y \\ -1 & 2 \end{bmatrix} + \begin{bmatrix} 2y & -4x \\ 1 & -1 \end{bmatrix} = \begin{bmatrix} 1 & 0 \\ 0 & 1 \end{bmatrix}$；

(2) $[x \quad y] + 2[x \quad y] - [y \quad x] = [1 \quad 1]$.

4. 如果各矩阵的阶数分别为：A 是 3×4 阶，B 是 4×3 阶，C 是 2×3 阶，D 是 4×5 阶，试写出下列矩阵乘积的阶数.

(1) AB；(2) BA；(3) CA；(4) AD；(5) CAD；(6) CAB.

5. 试作下列矩阵运算.

(1) $\begin{bmatrix} 3 \\ 4 \end{bmatrix} \begin{bmatrix} 2 \end{bmatrix}$；

(2) $\begin{bmatrix} 3 & 2 \end{bmatrix} \begin{bmatrix} 1 \\ 4 \end{bmatrix}$；

(3) $\begin{bmatrix} 0 & 3 \\ 4 & 2 \end{bmatrix} \begin{bmatrix} 2 & 4 \\ 5 & 1 \end{bmatrix}$；

(4) $\begin{bmatrix} 3 \\ 2 \\ -1 \\ 1 \end{bmatrix} \begin{bmatrix} 1 & 2 & -1 \end{bmatrix}$；

(5) $\begin{bmatrix} 2 & 1 & 4 \\ 5 & 3 & 6 \end{bmatrix} \begin{bmatrix} 1 & 0 & 2 & 4 \\ 3 & -1 & 0 & 1 \\ 0 & 2 & 1 & 3 \end{bmatrix}$；

(6) $\begin{bmatrix} \cos\alpha & -\sin\alpha \\ \sin\alpha & \cos\alpha \end{bmatrix} \begin{bmatrix} \cos\alpha & \sin\alpha \\ -\sin\alpha & \cos\alpha \end{bmatrix}$.

6. 已知 $A = \begin{bmatrix} 3 & 2 & 5 \\ 1 & 0 & -1 \\ 7 & 6 & 4 \end{bmatrix}$，$B = \begin{bmatrix} 1 & 6 & 3 & 0 \\ 0 & 1 & 0 & 0 \\ 2 & 0 & 1 & 0 \end{bmatrix}$，试求 AB，BA.

7. 若 A，B 是两个不同的 n 阶方阵（$n \geqslant 2$），则等式 $(A+B)^2 = A^2 + 2AB + B^2$（$A^2 = AA$）能否成立？为什么？

8. 已知 $A = \begin{bmatrix} 1 & 2 & -3 \\ 0 & 1 & 2 \\ 0 & 0 & 1 \end{bmatrix}$，$B = \begin{bmatrix} 1 & -2 & 7 \\ 0 & 1 & -2 \\ 0 & 0 & 1 \end{bmatrix}$，验证 $AB = BA = I$.

9. 已知 $A = \begin{bmatrix} 1 & 3 \\ -2 & 2 \\ -1 & -5 \end{bmatrix}$，$B = \begin{bmatrix} 1 & 2 & -1 \\ -1 & -3 & 2 \end{bmatrix}$，验证 $(AB)^T = B^T A^T$.

10. 已知 $A = \begin{bmatrix} -2 & 1 \\ 3 & 2 \end{bmatrix}$，$B = \begin{bmatrix} 2 & 4 \\ -5 & 1 \end{bmatrix}$，验证 $|AB| = |A||B|$.

习 题 9-2 参考答案

1. $\begin{bmatrix} 8 & -2 & -4 \\ -8 & 7 & 17 \\ 36 & 23 & 1 \end{bmatrix}$.

2. $\begin{bmatrix} -4 & 12 & 11 \\ 21 & 5 & 4 \end{bmatrix}$.

3. (1) $x = \dfrac{1}{9}$，$y = \dfrac{4}{9}$；

(2) $x = \dfrac{1}{2}$，$y = \dfrac{1}{2}$.

4. (1) 3×3 阶；

(2) 4×4 阶；

(3) 2×4 阶；

(4) 3×5 阶；

(5) 2×5 阶；

(6) 2×3 阶.

5. (1) $\begin{bmatrix} 6 \\ 8 \end{bmatrix}$；

(2) $\begin{bmatrix} 11 \end{bmatrix}$；

(3) $\begin{bmatrix} 15 & 3 \\ 18 & 18 \end{bmatrix}$；

$$(4) \begin{bmatrix} 3 & 6 & -3 \\ 2 & 4 & -2 \\ -1 & -2 & 1 \\ 1 & 2 & -1 \end{bmatrix}; \qquad (5) \begin{bmatrix} 5 & 7 & 8 & 21 \\ 14 & 9 & 16 & 41 \end{bmatrix}; \qquad (6) \begin{bmatrix} 1 & 0 \\ 0 & 1 \end{bmatrix}.$$

6. $\boldsymbol{AB} = \begin{bmatrix} 13 & 20 & 14 & 0 \\ -1 & 6 & 2 & 0 \\ 15 & 48 & 25 & 0 \end{bmatrix}$ ，不能求 $\boldsymbol{BA}$.

7. 略 . 8. 略 . 9. 略 . 10. 略 .

第三节　矩阵的初等变换

🍎 学习目标

理解矩阵的初等变换、矩阵的秩和逆矩阵的概念；

会用初等变换求矩阵的秩和逆矩阵.

一、矩阵的初等变换

用消元法解线性方程组时，经常要进行以下三种变换：

(1) 互换两个方程的位置；

(2) 将一个方程乘以一个非零常数；

(3) 将一个方程乘以一个非零常数再加到另一个方程中.

线性方程组经过上述变换后并不改变它的解，即经上述变换得到的线性方程组与原方程组是同解的，由此产生了矩阵初等变换的概念.

定义 9.7　对矩阵的行（列）施行如下三种变换：

(1)（**互换变换**）矩阵的任意两行（列）互换位置；

(2)（**倍乘变换**）用一个不为零的常数乘矩阵的某一行（列）；

(3)（**倍加变换**）一个不为零的常数乘矩阵的某一行（列）再加到另一行（列）上.

以上三种变换称为**矩阵的初等行（列）变换**，初等行变换和初等列变换统称为**矩阵的初等变换** . 通常初等变换采用如下标识：

①第 i 行与第 j 行互换位置，记为 $r_i \leftrightarrow r_j$（或第 i 列与第 j 列互换，记为 $c_i \leftrightarrow c_j$）；

②第 i 行的每个元素乘以非零常数 k ，记为 kr_i（或第 i 列的每个元素乘以非零常数 k ，记为 kc_i）；

③第 i 行的每个元素加上第 j 行对应元素的 k 倍，记为 $r_i + kr_j$（或第 i 列的每个元素加上第 j 列对应元素的 k 倍，记为 $c_i + kc_j$）.

例 9-23　对矩阵 $\begin{bmatrix} 2 & 4 & 0 \\ 3 & 5 & 2 \\ 1 & 0 & 3 \end{bmatrix}$ 施行初等行变换，使之成为单位矩阵.

解　$\begin{bmatrix} 2 & 4 & 0 \\ 3 & 5 & 2 \\ 1 & 0 & 3 \end{bmatrix} \xrightarrow{\frac{1}{2} \times r_1} \begin{bmatrix} 1 & 2 & 0 \\ 3 & 5 & 2 \\ 1 & 0 & 3 \end{bmatrix} \xrightarrow[r_3 + (-1) \times r_1]{r_2 + (-3) \times r_1} \begin{bmatrix} 1 & 2 & 0 \\ 0 & -1 & 2 \\ 0 & -2 & 3 \end{bmatrix}$

$$\xrightarrow{(-1)\times r_2} \begin{bmatrix} 1 & 2 & 0 \\ 0 & 1 & -2 \\ 0 & -2 & 3 \end{bmatrix} \xrightarrow{r_1+(-2)\times r_2,\ r_3+2\times r_2} \begin{bmatrix} 1 & 0 & 4 \\ 0 & 1 & -2 \\ 0 & 0 & -1 \end{bmatrix}$$

$$\xrightarrow{(-1)\times r_3} \begin{bmatrix} 1 & 0 & 4 \\ 0 & 1 & -2 \\ 0 & 0 & 1 \end{bmatrix} \xrightarrow{r_1+(-4)\times r_3,\ r_2+2\times r_3} \begin{bmatrix} 1 & 0 & 0 \\ 0 & 1 & 0 \\ 0 & 0 & 1 \end{bmatrix}.$$

二、矩阵的秩

定义 9.8 如果矩阵从第 2 行起每个非零行（元素不全为零的行）的第一个非零元素都出现在上一行第一个非零元素的右侧，同时，没有一个非零行出现在零行之下，那么称该矩阵为**阶梯形矩阵**.

如 $\begin{bmatrix} 2 & -1 & 3 \\ 0 & 1 & -1 \\ 0 & 0 & 3 \end{bmatrix}$ 和 $\begin{bmatrix} 0 & 3 & -2 & 4 & 1 \\ 0 & 0 & 0 & 2 & 3 \\ 0 & 0 & 0 & 0 & 0 \end{bmatrix}$ 都是阶梯形矩阵.

例 9-24 利用初等变换将矩阵 $\begin{bmatrix} 1 & -2 & 0 \\ -2 & 4 & 1 \\ 2 & -1 & 2 \\ -2 & 6 & 2 \end{bmatrix}$ 化为阶梯形矩阵.

解 $\begin{bmatrix} 1 & -2 & 0 \\ -2 & 4 & 1 \\ 2 & -1 & 2 \\ -2 & 6 & 2 \end{bmatrix} \xrightarrow[\substack{r_3+(-2)\times r_1 \\ r_4+2\times r_1}]{r_2+2\times r_1} \begin{bmatrix} 1 & -2 & 0 \\ 0 & 0 & 1 \\ 0 & 3 & 2 \\ 0 & 2 & 2 \end{bmatrix} \xrightarrow{c_2\leftrightarrow c_3} \begin{bmatrix} 1 & 0 & -2 \\ 0 & 1 & 0 \\ 0 & 2 & 3 \\ 0 & 2 & 2 \end{bmatrix}$

$\xrightarrow[\substack{r_4+(-2)\times r_2}]{r_3+(-2)\times r_2} \begin{bmatrix} 1 & 0 & -2 \\ 0 & 1 & 0 \\ 0 & 0 & 3 \\ 0 & 0 & 2 \end{bmatrix} \xrightarrow{r_4+(-\frac{2}{3})\times r_3} \begin{bmatrix} 1 & 0 & -2 \\ 0 & 1 & 0 \\ 0 & 0 & 3 \\ 0 & 0 & 0 \end{bmatrix}.$

定义 9.9 如果矩阵 A 经过初等变换化为阶梯形矩阵 B，而且矩阵 B 的非零行的行数为 r，那么称 r 为矩阵 A 的秩，记为 $R(A)=r$.

显然，由定义 9.9 可知，例 9-24 中矩阵的秩为 3.

例 9-25 求矩阵 $A=\begin{bmatrix} 1 & -2 & -1 & 0 & 2 \\ -2 & 4 & 2 & 6 & -6 \\ 2 & -1 & 0 & 2 & 3 \end{bmatrix}$ 的秩.

解 $A \xrightarrow[\substack{r_3+(-2)\times r_1}]{r_2+2\times r_1} \begin{bmatrix} 1 & -2 & -1 & 0 & 2 \\ 0 & 0 & 0 & 6 & -2 \\ 0 & 3 & 2 & 2 & -1 \end{bmatrix} \xrightarrow{r_2\leftrightarrow r_3} \begin{bmatrix} 1 & -2 & -1 & 0 & 2 \\ 0 & 3 & 2 & 2 & -1 \\ 0 & 0 & 0 & 6 & -2 \end{bmatrix}.$

所以，$R(A)=3$.

实际解题过程中，如果矩阵 A 经过几次初等变换后，便可看出它的秩，则不必再继续将矩阵 A 化为标准的阶梯形矩阵.

例 9-26 求矩阵 $A=\begin{bmatrix} 1 & 2 & -1 & -1 \\ 0 & 1 & -2 & 0 \\ 1 & 3 & -3 & -1 \end{bmatrix}$ 的秩.

解　$A \xrightarrow{r_3 + (-1) \times r_1} \begin{bmatrix} 1 & 2 & -1 & -1 \\ 0 & 1 & -2 & 0 \\ 0 & 1 & -2 & 0 \end{bmatrix} = B.$

可以看出，B 中第二、第三行完全相同，由此可直接确定 $R(A) = 2$.

三、逆矩阵的概念与解法

定义 9.10　对于 n 阶方阵 A，如果存在 n 阶方阵 C，使得 $AC = CA = I$，则称方阵 C 为方阵 A 的**逆矩阵**，简称**逆阵**，记作 $C = A^{-1}$，即 $AA^{-1} = A^{-1}A = I$. 也称方阵 A 是**可逆的**（或**非奇异的**），反之，称方阵 A 是**不可逆的**（或奇异的）.

如：$A = \begin{bmatrix} 2 & 1 & 1 \\ 1 & 0 & 2 \\ 3 & 1 & 2 \end{bmatrix}$，$C = \begin{bmatrix} -2 & -1 & 2 \\ 4 & 1 & -3 \\ 1 & 1 & -1 \end{bmatrix}$，有

$$AC = \begin{bmatrix} 2 & 1 & 1 \\ 1 & 0 & 2 \\ 3 & 1 & 2 \end{bmatrix} \begin{bmatrix} -2 & -1 & 2 \\ 4 & 1 & -3 \\ 1 & 1 & -1 \end{bmatrix} = \begin{bmatrix} 1 & 0 & 0 \\ 0 & 1 & 0 \\ 0 & 0 & 1 \end{bmatrix} = I,$$

$$CA = \begin{bmatrix} -2 & -1 & 2 \\ 4 & 1 & -3 \\ 1 & 1 & -1 \end{bmatrix} \begin{bmatrix} 2 & 1 & 1 \\ 1 & 0 & 2 \\ 3 & 1 & 2 \end{bmatrix} = \begin{bmatrix} 1 & 0 & 0 \\ 0 & 1 & 0 \\ 0 & 0 & 1 \end{bmatrix} = I.$$

所以，A 可逆，C 是 A 的逆矩阵，即 $C = A^{-1}$.

逆矩阵的基本性质：

（1）若 A 是可逆的，则其逆矩阵是唯一的；

事实上，若矩阵 B 与 C 均为矩阵 A 的逆矩阵，有

$$B = BI = BAC = IC = C,$$

由此表明逆矩阵是唯一的.

（2）矩阵 A 的逆矩阵的逆矩阵仍为 A，即 $(A^{-1})^{-1} = A$.

下面给出求逆矩阵的方法.

首先，将 n 阶方阵 A 和 n 阶单位矩阵 I 并列合成一个 $n \times 2n$ 的矩阵，中间用竖线分开，即 $[A \mid I]$；然后，对它进行初等行变换，目标是将左边的矩阵 A 变成单位矩阵 I，此时，接受同样变换的右边单位矩阵 I 则变成 A 的逆矩阵 A^{-1}，即

$$[A \mid I] \xrightarrow{初等行变换} [I \mid A^{-1}].$$

例 9-27　用初等变换求矩阵 $A = \begin{bmatrix} 1 & -1 & -2 \\ 0 & 2 & 1 \\ 2 & 0 & -1 \end{bmatrix}$ 的逆矩阵.

解　对矩阵 $[A \mid I]$ 实施初等行变换：

$$[A \mid I] = \left[\begin{array}{ccc|ccc} 1 & -1 & -2 & 1 & 0 & 0 \\ 0 & 2 & 1 & 0 & 1 & 0 \\ 2 & 0 & -1 & 0 & 0 & 1 \end{array}\right] \xrightarrow{r_3 + (-2) \times r_1} \left[\begin{array}{ccc|ccc} 1 & -1 & -2 & 1 & 0 & 0 \\ 0 & 2 & 1 & 0 & 1 & 0 \\ 0 & 2 & 3 & -2 & 0 & 1 \end{array}\right]$$

$$\xrightarrow{\frac{1}{2} \times r_2} \left[\begin{array}{ccc|ccc} 1 & -1 & -2 & 1 & 0 & 0 \\ 0 & 1 & 1/2 & 0 & 1/2 & 0 \\ 0 & 2 & 3 & -2 & 0 & 1 \end{array}\right] \xrightarrow{r_1 + r_2,\ r_3 + (-2) \times r_2}$$

$$
\begin{bmatrix} 1 & 0 & -3/2 & 1 & 1/2 & 0 \\ 0 & 1 & 1/2 & 0 & 1/2 & 0 \\ 0 & 0 & 2 & -2 & -1 & 1 \end{bmatrix} \xrightarrow{\frac{1}{2} \times r_3} \begin{bmatrix} 1 & 0 & -3/2 & 1 & 1/2 & 0 \\ 0 & 1 & 1/2 & 0 & 1/2 & 0 \\ 0 & 0 & 1 & -1 & -1/2 & 1/2 \end{bmatrix}
$$

$$
\xrightarrow{r_1 + \frac{3}{2} \times r_3,\ r_2 + (-\frac{1}{2}) \times r_3} \begin{bmatrix} 1 & 0 & 0 & -1/2 & -1/4 & 3/4 \\ 0 & 1 & 0 & 1/2 & 3/4 & -1/4 \\ 0 & 0 & 1 & -1 & -1/2 & 1/2 \end{bmatrix}.
$$

于是　　　　　　$\boldsymbol{A}^{-1} = \begin{bmatrix} -1/2 & -1/4 & 3/4 \\ 1/2 & 3/4 & -1/4 \\ -1 & -1/2 & 1/2 \end{bmatrix}$ 或 $\boldsymbol{A}^{-1} = \dfrac{1}{4} \begin{bmatrix} -2 & -1 & 3 \\ 2 & 3 & -1 \\ -4 & -2 & 2 \end{bmatrix}$.

用初等变换求矩阵 $\boldsymbol{A}$ 的逆矩阵时，可不必先考虑逆矩阵是否存在．只需在初等变换过程中注意竖线左侧的矩阵，若它的某一行元素全为零，或某两行对应元素成比例，就可确认方阵 $\boldsymbol{A}$ 的逆矩阵不存在．事实上，$\boldsymbol{A}^{-1}$ 存在的充要条件是 $|\boldsymbol{A}| \ne 0$.

例 9-28　设 $\boldsymbol{A} = \begin{bmatrix} 1 & -2 & -1 & -2 \\ 4 & 1 & 2 & 1 \\ 2 & 5 & 4 & -1 \\ 1 & 1 & 1 & 1 \end{bmatrix}$，求 $\boldsymbol{A}^{-1}$.

解　用初等变换求矩阵 $\boldsymbol{A}$ 的逆矩阵.

$$
\boldsymbol{A} = \begin{bmatrix} 1 & -2 & -1 & -2 & 1 & 0 & 0 & 0 \\ 4 & 1 & 2 & 1 & 0 & 1 & 0 & 0 \\ 2 & 5 & 4 & -1 & 0 & 0 & 1 & 0 \\ 1 & 1 & 1 & 1 & 0 & 0 & 0 & 1 \end{bmatrix}
$$

$$
\xrightarrow{r_1 - r_4,\ r_2 - 4r_4} \begin{bmatrix} 0 & -3 & -2 & -3 & 1 & 0 & 0 & -1 \\ 0 & -3 & -2 & -3 & 0 & 1 & 0 & -4 \\ 2 & 5 & 4 & -1 & 0 & 0 & 1 & 0 \\ 1 & 1 & 1 & 1 & 0 & 0 & 0 & 1 \end{bmatrix}
$$

$$
\xrightarrow{r_1 - r_2} \begin{bmatrix} 0 & 0 & 0 & 0 & 1 & -1 & 0 & 3 \\ 0 & -3 & -2 & -3 & 0 & 1 & 0 & -4 \\ 2 & 5 & 4 & -1 & 0 & 0 & 1 & 0 \\ 1 & 1 & 1 & 1 & 0 & 0 & 0 & 1 \end{bmatrix}.
$$

因竖线左侧矩阵第一行的元素全为零，故 $\boldsymbol{A}$ 不可逆（是奇异方阵），即 $\boldsymbol{A}^{-1}$ 不存在.

事实上，

$$
|\boldsymbol{A}| = \begin{vmatrix} 1 & -2 & -1 & -2 \\ 4 & 1 & 2 & 1 \\ 2 & 5 & 4 & -1 \\ 1 & 1 & 1 & 1 \end{vmatrix} \xrightarrow{r_1 - r_4,\ r_2 - 4 \times r_4} \begin{vmatrix} 0 & -3 & -2 & -3 \\ 0 & -3 & -2 & -3 \\ 2 & 5 & 4 & -1 \\ 1 & 0 & 1 & 1 \end{vmatrix} = 0,
$$

也验证了该例中 $\boldsymbol{A}^{-1}$ 不存在.

例 9-29　已知 $\boldsymbol{A} = \begin{bmatrix} 1 & -1 & -2 \\ 0 & 2 & 1 \\ 2 & 0 & -1 \end{bmatrix}$，$\boldsymbol{B} = \begin{bmatrix} -1 \\ 2 \\ 0 \end{bmatrix}$，且 $\boldsymbol{AX} = \boldsymbol{B}$，求未知矩阵 $\boldsymbol{X}$.

解　因 $|A| \neq 0$，故 A^{-1} 存在，由 $AX = B$ 得

$$A^{-1}AX = A^{-1}B，即 X = A^{-1}B.$$

由例 9-27 可知，$A^{-1} = \begin{bmatrix} -1/2 & -1/4 & 3/4 \\ 1/2 & 3/4 & -1/4 \\ -1 & -1/2 & 1/2 \end{bmatrix}$，

由此可得 $X = A^{-1}B = \begin{bmatrix} -1/2 & -1/4 & 3/4 \\ 1/2 & 3/4 & -1/4 \\ -1 & -1/2 & 1/2 \end{bmatrix} \begin{bmatrix} -1 \\ 2 \\ 0 \end{bmatrix} = \begin{bmatrix} 0 \\ 1 \\ 0 \end{bmatrix}.$

于是，$X = \begin{bmatrix} 0 \\ 1 \\ 0 \end{bmatrix}.$

四、矩阵在密码学中的简单应用

随着计算机技术的发展，大量的信息传输和存储都需要加密，这里首先简要介绍最常用的、最简单的密码本加密法.

古时希腊人发明了不同数字与字母一一对应的密码本，然后把由字母组成的信息根据密码本转换成一串数字，这样，信息就不容易被没有该密码本的人识破. 这种方法一直延续至今. 下面举例说明.

例 9-30　将 26 个英文字母与 26 个不同数字一一对应，构成一个简单的密码本，如表 9-5 所示. 如果某人要发信息 "no sleeping"，又不想被其他人识别，可将信息中的每一个字母改用对应的数字发出. 即实际发出去的信息为 14，15，19，12，5，5，16，16，9，14，7. 接收信息的人按表 9-5 所示编码转换成字母就懂了. 此类编码容易编制，但也容易被人识破.

表 9-5

a	b	c	d	...	x	y	z
1	2	3	4	...	24	25	26

下面再介绍一种利用矩阵设置密码的方法.

（1）预先设定一个 n 阶可逆方阵 A 作为密码；

（2）将已经得到的数字信息分为若干含有 n 个元素的列矩阵 X_1，X_2，$\cdots$，若不够分加 0 补足；

（3）再进行矩阵运算：$Y_1 = AX_1$，$Y_2 = AX_2$，$\cdots$，得到的 Y_1，Y_2，$\cdots$ 就是加密了的新码，了解密码的人只需进行矩阵逆运算：$X_1 = A^{-1}Y_1$，$X_2 = A^{-1}Y_2$，$\cdots$，就可获取原来的编码信息.

现再将例 9-30 据此方法进行设置并求解.

第一步　以 3 阶可逆矩阵 $A = \begin{bmatrix} 1 & 1 & 2 \\ -1 & 2 & 0 \\ 2 & 1 & 3 \end{bmatrix}$ 作为密码.

第二步　将收到的数字信息——14，15，19，12，5，5，16，16，9，14，7 分为 4 个列矩阵：

$$\boldsymbol{X}_1 = \begin{bmatrix} 14 \\ 15 \\ 19 \end{bmatrix}, \quad \boldsymbol{X}_2 = \begin{bmatrix} 12 \\ 5 \\ 5 \end{bmatrix}, \quad \boldsymbol{X}_3 = \begin{bmatrix} 16 \\ 16 \\ 9 \end{bmatrix}, \quad \boldsymbol{X}_4 = \begin{bmatrix} 14 \\ 7 \\ 0 \end{bmatrix}.$$

第三步　实施矩阵运算：$\boldsymbol{Y}_1 = \boldsymbol{A}\boldsymbol{X}_1 = \begin{bmatrix} 1 & 1 & 2 \\ -1 & 2 & 0 \\ 2 & 1 & 3 \end{bmatrix} \begin{bmatrix} 14 \\ 15 \\ 19 \end{bmatrix} = \begin{bmatrix} 67 \\ 16 \\ 100 \end{bmatrix}.$

同理可得　　　　　　　　$\boldsymbol{Y}_2 = \begin{bmatrix} 27 \\ -2 \\ 44 \end{bmatrix}, \quad \boldsymbol{Y}_3 = \begin{bmatrix} 50 \\ 16 \\ 75 \end{bmatrix}, \quad \boldsymbol{Y}_4 = \begin{bmatrix} 21 \\ 0 \\ 35 \end{bmatrix}.$

　　加密后的新码为 67，16，100，27，－2，44，50，16，75，21，0. 35 是多余信息，但在获取原来的信息编码时需要它参与计算．接下来的工作——获取原来的信息编码我们就留给读者自己完成．

习 题 9-3

1. 对下面的矩阵 $\boldsymbol{A}$ 作初等行变换，使其成为三阶单位矩阵.

$$\boldsymbol{A} = \begin{bmatrix} 1 & 3 & 2 \\ 2 & 4 & 0 \\ 1 & 0 & 4 \end{bmatrix}.$$

2. 求下列矩阵的逆矩阵.

$$(1) \begin{bmatrix} 1 & 3 \\ 2 & 0 \end{bmatrix}; \qquad (2) \begin{bmatrix} 1 & 0 & 1 \\ 0 & 2 & -2 \\ -1 & 3 & 0 \end{bmatrix}; \qquad (3) \begin{bmatrix} 1 & 0 & 0 & 0 \\ 1 & 2 & 0 & 0 \\ 2 & 4 & 3 & 0 \\ 1 & -2 & 6 & 4 \end{bmatrix}.$$

3. 用初等变换求下列矩阵的秩.

$$(1) \begin{bmatrix} 1 & 2 & -3 \\ -1 & -3 & 4 \\ 1 & 1 & -2 \end{bmatrix}; \qquad (2) \begin{bmatrix} 2 & 0 & 2 & 2 \\ 0 & 1 & 0 & 0 \\ 2 & 1 & 0 & 1 \\ 0 & 1 & 0 & 0 \end{bmatrix}; \qquad (3) \begin{bmatrix} 1 & 0 & 1 & 0 & 0 \\ 1 & 1 & 0 & 0 & 0 \\ 0 & 1 & 1 & 0 & 0 \\ 0 & 0 & 1 & 1 & 0 \\ 0 & 1 & 0 & 1 & 1 \end{bmatrix}.$$

4. 讨论二阶方阵 $\boldsymbol{A} = \begin{bmatrix} a_{11} & a_{12} \\ a_{21} & a_{22} \end{bmatrix}$ 的逆矩阵存在的条件，并求之.

5. 设 $\boldsymbol{A} = \begin{bmatrix} 1 & -2 & 3 & 5 \\ 0 & 1 & 2 & 1 \\ 1 & -1 & 5 & x \end{bmatrix}$，若 $R(\boldsymbol{A}) = 2$，试求 x 的值.

6. 设矩阵 $\boldsymbol{A}$，$\boldsymbol{X}$ 为同阶方阵，且 $\boldsymbol{A}$ 可逆，若 $\boldsymbol{A}(\boldsymbol{X} - \boldsymbol{I}) = \boldsymbol{I}$，计算 $\boldsymbol{X}$.

7. 求解矩阵方程 $\begin{bmatrix} 1 & 1 & -1 \\ 0 & 2 & 2 \\ 1 & -1 & 0 \end{bmatrix} \boldsymbol{X} = \begin{bmatrix} 4/3 & -1 & 1 \\ 1/3 & 1 & 0 \\ 2 & 1 & 1 \end{bmatrix}$ 中的未知矩阵 $\boldsymbol{X}$.

8. 设 $A = \begin{bmatrix} 2 & 0 & 0 \\ 0 & 3 & 0 \\ 0 & 0 & 5 \end{bmatrix}$，且矩阵 B 满足 $ABA^{-1} = 4A^{-1} + BA^{-1}$，求矩阵 B.

9. 已知 A 为方阵，且 $AB = AC$，那么 $B = C$ 的条件是什么？

习 题 9-3　参 考 答 案

1. 略.

2. (1) $\begin{bmatrix} 0 & 1/2 \\ 1/3 & -1/6 \end{bmatrix}$；　　　　(2) $\begin{bmatrix} 3/4 & 3/8 & -1/4 \\ 1/4 & 1/8 & 1/4 \\ 1/4 & -3/8 & 1/4 \end{bmatrix}$；

(3) $\begin{bmatrix} 1 & 0 & 0 & 0 \\ -1/2 & 1/2 & 0 & 0 \\ 0 & -2/3 & 1/3 & 0 \\ -1/2 & 5/4 & -1/2 & 1/4 \end{bmatrix}$.

3. (1) 2;　　　　(2) 3;　　　　(3) 5.

4. $a_{11}a_{22} - a_{12}a_{21} \neq 0$，$A^{-1} = \dfrac{1}{a_{11}a_{22} - a_{12}a_{21}} \begin{bmatrix} a_{22} & -a_{12} \\ -a_{21} & a_{11} \end{bmatrix}$.

5. $x = 6$.　　　　6. $I + A^{-1}$　　　　7. $X = \dfrac{1}{18} \begin{bmatrix} 33 & 9 & 18 \\ -3 & -9 & 0 \\ 6 & 18 & 0 \end{bmatrix}$.

8. $B = \begin{bmatrix} 4 & 0 & 0 \\ 0 & 2 & 0 \\ 0 & 0 & 1 \end{bmatrix}$.　　　　9. $|A| \neq 0$.

第四节　解 线 性 方 程 组

学习目标

能表述线性方程组及其系数矩阵和增广矩阵的概念；

会用高斯消元法解线性方程组.

定义 9.11　n 元线性方程组

$$\begin{cases} a_{11}x_1 + a_{12}x_2 + \cdots + a_{1n}x_n = b_1, \\ a_{21}x_1 + a_{22}x_2 + \cdots + a_{2n}x_n = b_2, \\ \cdots \\ a_{m1}x_1 + a_{m2}x_2 + \cdots + a_{mn}x_n = b_m. \end{cases} \tag{9-13}$$

如果有解，则称方程组（9-13）是**相容的**；如果无解，则称方程组（9-13）是**不相容的**.

定义 9.12　如果线性方程组（9-13）的常数项 b_1，b_2，$\cdots$，b_m 不全为零，则称方程组（9-13）为**非齐次线性方程组**.

如果 b_1，b_2，$\cdots$，b_m 全为零，即

$$\begin{cases} a_{11}x_1 + a_{12}x_2 + \cdots + a_{1n}x_n = 0, \\ a_{21}x_1 + a_{22}x_2 + \cdots + a_{2n}x_n = 0, \\ \qquad\qquad\qquad \cdots \\ a_{m1}x_1 + a_{m2}x_2 + \cdots + a_{mn}x_n = 0. \end{cases} \tag{9-14}$$

则称线性方程组（9-14）为**齐次线性方程组**.

由第二节可知，线性方程组（9-13）和（9-14）的系数矩阵相同，均为

$$\boldsymbol{A} = \begin{bmatrix} a_{11} & a_{12} & \cdots & a_{1n} \\ a_{21} & a_{22} & \cdots & a_{2n} \\ \cdots & \cdots & \cdots & \cdots \\ a_{m1} & a_{m2} & \cdots & a_{mn} \end{bmatrix},$$

增广矩阵分别为

$$\begin{bmatrix} a_{11} & a_{12} & \cdots & a_{1n} & b_1 \\ a_{21} & a_{22} & \cdots & a_{2n} & b_2 \\ \cdots & \cdots & \cdots & \cdots & \cdots \\ a_{m1} & a_{m2} & \cdots & a_{mn} & b_m \end{bmatrix} \quad \text{和} \quad \begin{bmatrix} a_{11} & a_{12} & \cdots & a_{1n} & 0 \\ a_{21} & a_{22} & \cdots & a_{2n} & 0 \\ \cdots & \cdots & \cdots & \cdots & \cdots \\ a_{m1} & a_{m2} & \cdots & a_{mn} & 0 \end{bmatrix}.$$

下面以矩阵为工具，讨论线性方程组的解法.

例 9-31 解线性方程组

$$\begin{cases} x_1 + 2x_2 + 3x_3 = -7, \\ 2x_1 - x_2 + 2x_3 = -8, \\ x_1 + 3x_2 = 7. \end{cases}$$

解 将方程组的消元过程与其增广矩阵的初等行变换过程对照，如表 9-6 所示.

表 9-6

$\begin{cases} x_1 + 2x_2 + 3x_3 = -7, \\ 2x_1 - x_2 + 2x_3 = -8, \\ x_1 + 3x_2 = 7. \end{cases}$	$\begin{bmatrix} 1 & 2 & 3 & -7 \\ 2 & -1 & 2 & -8 \\ 1 & 3 & 0 & 7 \end{bmatrix}$
$\xrightarrow[\substack{r_2 - 2 \times r_1 \\ r_3 - r_1}]{} \begin{cases} x_1 + 2x_2 + 3x_3 = -7, \\ -5x_2 - 4x_3 = 6, \\ x_2 - 3x_3 = 14. \end{cases}$	$\xrightarrow[\substack{r_2 - 2 \times r_1 \\ r_3 - r_1}]{} \begin{bmatrix} 1 & 2 & 3 & -7 \\ 0 & -5 & -4 & 6 \\ 0 & 1 & -3 & 14 \end{bmatrix}$
$\xrightarrow{r_2 \leftrightarrow r_3} \begin{cases} x_1 + 2x_2 + 3x_3 = -7, \\ x_2 - 3x_3 = 14, \\ -5x_2 - 4x_3 = 6. \end{cases}$	$\xrightarrow{r_2 \leftrightarrow r_3} \begin{bmatrix} 1 & 2 & 3 & -7 \\ 0 & 1 & -3 & 14 \\ 0 & -5 & -4 & 6 \end{bmatrix}$
$\xrightarrow{r_3 + 5 \times r_2} \begin{cases} x_1 + 2x_2 + 3x_3 = -7, \\ x_2 - 3x_3 = 14, \\ -19x_3 = 76. \end{cases}$	$\xrightarrow{r_3 + 5 \times r_2} \begin{bmatrix} 1 & 2 & 3 & -7 \\ 0 & 1 & -3 & 14 \\ 0 & 0 & -19 & 76 \end{bmatrix}$
$\xrightarrow{\left(-\frac{1}{19}\right) \times r_3} \begin{cases} x_1 + 2x_2 + 3x_3 = -7, \\ x_2 - 3x_3 = 14, \\ x_3 = -4. \end{cases}$	$\xrightarrow{\left(-\frac{1}{19}\right) \times r_3} \begin{bmatrix} 1 & 2 & 3 & -7 \\ 0 & 1 & -3 & 14 \\ 0 & 0 & 1 & -4 \end{bmatrix}$
$\xrightarrow[\substack{r_1 - 3 \times r_3 \\ r_2 + 3 \times r_3}]{} \begin{cases} x_1 + 2x_2 = 5, \\ x_2 = 2, \\ x_3 = -4. \end{cases} \xrightarrow{r_1 - 2 \times r_2} \begin{cases} x_1 = 1 \\ x_2 = 2 \\ x_3 = -4 \end{cases}$	$\xrightarrow[\substack{r_1 - 3 \times r_3 \\ r_2 + 3 \times r_3}]{} \begin{bmatrix} 1 & 2 & 0 & 5 \\ 0 & 1 & 0 & 2 \\ 0 & 0 & 1 & -4 \end{bmatrix} \xrightarrow{r_1 - 2 \times r_2} \begin{bmatrix} 1 & 0 & 0 & 1 \\ 0 & 1 & 0 & 2 \\ 0 & 0 & 1 & -4 \end{bmatrix}$

由此可得方程组的解为 $x_1=1$, $x_2=2$, $x_3=-4$.

由表 9-6 可以看出，运用代数消元法解线性方程组，等价于对线性方程组的增广矩阵施行（同样的）初等行变换；而这种借助增广矩阵与初等行变换求解线性方程组的方法较代数消元法更加简便、快捷，同时具有大规模计算上的可操作性（易于编写程序）.

事实上，传统的线性方程组求解方法——代数消元法，是先将线性方程组进行加减消元，然后进行代入消元，求得其解；现在我们学习了矩阵、初等变换等知识后，线性方程组的求解可以更加简约. 这在表 9-6 中可见一斑. 该表中用代数消元法解线性方程组的过程与方程组的增广矩阵进行初等行变换的过程完全形成了一一对应，但后者在此过程中省去了大量的字母——未知数，仅留用最关键的系数参与变换，这使得该方法求解线性方程组更有效、更简约.

对方程组的增广矩阵进行初等行变换的目标是将其化为阶梯形矩阵. 由此得到与原方程组同解并简化的线性方程组，随后，再对该方程组求解. 这其中关于变换后的阶梯形矩阵又分为两种形式，一种是得到阶梯形矩阵

$$\begin{bmatrix} 1 & 2 & 3 & -7 \\ 0 & 1 & -3 & 14 \\ 0 & 0 & 1 & -4 \end{bmatrix},$$

此时，该矩阵对应的与原方程组同解的方程组为

$$\begin{cases} x_1+2x_2+3x_3=-7, \\ x_2-3x_3=14, \\ x_3=-4. \end{cases}$$

然后，对该方程组再使用代入消元法，由最后一个方程逐个向上回代，就得到所求线性方程组的解.

另一种是得到阶梯形矩阵（左侧为单位阵）

$$\begin{bmatrix} 1 & 0 & 0 & 1 \\ 0 & 1 & 0 & 2 \\ 0 & 0 & 1 & -4 \end{bmatrix},$$

此时，该矩阵对应的与原方程组同解的方程组为

$$\begin{cases} x_1=1, \\ x_2=2, \\ x_3=-4. \end{cases}$$

事实上，原方程组的解就是阶梯形矩阵的最后一列.

上述将线性方程组的增广矩阵运用初等行变换化为阶梯形矩阵求解方程组的方法被称为**高斯（Gauss）消元法**，它的全部变换包含了消元和代入两个过程.

下面运用高斯消元法依次研究齐次、非齐次线性方程组解的情形.

一、齐次线性方程组解的讨论

例 9-32 解线性方程组

$$\begin{cases} x_1+2x_2+3x_3=0, \\ 2x_1-x_2+2x_3=0, \\ x_1+3x_2=0. \end{cases}$$

解 由例 9-31 可知，该齐次线性方程组的增广矩阵经过初等变换，可化为

$$\overline{A} \xrightarrow{\text{初等行变换}} \begin{bmatrix} 1 & 0 & 0 & 0 \\ 0 & 1 & 0 & 0 \\ 0 & 0 & 1 & 0 \end{bmatrix},$$

由该矩阵可得方程组的解为 $x_1 = 0$，$x_2 = 0$，$x_3 = 0$.

该例中，系数矩阵和增广矩阵的秩均为 3，并等于未知数的个数（$n = 3$）.

例 9-33 讨论下面线性方程组的解

$$\begin{cases} x_1 + 2x_2 + 3x_3 - x_4 = 0, \\ 3x_1 + 2x_2 + x_3 - x_4 = 0, \\ x_1 - 2x_2 - 5x_3 + x_4 = 0. \end{cases}$$

解 $\overline{A} = \begin{bmatrix} 1 & 2 & 3 & -1 & 0 \\ 3 & 2 & 1 & -1 & 0 \\ 1 & -2 & -5 & 1 & 0 \end{bmatrix} \xrightarrow[r_3 - r_1]{r_2 - 3 \times r_1} \begin{bmatrix} 1 & 2 & 3 & -1 & 0 \\ 0 & -4 & -8 & 2 & 0 \\ 0 & -4 & -8 & 2 & 0 \end{bmatrix}$

$\xrightarrow{r_3 - r_2} \begin{bmatrix} 1 & 2 & 3 & -1 & 0 \\ 0 & -4 & -8 & 2 & 0 \\ 0 & 0 & 0 & 0 & 0 \end{bmatrix} \xrightarrow{-\frac{1}{4} \times r_2} \begin{bmatrix} 1 & 2 & 3 & -1 & 0 \\ 0 & 1 & 2 & -\frac{1}{2} & 0 \\ 0 & 0 & 0 & 0 & 0 \end{bmatrix}$

$\xrightarrow{r_1 - 2 \times r_2} \begin{bmatrix} 1 & 0 & -1 & 0 & 0 \\ 0 & 1 & 2 & -\frac{1}{2} & 0 \\ 0 & 0 & 0 & 0 & 0 \end{bmatrix}.$

最后一个阶梯形矩阵对应的方程组（与原方程组同解）为

$$\begin{cases} x_1 - x_3 = 0, \\ x_2 + 2x_3 - \dfrac{1}{2}x_4 = 0. \end{cases}$$

方程组可变形为

$$\begin{cases} x_1 = x_3 \\ x_2 = -2x_3 + \dfrac{1}{2}x_4 \end{cases}.$$

显然，x_1，x_2 的值取决于 x_3，x_4. 此时，若令 $\begin{bmatrix} x_3 \\ x_4 \end{bmatrix} = \begin{bmatrix} c_1 \\ c_2 \end{bmatrix}$（$c_1$，$c_2$ 为任意常数），则上述方程组可写为

$$\begin{bmatrix} x_1 \\ x_2 \end{bmatrix} = \begin{bmatrix} c_1 \\ -2c_1 + \dfrac{1}{2}c_2 \end{bmatrix}.$$

从而原方程组的解为

$$\begin{bmatrix} x_1 \\ x_2 \\ x_3 \\ x_4 \end{bmatrix} = \begin{bmatrix} c_1 \\ -2c_1 + \dfrac{1}{2}c_2 \\ c_1 \\ c_2 \end{bmatrix} = \begin{bmatrix} c_1 \\ -2c_1 \\ c_1 \\ 0 \end{bmatrix} + \begin{bmatrix} 0 \\ \dfrac{1}{2}c_2 \\ 0 \\ c_2 \end{bmatrix} = c_1 \begin{bmatrix} 1 \\ -2 \\ 1 \\ 0 \end{bmatrix} + c_2 \begin{bmatrix} 0 \\ \dfrac{1}{2} \\ 0 \\ 1 \end{bmatrix}.$$

由于 c_1，c_2 取值的任意性，可知原方程组有无穷多解，既有零解（取 $c_1=c_2=0$），又有非零解（取 $c_1 \neq 0$ 或 $c_2 \neq 0$），并且上式包含了方程组的全部解.

该例中，方程组的系数矩阵和增广矩阵的秩均为 2，小于未知数的个数（$n=4$）.

经检验可知，

$$\begin{bmatrix} 1 \\ -2 \\ 1 \\ 0 \end{bmatrix} \text{和} \begin{bmatrix} 0 \\ 1 \\ 2 \\ 0 \\ 1 \end{bmatrix}$$

均为方程组的解．由于它们是构造方程组全部解的基础，因此，常常被称为齐次线性方程组的基础解系，或称为齐次线性方程组的独立解向量.

由例 9-32、例 9-33 不难发现：齐次线性方程组必有解，它的解分为两类，一类是唯一零解，另一类是非零解.

若方程组有非零解（如例 9-33），则存在基础解系，而基础解系的线性组合，即

$$c_1 \begin{bmatrix} 1 \\ -2 \\ 1 \\ 0 \end{bmatrix} + c_2 \begin{bmatrix} 0 \\ 1 \\ 2 \\ 0 \\ 1 \end{bmatrix}$$，称为齐次线性方程组的通解；若它仅有零解（如例 9-32），则零解也可

视为通解.

此外，由例 9-33 还看出，上述线性方程组中未知数的个数与方程的个数不相等，对于这样的线性方程组求解，是无法使用以行列式为工具的克莱姆法则的，而高斯消元法则适用．显然，高斯消元法对求解线性方程组更具广泛性.

二、非齐次线性方程组解的讨论

例 9-34 用高斯消元法解线性方程组

$$\begin{cases} 2x_1 - 3x_2 + x_3 - x_4 = 3, \\ 3x_1 + x_2 + x_3 + x_4 = 0, \\ 4x_1 - x_2 - x_3 - x_4 = 7, \\ -2x_1 - x_2 + x_3 + x_4 = -5. \end{cases}$$

解 $\bar{A} = \begin{bmatrix} 2 & -3 & 1 & -1 & 3 \\ 3 & 1 & 1 & 1 & 0 \\ 4 & -1 & -1 & -1 & 7 \\ -2 & -1 & 1 & 1 & -5 \end{bmatrix} \xrightarrow[\substack{r_3-2\times r_1 \\ r_4+r_1}]{2\times r_2-3\times r_1} \begin{bmatrix} 2 & -3 & 1 & -1 & 3 \\ 0 & 11 & -1 & 5 & -9 \\ 0 & 5 & -3 & 1 & 1 \\ 0 & -4 & 2 & 0 & -2 \end{bmatrix}$

$\xrightarrow{r_2-2\times r_3} \begin{bmatrix} 2 & -3 & 1 & -1 & 3 \\ 0 & 1 & 5 & 3 & -11 \\ 0 & 5 & -3 & 1 & 1 \\ 0 & -4 & 2 & 0 & -2 \end{bmatrix} \xrightarrow[\substack{r_3-5\times r_2 \\ r_4+4\times r_2}]{} \begin{bmatrix} 2 & -3 & 1 & -1 & 3 \\ 0 & 1 & 5 & 3 & -11 \\ 0 & 0 & -28 & -14 & 56 \\ 0 & 0 & 22 & 12 & -46 \end{bmatrix}$

$$\xrightarrow{-\frac{1}{14} \times r_3} \begin{bmatrix} 2 & -3 & 1 & -1 & 3 \\ 0 & 1 & 5 & 3 & -11 \\ 0 & 0 & 2 & 1 & -4 \\ 0 & 0 & 22 & 12 & -46 \end{bmatrix} \xrightarrow{r_4 - 11 \times r_3} \begin{bmatrix} 2 & -3 & 1 & -1 & 3 \\ 0 & 1 & 5 & 3 & -11 \\ 0 & 0 & 2 & 1 & -4 \\ 0 & 0 & 0 & 1 & -2 \end{bmatrix}$$

$$\xrightarrow[\substack{r_3 - r_4 \\ r_2 - 3 \times r_4 \\ r_1 + r_4}]{} \begin{bmatrix} 2 & -3 & 1 & 0 & 1 \\ 0 & 1 & 5 & 0 & -5 \\ 0 & 0 & 2 & 0 & -2 \\ 0 & 0 & 0 & 1 & -2 \end{bmatrix} \xrightarrow[\substack{r_2 - \frac{5}{2} \times r_3 \\ r_1 - \frac{1}{2} \times r_3}]{} \begin{bmatrix} 2 & -3 & 0 & 0 & 2 \\ 0 & 1 & 0 & 0 & 0 \\ 0 & 0 & 2 & 0 & -2 \\ 0 & 0 & 0 & 1 & -2 \end{bmatrix}$$

$$\xrightarrow{r_1 + 3 \times r_2} \begin{bmatrix} 2 & 0 & 0 & 0 & 2 \\ 0 & 1 & 0 & 0 & 0 \\ 0 & 0 & 2 & 0 & -2 \\ 0 & 0 & 0 & 1 & -2 \end{bmatrix} \xrightarrow[\substack{\frac{1}{2} \times r_1 \\ \frac{1}{2} \times r_3}]{} \begin{bmatrix} 1 & 0 & 0 & 0 & 1 \\ 0 & 1 & 0 & 0 & 0 \\ 0 & 0 & 1 & 0 & -1 \\ 0 & 0 & 0 & 1 & -2 \end{bmatrix}.$$

因此，原方程组的解为 $x_1 = 1$，$x_2 = 0$，$x_3 = -1$，$x_4 = -2$.

该方程组的系数矩阵和增广矩阵的秩均为 4，并等于未知数的个数（$n = 4$）.

例 9-35 讨论下面方程组的解

$$\begin{cases} x_1 + 2x_2 + 3x_3 - x_4 = 2, \\ 3x_1 + 2x_2 + x_3 - x_4 = 4, \\ x_1 - 2x_2 - 5x_3 + x_4 = 0. \end{cases}$$

解 对该方程组的增广矩阵使用例 9-33 的初等变换，可得

$$\bar{A} = \begin{bmatrix} 1 & 2 & 3 & -1 & 2 \\ 3 & 2 & 1 & -1 & 4 \\ 1 & -2 & -5 & 1 & 0 \end{bmatrix} \xrightarrow{\text{初等行变换}} \begin{bmatrix} 1 & 0 & -1 & 0 & 1 \\ 0 & 1 & 2 & -\frac{1}{2} & \frac{1}{2} \\ 0 & 0 & 0 & 0 & 0 \end{bmatrix}.$$

阶梯形矩阵对应的与原方程组同解的方程组为

$$\begin{cases} x_1 - x_3 = 1, \\ x_2 + 2x_3 - \frac{1}{2}x_4 = \frac{1}{2}. \end{cases}$$

方程组可变形为

$$\begin{cases} x_1 = 1 + x_3, \\ x_2 = \frac{1}{2} - 2x_3 + \frac{1}{2}x_4. \end{cases}$$

令 $\begin{bmatrix} x_3 \\ x_4 \end{bmatrix} = \begin{bmatrix} c_1 \\ c_2 \end{bmatrix}$（$c_1$，$c_2$ 为任意常数），由此可得 $\begin{bmatrix} x_1 \\ x_2 \end{bmatrix} = \begin{bmatrix} 1 + c_1 \\ \frac{1}{2} - 2c_1 + \frac{1}{2}c_2 \end{bmatrix}$.

于是，所求方程组的解为

$$\begin{bmatrix} x_1 \\ x_2 \\ x_3 \\ x_4 \end{bmatrix} = \begin{bmatrix} 1 + c_1 \\ \frac{1}{2} - 2c_1 + \frac{1}{2}c_2 \\ c_1 \\ c_2 \end{bmatrix} = \begin{bmatrix} 1 \\ \frac{1}{2} \\ 0 \\ 0 \end{bmatrix} + c_1 \begin{bmatrix} 1 \\ -2 \\ 1 \\ 0 \end{bmatrix} + c_2 \begin{bmatrix} 0 \\ \frac{1}{2} \\ 0 \\ 1 \end{bmatrix}.$$

该例中系数矩阵与增广矩阵的秩均为 2，并小于未知数的个数（$n=4$）.

经检验可知，$\begin{bmatrix} 1 \\ \dfrac{1}{2} \\ 0 \\ 0 \end{bmatrix}$ 是原方程组的、不含任意常数的解（也称为特解）；$c_1 \begin{bmatrix} 1 \\ -2 \\ 1 \\ 0 \end{bmatrix} +$

$c_2 \begin{bmatrix} 0 \\ \dfrac{1}{2} \\ 0 \\ 1 \end{bmatrix}$ 是原方程组对应的齐次线性方程组的通解（由例 9-33 可知）.

这里我们不加证明地给出结论：非齐次线性方程组的通解是由对应的齐次线性方程组的通解与原非齐次线性方程组的特解相加构成.

例 9-36 求解下列方程组

$$\begin{cases} x_1 + x_2 + 2x_3 + 3x_4 = 1, \\ x_2 + x_3 - 4x_4 = 1, \\ x_1 + 2x_2 + 3x_3 - x_4 = 4, \\ 2x_1 + 3x_2 - x_3 - x_4 = -6. \end{cases}$$

解 $\bar{A} = \begin{bmatrix} 1 & 1 & 2 & 3 & 1 \\ 0 & 1 & 1 & -4 & 1 \\ 1 & 2 & 3 & -1 & 4 \\ 2 & 3 & -1 & -1 & -6 \end{bmatrix} \xrightarrow[r_4+(-2)\times r_1]{r_3+(-1)\times r_1} \begin{bmatrix} 1 & 1 & 2 & 3 & 1 \\ 0 & 1 & 1 & -4 & 1 \\ 0 & 1 & 1 & -4 & 3 \\ 0 & 1 & -5 & -7 & -8 \end{bmatrix}$

$\xrightarrow[r_4+(-1)\times r_2]{r_3+(-1)\times r_2} \begin{bmatrix} 1 & 1 & 2 & 3 & 1 \\ 0 & 1 & 1 & -4 & 1 \\ 0 & 0 & 0 & 0 & 2 \\ 0 & 0 & -6 & -3 & -9 \end{bmatrix} \xrightarrow{r_3 \leftrightarrow r_4} \begin{bmatrix} 1 & 1 & 2 & 3 & 1 \\ 0 & 1 & 1 & -4 & 1 \\ 0 & 0 & -6 & -3 & -9 \\ 0 & 0 & 0 & 0 & 2 \end{bmatrix}.$

最后一个阶梯形矩阵对应的与原方程组同解的方程组为

$$\begin{cases} x_1 + x_2 + 2x_3 + 3x_4 = 1, \\ x_2 + x_3 - 4x_4 = 1, \\ -6x_3 - 3x_4 = -9, \\ 0 \cdot x_1 + 0 \cdot x_2 + 0 \cdot x_3 + 0 \cdot x_4 = 2. \end{cases}$$

其中，最后一个方程为 $0=2$，是矛盾方程，故所求方程组无解.

该例中系数矩阵与增广矩阵的秩分别为 3 和 4.

上述讨论发现：

（1）对于齐次线性方程组而言，其系数矩阵 A 和增广矩阵 $\bar{A}$ 的差别仅在最后一列，因增广矩阵 $\bar{A}$ 最后一列的元素均为零，故同样的初等变换作用在矩阵 A 和矩阵 $\bar{A}$ 上，化成的阶梯形矩阵，其秩都相同，即 $R(A)=R(\bar{A})$，故齐次线性方程组一定有解．当 $R(A)=n$ 时，齐次线性方程组有唯一零解，如例 9-32；当 $R(A) < n$ 时，齐次线性方程组有非零解，即无穷多解，如例 9-33.

（2）对于非齐次线性方程组而言，其系数矩阵 A 和增广矩阵 $\overline{A}$ 的差别也在最后一列，因增广矩阵的最后一列存在非零元素，故同样的初等变换施于矩阵 A 和矩阵 $\overline{A}$，化成的阶梯形矩阵，其秩未必相同，存在 $R(A)=R(\overline{A})$ 或 $R(A)\ne R(\overline{A})$ 的情形；因此，非齐次线性方程组存在有解（如例 9-34、例 9-35）和无解（如例 9-36）两种情形；当方程组有解时，存在唯一解与无穷多解的情况.

为此，我们不加证明地给出如下结论：

（1）线性方程组有解的充要条件是系数矩阵的秩等于增广矩阵的秩.

（2）齐次线性方程组或者有唯一解——零解，此时，系数矩阵的秩等于增广矩阵的秩，且等于未知数的个数，即 $R(A)=R(\overline{A})=n$；或者有无穷多解——非零解，此时，系数矩阵的秩等于增广矩阵的秩，且小于未知数的个数，即 $R(A)=R(\overline{A})<n$.

（3）非齐次线性方程组或无解——系数矩阵的秩小于增广矩阵的秩，即 $R(A)<R(\overline{A})$；或有唯一解——系数矩阵的秩等于增广矩阵的秩，且等于未知数的个数，即 $R(A)=R(\overline{A})=n$；或有无穷多解——系数矩阵的秩等于增广矩阵的秩，且小于未知数的个数，即 $R(A)=R(\overline{A})<n$.

习 题 9-4

1. 用高斯消元法解下列方程组.

(1) $\begin{cases}3x_1+4x_2-4x_3+2x_4=-3,\\6x_1+5x_2-2x_3+3x_4=-1,\\9x_1+3x_2+8x_3+5x_4=9,\\-3x_1-7x_2-10x_3+x_4=2.\end{cases}$

(2) $\begin{cases}x_1+2x_2+3x_3+4x_4=0,\\x_1+x_2+2x_3+3x_4=0,\\x_1+5x_2+x_3+2x_4=0,\\x_1+5x_2+5x_3+2x_4=0.\end{cases}$

2. 判断下列方程组是否相容，若相容，求通解.

(1) $\begin{cases}x_1-x_2+3x_3-x_4=0,\\2x_1-x_2-x_3+4x_4=0,\\x_1-4x_3+5x_4=0.\end{cases}$

(2) $\begin{cases}x_1-2x_2+x_3+x_4=1,\\x_1-2x_2+x_3-x_4=-1,\\x_1-2x_2+x_3-5x_4=5.\end{cases}$

(3) $\begin{cases}x_1-x_2+x_3-x_4=1,\\x_1-x_2-x_3+x_4=0,\\x_1-x_2-2x_3+2x_4=-1/2.\end{cases}$

3. 设 ξ_1，ξ_2 是非齐次线性方程组 $AX=B$ 的两个解，η 是齐次线性方程组 $AX=0$ 的解，试问 $\xi_1-\eta$、$\xi_1-\xi_2$、$\xi_1+\xi_2$ 分别是何线性方程组的解？

习 题 9-4　参考答案

1. (1) $x_1=\dfrac{1}{3}$，$x_2=-1$，$x_3=\dfrac{1}{2}$，$x_4=1$. (2) $x_1=x_2=x_3=x_4=0$.

2. (1) 相容，通解为 $\begin{bmatrix}x_1\\x_2\\x_3\\x_4\end{bmatrix}=c_1\begin{bmatrix}4\\7\\1\\0\end{bmatrix}+c_2\begin{bmatrix}-5\\-6\\0\\1\end{bmatrix}$（$c_1$，$c_2$ 为任意常数）；

（2）不相容（无解）；

（3）相容，通解为 $\begin{bmatrix} x_1 \\ x_2 \\ x_3 \\ x_4 \end{bmatrix} = \begin{bmatrix} \dfrac{1}{2} \\ 0 \\ \dfrac{1}{2} \\ 0 \end{bmatrix} + c_1 \begin{bmatrix} 1 \\ 1 \\ 0 \\ 0 \end{bmatrix} + c_2 \begin{bmatrix} 0 \\ 0 \\ 1 \\ 1 \end{bmatrix}$ （c_1，c_2 为任意常数）.

3. $\xi_1 - \eta$ 是 $AX = B$ 的解，$\xi_1 - \xi_2$ 是 $AX = 0$ 的解，$\xi_1 + \xi_2$ 是 $AX = 2B$ 的解.

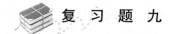 复 习 题 九

1. 选择题.

（1）若矩阵 A 满足 $A^2 - 5A = I$，则矩阵 $(A - 5I)^{-1} = ($ 　　　).

　　 A. $A - 5I$；　　　　　 B. $A + 5I$；　　　　　 C. A；　　　　　 D. $-A$.

（2）已知矩阵 A，B，X 为同阶方阵，且 A，B 可逆，若 $A(X - I)B = B$，则未知矩阵 $X = ($ 　　　).

　　 A. $I + A^{-1}$；　　　　 B. $I + A$；　　　　 C. $I + B^{-1}$；　　　　 D. $I + B$.

（3）设行列式 $\begin{vmatrix} a_{11} & a_{12} & a_{13} \\ a_{21} & a_{22} & a_{23} \\ a_{31} & a_{32} & a_{33} \end{vmatrix} = 2$，则 $\begin{vmatrix} 3a_{11} & 3a_{12} & 3a_{13} \\ -a_{31} & -a_{32} & -a_{33} \\ a_{21} - a_{31} & a_{22} - a_{32} & a_{23} - a_{33} \end{vmatrix} = ($ 　　　).

　　 A. -6；　　　　　 B. -3；　　　　　 C. 3；　　　　　 D. 6.

（4）设 A 为 3 阶方阵，$P = \begin{bmatrix} 1 & 0 & 0 \\ 2 & 1 & 0 \\ 0 & 0 & 1 \end{bmatrix}$，则用 P 左乘 A，相当于将矩阵 A（　　　).

　　 A. 第 1 行的 2 倍加到第 2 行；　　　　 B. 第 1 列的 2 倍加到第 2 列；

　　 C. 第 2 行的 2 倍加到第 1 行；　　　　 D. 第 2 列的 2 倍加到第 1 列.

（5）齐次线性方程组 $\begin{cases} x_1 + 2x_2 + 3x_3 = 0 \\ -x_2 + x_3 - x_4 = 0 \end{cases}$ 的基础解系中所含独立解向量的个数为（　　　).

　　 A. 1；　　　　　 B. 2；　　　　　 C. 3；　　　　　 D. 4.

（6）设 A 是 $m \times n$ 矩阵，B 是 $s \times n$ 矩阵，则运算有意义的是（　　).

　　 A. AB^T；　　　　 B. AB；　　　　 C. A^TB；　　　　 D. A^TB^T.

2. 填空题.

（1）行列式 $\begin{vmatrix} 1 & 1 & 1 \\ 2 & 4 & 6 \\ 4 & 16 & 36 \end{vmatrix} = $ _____ .

（2）非齐次线性方程组 $AX = B$ 有解的充要条件是 _____ .

（3）设矩阵 $A = \begin{bmatrix} 1 & -4 \\ -1 & 4 \end{bmatrix}$，$B = \begin{bmatrix} 4 & 8 \\ 1 & 2 \end{bmatrix}$，则 $AB = $ _____ .

（4）设 α 是齐次线性方程组 $AX=0$ 的解，而 β 是非齐次线性方程组 $AX=B$ 的解，则 $A(3\alpha+2\beta)=$ _____.

（5）设 A 为 3 阶方阵，且 $|A|=2$，则 $|2A|=$ _____.

（6）非齐次线性方程组 $AX=B$ 的增广矩阵经初等行变换化为 $\begin{bmatrix} 1 & 0 & 0 & 2 \\ 0 & 1 & 0 & 2 \\ 0 & 0 & 1 & -2 \end{bmatrix}$，则该方程组的解为 _____.

（7）设 A 为 2 阶方阵，将 A 的第 1 行加到第 2 行得 B，若 $B=\begin{bmatrix} 1 & 2 \\ 3 & 4 \end{bmatrix}$，则 $A=$ _____.

（8）设 3 阶方阵 A 的秩为 2，矩阵 $P=\begin{bmatrix} 0 & 0 & 1 \\ 0 & 1 & 0 \\ 1 & 0 & 0 \end{bmatrix}$，$Q=\begin{bmatrix} 1 & 0 & 0 \\ 0 & 1 & 0 \\ 1 & 0 & 1 \end{bmatrix}$，若矩阵 $B=QAP$，则 $R(B)=$ _____.

3. 计算下列行列式.

（1）$\begin{vmatrix} 1 & a & a^2 \\ 1 & b & b^2 \\ 1 & c & c^2 \end{vmatrix}$;　　　　　　　　（2）$\begin{vmatrix} 10 & 8 & 2 \\ 12 & 13 & 3 \\ 20 & 32 & 12 \end{vmatrix}$;

（3）$\begin{vmatrix} 1 & 1 & -1 & 2 \\ -1 & -1 & 4 & 1 \\ 2 & 4 & -6 & 1 \\ 1 & 2 & 4 & 2 \end{vmatrix}$;　　（4）$\begin{vmatrix} 1+x & 1 & 1 & 1 \\ 1 & 1-x & 1 & 1 \\ 1 & 1 & 1+x & 1 \\ 1 & 1 & 1 & 1-x \end{vmatrix}$;

（5）$\begin{vmatrix} 1 & 2 & 3 & \cdots & n \\ -1 & 0 & 3 & \cdots & n \\ -1 & -2 & 0 & \cdots & n \\ \cdots & \cdots & \cdots & \cdots & \cdots \\ -1 & -2 & -3 & \cdots & 0 \end{vmatrix}$.

4. 求矩阵 $A=\begin{bmatrix} 0 & 1 & 1 \\ 1 & 0 & 1 \\ 1 & 1 & 0 \end{bmatrix}$ 的逆矩阵.

5. 已知 $A=\begin{bmatrix} 1 & 3 & 1 \\ 2 & 0 & 4 \\ 1 & 2 & 3 \end{bmatrix}$，$B=\begin{bmatrix} 2 & 1 & 0 \\ 1 & -1 & 2 \\ 3 & 2 & 1 \end{bmatrix}$，求 AB 和 BA.

6. 解下列矩阵方程.

（1）$\begin{bmatrix} 2 & 1 \\ 3 & 2 \end{bmatrix} X \begin{bmatrix} -3 & 2 \\ 5 & -3 \end{bmatrix} = \begin{bmatrix} -2 & 4 \\ 3 & -1 \end{bmatrix}$，其中 X 为二阶方阵.

（2）$X \begin{bmatrix} 2 & 1 & -1 \\ 2 & 1 & 0 \\ 1 & -1 & 1 \end{bmatrix} = \begin{bmatrix} 1 & -1 & 3 \\ 4 & 3 & 2 \end{bmatrix}$，其中 X 为 2×3 矩阵.

7. 求下列矩阵的秩.

(1) $\begin{bmatrix} 3 & 2 & 2 \\ 1 & 3 & 1 \\ 5 & 3 & 4 \end{bmatrix}$；　　(2) $\begin{bmatrix} 1 & -1 & 1 & 1 \\ -1 & 0 & -1 & 0 \\ 1 & -1 & 1 & 0 \\ 1 & 0 & 0 & 2 \end{bmatrix}$；　　(3) $\begin{bmatrix} 2 & -2 & 4 & -2 & 0 \\ 3 & 0 & 6 & -1 & 1 \\ 0 & 3 & 0 & 0 & 1 \\ 1 & -1 & 2 & 1 & 0 \end{bmatrix}$.

8. k 取何值时，下面齐次线性方程组仅有唯一解？

$$\begin{cases} kx + y - z = 0, \\ x + ky - z = 0, \\ 2x - y + z = 0. \end{cases}$$

9. 解下列线性方程组.

(1) $\begin{cases} x_1 - 3x_2 + 5x_3 - 7x_4 = 12, \\ 3x_1 - 5x_2 + 7x_3 - x_4 = 0, \\ 5x_1 - 7x_2 + x_3 - 3x_4 = 4, \\ 7x_1 - 5x_2 + 3x_3 - 5x_4 = 12. \end{cases}$　　(2) $\begin{cases} x_1 + 2x_2 = 5, \\ 3x_2 + 4x_3 = 18, \\ 5x_3 + 6x_4 = 39, \\ 7x_4 + 8x_5 = 68, \\ 9x_5 = 45. \end{cases}$

10. 求线性方程组 $\begin{cases} x_1 - x_2 + 2x_3 + x_4 = 0, \\ 2x_1 + x_2 - x_3 - x_4 = 0, \\ x_1 + x_2 + 3x_4 = 0, \\ x_2 + x_3 + 7x_4 = 0. \end{cases}$ 的通解和独立解向量.

11. λ 取何值时，下面线性方程组相容？不相容？相容时，求其通解.

$$\begin{cases} x_1 + 2x_2 - x_3 - 2x_4 = 0, \\ 2x_1 - x_2 - x_3 + x_4 = 1, \\ 3x_1 + x_2 - 2x_3 - x_4 = \lambda. \end{cases}$$

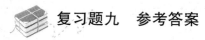

复习题九　参考答案

1. (1) C. (2) A. (3) D. (4) A. (5) B. (6) A.

2. (1) 16；(2) 略；(3) $\begin{bmatrix} 0 & 0 \\ 0 & 0 \end{bmatrix}$；(4) $2B$；(5) 16；(6) $\boldsymbol{X} = \begin{bmatrix} 2 \\ 2 \\ -2 \end{bmatrix}$；(7) $\begin{bmatrix} 1 & 2 \\ 2 & 2 \end{bmatrix}$；

(8) 2.

3. (1) $(a-b)(b-c)(c-a)$；(2) 176；(3) 33；(4) x^4；(5) $n!$.

4. $\begin{bmatrix} -1/2 & 1/2 & 1/2 \\ 1/2 & -1/2 & 1/2 \\ 1/2 & 1/2 & -1/2 \end{bmatrix}$.

5. $\boldsymbol{AB} = \begin{bmatrix} 8 & 0 & 7 \\ 16 & 10 & 4 \\ 13 & 5 & 7 \end{bmatrix}$，$\boldsymbol{BA} = \begin{bmatrix} 4 & 6 & 6 \\ 1 & 7 & 3 \\ 8 & 11 & 14 \end{bmatrix}$.

6. (1) $\boldsymbol{X} = \begin{bmatrix} 24 & 13 \\ -34 & -18 \end{bmatrix}$; (2) $\boldsymbol{X} = \begin{bmatrix} -2 & 2 & 1 \\ -8/3 & 5 & -2/3 \end{bmatrix}$.

7. (1) 3; (2) 4; (3) 3.

8. $k \neq -2$ 且 $k \neq 1$.

9. (1) $x_1 = 1$, $x_2 = 1$, $x_3 = 0$, $x_4 = -2$;

    (2) $x_1 = 1$, $x_2 = 2$, $x_3 = 3$, $x_4 = 4$, $x_5 = 5$.

10. 通解为 $\begin{bmatrix} x_1 \\ x_2 \\ x_3 \\ x_4 \end{bmatrix} = c \begin{bmatrix} 1 \\ -4 \\ -3 \\ 1 \end{bmatrix}$ (c 为任意常数), 独立解向量为 $\begin{bmatrix} 1 \\ -4 \\ -3 \\ 1 \end{bmatrix}$.

11. 当 $\lambda \neq 1$ 时方程组不相容, 当 $\lambda = 1$ 时方程组相容, 通解为

$$\begin{bmatrix} x_1 \\ x_2 \\ x_3 \\ x_4 \end{bmatrix} = \begin{bmatrix} 1 \\ 1 \\ 1 \\ 1 \end{bmatrix} + c_1 \begin{bmatrix} 3 \\ 1 \\ 5 \\ 0 \end{bmatrix} + c_2 \begin{bmatrix} 0 \\ 1 \\ 0 \\ 1 \end{bmatrix}$$ (c_1, c_2 为任意常数).

第十章 概 率 初 步

教学目的

理解随机事件、概率、条件概率、独立事件、随机变量、期望、方差的概念；

掌握概率的加法公式、乘法公式；

会利用事件的独立性计算事件的概率；

掌握二项分布、正态分布的特征；

了解二项分布、正态分布的数学期望和方差.

概率论和数理统计是从数量化的角度来研究现实世界中的一类不确定现象（随机现象）及其规律性的一门应用数学学科. 它已广泛应用于工业、国防、国民经济及工程技术等各个领域. 这一章我们将介绍概率论的一些基本知识.

第一节 随机事件与概率

学习目标

能表述概率的统计定义和概率的简单性质；

能表述古典概率的定义，会计算简单的古典概率.

一、随机事件及其相关概念

在自然界和人类社会中存在着两类不同的现象.

确定现象就是在一定条件下必然发生的现象. 例如，在标准大气压下，水加热到 100℃ 时必然沸腾；异性电荷必相互吸引等.

随机现象就是在一定条件下可能发生也可能不发生的现象. 亦称为**非确定现象**.

例如：

（1）在同样条件下掷一枚均匀硬币，出现反面朝上；

（2）买 10 组大乐透彩票，有一组中三等奖；

（3）掷 1 个骰子，出现 3 点；

（4）在一次打靶射击中，命中 9 至 10 环.

上述现象均为随机现象，它们具有如下特征：

（1）可重复性：试验可以在相同的条件下重复进行；

（2）可观察性：每次试验的可能结果不止一个，并且能事先明确试验的所有可能结果；

（3）不确定性：每次试验出现的结果事先不能准确预知，但可以肯定会出现上述所有可能结果中的一个.

如果在相同条件下进行大量重复试验，随机现象会呈现出某种规律性，这种规律性统称为**随机现象的统计规律**. 符合这些特征的试验称为**随机试验**，简称**试验**.

试验的结果称为事件. 事件可分为三类：随机事件、必然事件和不可能事件.

随机事件　在一次试验中可能发生也可能不发生的事件称为随机事件，简称事件，通常用大写字母 A，B，C，$\cdots$ 表示. 例如，在掷一颗骰子的试验中，用 A 表示"点数为奇数"，则 A 是一个随机事件.

必然事件　在每次试验中必然发生的事件称为必然事件. 通常用字母 Ω 表示. 例如，在上述试验中，"点数小于 7" 就是一个必然事件.

不可能事件　在任何一次试验中都不可能发生的事件称为不可能事件. 空集 Φ 不包含任何事件，因而不可能事件我们通常用字母 Φ 表示. 例如，在上述试验中，"点数为 8" 是一个不可能事件.

样本点　随机试验的每一个可能结果，称为一个样本点，记作 ω_1，ω_2，ω_3，$\cdots$.

样本空间　随机试验的所有样本点组成的集合称为**样本空间**，记作 Ω，即 $\Omega = \{\omega_1，\omega_2，\omega_3，\cdots\}$.

二、随机事件的概率

除必然事件与不可能事件外，任一随机事件在一次试验中都有可能发生，也有可能不发生. 人们常常希望了解某些事件在一次试验中发生的可能性的大小. 我们知道，在一定条件下重复进行试验时，任一随机事件发生的可能性的大小是客观存在的，是事件固有的属性. 下面我们就研究随机事件发生的可能性大小的度量问题.

若在 n 次重复试验中，事件 A 发生了 k 次，则称 $\dfrac{k}{n}$ 为事件 A 在 n 次试验中出现的频率.

事件 A 发生的频率表示 A 发生的频繁程度，频率大，事件 A 发生就频繁，在一次试验中，A 发生的可能性也就大. 反之亦然. 因而，直观的想法是用频率表示 A 在一次试验中发生可能性的大小. 由于试验的随机性，即使同样是进行 n 次试验，频率的值也不一定相同. 但大量试验证实，随着重复试验次数 n 的增加，频率会逐渐稳定于某个常数，而偏离的可能性很小. 频率具有"稳定性"这一事实，说明了刻画事件 A 发生可能性大小的数——概率具有一定的客观存在性.

每个事件都存在一个这样的常数与之对应，因而可将频率在 n 无限增大时逐渐趋向稳定的这个常数定义为事件 A 发生的概率. 这就是概率的统计定义.

定义 10.1　在一定条件下，重复进行 n 次试验，若事件 A 发生的频率 $\dfrac{k}{n}$ 随着试验次数 n 的增大而稳定在某个常数 $p(0 \leqslant p \leqslant 1)$ 附近，则称常数 p 为事件 A 的概率，记作 $P(A) = p$.

显然，概率具有如下性质：

(1) 对任何事件 A，有 $0 \leqslant P(A) \leqslant 1$；

(2) $P(\Phi) = 0$，$P(\Omega) = 1$.

概率的统计定义主要是具有理论上的价值，很少用它直接计算事件的概率. 因为概率的统计定义是以频率为基础的，而频率必须依赖大量的试验才能得到较准确的数值；并且即使得到了事件的频率也只能得到概率的近似值.

根据概率的统计定义，可以对样本空间很大的总数进行估计.

例 10-1　从某鱼池中捞取 100 条鱼，做上记号后再放入该鱼池中. 过段时间，再从中捞取 30 条鱼，发现其中三条有记号，问该鱼池中大约有多少条鱼?

解　设鱼池中有 x 条鱼，则从鱼池捞到一条有记号鱼的概率为 $\dfrac{100}{x}$，它应该近似于实际事件的频率 $\dfrac{3}{30}$，即

$$\frac{100}{x} = \frac{3}{30}$$

由此解得 $x = 1000$，故该鱼池内大约有 1000 条鱼.

事件的概率有两方面含义：一方面反映了在大量试验中该事件发生的频繁程度；另一方面它又反映了在一次试验中该事件发生的可能性大小.

三、古典概型

在一定条件下做试验，根据问题的实际背景，不可能再进一步细分的事件称为**基本事件**，既不是不可能事件又不是基本事件的事件称为**复合事件**.

若 A 为某一随机事件，n 为基本事件的总数，且每个基本事件的出现是等可能的，m 为 A 中包含的基本事件个数，则有

$$P(A) = \frac{m}{n}$$

称此概率为**古典概率**. 这种概型称为**古典概型**.

例 10-2　某学校的化工学院有一年级学生 100 名，其中女生 25 名，男生 75 名，今从该学院一年级学生中选出一名参加某项活动，求选到女生的概率.

解　在这个试验中，由于 100 名同学中任何一人都有可能被选到，而且被选到的可能性相等，因此属于古典概型. 其基本事件总数 $n = 100$，设 $A =$ "被选到的为女生"，则 A 中包含 $m = 25$ 个基本事件. 由古典概型公式有

$$P(A) = \frac{m}{n} = \frac{25}{100} = \frac{1}{4}.$$

例 10-3　一袋内装有 5 个白球，3 个黑球，从中任取 2 个球，求取出的两个球都是白球的概率.

解　设 $A =$ "取出的两个球都是白球"，则 A 所包含的基本事件个数 $m = C_5^2$，而基本事件总数为 $n = C_8^2$ 个，于是

$$P(A) = \frac{m}{n} = \frac{C_5^2}{C_8^2} = \frac{5}{14}.$$

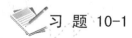 习 题 10-1

1. 指出下列事件哪些是必然事件、不可能事件和随机事件.

（1）掷 1 个骰子，出现偶数点；　　　　　（2）切断电源，电灯一定熄灭；

（3）两个异性电荷一定互斥；　　　　　　　（4）太阳从东方升起.

2. 盒中装有 5 个球（3 个白的，2 个黑的），从中任取两个. 问：两个全是白球的概率?

3. 设有一批产品共 100 件，其中有 5 件次品. 现从中任取 50 件，问：恰有 2 件次品的概率?

4. 将一枚硬币掷两次，问正面朝上的次数分别 0 次、1 次和 2 次的概率各是多少？

5. 有 4 个盒子和 4 个球，每个球都任意落入 1 个盒子中．求每盒恰有 1 球的概率．

6. 5 人排队抓阄，决定谁取得一物，5 个阄中有两个是有物之阄，问：后两个人都抓不到有物之阄的概率是多少？

7. 5 人排队抓阄，5 个阄中只有一个有物之阄，问：排队的先后顺序是否影响抓阄的公平性？

 习 题 10-1　参考答案

1. (1) 随机事件；(2) 必然事件；(3) 不可能事件；(4) 必然事件.

2. $\dfrac{3}{10}$.　　3. 0.32.　　4. $\dfrac{1}{4}$；$\dfrac{1}{2}$；$\dfrac{1}{4}$.　　5. $\dfrac{3}{32}$.　　6. $\dfrac{3}{10}$.

7. $P(A_i)=\dfrac{1}{5}$，排队的先后顺序不影响抓阄的公平性.

第二节　概 率 的 运 算

学习目标

能表述事件间的关系及事件互不相容的定义；

能表述概率的加法公式，会用概率的加法公式计算概率；

能表述条件概率的描述性定义和概率的乘法公式；

能表述事件的独立性、对立事件及对立事件技巧公式.

一、事件的运算与概率的加法公式

1. 事件间的关系和运算

事件是一个集合，因而事件间的关系与运算可以用集合之间的关系与运算来处理．下面我们讨论事件之间的关系及运算：

(1) **事件的包含与相等**．若事件 A 发生必然导致事件 B 发生，则称**事件 B 包含事件 A**，记作 $A \subset B$ 或 $B \supset A$．显然，$\Phi \subset A \subset \Omega$．

若 $A \subset B$ 且 $B \subset A$，则称**事件 A 与 B 相等**．记作 $A = B$．

(2) **事件的和、积、差**．

事件 A 与 B 至少有一个发生，称为**事件 A 与 B 的和（并）**．记作 $A+B$ 或 $A \bigcup B$．

事件 A 与 B 同时发生，称为**事件 A 与 B 的积（交）**．记作 AB 或 $A \bigcap B$．

事件 A 发生而事件 B 不发生，称为**事件 A 与 B 的差**．记作 $A-B$．

例如，在掷骰子的试验中，记事件 $A=$“点数为奇数”，$B=$“点数小于 4”，则 $A \bigcup B = \{1, 2, 3, 5\}$；$A \bigcap B = \{1, 3\}$；$A-B = \{5\}$．

(3) **事件的互不相容**．若事件 A 与事件 B 不可能同时发生，则称**事件 A 与 B 互不相容**（也称**互斥**）．即 $A \bigcap B = \Phi$．

例如，基本事件是两两互不相容的.

（4）**对立事件**．若 $A \cup B = \Omega$ 且 $A \cap B = \Phi$，则称事件 A 与事件 B 是**对立事件**，或称事件 A 与事件 B **互为逆事件**．其含义是：对每次试验而言，事件 A、B 中必有一个发生，且仅有一个发生．事件 A 的对立事件记为 $\overline{A}$．于是 $\overline{A} = \Omega - A$．

例如，掷一颗均匀的骰子，设 $A =$ "出现的点数小于 2"，则 $\overline{A} =$ "出现的点数大于等于 2"．又如，掷两枚匀称的硬币，设 $A =$ "至少一个正面朝上"，则 $\overline{A} =$ "两个都反面朝上"．

事件的关系及运算可用文氏图表示，如图 10-1 所示．

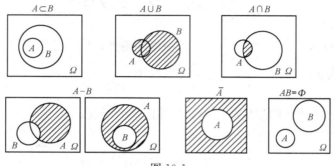

图 10-1

例 10-4   甲、乙、丙三人各射一次靶，记 $A =$ "甲中靶"，$B =$ "乙中靶"，$C =$ "丙中靶"．则可用三事件 A，B，C 的运算表示下列各事件．

（1）"甲未中靶"：$\overline{A}$；

（2）"甲中靶而乙未中靶"：$A \overline{B}$；

（3）"三人中只有丙未中靶"：$AB \overline{C}$；

（4）"三人中恰好有一人中靶"：$A \overline{B} \overline{C} \cup \overline{A} B \overline{C} \cup \overline{A} \overline{B} C$；

（5）"三人中至少有一人中靶"：$A \cup B \cup C$；

（6）"三人中至少有一人未中靶"：$\overline{A} \cup \overline{B} \cup \overline{C}$ 或 $\overline{ABC}$；

（7）"三人中恰有两人中靶"：$AB \overline{C} \cup A \overline{B} C \cup \overline{A} BC$；

（8）"三人中至少两人中靶"：$AB \cup AC \cup BC$；

（9）"三人均未中靶"：$\overline{A} \overline{B} \overline{C}$；

（10）"三人中至多一人中靶"：$A \overline{B} \overline{C} \cup \overline{A} B \overline{C} \cup \overline{A} \overline{B} C \cup \overline{A} \overline{B} \overline{C}$；

（11）"三人中至多两人中靶"：$\overline{ABC}$ 或 $\overline{A} \cup \overline{B} \cup \overline{C}$．

用事件的运算来表示一个事件，方法往往不唯一，如上例中的（6）和（11）实际是同一事件，要学会用不同方法表示同一事件，特别在解决实际问题时，往往根据需要选择一种恰当的表示方法．

2. 概率的加法公式

定理 10.1   设事件 A 与事件 B 互不相容，则

$$P(A + B) = P(A) + P(B). \tag{10-1}$$

推论   若事件 $A_1, A_2, \cdots, A_n$ 是两两互不相容的事件，则有

$$P(A_1 + A_2 + \cdots + A_n) = P(A_1) + P(A_2) + \cdots + P(A_n). \tag{10-2}$$

定理 10.2   对于任意两个事件 A，B，有

$$P(A + B) = P(A) + P(B) - P(AB). \tag{10-3}$$

例 10-5　某地有甲、乙两种报纸，据统计，该地成年人中有 30% 读甲报，20% 读乙报，其中有 10% 兼读甲、乙报．求该地成年人至少读一种报纸的概率.

解　设 A = "该地成年人读甲报"，B = "该地成年人读乙报"，C = "该地成年人至少读一种报纸"，则 $C = A + B$，故
$$P(C) = P(A + B) = P(A) + P(B) - P(AB)$$
$$= 30\% + 20\% - 10\% = 0.4.$$

对立事件技巧公式：$P(A) = 1 - P(\overline{A})$．

例 10-6　设有一批产品 100 件，其中有 5 件次品，现从中任取 50 件进行检查．问：

(1) 取到的至多有一件次品的概率？

(2) 取到的至少有一件次品的概率？

解　显然这是一道古典概率问题，基本事件总数 $n = C_{100}^{50}$．

(1) 设 A = "取到的至多有 1 件次品"，B = "取到的全是正品" 和 C = "取到的恰有 1 件次品"，则 $A = B + C$，于是所求概率为
$$P(A) = P(B) + P(C) = \frac{C_{95}^{50}}{C_{100}^{50}} + \frac{C_{95}^{49} C_5^1}{C_{100}^{50}} = 0.181.$$

(2) 设 D = "取到的至少有 1 件次品"，则 D 包含的基本事件数 m 的计算是相当麻烦的，但若用对立事件技巧公式来计算，则简单得多．$\overline{D}$ = "取到的全是正品"，它包含的基本事件数 C_{95}^{50}，于是所求概率为
$$P(D) = 1 - P(\overline{D}) = 1 - \frac{C_{95}^{50}}{C_{100}^{50}} = 0.972.$$

二、条件概率、乘法公式与事件的独立性

1. 条件概率

定义 10.2　在事件 B 已经发生的条件下，事件 A 发生的概率，称为**条件概率**，记为 $P(A \mid B)$．

一般有
$$P(A \mid B) = \frac{\text{在 } B \text{ 发生的前提下 } A \text{ 包含的基本事件数}}{B \text{ 包含的基本事件数}}$$
$$= \frac{AB \text{ 包含的基本事件数}}{B \text{ 包含的基本事件数}}$$
$$= \frac{\dfrac{AB \text{ 包含的基本事件数}}{\text{基本事件总数}}}{\dfrac{B \text{ 包含的基本事件数}}{\text{基本事件总数}}} = \frac{P(AB)}{P(B)},$$

即对一般的古典概型，只要 $P(B) > 0$，总有
$$P(A \mid B) = \frac{P(AB)}{P(B)}. \tag{10-4}$$

例 10-7　甲乙两厂生产同一种产品共 100 件，甲厂生产 45 件，其中有 3 件次品，乙厂生产 55 件，其中有 5 件次品，现从 100 件产品中随机抽取一件，设 A 表示 "合格品"，B 表示 "乙厂的产品"，则
$$P(A) = \frac{92}{100}, \; P(B) = \frac{55}{100}, \; P(AB) = \frac{50}{100},$$

如果已知抽得的是乙厂的产品，求抽得合格品的概率 $P(A\mid B)$.

解 依题意可知 $P(A\mid B)=\dfrac{50}{55}=\dfrac{\frac{50}{100}}{\frac{55}{100}}=\dfrac{P(AB)}{P(B)}$.

类似地，对一般的古典概型，只要 $P(A)>0$，总有

$$P(B\mid A)=\frac{P(AB)}{P(A)}.\tag{10-5}$$

例 10-8 某种动物活到 20 岁的概率为 0.8，活到 25 岁的概率为 0.4，问现龄为 20 岁的这种动物活到 25 岁的概率是多少？

解 设 A 表示"活到 20 岁"，B 表示"活到 25 岁"，则 $B\mid A$ 表示"现龄为 20 岁的这种动物活到 25 岁"．因为 $B\subset A$，于是 $AB=B$，则

$$P(B\mid A)=\frac{P(AB)}{P(A)}=\frac{P(B)}{P(A)}=\frac{0.4}{0.8}=\frac{1}{2}.$$

2. 概率的乘法公式

从条件概率的定义可得

$$P(AB)=P(A)P(B\mid A)\ (P(A)>0),\tag{10-6}$$
$$P(AB)=P(B)P(A\mid B)\ (P(B)>0).\tag{10-7}$$

式（10-6）和式（10-7）称为**概率的乘法公式**.

例 10-9 一批产品共 100 件，次品率为 0.1，从中任取一件产品，取出后不放回，再从余下的部分中任取一件，求第一次取得次品且第二次取得正品的概率.

解 设 A 表示"第一次取得次品"；B 表示"第二次取得正品"，显然：

$$P(A)=\frac{10}{100},\ P(B\mid A)=\frac{90}{99},$$

所以 $P(AB)=P(A)P(B\mid A)=\dfrac{10}{100}\times\dfrac{90}{99}=\dfrac{1}{11}$.

3. 事件的独立性

定义 10.3 若两事件 A，B 满足

$$P(AB)=P(A)P(B),\tag{10-8}$$

则称**事件 A，B 相互独立**.

显然，若 A，B 相互独立，则 $P(A\mid B)=P(A)$，$P(B\mid A)=P(B)$.

例 10-10 甲、乙两门大炮各自同时向一架敌机射击，已知甲炮击中敌机的概率为 0.6，乙炮击中敌机的概率为 0.5，求敌机被击中的概率.

解 设 $A=$"甲炮击中敌机"，$B=$"乙炮击中敌机"，则 $A+B=$"敌机被击中"，于是

$$P(A+B)=P(A)+P(B)-P(AB).$$

由于两门炮是否击中敌机是相互独立的，故

$$P(AB)=P(A)P(B)=0.6\times0.5=0.3,$$

从而有

$$P(A+B)=0.6+0.5-0.3=0.8.$$

习 题 10-2

1. 已知随机事件 A，B，$P(A) = \frac{1}{3}$，$P(B) = \frac{1}{5}$，$P(B \mid A) = \frac{1}{2}$，求 $P(AB)$，$P(A + B)$，$P(A \mid B)$．

2. 袋中有红、黄、白色球各一个，每次任取一个，有放回地取 4 次，求取到的 4 球里没有红球或没有黄球的概率．

3. 盒中装有 16 个球，其中 6 个玻璃球，另外 10 个是木质球．而玻璃球中有 2 个是红色的，4 个是蓝色的；木质球中有 3 个是红色的，7 个是蓝色的．现从中任取一个．已知取到的是蓝色球，求取到的是玻璃球的概率．

4. 某厂生产的产品中有 4% 废品，而在 100 件合格品中有 75 件一等品．求任取一件产品是一等品的概率．

5. 设某种灯泡能使用 1000h 以上的概率为 0.6，能使用 1100h 以上的概率为 0.5．求已使用了 1000h 以上的这种灯泡能使用到 1100h 以上的概率．

6. 已知 50 件产品中有 4 件次品，无放回地从中抽取 2 次，每次抽取 1 件，求下列事件的概率．

（1）第一次取到次品，第二次取到正品；

（2）两次都取到正品．

习 题 10-2 参考答案

1. $\frac{1}{6}$；$\frac{11}{30}$；$\frac{5}{6}$． 2. $\frac{31}{81}$． 3. $\frac{4}{11}$． 4. 0.72． 5. $\frac{5}{6}$． 6. (1) $\frac{92}{1225}$；(2) $\frac{207}{245}$．

第三节 随机变量及数字特征

学习目标

能表述随机变量、离散型随机变量、连续型随机变量、二项分布和正态分布的定义；

能表述离散型随机变量的概率分布和连续型随机变量的概率密度函数；

能描述正态分布的图形，会查表求有关概率；

能表述离散型随机变量和连续型随机变量的期望与方差的定义；

知道常用分布的期望与方差．

一、随机变量及其分布

1. 随机变量

在随机试验中，试验的每一种可能结果都可以用一个数来表示，由于这是一个取值依赖于随机试验的结果的变量，因而被称为**随机变量**．与普通的变量不同，对于随机变量，人们无法事先预知其确切值，但可以研究其取值的统计规律性．为了对随机变量有感性认识，下面看几个实例.

（1）某电话机在一天中接到的呼叫次数 X 是一个随机变量. 如果这一天没有接到呼叫，则 $X=0$；如果这一天接到一个呼叫，则 $X=1$；……. 这里 X 可取任何一个自然数，但事先不能确定取何值.

（2）在人群中进行血型调查. 如果用 1、2、3、4 分别代表 A 型、B 型、AB 型和 O 型，则"查到的血型" X 是一个随机变量，它可以取值 1、2、3、4.

（3）张三用同一篮球在罚球线连续投篮 10 次，则"投中的次数" X 是一个随机变量，取值为 0，1，2，…，10.

（4）李四用同一篮球在罚球线连续投篮，直到投中为止，则"投篮次数" X 是一个随机变量，它可以取任何正整数.

（5）A13 路公共汽车每隔 8min 发一班车，乘客等车时间（以分钟计）X 是一个随机变量，它可以取区间 $[0,8]$ 中的任何一个实数. 事件 $\{X>4\}$ 的实际意义是：乘客等车时间超过 4min. 事件 $\{2\leqslant X\leqslant 5\}$ 的实际意义是：乘客等车时间在 2～5min.

（6）电视机的使用寿命（以小时计）X 是一个随机变量，理论上它可以取任何正实数. 事件 $\{X>2000\}$ 的实际意义是：电视机的使用寿命超过 2000h.

上述例子均可以把随机试验的结果与实数对应起来. 一般地，有

定义 10.4 设随机试验的样本空间为 Ω，如果对 Ω 中每一个元素 ω，有一个实数 $X(\omega)$ 与之对应，这样就得到一个定义在 Ω 上的实值单值函数 $X=X(\omega)$，称之为**随机变量**.

一般随机变量可以用英文大写字母 X，Y，Z，…（或希腊字母 η，ξ，ζ，…）等表示. 而用小写字母如 x，y，z，…表示实数.

例如，掷一颗骰子观察其出现的点数的试验中，出现点数 3 的概率如何表示？

分析：骰子随机试验中产生了样本空间 $\Omega=\{1,2,3,4,5,6\}$.

出现的点数 X 为随机变量，$\{X=1\}$，$\{X=2\}$，…，$\{X=6\}$ 等都是基本事件，$\{X=3\}$ 表示随机事件"出现点数 3"，则 $P\{X=3\}$ 就表示"出现点数 3"这个随机事件的概率.

2. 随机变量的分布函数

为完整描述试验中随机变量取值的概率规律，下面介绍分布函数的概念.

定义 10.5 设 X 为随机变量，x 是任意实数，则称函数

$$F(x)=P\{X\leqslant x\}\quad(-\infty<x<+\infty)$$

为随机变量 X 的**分布函数**.

根据分布函数的定义和概率的性质，可以推导出利用分布函数 $F(x)$ 计算各种概率的方法，如

$$P\{a<X\leqslant b\}=P\{\{X\leqslant b\}-\{X\leqslant a\}\}$$
$$=P\{X\leqslant b\}-P\{X\leqslant a\}$$
$$=F(b)-F(a),$$

即

$$P\{a<X\leqslant b\}=F(b)-F(a).$$

同理，有

$$P\{X>a\}=1-P\{X\leqslant a\}=1-F(a).$$

例 10-11 抛掷一枚硬币观察其正面朝上还是反面朝上. 设
$$X = \begin{cases} 1 & （正面朝上） \\ 0 & （反面朝上） \end{cases}.$$
试求:

(1) X 的分布函数 $F(x)$;

(2) 概率 $P\{0 \leqslant X < 1\}$;

(3) 概率 $P\{X > 2\}$.

解 (1) X 的所有取值为 0 和 1, 并且 $P\{X=0\} = \dfrac{1}{2}$, $P\{X=1\} = \dfrac{1}{2}$. 则,

当 $x < 0$ 时, $F(x) = P\{X \leqslant x\} = 0$;

当 $0 \leqslant x < 1$ 时, $F(x) = P\{X \leqslant x\} = P\{X=0\} = \dfrac{1}{2}$;

当 $x \geqslant 1$ 时, $F(x) = P\{X \leqslant x\} = P\{X=0\} + P\{X=1\} = 1$.

所以, X 的分布函数为
$$F(x) = \begin{cases} 0, & x < 0 \\ \dfrac{1}{2}, & 0 \leqslant x < 1 \\ 1, & x \geqslant 1 \end{cases}.$$

(2) 因 $P\{a < X \leqslant b\} = F(b) - F(a)$, 则,
$$P\{0 \leqslant X < 1\} = F(1) - F(0) = 1 - \frac{1}{2} = \frac{1}{2}.$$

(3) 因 $P\{X > a\} = 1 - P\{X \leqslant a\} = 1 - F(a)$, 则,
$$P\{X > 2\} = 1 - F(2) = 1 - 1 = 0.$$

二、离散型随机变量及其概率分布

1. 离散型随机变量及其概率分布

定义 10.6 设 X 为随机变量, 如果它全部可能的取值只有有限个或可数无穷多个, 则称 X 为**离散型随机变量**.

定义 10.7 设离散型随机变量 X 的所有可能取值为 x_i ($i=1, 2, \cdots$), $P\{X=x_i\} = p_i$, $i=1, 2, \cdots$, 称为 X 的**概率分布或分布律**.

为直观起见, 将 X 可能取的值及相应概率列成如表 10-1 所示的概率分布表.

表 10-1

X	x_1	x_2	$\cdots$	x_n	$\cdots$
P	p_1	p_2	$\cdots$	p_n	$\cdots$

一般地, 离散型随机变量的分布就是指它的概率分布表或概率函数.

概率分布具有下列基本性质:

(1) $p_i \geqslant 0$ ($i=1, 2, \cdots$);

(2) $\sum_i p_i = 1$.

例 10-12 某篮球运动员投篮命中的概率是 0.9, 求他两次独立投篮命中次数 X 的概率分布.

解　X 可取 0，1，2．记 $A_i =$ "第 i 次投篮命中"（$i = 1$，2）．则 $P(A_1) = P(A_2) = 0.9$．

$$P\{X=0\} = P(\overline{A}_1 \overline{A}_2) = P(\overline{A}_1)P(\overline{A}_2) = 0.1 \times 0.1 = 0.01.$$

$$P\{X=1\} = P(A_1 \overline{A}_2 + \overline{A}_1 A_2) = P(A_1 \overline{A}_2) + P(\overline{A}_1 A_2)$$
$$= 0.9 \times 0.1 + 0.1 \times 0.9 = 0.18.$$

$$P\{X=2\} = P(A_1 A_2) = P(A_1)P(A_2) = 0.9 \times 0.9 = 0.81.$$

且　　　　　　　　　$P\{X=0\} + P\{X=1\} + P\{X=2\} = 1.$

于是 X 的概率分布如表 10-2 所示．

表 10-2

X	0	1	2
P	0.01	0.18	0.81

关于分布律的说明：

若已知一个离散型随机变量 X 的概率分布如表 10-3 所示，

表 10-3

X	x_1	x_2	$\cdots$	x_n	$\cdots$
P	p_1	p_2	$\cdots$	p_n	$\cdots$

则可以求得 X 所生成的任何事件的概率，特别地，

$$P\{a \leqslant X \leqslant b\} = P\left\{\bigcup_{a \leqslant x_i \leqslant b} \{X = x_i\}\right\} = \sum_{a \leqslant x_i \leqslant b} p_i.$$

例如，设 X 的概率分布由例 10-12 给出，则

$$P\{X < 2\} = P\{X=0\} + P\{X=1\} = 0.01 + 0.18 = 0.19.$$

$$P\{-2 \leqslant X \leqslant 6\} = P\{X=0\} + P\{X=1\} + P\{X=2\} = 1.$$

2. 二项分布

现在考虑重复进行 n 次独立的伯努利试验，这里的"重复"是指在每次试验中事件 A（或事件 $\overline{A}$）出现的概率都保持不变，这种试验称为 **n 重伯努利试验**．设在单次试验中事件 A 发生的概率为 $p(0 < p < 1)$，下面我们来确定 n 重伯努利试验中事件 A 出现 k 次的概率．

如果以 X 表示 n 重伯努利试验中事件 A 出现的次数，显然 X 的可能取值为 0，1，2，$\cdots$，n，以 A_i 表示第 i 次试验中出现事件 A，以 $\overline{A}_i$ 表示第 i 次试验中出现 $\overline{A}$，则

$$\{X=k\} = A_1 A_2 \cdots A_k \overline{A}_{k+1} \cdots \overline{A}_n + \cdots + \overline{A}_1 \overline{A}_2 \cdots \overline{A}_{n-k} A_{n-k+1} \cdots A_n. \tag{10-9}$$

右边的每一项表示在某 k 次试验中出现事件 A，在另外 $n-k$ 次试验中出现 $\overline{A}$，这种项共有 C_n^k 个，而且两两互不相容，由于试验的独立性，

$$P\{A_1 A_2 \cdots A_k \overline{A}_{k+1} \cdots \overline{A}_n\} = P(A_1)P(A_2)\cdots P(A_k)P(\overline{A}_{k+1})\cdots P(\overline{A}_n)$$
$$= p^k (1-p)^{n-k}.$$

同理可得，等式（10-9）中右边各项所对应事件的概率均为 $p^k(1-p)^{n-k}$，利用概率的可加性知 $P\{X=k\} = C_n^k p^k (1-p)^{n-k}$（$k = 0$，$1$，$2$，$\cdots$）．

因此，若随机变量 X 的概率分布为

$$P\{X=k\} = C_n^k p^k (1-p)^{n-k} (k=0, 1, 2, \cdots),$$

其中 $0 < p < 1$，则称**随机变量 X 服从参数为 n，p 的二项分布**，记为 $X \sim B(n, p)$．

特别地，当 $n=1$ 时，二项分布就是两点分布.

例 10-13 已知 100 个产品中有 5 个次品，现从中有放回地取 3 次，每次任取 1 个，求在所取的 3 个产品中恰有 2 个次品的概率.

解 因为是有放回地取 3 次，因此，这三次试验的条件完全相同且独立，它是伯努利试验.

依题意，每次试验取到次品的概率为 0.05. 设 X 为所取的 3 个产品中的次品数，则 $X \sim B(3，0.05)$，于是，所求概率为

$$P\{X=2\}=C_3^2(0.05)^2(0.95)=0.007\ 125.$$

例 10-14 某人进行射击，设每次射击的命中率为 0.02，独立射击 400 次，试求至少击中两次的概率.

解 将一次射击看成一次试验，设击中的次数为 X，则 $X \sim B(400，0.02)$，X 的分布律为

$$P\{X=k\}=C_{400}^k(0.02)^k(0.98)^{400-k}，(k=0，1，\cdots，400).$$

于是，所求概率为

$$P\{X \geqslant 2\}=1-P\{X=0\}-P\{X=1\}$$
$$=1-(0.98)^{400}-400(0.02)(0.98)^{399}$$
$$\approx 0.9972.$$

例 10-15 某大学的校乒乓球队与电力系乒乓球队举行对抗赛. 校队的实力较系队为强，当一个校队运动员与一个系队运动员比赛时，校队运动员获胜的概率为 0.6. 现在校、系双方商量对抗赛的方式，提出了三种方案：① 双方各出 3 人；② 双方各出 5 人；③ 双方各出 7 人. 三种方案中均以比赛中得胜人数多的一方为胜利. 问：对系队来说，哪一种方案有利？

解 设系队得胜人数为 X，则在上述三种方案中，系队胜利的概率为

① $P\{X \geqslant 2\}=\sum_{k=2}^{3} C_3^k(0.4)^k(0.6)^{3-k} \approx 0.325$；

② $P\{X \geqslant 3\}=\sum_{k=3}^{5} C_5^k(0.4)^k(0.6)^{5-k} \approx 0.317$；

③ $P\{X \geqslant 4\}=\sum_{k=4}^{7} C_7^k(0.4)^k(0.6)^{7-k} \approx 0.290$.

因此第一种方案对系队最有利. 这在直觉上是容易理解的，因为参赛人数越少，系队侥幸获胜的可能性也就越大.

三、连续型随机变量及其概率密度

1. 连续型随机变量及其概率密度的概念

定义 10.8 对于随机变量 X，如果存在非负可积函数 $f(x)(-\infty<x<+\infty)$，使得对任意实数 $a \leqslant b$，有

$$P\{a \leqslant X \leqslant b\}=\int_a^b f(x)\mathrm{d}x，$$

则称 X 为**连续型随机变量**，称 $f(x)$ 为 X 的**概率密度函数**，简称**概率密度**或**分布密度**.

由定义可知，概率密度有下列性质：

(1) $f(x) \geqslant 0$；

(2) $\int_{-\infty}^{+\infty} f(x)\mathrm{d}x = 1.$

对任意实数 a，有 $P\{X=a\}=0$. 这是因为

$$P\{X=a\} = \lim_{\Delta x \to 0^+} P\{a \leqslant X \leqslant a + \Delta x\}$$

$$= \lim_{\Delta x \to 0^+} \int_a^{a+\Delta x} f(x)\mathrm{d}x = 0,$$

故对连续型随机变量 X，有

$$P\{a < X < b\} = P\{a < X \leqslant b\} = P\{a \leqslant X < b\}$$

$$= P\{a \leqslant X \leqslant b\}.$$

2. 正态分布的概率密度及性质

若连续型随机变量 X 的概率分布密度为 $f(x) = \dfrac{1}{\sqrt{2\pi}\sigma} \mathrm{e}^{-\frac{(x-\mu)^2}{2\sigma^2}}$，$(-\infty < x < +\infty)$，其中 μ，$\sigma^2(\sigma > 0)$ 为常数，则称 X 服从参数为 μ，σ^2 的**正态分布**，记为 $X \sim N(\mu, \sigma^2)$. 相应的分布函数为

$$F(x) = \frac{1}{\sqrt{2\pi}\sigma} \int_{-\infty}^x \mathrm{e}^{-\frac{(x-\mu)^2}{2\sigma^2}} \mathrm{d}x.$$

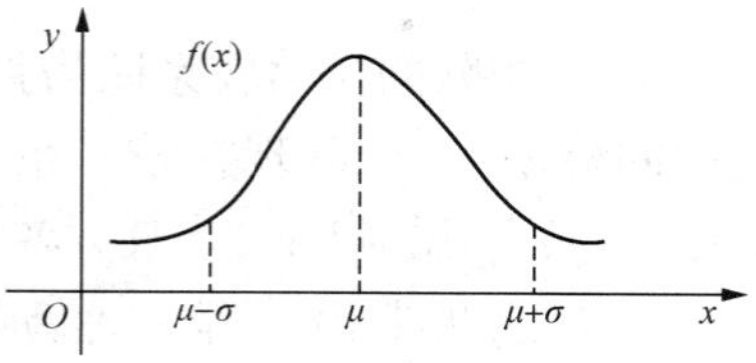

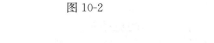

图 10-2

图 10-2 为正态分布的密度函数示意图.

正态密度曲线的性质：

(1) 密度曲线关于 $x=\mu$ 对称；

(2) 在 $x=\mu$ 处取得最大值

$$f(\mu) = \frac{1}{\sqrt{2\pi}\sigma};$$

(3) 曲线在 $x=\mu \pm \sigma$ 处有拐点且以 x 轴为渐近线；

(4) μ 确定了曲线位置，σ 确定了曲线中峰的陡峭程度.

特别地，当 $\mu=0$，$\sigma=1$ 时，这时的正态分布称为**标准正态分布**，记为 $X \sim N(0, 1)$，相应的概率密度函数及分布函数分别记为 $\varphi(x)$ 及 $\Phi(x)$. 即

$$\varphi(x) = \frac{1}{\sqrt{2\pi}} \mathrm{e}^{-\frac{x^2}{2}} \quad (-\infty < x < +\infty),$$

$$\Phi(x) = \frac{1}{\sqrt{2\pi}} \int_{-\infty}^x \mathrm{e}^{-\frac{t^2}{2}} \mathrm{d}t \quad (-\infty < x < +\infty).$$

对任意的 $a < b$，

$$P(a < X \leqslant b) = \frac{1}{\sqrt{2\pi}} \int_a^b \mathrm{e}^{-\frac{x^2}{2}} \mathrm{d}x$$

$$= \frac{1}{\sqrt{2\pi}} \int_{-\infty}^b \mathrm{e}^{-\frac{x^2}{2}} \mathrm{d}x - \frac{1}{\sqrt{2\pi}} \int_{-\infty}^a \mathrm{e}^{-\frac{x^2}{2}} \mathrm{d}x$$

$$= \Phi(b) - \Phi(a).$$

由标准正态分布的密度函数关于 y 轴对称，可知

$$\Phi(-x) = P\{X \leqslant -x\} = P\{X \geqslant x\} = 1 - P\{X \leqslant x\} = 1 - \Phi(x),$$

即

$$\Phi(-x) = 1 - \Phi(x).$$

计算 $\Phi(x)$ 的函数值时，可查标准正态分布表（见附录 C）.

3. 正态分布的概率计算

例 10-16 设 $X \sim N(0, 1)$，求 $P\{1.5 < X < 2\}$.

解 $P\{1.5 < X < 2\} = \Phi(2) - \Phi(1.5)$
$$= 0.9772 - 0.9332 = 0.044.$$

例 10-17 设 $X \sim N(0, 1)$，求 $P\{-2 < X < 2\}$.

解 $P\{-2 < X < 2\} = \Phi(2) - \Phi(-2) = \Phi(2) - [1 - \Phi(2)]$
$$= 2\Phi(2) - 1 = 2 \times 0.9772 - 1 = 0.9544.$$

若 $X \sim N(\mu, \sigma^2)$，则通过线性变换就可将之化为标准正态分布.

定理 10.3 若 $X \sim N(\mu, \sigma^2)$，则 $\dfrac{X-\mu}{\sigma} \sim N(0, 1)$.

由定理 10.3 可知，若 $X \sim N(\mu, \sigma^2)$，则

$$P\{x_1 < X \leqslant x_2\} = P\left\{\frac{x_1-\mu}{\sigma} < \frac{X-\mu}{\sigma} \leqslant \frac{x_2-\mu}{\sigma}\right\}$$

$$= \Phi\left(\frac{x_2-\mu}{\sigma}\right) - \Phi\left(\frac{x_1-\mu}{\sigma}\right).$$

例 10-18 设 $X \sim N(3, 2^2)$，求：

(1) $P\{-4 < X \leqslant 10\}$，$P\{|X| > 2\}$，$P\{X > 3\}$；

(2) 确定 C 使得 $P\{X > C\} = P\{X \leqslant C\}$.

解 (1) $P\{-4 < X \leqslant 10\} = P\left\{\dfrac{-4-3}{2} < \dfrac{X-3}{2} \leqslant \dfrac{10-3}{2}\right\}$

$$= \Phi(3.5) - \Phi(-3.5)$$

$$= 2\Phi(3.5) - 1 = 2 \times 0.9998 - 1 = 0.9996,$$

$$P\{|X| > 2\} = 1 - P\{|X| \leqslant 2\} = 1 - P\{-2 \leqslant X \leqslant 2\}$$

$$= 1 - P\left\{\frac{-2-3}{2} < \frac{X-3}{2} \leqslant \frac{2-3}{2}\right\}$$

$$= 1 - [\Phi(-0.5) - \Phi(-2.5)]$$

$$= 1 - [\Phi(2.5) - \Phi(0.5)]$$

$$= 1 - (0.9938 - 0.6915) = 0.6977.$$

$$P\{X > 3\} = 1 - P\{X \leqslant 3\} = 1 - P\left\{\frac{X-3}{2} \leqslant \frac{3-3}{2}\right\}$$

$$= 1 - \Phi(0) = 1 - 0.5 = 0.5.$$

(2) $P\{X > C\} = 1 - P\{X \leqslant C\} = P\{X \leqslant C\}$，

$$\frac{1}{2} = P\{X \leqslant C\} = P\left\{\frac{X-3}{2} \leqslant \frac{C-3}{2}\right\} = \Phi\left(\frac{C-3}{2}\right).$$

查表知，$\dfrac{C-3}{2} = 0 \Rightarrow C = 3$.

例 10-19 设 $X \sim N(\mu, \sigma^2)$，求 $P\{\mu - 3\sigma < X < \mu + 3\sigma\}$.

解 $P\{\mu - 3\sigma < x < \mu + 3\sigma\} = P\left\{-3 < \dfrac{x-\mu}{\sigma} < 3\right\}$

$$= \Phi(3) - \Phi(-3) = 2\Phi(3) - 1$$
$$= 0.9974.$$

3σ 原理　服从正态分布 $N(\mu, \sigma^2)$ 的随机变量 X 基本上不在区间 $(\mu-3\sigma, \mu+3\sigma)$ 之外取值.

四、数学期望

1. 离散型随机变量的数学期望

定义 10.9　设离散型随机变量 X 的概率分布为 $P\{X=x_k\}=p_k (k=1, 2, \cdots)$，则称 $\sum_{k=1}^{\infty} x_k p_k$ 为随机变量 X 的数学期望，或期望、平均值，记为 $E(X)$，即

$$E(X) = \sum_{k=1}^{\infty} x_k p_k.$$

对于离散型随机变量 X，$E(X)$ 就是 X 所有取值与其对应概率乘积的和，也就是以概率为权数的加权平均值.

二项分布的数学期望：

若 $X \sim B(n, p)$，其概率分布为

$$p_k = P\{X=k\} = C_n^k p^k (1-p)^{n-k} \quad (k=0, 1, 2, \cdots),$$

则

$$E(X) = \sum_{k=0}^{\infty} kP\{X=k\} = \sum_{k=0}^{\infty} kC_n^k p^k (1-p)^{n-k}$$

$$= \sum_{k=1}^{\infty} kC_n^k p^k (1-p)^{n-k} = \sum_{k=1}^{\infty} \frac{kn!}{k!\,(n-k)!} p^k (1-p)^{n-k}$$

$$= np \sum_{k=1}^{\infty} \frac{(n-1)!}{(k-1)!\,[(n-1)-(k-1)]!} p^{k-1} (1-p)^{(n-1)-(k-1)}$$

$$= np \sum_{k-1=0}^{n-1} C_{n-1}^{k-1} p^{k-1} (1-p)^{(n-1)-(k-1)}$$

$$= np[p+(1-p)]^{n-1} = np.$$

例 10-20　保险公司对机动车进行保险. 已知每年对保险者赔偿 100 000 元的概率为 0.001，赔偿 10 000 元的概率为 0.005，赔偿 5000 元的概率为 0.05，赔偿 1000 元的概率为 0.1. 若不计算其他费用，保险公司预期平均从每个保险者身上盈利 100 元，试问每年应收每个保险者保险费多少元？

解　设 X 表示保险公司对每个保险者的赔偿金额（单位：元），则 X 是随机变量，其分布律如表 10-4 所示.

表 10-4

X	100 000	10 000	5000	1000	0
P	0.001	0.005	0.05	0.1	0.844

则，随机变量 X 的均值为

$$E(X) = 100\,000 \times 0.001 + 10\,000 \times 0.005 + 5000 \times 0.05$$
$$+ 1000 \times 0.1 + 0 \times 0.844 = 500 \ (\text{元}).$$

即保险公司预期对每个保险者赔偿 500 元. 根据题意，保险公司预期平均从每个保险者

身上盈利 100 元，故保险公司每年应收每个保险者保险费 600 元.

2. 连续型随机变量的数学期望

定义 10.10 设连续型随机变量 X 的概率密度是 $f(x)$，则称积分 $\int_{-\infty}^{+\infty} x f(x) \,\mathrm{d}x$ 为连续型随机变量 X 的数学期望，记作 $E(X)$，即

$$E(X) = \int_{-\infty}^{+\infty} x f(x) \,\mathrm{d}x .$$

例 10-21 求概率密度函数为 $f(x) = \begin{cases} \dfrac{1}{b-a}, & a < x < b \\ 0, & \text{其他} \end{cases}$ 的随机变量的数学期望 $E(X)$.

解 因概率密度函数为 $f(x) = \begin{cases} \dfrac{1}{b-a}, & a < x < b \\ 0, & \text{其他} \end{cases}$

$$E(X) = \int_{-\infty}^{+\infty} x f(x) \,\mathrm{d}x = \int_{a}^{b} \frac{x}{b-a} \,\mathrm{d}x = \frac{1}{b-a} \cdot \frac{x^2}{2} \Big|_{a}^{b} = \frac{a+b}{2} .$$

上例所给概率密度是均匀分布［记为 $X \sim U(a, b)$］的概率密度. 结果表明均匀分布的均值位于 $[a, b]$ 的中点.

五、方差

随机变量的数学期望就是随机变量取值的平均值. 但是，两个均值相等的随机变量取值的情况可能有明显区别. 例如，有 A，B 两名射手，表示他们每次射击命中的环数的随机变量分别为 X，Y，已知 X，Y 的分布律如表 10-5 所示.

表 10-5

X（或 Y）	8	9	10
$P\{X=k\}$	0.2	0.6	0.2
$P\{Y=k\}$	0.1	0.8	0.1

由于 $E(X) = E(Y) = 9$（环），可见从均值的角度是分不出谁的射击技术更高，故还需考虑其他的因素. 在射击的平均环数相等的条件下进一步衡量谁的射击技术更稳定，主要取决于谁命中的环数比较集中于平均值的附近，通常人们会采用命中的环数 X 与它的平均值 $E(X)$ 之间的差 $|X - E(X)|$ 的均值 $E[|X - E(X)|]$ 来度量. $E[|X - E(X)|]$ 越小，表明 X 的值越集中于 $E(X)$ 的附近，即技术越稳定；$E[|X - E(X)|]$ 越大，表明 X 的值很分散，技术不稳定. 但由于 $E[|X - E(X)|]$ 带有绝对值，运算不便，故通常采用 X 与 $E(X)$ 的差的平方的平均值 $E[X - E(X)]^2$ 来度量随机变量 X 取值的分散程度. 此例中，由于

$$E[X - E(X)]^2 = 0.2 \times (8-9)^2 + 0.6 \times (9-9)^2 + 0.2 \times (10-9)^2 = 0.4 ,$$

$$E[Y - E(Y)]^2 = 0.1 \times (8-9)^2 + 0.8 \times (9-9)^2 + 0.1 \times (10-9)^2 = 0.2 .$$

由此可见 A 的技术更稳定些.

定义 10.11 设 X 是一个随机变量，若 $E[X - E(X)]^2$ 存在，则称 $E[X - E(X)]^2$ 为 X 的**方差**，记为 $D(X)$，即

$$D(X) = E[X - E(X)]^2 .$$

称 $\sqrt{D(X)}$ 为随机变量 X 的**标准差或均方差**，记为 $\sigma(X)$.

由于方差是随机变量 $[X-E(X)]^2$ 的数学期望. 若离散型随机变量 X 的分布律为 $P\{X=x_k\}=p_k$, $k=1$, 2 , $\cdots$, 则

$$D(X)=\sum_{k=1}^{\infty}[X_k-E(X)]^2 p_k.$$

若连续型随机变量 X 的概率密度为 $f(x)$, 则

$$D(X)=\int_{-\infty}^{+\infty}[x-E(X)]^2 f(x)\mathrm{d}x.$$

由此可见, 方差 $D(X)$ 是一个常数, 它由随机变量的分布唯一确定.

例 10-22 求概率密度函数为 $f(x)=\begin{cases}\dfrac{1}{b-a}, & a<x<b \\ 0, & \text{其他}\end{cases}$ 的随机变量 X 的方差 $D(X)$.

解 $D(X)=\displaystyle\int_{-\infty}^{+\infty}[x-E(X)]^2 f(x)\mathrm{d}x=\int_a^b\left(x-\dfrac{a+b}{2}\right)^2\dfrac{1}{b-a}\mathrm{d}x$

$$=\frac{1}{3(b-a)}\left(x-\frac{a+b}{2}\right)^3\bigg|_a^b=\frac{(b-a)^2}{12}.$$

六、常用分布的期望与方差

1. 两点分布

若 X 的分布律是 $P\{X=1\}=p$, $P\{X=0\}=1-p$, 则

$$E(X)=p , D(X)=p(1-p).$$

2. 二项分布

若 $X\sim B(n, p)$, 其分布律为

$$P\{X=k\}=C_n^k p^k(1-p)^{n-k}(k=0, 1, 2, \cdots),$$

则 $E(X)=np$, $D(X)=np(1-p)$.

3. 均匀分布

若 $X\sim U(a, b)$, 则 $E(X)=\dfrac{a+b}{2}$, $D(X)=\dfrac{(b-a)^2}{12}$.

4. 正态分布

若 $X\sim N(0, 1)$, 则 $E(X)=0, D(X)=1$;

若 $X\sim N(\mu, \sigma^2)$, 则 $E(X)=\mu$, $D(X)=\sigma^2$.

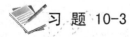 习 题 10-3

1. 设有产品 100 件, 其中有 10 件次品, 现从中任取 5 件, 问: 抽得的次品数是多少?

2. 设离散型随机变量 X 的概率分布 $P\{X=0\}=0.2$, $P\{X=1\}=0.3$, $P\{X=2\}=0.5$, 求 $P\{X\leqslant 1.5\}$.

3. 10 件产品中包括 7 件正品, 3 件次品. 有放回地抽取, 每次一件, 直到取得正品为止. 假定每件产品被取到的机会相同, 求抽取次数 ξ 的概率函数.

4. 设随机变量 X 服从二项分布, 且 $E(X)=30, D(X)=20$. 试写出这个二项分布的具体形式.

5. 设 $X\sim N(0, 1)$, 求 $P\{1<x<2\}$.

6. 设 $X \sim N(3, 4)$ ，求 $P\{-1 < X \leqslant 9\}$ ，$P\{|X| > 3\}$.

7. 已知随机变量 X 的概率分布为
$$P\{X=1\}=0.1, \quad P\{X=2\}=0.3, \quad P\{X=3\}=0.6,$$
求 $E(X)$.

习 题 10-3　参考答案

1. $X = \{0, 1, 2, 3, 4, 5\}$.　　　2. 0.5.　　　3. $\left(\dfrac{3}{10}\right)^{k-1} \times \left(\dfrac{7}{10}\right) (k=1, 2, \cdots)$.

4. $X \sim B\left(90, \dfrac{1}{3}\right)$ ；$P\{X=k\} = C_{90}^{k} \left(\dfrac{1}{3}\right)^{k} \left(\dfrac{2}{3}\right)^{90-k}$, $(k=0, 1, \cdots, 90)$.

5. 0.1359 .　　　　　　　　6. 0.9759；0.5013.　　　　　7. $E(X) = 2.5$.

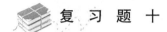 **复 习 题 十**

1. 填空题.

(1) 设 $P(A) = \dfrac{1}{3}$ ，$P(A \cup B) = \dfrac{1}{2}$ ，$P(AB) = \dfrac{1}{4}$ ，则 $P(B) = $ _____ .

(2) 设 $P(A) = 0.8$ ，$P(B) = 0.4$ ，$P(B \mid A) = 0.25$ ，则 $P(A \mid B) = $ _____ .

(3) 若1，2，3，4，5号运动员随机排成一排，则1号运动员站在正中间的概率为 _____ .

(4) 设随机变量 $X \sim N(2, 2^2)$ ，则 $P(0 < X \leqslant 4) = $ _____ .

2. 设 A ，B 为随机事件，且 $P(A) = 0.7$ ，$P(A-B) = 0.3$ ，求 $P(\overline{AB})$.

3. 有甲乙两批种子，发芽率分别为 0.8 和 0.7，在两批种子中各随机取一粒，求
(1) 两粒都发芽的概率；
(2) 至少有一粒发芽的概率；
(3) 恰有一粒发芽的概率.

4. 投掷 3 枚匀称的硬币. 求至多 2 枚正面朝上的概率.

5. 一个工人看管 3 台机床. 在 1h 内机床不需要工人照管的概率分别为 0.8，0.9，0.85. 求 1h 内 3 台机床至少有 1 台不需要工人照管的概率.

6. 设电路由两个并联的元件 A，B 与元件 C 串联而成. 元件 A，B，C 损坏的概率分别为 0.2，0.1，0.1. 求电路发生断电的概率.

复习题十　参考答案

1. (1) $\dfrac{5}{12}$ ；　　(2) 0.5；　　(3) $\dfrac{1}{5}$ ；　　(4) 0.6826.

2. 0.6.　　　　3. (1) 0.56；(2) 0.94；(3) 0.38.

4. $\dfrac{7}{8}$ ；　　　　5. 0.997；　　6. 0.118.

附录 A　初等数学常用公式

一、指数的性质

$a^m \cdot a^n = a^{m+n}$;

$a^m \div a^n = a^{m-n}$;

$(a^m)^n = a^{mn}$;

$(ab)^n = a^n b^n$;

$\left(\dfrac{a}{b}\right)^m = \dfrac{a^m}{b^m}$;

$a^{-m} = \dfrac{1}{a^m}$.

二、对数的性质

$\log_a (MN) = \log_a M + \log_a N$;

$\log_a \left(\dfrac{M}{N}\right) = \log_a M - \log_a N$;

$\log_a (M^n) = n \log_a M$;

$\log_a \sqrt[n]{M} = \dfrac{1}{n} \log_a M$;

$\log_a 1 = 0$；

$\log_a a = 1$；

换底公式 $\log_a M = \dfrac{\log_b M}{\log_b a}$.

三、平面三角学

1. 同角三角函数关系

倒数关系：

$\sec\alpha = \dfrac{1}{\cos\alpha}$;

$\csc\alpha = \dfrac{1}{\sin\alpha}$;

$\tan\alpha = \dfrac{1}{\cot\alpha}$.

商的关系：

$\tan\alpha = \dfrac{\sin\alpha}{\cos\alpha}$;

$\cot\alpha = \dfrac{\cos\alpha}{\sin\alpha}$.

平方关系：

$\sin^2\alpha + \cos^2\alpha = 1$；

$1 + \tan^2\alpha = \sec^2\alpha$ ；

$1 + \cot^2\alpha = \csc^2\alpha$.

2. 两角和差公式

$\sin(\alpha \pm \beta) = \sin\alpha\cos\beta \pm \cos\alpha\sin\beta$ ；

$\cos(\alpha \pm \beta) = \cos\alpha\cos\beta \mp \sin\alpha\sin\beta$ ；

$\tan(\alpha \pm \beta) = \dfrac{\tan\alpha \pm \tan\beta}{1 \mp \tan\alpha \cdot \tan\beta}$.

3. 和差化积公式

$\sin\alpha + \sin\beta = 2\sin\dfrac{\alpha+\beta}{2}\cos\dfrac{\alpha-\beta}{2}$ ；

$\sin\alpha - \sin\beta = 2\cos\dfrac{\alpha+\beta}{2}\sin\dfrac{\alpha-\beta}{2}$ ；

$\cos\alpha + \cos\beta = 2\cos\dfrac{\alpha+\beta}{2}\cos\dfrac{\alpha-\beta}{2}$ ；

$\cos\alpha - \cos\beta = -2\sin\dfrac{\alpha+\beta}{2}\sin\dfrac{\alpha-\beta}{2}$.

4. 积化和差公式

$\sin\alpha\cos\beta = \dfrac{1}{2}\left[\sin(\alpha+\beta) + \sin(\alpha-\beta)\right]$；

$\cos\alpha\sin\beta = \dfrac{1}{2}\left[\sin(\alpha+\beta) - \sin(\alpha-\beta)\right]$；

$\cos\alpha\cos\beta = \dfrac{1}{2}\left[\cos(\alpha+\beta) + \cos(\alpha-\beta)\right]$ ；

$\sin\alpha\sin\beta = -\dfrac{1}{2}\left[\cos(\alpha+\beta) - \cos(\alpha-\beta)\right]$.

5. 倍角公式

$\sin 2\theta = 2\sin\theta\cos\theta$ ；

$\cos 2\theta = \cos^2\theta - \sin^2\theta = 2\cos^2\theta - 1 = 1 - 2\sin^2\theta$ ；

$\tan 2\theta = \dfrac{2\tan\theta}{1 - \tan^2\theta}$.

6. 半角公式

$\sin\dfrac{\theta}{2} = \pm\sqrt{\dfrac{1-\cos\theta}{2}}$ ；

$\cos\dfrac{\theta}{2} = \pm\sqrt{\dfrac{1+\cos\theta}{2}}$ ；

$\tan\dfrac{\theta}{2} = \pm\sqrt{\dfrac{1-\cos\theta}{1+\cos\theta}} = \dfrac{\sin\theta}{1+\cos\theta} = \dfrac{1-\cos\theta}{\sin\theta}$.

附录 B 不 定 积 分 表

(一) 含有 $ax+b$ 的积分

1. $\int \dfrac{dx}{ax+b} = \dfrac{1}{a}\ln|ax+b|+C$;

2. $\int (ax+b)^{\mu}\, dx = \dfrac{1}{a(\mu+1)}(ax+b)^{\mu+1}+C\ (\mu\neq -1)$;

3. $\int \dfrac{x}{ax+b}\, dx = \dfrac{1}{a^2}(ax+b-b\ln|ax+b|)+C$;

4. $\int \dfrac{x^2}{ax+b}\, dx = \dfrac{1}{a^3}\left[\dfrac{1}{2}(ax+b)^2-2b(ax+b)+b^2\ln|ax+b|\right]+C$;

5. $\int \dfrac{dx}{x(ax+b)} = -\dfrac{1}{b}\ln\left|\dfrac{ax+b}{x}\right|+C$;

6. $\int \dfrac{dx}{x^2(ax+b)} = -\dfrac{1}{bx}+\dfrac{a}{b^2}\ln\left|\dfrac{ax+b}{x}\right|+C$;

7. $\int \dfrac{x}{(ax+b)^2}\, dx = \dfrac{1}{a^2}\left(\ln|ax+b|+\dfrac{b}{ax+b}\right)+C$;

8. $\int \dfrac{x^2}{(ax+b)^2}\, dx = \dfrac{1}{a^3}\left(ax+b-2b\ln|ax+b|-\dfrac{b^2}{ax+b}\right)+C$;

9. $\int \dfrac{dx}{x(ax+b)^2} = \dfrac{1}{b(ax+b)}-\dfrac{1}{b^2}\ln\left|\dfrac{ax+b}{x}\right|+C$.

(二) 含有 $\sqrt{ax+b}$ 的积分

10. $\int \sqrt{ax+b}\, dx = \dfrac{2}{3a}\sqrt{(ax+b)^3}+C$;

11. $\int x\sqrt{ax+b}\, dx = \dfrac{2}{15a^2}(3ax-2b)\sqrt{(ax+b)^3}+C$;

12. $\int x^2\sqrt{ax+b}\, dx = \dfrac{2}{105a^3}(15a^2x^2-12abx+8b^2)\sqrt{(ax+b)^3}+C$;

13. $\int \dfrac{x}{\sqrt{ax+b}}\, dx = \dfrac{2}{3a^2}(ax-2b)\sqrt{ax+b}+C$;

14. $\int \dfrac{x^2}{\sqrt{ax+b}}\, dx = \dfrac{2}{15a^3}(3a^2x^2-4abx+8b^2)\sqrt{ax+b}+C$;

15. $\int \dfrac{dx}{x\sqrt{ax+b}} = \begin{cases} \dfrac{1}{\sqrt{b}}\ln\left|\dfrac{\sqrt{ax+b}-\sqrt{b}}{\sqrt{ax+b}+\sqrt{b}}\right|+C\ (b>0) \\[2mm] \dfrac{2}{\sqrt{-b}}\arctan\sqrt{\dfrac{ax+b}{-b}}+C\ (b<0) \end{cases}$;

16. $\int \dfrac{dx}{x^2\sqrt{ax+b}} = -\dfrac{\sqrt{ax+b}}{bx}-\dfrac{a}{2b}\int \dfrac{dx}{x\sqrt{ax+b}}$;

17. $\displaystyle\int \frac{\sqrt{ax+b}}{x}\,\mathrm{d}x = 2\sqrt{ax+b}+b\int \frac{\mathrm{d}x}{x\sqrt{ax+b}}$;

18. $\displaystyle\int \frac{\sqrt{ax+b}}{x^2}\,\mathrm{d}x = -\frac{\sqrt{ax+b}}{x}+\frac{a}{2}\int \frac{\mathrm{d}x}{x\sqrt{ax+b}}$.

(三) 含有 $x^2 \pm a^2$ 的积分

19. $\displaystyle\int \frac{\mathrm{d}x}{x^2+a^2} = \frac{1}{a}\arctan\frac{x}{a}+C$;

20. $\displaystyle\int \frac{\mathrm{d}x}{(x^2+a^2)^n} = \frac{x}{2(n-1)a^2(x^2+a^2)^{n-1}}+\frac{2n-3}{2(n-1)a^2}\int \frac{\mathrm{d}x}{(x^2+a^2)^{n-1}}$;

21. $\displaystyle\int \frac{\mathrm{d}x}{x^2-a^2} = \frac{1}{2a}\ln\left|\frac{x-a}{x+a}\right|+C$.

(四) 含有 $ax^2+b(a>0)$ 的积分

22. $\displaystyle\int \frac{\mathrm{d}x}{ax^2+b} = \begin{cases} \dfrac{1}{\sqrt{ab}}\arctan\sqrt{\dfrac{a}{b}}\,x+C & (b>0) \\[3mm] \dfrac{1}{2\sqrt{-ab}}\ln\left|\dfrac{\sqrt{a}\,x-\sqrt{-b}}{\sqrt{a}\,x+\sqrt{-b}}\right|+C & (b<0) \end{cases}$;

23. $\displaystyle\int \frac{x}{ax^2+b}\,\mathrm{d}x = \frac{1}{2a}\ln|ax^2+b|+C$;

24. $\displaystyle\int \frac{x^2}{ax^2+b}\,\mathrm{d}x = \frac{x}{a}-\frac{b}{a}\int \frac{\mathrm{d}x}{ax^2+b}$;

25. $\displaystyle\int \frac{\mathrm{d}x}{x(ax^2+b)} = \frac{1}{2b}\ln\frac{x^2}{|ax^2+b|}+C$;

26. $\displaystyle\int \frac{\mathrm{d}x}{x^2(ax^2+b)} = -\frac{1}{bx}-\frac{a}{b}\int \frac{\mathrm{d}x}{ax^2+b}$;

27. $\displaystyle\int \frac{\mathrm{d}x}{x^3(ax^2+b)} = \frac{a}{2b^2}\ln\frac{|ax^2+b|}{x^2}-\frac{1}{2bx^2}+C$;

28. $\displaystyle\int \frac{\mathrm{d}x}{(ax^2+b)^2} = \frac{x}{2b(ax^2+b)}+\frac{1}{2b}\int \frac{\mathrm{d}x}{ax^2+b}$.

(五) 含有 $ax^2+bx+c(a>0)$ 的积分

29. $\displaystyle\int \frac{\mathrm{d}x}{ax^2+bx+c} = \begin{cases} \dfrac{2}{\sqrt{4ac-b^2}}\arctan\dfrac{2ax+b}{\sqrt{4ac-b^2}}+C & (b^2<4ac) \\[3mm] \dfrac{1}{\sqrt{b^2-4ac}}\ln\left|\dfrac{2ax+b-\sqrt{b^2-4ac}}{2ax+b+\sqrt{b^2-4ac}}\right|+C & (b^2>4ac) \end{cases}$;

30. $\displaystyle\int \frac{x}{ax^2+bx+c}\,\mathrm{d}x = \frac{1}{2a}\ln|ax^2+bx+c|-\frac{b}{2a}\int \frac{\mathrm{d}x}{ax^2+bx+c}$.

(六) 含有 $\sqrt{x^2+a^2}\ (a>0)$ 的积分

31. $\displaystyle\int \frac{\mathrm{d}x}{\sqrt{x^2+a^2}} = \operatorname{arsh}\frac{x}{a}+C_1 = \ln(x+\sqrt{x^2+a^2})+C$;

32. $\displaystyle\int \frac{\mathrm{d}x}{\sqrt{(x^2+a^2)^3}} = \frac{x}{a^2\sqrt{x^2+a^2}}+C$;

33. $\int \dfrac{x}{\sqrt{x^2+a^2}}\mathrm{d}x = \sqrt{x^2+a^2}+C$;

34. $\int \dfrac{x}{\sqrt{(x^2+a^2)^3}}\,\mathrm{d}x = -\dfrac{1}{\sqrt{x^2+a^2}}+C$;

35. $\int \dfrac{x^2}{\sqrt{x^2+a^2}}\mathrm{d}x = \dfrac{x}{2}\sqrt{x^2+a^2}-\dfrac{a^2}{2}\ln(x+\sqrt{x^2+a^2})+C$;

36. $\int \dfrac{x^2}{\sqrt{(x^2+a^2)^3}}\mathrm{d}x = -\dfrac{x}{\sqrt{x^2+a^2}}+\ln(x+\sqrt{x^2+a^2})+C$;

37. $\int \dfrac{\mathrm{d}x}{x\sqrt{x^2+a^2}} = \dfrac{1}{a}\ln\dfrac{\sqrt{x^2+a^2}-a}{|x|}+C$;

38. $\int \dfrac{\mathrm{d}x}{x^2\sqrt{x^2+a^2}} = -\dfrac{\sqrt{x^2+a^2}}{a^2 x}+C$;

39. $\int \sqrt{x^2+a^2}\,\mathrm{d}x = \dfrac{x}{2}\sqrt{x^2+a^2}+\dfrac{a^2}{2}\ln(x+\sqrt{x^2+a^2})+C$;

40. $\int \sqrt{(x^2+a^2)^3}\,\mathrm{d}x = \dfrac{x}{8}(2x^2+5a^2)\sqrt{x^2+a^2}+\dfrac{3}{8}a^4\ln(x+\sqrt{x^2+a^2})+C$;

41. $\int x\sqrt{x^2+a^2}\,\mathrm{d}x = \dfrac{1}{3}\sqrt{(x^2+a^2)^3}+C$;

42. $\int x^2\sqrt{x^2+a^2}\,\mathrm{d}x = \dfrac{x}{8}(2x^2+a^2)\sqrt{x^2+a^2}-\dfrac{a^4}{8}\ln(x+\sqrt{x^2+a^2})+C$;

43. $\int \dfrac{\sqrt{x^2+a^2}}{x}\,\mathrm{d}x = \sqrt{x^2+a^2}+a\ln\dfrac{\sqrt{x^2+a^2}-a}{|x|}+C$;

44. $\int \dfrac{\sqrt{x^2+a^2}}{x^2}\,\mathrm{d}x = -\dfrac{\sqrt{x^2+a^2}}{x}+\ln(x+\sqrt{x^2+a^2})+C$.

(七) 含有 $\sqrt{x^2-a^2}\ (a>0)$ 的积分

45. $\int \dfrac{\mathrm{d}x}{\sqrt{x^2-a^2}} = \dfrac{x}{|x|}\operatorname{arch}\dfrac{|x|}{a}+C_1 = \ln|x+\sqrt{x^2-a^2}|+C$;

46. $\int \dfrac{\mathrm{d}x}{\sqrt{(x^2-a^2)^3}} = -\dfrac{x}{a^2\sqrt{x^2-a^2}}+C$;

47. $\int \dfrac{x}{\sqrt{x^2-a^2}}\mathrm{d}x = \sqrt{x^2-a^2}+C$;

48. $\int \dfrac{x}{\sqrt{(x^2-a^2)^3}}\mathrm{d}x = -\dfrac{1}{\sqrt{x^2-a^2}}+C$;

49. $\int \dfrac{x^2}{\sqrt{x^2-a^2}}\,\mathrm{d}x = \dfrac{x}{2}\sqrt{x^2-a^2}+\dfrac{a^2}{2}\ln|x+\sqrt{x^2-a^2}|+C$;

50. $\int \dfrac{x^2}{\sqrt{(x^2-a^2)^3}}\,\mathrm{d}x = -\dfrac{x}{\sqrt{x^2-a^2}}+\ln|x+\sqrt{x^2-a^2}|+C$;

51. $\int \dfrac{\mathrm{d}x}{x\sqrt{x^2-a^2}} = \dfrac{1}{a}\arccos\dfrac{a}{|x|}+C$;

52. $\displaystyle\int \frac{\mathrm{d}x}{x^2\sqrt{x^2-a^2}} = \frac{\sqrt{x^2-a^2}}{a^2x} + C$;

53. $\displaystyle\int \sqrt{x^2-a^2}\ \mathrm{d}x = \frac{x}{2}\sqrt{x^2-a^2} - \frac{a^2}{2}\ln\left| x+\sqrt{x^2-a^2} \right| + C$;

54. $\displaystyle\int \sqrt{(x^2-a^2)^3}\,\mathrm{d}x = \frac{x}{8}(2x^2-5a^2)\sqrt{x^2-a^2} + \frac{3}{8}a^4\ln\left| x+\sqrt{x^2-a^2} \right| + C$;

55. $\displaystyle\int x\sqrt{x^2-a^2}\,\mathrm{d}x = \frac{1}{3}\sqrt{(x^2-a^2)^3} + C$;

56. $\displaystyle\int x^2\sqrt{x^2-a^2}\,\mathrm{d}x = \frac{x}{8}(2x^2-a^2)\sqrt{x^2-a^2} - \frac{a^4}{8}\ln\left| x+\sqrt{x^2-a^2} \right| + C$;

57. $\displaystyle\int \frac{\sqrt{x^2-a^2}}{x}\mathrm{d}x = \sqrt{x^2-a^2} - a\arccos\frac{a}{|x|} + C$;

58. $\displaystyle\int \frac{\sqrt{x^2-a^2}}{x^2}\ \mathrm{d}x = -\frac{\sqrt{x^2-a^2}}{x} + \ln\left| x+\sqrt{x^2-a^2} \right| + C$.

(八)　含有 $\sqrt{a^2-x^2}\ (a>0)$ 的积分

59. $\displaystyle\int \frac{\mathrm{d}x}{\sqrt{a^2-x^2}} = \arcsin\frac{x}{a} + C$;

60. $\displaystyle\int \frac{\mathrm{d}x}{\sqrt{(a^2-x^2)^3}} = \frac{x}{a^2\sqrt{a^2-x^2}} + C$;

61. $\displaystyle\int \frac{x}{\sqrt{a^2-x^2}}\mathrm{d}x = -\sqrt{a^2-x^2} + C$;

62. $\displaystyle\int \frac{x}{\sqrt{(a^2-x^2)^3}}\ \mathrm{d}x = \frac{1}{\sqrt{a^2-x^2}} + C$;

63. $\displaystyle\int \frac{x^2}{\sqrt{a^2-x^2}}\mathrm{d}x = -\frac{x}{2}\sqrt{a^2-x^2} + \frac{a^2}{2}\arcsin\frac{x}{a} + C$;

64. $\displaystyle\int \frac{x^2}{\sqrt{(a^2-x^2)^3}}\ \mathrm{d}x = \frac{x}{\sqrt{a^2-x^2}} - \arcsin\frac{x}{a} + C$;

65. $\displaystyle\int \frac{\mathrm{d}x}{x\sqrt{a^2-x^2}} = \frac{1}{a}\ln\frac{a-\sqrt{a^2-x^2}}{|x|} + C$;

66. $\displaystyle\int \frac{\mathrm{d}x}{x^2\sqrt{a^2-x^2}} = -\frac{\sqrt{a^2-x^2}}{a^2x} + C$;

67. $\displaystyle\int \sqrt{a^2-x^2}\,\mathrm{d}x = \frac{x}{2}\sqrt{a^2-x^2} + \frac{a^2}{2}\arcsin\frac{x}{a} + C$;

68. $\displaystyle\int \sqrt{(a^2-x^2)^3}\ \mathrm{d}x = \frac{x}{8}(5a^2-2x^2)\sqrt{a^2-x^2} + \frac{3}{8}a^4\arcsin\frac{x}{a} + C$;

69. $\displaystyle\int x\sqrt{a^2-x^2}\,\mathrm{d}x = -\frac{1}{3}\sqrt{(a^2-x^2)^3} + C$;

70. $\displaystyle\int x^2\sqrt{a^2-x^2}\,\mathrm{d}x = \frac{x}{8}(2x^2-a^2)\sqrt{a^2-x^2} + \frac{a^4}{8}\arcsin\frac{x}{a} + C$;

71. $\displaystyle\int \frac{\sqrt{a^2-x^2}}{x}\,\mathrm{d}x = \sqrt{a^2-x^2}+a\ln\frac{a-\sqrt{a^2-x^2}}{|x|}+C$;

72. $\displaystyle\int \frac{\sqrt{a^2-x^2}}{x^2}\,\mathrm{d}x = -\frac{\sqrt{a^2-x^2}}{x}-\arcsin\frac{x}{a}+C$.

（九）含有 $\sqrt{\pm ax^2+bx+c}\,(a>0)$ 的积分；

73. $\displaystyle\int \frac{\mathrm{d}x}{\sqrt{ax^2+bx+c}} = \frac{1}{\sqrt{a}}\ln\left|2ax+b+2\sqrt{a}\,\sqrt{ax^2+bx+c}\right|+C$;

74. $\displaystyle\int \sqrt{ax^2+bx+c}\,\mathrm{d}x = \frac{2ax+b}{4a}\sqrt{ax^2+bx+c}$

$\displaystyle\qquad\qquad +\frac{4ac-b^2}{8\sqrt{a^3}}\ln\left|2ax+b+2\sqrt{a}\,\sqrt{ax^2+bx+c}\right|+C$;

75. $\displaystyle\int \frac{x}{\sqrt{ax^2+bx+c}}\,\mathrm{d}x = \frac{1}{a}\sqrt{ax^2+bx+c}$

$\displaystyle\qquad\qquad -\frac{b}{2\sqrt{a^3}}\ln\left|2ax+b+2\sqrt{a}\,\sqrt{ax^2+bx+c}\right|+C$;

76. $\displaystyle\int \frac{\mathrm{d}x}{\sqrt{c+bx-ax^2}} = -\frac{1}{\sqrt{a}}\arcsin\frac{2ax-b}{\sqrt{b^2+4ac}}+C$;

77. $\displaystyle\int \sqrt{c+bx-ax^2}\,\mathrm{d}x = \frac{2ax-b}{4a}\sqrt{c+bx-ax^2}+\frac{b^2+4ac}{8\sqrt{a^3}}\arcsin\frac{2ax-b}{\sqrt{b^2+4ac}}+C$;

78. $\displaystyle\int \frac{x}{\sqrt{c+bx-ax^2}}\,\mathrm{d}x = -\frac{1}{a}\sqrt{c+bx-ax^2}+\frac{b}{2\sqrt{a^3}}\arcsin\frac{2ax-b}{\sqrt{b^2+4ac}}+C$.

（十）含有 $\sqrt{\pm\dfrac{x-a}{x-b}}$ 或 $\sqrt{(x-a)(b-x)}$ 的积分

79. $\displaystyle\int \sqrt{\frac{x-a}{x-b}}\,\mathrm{d}x = (x-b)\sqrt{\frac{x-a}{x-b}}+(b-a)\ln(\sqrt{|x-a|}+\sqrt{|x-b|})+C$;

80. $\displaystyle\int \sqrt{\frac{x-a}{b-x}}\,\mathrm{d}x = (x-b)\sqrt{\frac{x-a}{b-x}}+(b-a)\arcsin\sqrt{\frac{x-a}{b-x}}+C$;

81. $\displaystyle\int \frac{\mathrm{d}x}{\sqrt{(x-a)(b-x)}} = 2\arcsin\sqrt{\frac{x-a}{b-x}}+C\,(a<b)$;

82. $\displaystyle\int \sqrt{(x-a)(b-x)}\,\mathrm{d}x = \frac{2x-a-b}{4}\sqrt{(x-a)(b-x)}$

$\displaystyle\qquad\qquad +\frac{(b-a)^2}{4}\arcsin\sqrt{\frac{x-a}{b-x}}+C\,(a<b)$.

（十一）含有三角函数的积分

83. $\displaystyle\int \sin x\,\mathrm{d}x = -\cos x+C$;

84. $\displaystyle\int \cos x\,\mathrm{d}x = \sin x+C$;

85. $\displaystyle\int \tan x\,\mathrm{d}x = -\ln|\cos x|+C$;

86. $\int \cot x \, dx = \ln|\sin x| + C$;

87. $\int \sec x \, dx = \ln\left|\tan\left(\dfrac{\pi}{4} + \dfrac{x}{2}\right)\right| + C = \ln|\sec x + \tan x| + C$;

88. $\int \csc x \, dx = \ln\left|\tan\dfrac{x}{2}\right| + C = \ln|\csc x - \cot x| + C$;

89. $\int \sec^2 x \, dx = \tan x + C$;

90. $\int \csc^2 x \, dx = -\cot x + C$;

91. $\int \sec x \tan x \, dx = \sec x + C$;

92. $\int \csc x \cot x \, dx = -\csc x + C$;

93. $\int \sin^2 x \, dx = \dfrac{x}{2} - \dfrac{1}{4}\sin 2x + C$;

94. $\int \cos^2 x \, dx = \dfrac{x}{2} + \dfrac{1}{4}\sin 2x + C$;

95. $\int \sin^n x \, dx = -\dfrac{1}{n}\sin^{n-1} x \cos x + \dfrac{n-1}{n}\int \sin^{n-2} x \, dx$;

96. $\int \cos^n x \, dx = \dfrac{1}{n}\cos^{n-1} x \sin x + \dfrac{n-1}{n}\int \cos^{n-2} x \, dx$;

97. $\int \dfrac{dx}{\sin^n x} = -\dfrac{1}{n-1} \cdot \dfrac{\cos x}{\sin^{n-1} x} + \dfrac{n-2}{n-1}\int \dfrac{dx}{\sin^{n-2} x}$;

98. $\int \dfrac{dx}{\cos^n x} = \dfrac{1}{n-1} \cdot \dfrac{\sin x}{\cos^{n-1} x} + \dfrac{n-2}{n-1}\int \dfrac{dx}{\cos^{n-2} x}$;

99. $\int \cos^m x \sin^n x \, dx = \dfrac{1}{m+n}\cos^{m-1} x \sin^{n+1} x + \dfrac{m-1}{m+n}\int \cos^{m-2} x \sin^n x \, dx$

$\qquad = -\dfrac{1}{m+n}\cos^{m+1} x \sin^{n-1} x + \dfrac{n-1}{m+n}\int \cos^m x \sin^{n-2} x \, dx$;

100. $\int \sin ax \cos bx \, dx = -\dfrac{1}{2(a+b)}\cos(a+b)x - \dfrac{1}{2(a-b)}\cos(a-b)x + C$;

101. $\int \sin ax \sin bx \, dx = -\dfrac{1}{2(a+b)}\sin(a+b)x + \dfrac{1}{2(a-b)}\sin(a-b)x + C$;

102. $\int \cos ax \cos bx \, dx = \dfrac{1}{2(a+b)}\sin(a+b)x + \dfrac{1}{2(a-b)}\sin(a-b)x + C$;

103. $\int \dfrac{dx}{a + b\sin x} = \dfrac{2}{\sqrt{a^2 - b^2}}\arctan\dfrac{a\tan\dfrac{x}{2} + b}{\sqrt{a^2 - b^2}} + C \quad (a^2 > b^2)$;

104. $\int \dfrac{dx}{a + b\sin x} = \dfrac{1}{\sqrt{b^2 - a^2}}\ln\left|\dfrac{a\tan\dfrac{x}{2} + b - \sqrt{b^2 - a^2}}{a\tan\dfrac{x}{2} + b + \sqrt{b^2 - a^2}}\right| + C \quad (a^2 < b^2)$;

105. $\displaystyle\int \frac{\mathrm{d}x}{a+b\cos x} = \frac{2}{a+b}\sqrt{\frac{a+b}{a-b}}\arctan\left(\sqrt{\frac{a-b}{a+b}}\tan\frac{x}{2}\right)+C \quad (a^2>b^2)$;

106. $\displaystyle\int \frac{\mathrm{d}x}{a+b\cos x} = \frac{1}{a+b}\sqrt{\frac{a+b}{b-a}}\ln\left|\frac{\tan\dfrac{x}{2}+\sqrt{\dfrac{a+b}{b-a}}}{\tan\dfrac{x}{2}-\sqrt{\dfrac{a+b}{b-a}}}\right|+C \quad (a^2<b^2)$;

107. $\displaystyle\int \frac{\mathrm{d}x}{a^2\cos^2 x + b^2\sin^2 x} = \frac{1}{ab}\arctan\left(\frac{b}{a}\tan x\right)+C$;

108. $\displaystyle\int \frac{\mathrm{d}x}{a^2\cos^2 x - b^2\sin^2 x} = \frac{1}{2ab}\ln\left|\frac{b\tan x+a}{b\tan x-a}\right|+C$;

109. $\displaystyle\int x\sin ax\,\mathrm{d}x = \frac{1}{a^2}\sin ax - \frac{1}{a}x\cos ax + C$;

110. $\displaystyle\int x^2\sin ax\,\mathrm{d}x = -\frac{1}{a}x^2\cos ax + \frac{2}{a^2}x\sin ax + \frac{2}{a^3}\cos ax + C$;

111. $\displaystyle\int x\cos ax\,\mathrm{d}x = \frac{1}{a^2}\cos ax + \frac{1}{a}x\sin ax + C$;

112. $\displaystyle\int x^2\cos ax\,\mathrm{d}x = \frac{1}{a}x^2\sin ax + \frac{2}{a^2}x\cos ax - \frac{2}{a^3}\sin ax + C$.

（十二）含有反三角函数的积分（其中 $a>0$）

113. $\displaystyle\int \arcsin\frac{x}{a}\,\mathrm{d}x = x\arcsin\frac{x}{a} + \sqrt{a^2-x^2} + C$;

114. $\displaystyle\int x\arcsin\frac{x}{a}\,\mathrm{d}x = \left(\frac{x^2}{2}-\frac{a^2}{4}\right)\arcsin\frac{x}{a} + \frac{x}{4}\sqrt{a^2-x^2} + C$;

115. $\displaystyle\int x^2\arcsin\frac{x}{a}\,\mathrm{d}x = \frac{x^3}{3}\arcsin\frac{x}{a} + \frac{1}{9}(x^2+2a^2)\sqrt{a^2-x^2} + C$;

116. $\displaystyle\int \arccos\frac{x}{a}\,\mathrm{d}x = x\arccos\frac{x}{a} - \sqrt{a^2-x^2} + C$;

117. $\displaystyle\int x\arccos\frac{x}{a}\,\mathrm{d}x = \left(\frac{x^2}{2}-\frac{a^2}{4}\right)\arccos\frac{x}{a} - \frac{x}{4}\sqrt{a^2-x^2} + C$;

118. $\displaystyle\int x^2\arccos\frac{x}{a}\,\mathrm{d}x = \frac{x^3}{3}\arccos\frac{x}{a} - \frac{1}{9}(x^2+2a^2)\sqrt{a^2-x^2} + C$;

119. $\displaystyle\int \arctan\frac{x}{a}\,\mathrm{d}x = x\arctan\frac{x}{a} - \frac{a}{2}\ln(a^2+x^2) + C$;

120. $\displaystyle\int x\arctan\frac{x}{a}\,\mathrm{d}x = \frac{1}{2}(a^2+x^2)\arctan\frac{x}{a} - \frac{a}{2}x + C$;

121. $\displaystyle\int x^2\arctan\frac{x}{a}\,\mathrm{d}x = \frac{x^3}{3}\arctan\frac{x}{a} - \frac{a}{6}x^2 + \frac{a^3}{6}\ln(a^2+x^2) + C$.

（十三）含有指数函数的积分

122. $\displaystyle\int a^x\,\mathrm{d}x = \frac{1}{\ln a}a^x + C$;

123. $\displaystyle\int e^{ax}\,\mathrm{d}x = \frac{1}{a}e^{ax} + C$;

124. $\displaystyle\int x\mathrm{e}^{ax}\,\mathrm{d}x = \frac{1}{a^2}(ax-1)\mathrm{e}^{ax}+C$;

125. $\displaystyle\int x^n\,\mathrm{e}^{ax}\,\mathrm{d}x = \frac{1}{a}x^n\mathrm{e}^{ax} - \frac{n}{a}\int x^{n-1}\,\mathrm{e}^{ax}\,\mathrm{d}x$;

126. $\displaystyle\int xa^x\,\mathrm{d}x = \frac{x}{\ln a}a^x - \frac{1}{(\ln a)^2}a^x + C$;

127. $\displaystyle\int x^n\,a^x\,\mathrm{d}x = \frac{1}{\ln a}x^n a^x - \frac{n}{\ln a}\int x^{n-1}\,a^x\,\mathrm{d}x$;

128. $\displaystyle\int \mathrm{e}^{ax}\sin bx\,\mathrm{d}x = \frac{1}{a^2+b^2}\mathrm{e}^{ax}(a\sin bx - b\cos bx) + C$;

129. $\displaystyle\int \mathrm{e}^{ax}\cos bx\,\mathrm{d}x = \frac{1}{a^2+b^2}\mathrm{e}^{ax}(b\sin bx + a\cos bx) + C$;

130. $\displaystyle\int \mathrm{e}^{ax}\sin^n bx\,\mathrm{d}x = \frac{1}{a^2+b^2n^2}\mathrm{e}^{ax}\sin^{n-1}bx(a\sin bx - nb\cos bx)$
$\displaystyle\qquad\qquad + \frac{n(n-1)b^2}{a^2+b^2n^2}\int \mathrm{e}^{ax}\,\sin^{n-2}bx\,\mathrm{d}x$;

131. $\displaystyle\int \mathrm{e}^{ax}\cos^n bx\,\mathrm{d}x = \frac{1}{a^2+b^2n^2}\mathrm{e}^{ax}\cos^{n-1}bx(a\cos bx + nb\sin bx)$
$\displaystyle\qquad\qquad + \frac{n(n-1)b^2}{a^2+b^2n^2}\int \mathrm{e}^{ax}\,\cos^{n-2}bx\,\mathrm{d}x$.

（十四）含有对数函数的积分

132. $\displaystyle\int \ln x\,\mathrm{d}x = x\ln x - x + C$;

133. $\displaystyle\int \frac{\mathrm{d}x}{x\ln x} = \ln|\ln x| + C$;

134. $\displaystyle\int x^n\ln x\,\mathrm{d}x = \frac{1}{n+1}x^{n+1}\left(\ln x - \frac{1}{n+1}\right) + C$;

135. $\displaystyle\int (\ln x)^n\,\mathrm{d}x = x(\ln x)^n - n\int (\ln x)^{n-1}\,\mathrm{d}x$;

136. $\displaystyle\int x^m(\ln x)^n\,\mathrm{d}x = \frac{1}{m+1}x^{m+1}(\ln x)^n - \frac{n}{m+1}\int x^m(\ln x)^{n-1}\,\mathrm{d}x$.

（十五）含有双曲函数的积分

137. $\displaystyle\int \mathrm{sh}x\,\mathrm{d}x = \mathrm{ch}x + C$;

138. $\displaystyle\int \mathrm{ch}x\,\mathrm{d}x = \mathrm{sh}x + C$;

139. $\displaystyle\int \mathrm{th}x\,\mathrm{d}x = \ln\mathrm{ch}x + C$;

140. $\displaystyle\int \mathrm{sh}^2x\,\mathrm{d}x = -\frac{x}{2} + \frac{1}{4}\mathrm{sh}2x + C$;

141. $\displaystyle\int \mathrm{ch}^2x\,\mathrm{d}x = \frac{x}{2} + \frac{1}{4}\mathrm{sh}2x + C$.

（十六）定积分

142. $\int_{-\pi}^{\pi} \cos nx \, dx = \int_{-\pi}^{\pi} \sin nx \, dx = 0$;

143. $\int_{-\pi}^{\pi} \cos mx \sin nx \, dx = 0$;

144. $\int_{-\pi}^{\pi} \cos mx \cos nx \, dx = \begin{cases} 0, & m \neq n \\ \pi, & m = n \end{cases}$;

145. $\int_{-\pi}^{\pi} \sin mx \sin nx \, dx = \begin{cases} 0, & m \neq n \\ \pi, & m = n \end{cases}$;

146. $\int_{0}^{\pi} \sin mx \sin nx \, dx = \int_{0}^{\pi} \cos mx \cos nx \, dx = \begin{cases} 0, & m \neq n \\ \dfrac{\pi}{2}, & m = n \end{cases}$;

147. $I_n = \int_{0}^{\frac{\pi}{2}} \sin^n x \, dx = \int_{0}^{\frac{\pi}{2}} \cos^n x \, dx$;

$I_n = \dfrac{n-1}{n} I_{n-2}$;

$I_n = \dfrac{n-1}{n} \cdot \dfrac{n-3}{n-2} \cdot \cdots \cdot \dfrac{4}{5} \cdot \dfrac{2}{3}$ （n 为大于 1 的正奇数），$I_1 = 1$;

$I_n = \dfrac{n-1}{n} \cdot \dfrac{n-3}{n-2} \cdot \cdots \cdot \dfrac{3}{4} \cdot \dfrac{1}{2} \cdot \dfrac{\pi}{2}$（$n$ 为正偶数），$I_0 = \dfrac{\pi}{2}$.

附录 C 标准正态分布表

$$\Phi(x) = \int_{-\infty}^{x} \frac{1}{\sqrt{2\pi}} e^{-\frac{t^2}{2}} \, dt$$

x	0.00	0.01	0.02	0.03	0.04	0.05	0.06	0.07	0.08	0.09
0.0	0.500 0	0.504 0	0.508 0	0.512 0	0.516 0	0.519 9	0.523 9	0.527 9	0.531 9	0.535 9
0.1	0.539 8	0.543 8	0.547 8	0.551 7	0.555 7	0.559 6	0.563 6	0.567 5	0.571 4	0.575 3
0.2	0.579 3	0.583 2	0.587 1	0.591 0	0.594 8	0.598 7	0.602 6	0.606 4	0.610 3	0.614 1
0.3	0.617 9	0.621 7	0.625 5	0.629 3	0.633 1	0.636 8	0.640 6	0.644 3	0.648 0	0.651 7
0.4	0.655 4	0.659 1	0.662 8	0.666 4	0.670 0	0.673 6	0.677 2	0.680 8	0.684 4	0.687 9
0.5	0.691 5	0.695 0	0.698 5	0.701 9	0.705 4	0.708 8	0.712 3	0.715 7	0.719 0	0.722 4
0.6	0.725 7	0.729 1	0.732 4	0.735 7	0.738 9	0.742 2	0.745 4	0.748 6	0.751 7	0.754 9
0.7	0.758 0	0.761 1	0.764 2	0.767 3	0.770 3	0.773 4	0.776 4	0.779 4	0.782 3	0.785 2
0.8	0.788 1	0.791 0	0.793 9	0.796 7	0.799 5	0.802 3	0.805 1	0.807 8	0.810 6	0.813 3
0.9	0.815 9	0.818 6	0.821 2	0.823 8	0.826 4	0.828 9	0.831 5	0.834 0	0.836 5	0.838 9
1.0	0.841 3	0.843 8	0.846 1	0.848 5	0.850 8	0.853 1	0.855 4	0.857 7	0.859 9	0.862 1
1.1	0.864 3	0.866 5	0.868 6	0.870 8	0.872 9	0.874 9	0.877 0	0.879 0	0.881 0	0.883 0
1.2	0.884 9	0.886 9	0.888 8	0.890 7	0.892 5	0.894 4	0.896 2	0.898 0	0.899 7	0.901 5
1.3	0.903 2	0.904 9	0.906 6	0.908 2	0.909 9	0.911 5	0.913 1	0.914 7	0.916 2	0.917 7
1.4	0.919 2	0.920 7	0.922 2	0.923 6	0.925 1	0.926 5	0.927 8	0.929 2	0.930 6	0.931 9
1.5	0.933 2	0.934 5	0.935 7	0.937 0	0.938 2	0.939 4	0.940 6	0.941 8	0.943 0	0.944 1
1.6	0.945 2	0.946 3	0.947 4	0.948 4	0.949 5	0.950 5	0.951 5	0.952 5	0.953 5	0.954 5
1.7	0.955 4	0.956 4	0.957 3	0.958 2	0.959 1	0.959 9	0.960 8	0.961 6	0.962 5	0.963 3
1.8	0.964 1	0.964 8	0.965 6	0.966 4	0.967 1	0.967 8	0.968 6	0.969 3	0.970 0	0.970 6
1.9	0.971 3	0.971 9	0.972 6	0.973 2	0.973 8	0.974 4	0.975 0	0.975 6	0.976 2	0.976 7
2.0	0.977 2	0.977 8	0.978 3	0.978 8	0.979 3	0.979 8	0.980 3	0.980 8	0.981 2	0.981 7
2.1	0.982 1	0.982 6	0.983 0	0.983 4	0.983 8	0.984 2	0.984 6	0.985 0	0.985 4	0.985 7
2.2	0.986 1	0.986 4	0.986 8	0.987 1	0.987 4	0.987 8	0.988 1	0.988 4	0.988 7	0.989 0
2.3	0.989 3	0.989 6	0.989 8	0.990 1	0.990 4	0.990 6	0.990 9	0.991 1	0.991 3	0.991 6
2.4	0.991 8	0.992 0	0.992 2	0.992 5	0.992 7	0.992 9	0.993 1	0.993 2	0.993 4	0.993 6
2.5	0.993 8	0.994 0	0.994 1	0.994 3	0.994 5	0.994 6	0.994 8	0.994 9	0.995 1	0.995 2
2.6	0.995 3	0.995 5	0.995 6	0.995 7	0.995 9	0.996 0	0.996 1	0.996 2	0.996 3	0.996 4
2.7	0.996 5	0.996 6	0.996 7	0.996 8	0.996 9	0.997 0	0.997 1	0.997 2	0.997 3	0.997 4
2.8	0.997 4	0.997 5	0.997 6	0.997 7	0.997 7	0.997 8	0.997 9	0.997 9	0.998 0	0.998 1
2.9	0.998 1	0.998 2	0.998 2	0.998 3	0.998 4	0.998 4	0.998 5	0.998 5	0.998 6	0.998 6
3.0	0.998 7	3.2	0.999 3	3.4	0.999 7	3.6	0.999 8	3.8	0.999 9	
3.1	0.999 0	3.3	0.999 5	3.5	0.999 8	3.7	0.999 9	3.9	1.000 0	

注 本表最后两行依次是 $\Phi(3.0)$、$\Phi(3.1)$、$\cdots$、$\Phi(3.9)$ 的值.

附录 D 将有理真分式分解为部分分式之和

有理函数 $R(x)$ 是指两个多项式的商，即

$$R(x) = \frac{P(x)}{Q(x)} = \frac{a_0 x^m + a_1 x^{m-1} + \cdots + a_{m-1} x + a_m}{b_0 x^n + b_1 x^{n-1} + \cdots + b_{n-1} x + b_n},$$

其中 m，n 是非负整数，$a_i (i=0, 1, 2, \cdots, m)$ 和 $b_j (j=0, 1, 2, \cdots, n)$ 都是实数，而且 $a_0 \neq 0$，$b_0 \neq 0$. 我们还假定分子多项式 $P(x)$ 与分母多项式 $Q(x)$ 之间没有公因子. 当 $m < n$ 时，称 $R(x)$ 为真分式；当 $m \geqslant n$ 时，称 $R(x)$ 为假分式.

当 $R(x)$ 为假分式时，总可以根据多项式的除法法则将它化为一个多项式与一个真分式之和的形式. 所以下面仅介绍把真分式化为部分分式的方法.

在代数中，我们已经学过分母不相同的分式的加减法，例如

$$\frac{6}{x-3} - \frac{5}{x-2} = \frac{x+3}{(x-3)(x-2)}, \tag{1}$$

$$\frac{1}{x} - \frac{1}{x-1} + \frac{1}{(x-1)^2} = \frac{1}{x(x-1)^2}, \tag{2}$$

$$\frac{2}{x+2} - \frac{x+2}{x^2+2x+2} = \frac{x^2}{(x+2)(x^2+2x+2)}. \tag{3}$$

从以上三式可以看出，等式的左端是几个简单的真分式（称为部分分式）相加，它们经过通分、合并，变形成右端的式子——一个较为复杂的真分式. 有时，我们需要的往往是其逆过程，即：要把复杂的真分式类似上例反过来分解成若干简单的部分分式之和. 这种方法称为把真分式分解成部分分式.

先考察部分分式的形式. 如在（2）式中，真分式 $\dfrac{1}{x(x-1)^2}$ 拆成了三个部分分式之和：$\dfrac{A}{x}$，$\dfrac{B}{x-1}$，$\dfrac{C}{(x-1)^2}$. 这里 $A=1$，$B=-1$，$C=1$.

一般地，若真分式的分母有一次因式 $(x-a)$，则分解后对应有形如 $\dfrac{A}{x-a}$ 的部分分式.

若分母有 k 重一次因式 $(x-a)^k$，则分解后有下列 k 个部分分式之和：

$$\frac{A_1}{x-a} + \frac{A_2}{(x-a)^2} + \cdots + \frac{A_k}{(x-a)^k},$$

其中 $A_i (i=1, 2, \cdots, k)$ 都是常数.

类似地，若真分式的分母有不可分解的二次因式 $x^2 + px + q (p^2 - 4q < 0)$，则分解后，对应有形如

$$\frac{Bx+C}{x^2+px+q}$$

的部分分式，其中 B，C，p，q 均为常数.

参 考 文 献

[1] 王家德. 技术数学. 开封：河南大学出版社，2001.

[2] 王家德，梁海江. 技术数学. 开封：河南大学出版社，2003.

[3] 廖虎，史成堂. 高等数学（理工类适用）. 北京：中国电力出版社，2013.

[4] 刘萍，陈翔英. 高等数学（经管类适用）. 北京：中国电力出版社，2012.

[5] 周忠荣. 计算机数学. 2版. 北京：清华大学出版社，2010.

[6] 同济大学数学系. 高等数学（上、下）. 6版. 北京：高等教育出版社，2012.

[7] 杨宪立. 微积分. 北京：清华大学出版社，2011.

[8] 陈纪修，於崇华，金路. 数学分析. 北京：高等教育出版社，2004.

[9] 高鸿业. 西方经济学. 北京：中国人民大学出版社，2007.

[10] 斯蒂格利茨. 经济学. 北京：中国人民大学出版社，2003.

[11] 上海市高等专科学校编写组. 高等数学（上、中、下）. 上海：上海科学技术出版社，1992.

[12] 郑志宇，艾芊. 分布式发电概论. 北京：中国电力出版社，2012.